見風轉舵

李其霖 著

清代前期沿海的水師與戰船

五南圖書出版公司 印行

本書撰寫及修改期間獲得各單位獎助
謹致謝忱

中央研究院人文社會科學研究中心海洋史研究專題中心博士培育計畫
國立臺灣師範大學環境教育研究所蔡慧敏教授國科會計畫博士後研究
中央研究院歷史語言研究所博士後研究

博士學位口試，承蒙口試委員古鴻廷、周宗賢、張彬村、張力、李天鳴以及兩位指導教授陳國棟與王鴻泰的指正與建議，萬分感謝。本書部分內容曾發表於相關期刊及專書，亦勞駕諸多審查委員審查，使本書內容錯誤減少，更為嚴謹，特別致謝。最後要謝謝我的家人、師長及學棣們，在我最辛苦的時候給我各種幫忙，誠屬難忘。本書闡述之範圍甚廣，個人能力有限，無法多方兼顧，疏漏之處難免，這部分應由作者承擔。

謹以本書獻給中央研究院歷史語言研究所研究員陳國棟

推薦序

　　李其霖先生的專書《見風轉舵：清代前期沿海的水師與戰船》即將出版，值得慶賀。本書係在其霖的博士論文（國立暨南國際大學，2009年）的基礎上，經過數年的深入研究加以補強，方告殺青。用心用力的地方很多。

　　如題所示，本書探討清代前期的水師與戰船。中國幅員廣大，不只臨海，亦且多江河湖泊。在近代道路系統發達以前，江河湖泊是交通上的優選途徑，當然也是盜匪活躍的地方。俗語說「江洋大盜」，也就是說有一部份在水面為非作歹的人，以江湖為家，官府當然要建置武力來對付。這些在江湖河流上緝捕盜匪、維持治安的軍隊也是水師。不過，另一半「江洋大盜」卻在近海地區活動。傳統上，中國人把近海水域叫作「洋」——和我們現在把廣大的鹹水水域叫作「洋」大異其趣。

　　《見風轉舵》研究的對象就是在沿海、近海執勤的清代水師。除了仔細鋪陳清代沿海水師承先啟後的發展與活動領域的自然條件外，其霖把焦點擺在三個方面：清代水師制度的建構、沿海防禦工事與海防、戰船造修與戰備。透過他的研究與描述、分析，提供給讀者一個相當完整的水師史面貌。

　　清代為滿洲人所建立的國家，但大量吸收蒙古人與漢人分享其統治權。滿洲人在入關之前並沒有海戰的經驗，而入關之後便直接面臨南明（含鄭成功祖孫三代）抗清的挑戰，戰場經常發生在沿海陸地或者海上。事實上，清代官方文書就常常把鄭成功一家的勢力稱之為「海上」。最後滿清政權擊敗鄭氏家族，依靠的是背離鄭成功的施琅，他是福建人。其後很長一段時間，福建人也在大清水師最高軍職提督的人數當中，佔有極高的比率。

　　從鄭氏降清到鴉片戰爭（1683-1842），一百六十年間，在中國大陸沿海造成騷動的力量，主要是中國人自己的海盜。康熙、雍正兩位皇帝都曾派人去日本密訪，知曉日本鎖國，不似明代會發生倭寇擾亂的情事，海防的重心也就放在對付海盜一事上。對付海盜不見得非硬碰硬不可。官兵發現難以致勝，或者作戰的代價太高時，往往採取招安的手段，免除海盜們的罪責，封給他們的首領一官半職，皆大歡喜。康熙時期用招安的方式收服大海盜鄭盡心手下的陳尚義，嘉慶年間也如法炮製讓大海盜張保仔歸降。由於招安盜匪被視為解決沿海動亂的手段之一，因此清代前期水師的作戰決心也不能說很堅強。不過，也有勇敢有決心的軍人，例如打敗另一名大海盜蔡牽的李長庚、王得祿……等人，他們都浩氣常存，功業彪炳。

　　水師作戰決心不夠堅定，一方面是因為有招安作最後的王牌，另一方面則依靠沿海的防禦工事，包括關城、礮臺、烽堠等設施。再一方面則是依靠搭乘戰船、哨船巡弋的預警與威嚇作用。只是承平日久，戰船的新造與修繕流於形式，巡邏會哨也只是虛應故事。平時的操演，戰備、整備都不免鬆弛。例如大礮原本安裝於中艙船腹，船身安定、射程較遠。但是為了清理和搬運上的方便，鴉片戰爭期間，兩廣總督鄧廷楨就指出中國水師戰船「礮位安於艙面，礮兵無所障蔽，易於受襲。」作戰能力自然就低，面對強敵時自然土崩瓦解。

　　不過，我們也不能以成敗論英雄。在清代前期一、兩百年的沿海防禦與保安工作上，水師也曾履行過適當的責任，也曾有過種種創新與努力。以往因為鴉片戰爭一敗塗地，傳統水師隨後讓步給新式海軍，從而盛清時期水師的種種詳情被輕易忽視。透過李其霖的專著，讀者當可發現歷史並不是三言兩語的評價，而是時代環境的產物。作為海洋史的幾項重要課題之一，水師及戰船也是我們瞭解近代前期中國歷史的一大門道，值得詳加研讀。

2013年11月22日

陳國棟序於南港

目　錄

緒　論

　　「見風轉舵」，即是帆船時代之表徵，卻也是清代水師及戰船制度最貼切的寫照。清廷在水師及海岸防禦的建置，大部分時間雖處於被動，但也都能因事制宜，是謂見風轉舵了。然而，清廷缺乏長遠目標及有系統之規劃，故海防的經營無法完善，只能顧及沿海的海盜劫掠問題，卻無法洞察西方勢力已進入東亞海域的危機準備，因此海防設施只能防海盜，而無法抵擋西方列強了。

　　所謂「前期的沿海水師與戰船」，前期係以清代建國至道光二十年（1840）為限。設定前期之目的，緣因於清代的水師與戰船發展至鴉片戰爭（1840-1842）前達到高峰，往後的重整與變革，屬於另一階段，這兩者之間的政策考量不同，水師與戰船制度亦有改變，故將鴉片戰爭以前稱之為前期，反之稱後期。沿海水師與戰船，主要是以綠營為主的論述。八旗與綠營在制度及職責上多有不同，本文不述及八旗水師。

　　清代水師與戰船，屬於海洋史中的制度史，是研究海洋史領域的先備知識。舉凡海洋相關論題，皆與水師及船舶密切關聯，因為海洋的運作即透過船舶，海洋的管理即透過政府。西方列強於十六世紀進入東亞海域，與明帝國、清帝國接觸亦是如此，這兩項主題即成為了海洋史議題的骨幹。海洋史專家陳國棟所列舉海洋史之六大領域，漁場與漁撈（fishery and fishing）、船舶與船運（ships and shipping）、海盜與走私（piracy and smuggling）、海軍與海岸防禦（navy and coastal defense）、海上貿易（maritime trade）、海洋環境史（maritime environmental change）。本論題即跨越兩大領域的論述，希冀在這兩大領域中，能發揮承先啟後之效能，讓海洋史的論題研究得以繼續延伸。

　　明代鄭和（1371-1433）下西洋（1405-1433）期間將海洋發展推至最高峰，但此後政府對於海洋發展轉趨保守，並不積極，這即直接影響中國

的海防規劃及發展。明嘉靖（1522-1566）以降，海盜熾盛，明廷才開始著手重新整建海防，使得海洋安全問題受到了矚目，然而這一次的海洋議題之規劃，其目的無非只是針對海盜襲擾問題的處置，政府並沒有宏觀及長遠的經營原則，故海疆安寧只能維持短暫。乃至明末清初，海盜問題層出不窮，屢見不鮮，難以根絕。至清朝初期，中國東南沿海的制海之權由鄭氏掌握，此時的清朝水師武備尚未完善。因此，清朝海防政策中的假想敵人，主要是針對鄭氏。鄭氏覆滅之後，清廷對於沿海防衛進行調查整備，取長補短，完成了初期的海防規劃。

清廷領有臺灣以前，曾在浙江、福建及廣東設置水師提督，節制該省水師，統一指揮調度。康熙二十三年（1684），清廷領有臺灣後，海防政策多有改變，主要是危及沿海安全的因素已然消失，故只保留福建水師提督，浙江及廣東兩省水師提督職則裁撤。另一方面，雖然已經開放海禁，但對百姓多有掣肘，如責成總督、巡撫嚴檄濱海州、縣，凡採捕漁舟，只許單桅平底，朝出暮歸，不許造雙桅尖底。[1]雍正以後，更規定漁船的大小尺寸需依規定辦理，方能出海。乾隆、嘉慶之後更趨嚴厲，無論對漁、商船的尺寸，及載運的物品數量都有更嚴格之規定。

這些政策主要是針對海盜，因為海盜的船隻主要搶自於商、漁船為多，故抑制商、漁船製造時的大小尺寸，海盜所搶奪到的船舶即受到侷限。因此，只要水師戰船大小、武器與海盜相當或優於海盜，即能制衡海盜了。誠如馬漢（A.T. Mahan, 1840-1914）談及：「……兩支實力不相上下的艦隊之間實施混戰，戰術和技術就是舉足輕重的了」。[2]清廷是否亦憑藉其水師人員的數量、戰術等方面皆勝於海盜，因此才不需要製造及研發更堅固的船舶設備，而即認為可以打敗海盜，這部分與馬漢所言頗為相

---

[1]　（清）李光坡（1651-1723；李光地胞弟），〈防海〉，收於《清經世文編》（北京：中華書局，1992），卷83，海防上，頁1b。

[2]　A.T. Mahan, *The Influence of Sea Power upon History 1660-1783*, Boston: Little, Brown and Company, 1918, p. 4.

近的，但此種心態在無形之中卻抑制了海洋貿易與船舶科技的發展。

　　本文即以水師及戰船爲主軸，擬討論之議題，分由下列三個部分進行：

第一部分　海防政策方面的探討

　　海防政策的架構，其考量的重點不外乎針對假想敵人，以假想敵人的武裝情況，再對自己的軍事設施進行武裝防衛，並且優於敵方，才是建軍整備之上策。以清代前期來看，清廷海上的主要敵人可分成兩個部分，一是鄭氏家族，另一個是海盜。他們的武裝程度，及對清廷的危害情況各有不同，因此清廷的海上防衛必須針對這兩股勢力採取不同的應對方式。

　　鄭氏家族至臺灣以後，以臺灣、澎湖做爲主要基地，時而襲擾福建沿海，對清廷產生較大之威脅。海盜爲一特殊的團體，其成員組成複雜，通常亦盜亦商，搶奪的對象主要是商船，亦收取船隻的保護費，擄人勒贖或至陸上搶奪沿海糧食及財物。康熙朝以後，海盜問題時而易見，但他們的威脅並不足以撼動清政權，只能影響沿海治安。乾隆晚期，中國海盜與越南有著合作之關係，故海盜之武力提升不少，船舶大小已勝於清軍水師。這段時間影響海疆安全較劇烈者，如蔡牽（1761-1809）、朱濆（？-1808）、鄭一（1765-1807）、及張保（1786-1822）等。蔡牽集團發展成一政權，並自稱「鎮海王」，[3]設官、封職，改年號光明，朱濆也自稱「海南王」，兩股勢力間相互支援，聲勢浩大。因他們自封爲王，清廷將他們視爲叛亂份子，而非海盜，因此，在文書上皆稱他們爲「逆」。[4]有了海盜的挑戰，清廷的海防政策才有了改變，在水師制度方

3　閩浙總督瓜爾佳玉德奏稱：蔡逆，豎旗滋事，自稱鎮海王。《仁宗睿皇帝實錄》，卷147，頁3-1。
4　《宮中檔嘉慶朝奏摺》，閩浙總督舒穆祿阿林保奏摺（臺北：國立故宮博物院藏），文獻編號404009797。

面，各水師鎮壓由分擊改爲合擊，以及跨海域的作戰，戰船方面，則以同安船取代了趕繪船，成爲水師的主力戰船。這些政策的改變，即是因時制宜，不得不改變的作法。

　　有關清代海防政策及海盜問題的研究作品甚多，其中以王宏斌《清代前期海防：思想與制度》[5]、楊金森、范中義《中國海防史》[6]、王御風〈清代前期福建綠營水師研究〉[7]爲主要著作。王宏斌認爲清代的政策目的是「重防其出」，防止居民出海爲盜、與盜接濟，這個想法在清代官員中都是普遍被接受的。所以只要鞏固沿海防衛，即可抑制動亂發生。康熙皇帝也認爲，大洋內並無海賊之巢穴，海賊即是陸賊，冬月必要上岸，地方官留心在陸路，是爲防海之要論。[8]《中國海防史》是繼《清代前期海防：思想與制度》外，另一本述及海防的專書。內容主要以明清兩代的海防問題爲主，撰述內容包含政策的制定、海防部署、各時期的戰爭探討等，其中對清代前期的海防問題有較多的論述，是一部通論性的著作。另外，王御風早期即已關注到綠營水師問題的研究，其論文內容包含福建水師制度、任務、及水師人事。該文整理相關的表格，如防汛地點、水師提督及總兵簡介、綠營人數、海盜勢力情況等，得做爲研究者參考。

　　在海盜問題方面的研究，有諸多研究成果，如穆黛安、安樂博、蘇同炳、張中訓、李若文、劉平、鄭廣南、陳鈺祥等人。（相關著作請參閱參考書目）其中穆黛安《華南海盜》專述乾隆、嘉慶年間的海盜問題，引用史料豐富，對於當時清廷水師的部署與剿滅情況有詳細的說明。李若文著作，以蔡牽爲中心的海盜問題之探討，論及清廷剿滅海盜的政策運用，包括戰術、招撫以及戰船的改造等。其他相關人員的研究，主要亦在此階段

5　王宏斌，《清代前期海防：思想與制度》（北京：社會科學文獻出版社，2002）。
6　楊金森、范中義，《中國海防史》（北京：海軍出版社，2005）。
7　王御風，〈清代前期福建綠營水師研究〉，（臺中：東海大學歷史研究所碩士論文，1995），頁136-158。
8　《宮中檔康熙朝奏摺》第三輯，（臺北：國立故宮博物院，1976），頁809。

的論題。從這些研究，可以了解官方處理海盜的態度與政策的推展。

第二部分　水師與戰船制度上的探討

　　清代水師依組成人員不同來分，有綠營及八旗系統；依防守範圍來分，有內河水師及外洋水師。綠營系統，在清朝初期，主要是依賴明代的降兵、將，往後將領的任用與陸師相同，皆是依據科舉考試進行分發；八旗系統則由駐防八旗分設。內河及外洋水師皆有綠營及八旗水師的設置，然而，海上作戰，主要以綠營為主，八旗為輔。水師將領的任用，至清末各個船政學堂設置之前，清廷並沒有一套水師的選才用人制度。將領選拔上，只能盡量挑選具有海洋經驗的人員轉任，士兵的招募則是以沿海居民為主。

　　水師的薪俸及升遷機會比起陸師雖較為優渥，但在工作環境上則危險性較高，如每年必須有例行性的巡洋及會哨，以及不定期的出海捕盜。海上風濤訊息萬變，海上失事情況比陸上高出許多，在個人的權宜衡量之下，水師職務，往往無法吸引多數人參與。即使水師薪俸高於陸師，但同樣靠海洋工作維生的海商及漁民，他們的收入大部分不亞於水師官弁，因此人員的招募遂有其困難性。再者，水師官弁的升遷速度雖然較快，但也不是所有的水師人員皆如此，我們往往只看到風光拜侯進爵之人，如李長庚、王得祿、邱良功等人，但卻忘了有更多官弁，因所管轄的海域不靖，遭到革職、充軍者不計其數。這也讓一些投機之人，想借由水師飛黃騰達者，望而卻步。

　　在戰船制度方面，清代的戰船樣式主要仿照民船製造，戰船的研發及武器革新上並沒有太多建樹，因此對船舶科技的發展甚無助益。但也非全無績效可言，至少在戰船的製造及修護上則較能依規例進行，也能夠因地制宜，如臺灣的軍工匠制度為因應木料的採辦，其操作情況即有別於福建

其他船廠的造船制度。[9]船舶製造能夠依照各區域實際情況不同，發展成適合的制度進行，使船舶的製造能夠順利推展，這方面是值得肯定的。

有關清代船舶的研究作品較多，惟專注戰船研究者闕如。陳希育《中國帆船與海外貿易》[10]為較早多方面討論中式帆船發展的重要著作，在資料上的引用較為豐富。席龍飛《中國造船史》[11]，主要針對歷朝各代之造船作一統述，為通論性的造船史著作。王冠倬《中國古船》及《中國古船揚帆四海》，內容介紹了中國的古船樣式及其時代背景，書中選用較多的圖像做為說明，而其晚近出版的《中國古船圖譜》為增補前文之著，書中對於明清兩代的船舶，用了極大篇幅介紹，參考的史料較為齊全，如《籌海圖編》、《古今圖書集成》、《三才圖會》、《帝鑒圖說》、《武備志》、《紀效新書》、《長崎聞見錄》、《中山傳信錄》、《虔台倭纂》、《登壇必究》、《兵錄》、《浙江海運全案》、《江蘇海運全案》、《龍江船廠志》、《南船記》等。辛元歐《中外船史圖說》[12]介紹中、西方船舶發展情況，在近代船舶有較多篇幅論述，亦為通論性的著作。此外，近期亦有學者關注中式帆船的論題研究，陸續出版相關著作。如曾樹銘、陸傳傑《航向台灣：海洋台灣舟船志》[13]，內容有三個章節介紹臺灣的船舶演進及發展，並針對往來臺灣的各種船舶名號多有闡述；許路〈清初福建趕繪船戰船復原研究〉[14]，主要研究趕繪船的復原，引用《閩省水師各標鎮協營站哨船隻圖說》做為論述依據，有較詳細的論述。

研究中國科學技術專家李約瑟（Joseph Needham, 1900-1995）的著

9　有關臺灣軍工匠問題可參閱陳國棟，《臺灣的山海經驗》（臺北：遠流出版社，2005）。李其霖，《清代臺灣軍工戰船廠與軍工匠》收於《臺灣歷史文化研究輯刊》（臺北：花木蘭出版社，2013）。

10　陳希育，《中國帆船與海外貿易》（廈門：廈門大學出版社，1991）。

11　席龍飛，《中國造船史》（武漢：湖北教育出版社，1999）。

12　辛元歐，《中外船史圖說》（上海：上海書店，2009）。

13　曾樹銘、陸傳傑，《航向台灣：海洋台灣舟船志》（新北市：遠足文化，2013）。

14　許路，〈清初福建趕繪船戰船復原研究〉，《海交史研究》，第2期，2008年，頁47-74。

作 *Science and Civilisation in China*[15]，書中第四卷航海工藝部分，引用傳統史料甚爲豐富，對中國船舶的發展、沿革及製造等方面皆有較詳細的闡述，此書也是最早研究中式帆船技術的大作。另一位研究中國船舶的專家夏士德（G.R.G. Worcester），在其著作*The Junks and Sampans of the Yangtze*[16]，收集許多各類船舶資料，詳細闡述了各種船舶的功能及發展，這對於研究中國船舶種類有莫大助益。另外，曾任職於上海碼頭的法國郵船公司（Compagnie des Massageries Maritimes）測量員Étienne Sigaut（1887-1983），手繪及拍照許多中式帆船的圖像，內容包含船上的布置、結構、裝飾、船具等，是非常重要的資料，[17]這對於研究船舶的船艙部置有很大幫助。日本船舶專家山形欣哉（1939-2012）亦爲研究中式帆船的重要學者，其著作《歷史の海を走る：中國造船技術の航跡》[18]對於中國的造船技術之發展，從宋代到清代皆有詳細敘述，並手繪許多草圖以爲說明，圖文並貌。

第三部份　沿海防衛系統的設置方面

水師所屬的防衛系統可分成海上與沿海（陸上）兩個部分，海上部分主要是戰船。沿海防衛系統主要有砲臺、烽堠及水師城寨。沿海防衛體主要是補充海上防衛系統之不足。海上作戰失利，至少還可利用沿海防禦優勢將敵軍殲滅於岸邊，兩者可謂相輔相成。遂此，沿海的防務，即成爲海防部署的另一個重點，明代至清初注重烽堠及水師城寨的設置，康熙中

---

[15] Joseph Needham, *Science and Civilization in China*, Vol. 4: Physics and physical technology, pt. 3: Civil engineering and nautics, Cambridge University Press, 1986.

[16] G.R.G. Worcester, *The Junks and Sampans of the Yangtze*, Annapolis: Naval Institute Press, 1971.

[17] 這些資料藏於法國巴黎國家海事博物館（Musée national de la Marine），目前由相關學者整理後出版。

[18] 山形欣哉，《歷史の海を走る：中國造船技術の航跡》，東京：農山漁村文化協會，2004。

期以後，對於沿海防衛安全掌握更勝以往，故烽堠的角色逐漸被砲臺所取代。水師城寨也由明代的水寨逐漸分成兩部分，除原有的行政關城或水寨之外，砲臺亦形成所謂的砲臺城寨了。

在沿海水師城寨及砲臺問題方面的研究比較散雜，主要是資料不易收集，實地調查業不容易，因此成果有限。研究這方面的專書主要有，蕭國健《關城與炮台：明清兩代廣東海防》[19]，此書內容研究的重點是以廣東地區的水師城寨與砲臺為主，敘述的時間最主要為明清兩代。蕭國健除了記錄歷史的資料、口傳資訊外，也實地調查，對於廣東地區的水師城寨與砲臺地點皆有詳細記錄，並將其設置的地點清楚的標誌出來，這對了解廣東地區的沿海防務有很大的幫助。另外Adam Lui Yuen-Chung, *Forts and Pirate a history of Hong Kong*[20]一書，其討論的地點以香港地區為主。香港在嘉慶朝以後，其海防地位越顯重要，這與廣東旗幫海盜的熾盛有很大關係，因此在嘉慶十五年（1810）清廷將水師提督移往東莞駐守，加強沿海防禦。

其他有關沿海防衛系統問題的相關著作，何孟興《浯嶼水寨：一個明代閩海水師重鎮的觀察》[21]，內容以明代福建外海的浯嶼水寨為中心，針對水寨設置的目的、組織、遷徙情況等有深入的觀察，並探討兵力部署原由，進行考證論述，在研究方法上值得肯定。在明代的水寨問題上，何孟興認為寨、遊各分彼此，劃地自守，造成了弊端的產生。清代以後雖針對明代的弊端進行檢討，並重新建構海防體系，然積弊的情況還是並未革除。從何孟興的文章中可以了解明代水寨的演變及明廷在這方面的處理態度。因此本文可以透過對於明代水寨、遊兵的理解，來探討清代在水師設置的不同因應。黃中青《明代海防的水寨與游兵：浙閩粵沿海島嶼防衛的

19 蕭國健，《關城與炮台：明清兩代廣東海防》（香港：香港市政局，1997）。
20 Adam Yuen-chung Lui ed. *Forts and Pirates: a history of Hong Kong, Hong Kong: Hong Kong History Society*, 1990.
21 何孟興，《浯嶼水寨：一個明代閩海水師重鎮的觀察》（臺北：蘭臺出版社，2002）。

建置與解體》，[22]闡述明代沿海的水寨與遊兵問題，除分別針對浙江、福建、廣東三省進行論述外，並詳細探討水寨、遊兵的瓦解過程，論述清楚明確。如能掌握明代海防建置，將有助於了解明清海防設置的轉折過程。

在史料的運用方面

本書的研究論題，在史料方面分布比較散雜，舉凡兵書、檔案、典籍、奏議、筆記、文集、圖像等等皆是重要資料來源。因此要收集完整相當不易，其中重要史料部分，在明代方面，如俞大猷（1504-1580）、戚繼光（1528-1588）、鄭若曾（1503-1570）、茅元儀（1594-1640）、鄭大郁等著作；[23]清代方面，如杜臻（順治十五年進士）、施琅（1621-1696）、萬正色（？-1691）、藍鼎元（1680-1733）、林君陞（？-1755）、陳良弼（康熙年間擔任南澳鎮總兵）、陳倫炯（？-1751）、李長庚（1750-1807）、阮元（1764-1849）、焦循（1763-1820）、盧坤（1772-1835）、丁拱辰（1800-1875）、朱正元（光緒二十八年候選州同）、關天培（1781-1841）、陳階平（1766-1844）、魏源（1794-1857）、阮亨（1783-1859）等相關人員之著作。另外在日本方面同時期的史料，如足立栗園《海國史談》、林子平（1738-1793）《海國兵談》等可補中文史料的不足。

除了時人所著的筆記、文集之外。諸如奏摺、歷朝會典、實錄、地方志等皆是研究時不可或缺的資料。另外值得注意的是海圖、圖片等影像資料亦可補充文字敘述方面的不足，但這方面的資料散佈於海內外，更難以收集。因此在水師及戰船的研究上尚有許多論題可再深入探討。本書旨在了解水師與戰船的概略面向，因此難以兼顧各方面議題，未完善部分筆者將待往後的著作上繼續討論。

---

22 黃中青，《明代海防的水寨與游兵》（宜蘭：學書獎助基金，2001）。
23 如參考書目所示。

第一章

影響清代水師戰船制度的歷史背景

前　言

　　唐、宋時期，無論民間或官方與海外接觸的機會都顯得熱絡起來。海外貿易熱絡之後，自然會引起海盜的覬覦，為了保護沿海活動的順暢與安全，海防設施的設置即有其必要性。

　　元、明以降乃至清代，在中央皆沒有一個專職單位管理海防措施。明朝以前，無論是海寇[1]亦即是外國勢力，都無法威脅到中國的海防。明朝之後葡萄牙、西班牙、荷蘭等國陸續進入東亞海域，雖然這些國家暫時未對明廷構成嚴重威脅，但已讓明廷警覺到海防的重要，然明廷此時尚未積極部署，未雨綢繆。

　　明朝的海防制度，並不是一個有計劃性的制度，基本上是遇到問題時，才找解決之道，但解決之後，又荒廢於經營。明太祖時期，即已著手海防的經營，如請教方鳴謙（方國珍子）如何興建海防，方鳴謙認為：「倭海上來，則海上禦之耳。請量地遠近，置衛所，陸聚步兵，水具戰艦，則倭不得入，入亦不得傅岸。近海民四丁籍一以為軍，戍守之，可無煩客兵也」。[2]朱元璋支持方鳴謙建議，在浙江地區，派遣壯丁三萬五千人，興建衛、所[3]城五十九處。[4]

　　明朝以前並未形成海防體系，在宋朝以前，設防主要是針對本國的敵對勢力和國內其他民族，元朝於沿海設立的防衛是針對倭寇。[5]明朝所設置的防衛體系，除了軍事人員制度之外，沿海防衛的設施，建有關城、烽堠、戰船。但由明初到嘉靖中期所設置的海防設施，在海寇大舉入侵

1　「海寇」，本文所用海寇一詞，泛指海盜與倭寇。
2　（清）張廷玉，《明史》（臺北：鼎文書局，1980），卷126，〈列傳〉14，〈湯和〉，頁3754。
3　衛所制度為，一衛統十千戶，一千戶統十百戶，百戶領總旗二，總旗領小旗五，小旗領軍十，皆有實數。大率以五千六百人為一衛，而千百戶、總小旗所領之數則同，遇有事征調，則分統於諸將，無事則散還各衛，管軍官員不許擅自調用，操練撫綏務在得宜，違者俱論如律。見《明太祖實錄》（臺北：中央研究院歷史語言研究所，1966），卷92，洪武7年8月丁酉，頁1607。
4　（清）張廷玉，《明史》，卷126，頁3754。
5　楊金森、範中義，《中國海防史》上冊，（北京：海軍出版社，2005），頁65。

期間，幾乎沒有一處可以抵擋。爾後，歷經了數十年與海寇的對陣當中，明廷修正了部分缺點，重新建構海防。然而，海防的防衛卻從積極轉為消極，防衛的範圍也由外海小島，往內縮至沿海島嶼，此種防禦模式，在戰略上是不明智的，如有戰事發生，將危及到沿海居民的安全。

　　明末清初，中國內部秩序動亂且風起雲湧，北有女真族的襲擾，各地又有流寇問題，這些內憂外患紛擾明廷；再者，中國東南沿海的形勢亦詭譎多變，外國勢力虎視眈眈，海盜等相關勢力乘機劫掠，使海上未靖。唯可讓明朝政府稍加喘息的是，鄭芝龍於崇禎元年（1628）接受招撫，授福建海防游擊，如此一來，鄭芝龍即由盜轉為官，適時的幫助明廷處理各種海防問題，解決海上紛擾。

　　本章內容在針對清帝國成立以前，乃至初期，在中國沿海地區的相關勢力做一闡述，瞭解這些勢力的情況之後，再藉由他們的相互關係來討論中國沿海的情勢，從這些情勢的演變來看清代的水師設置情況，是否有將這些因素進行評估，再建構一套適合的海防體系。

一、西方勢力的挑戰

（一）葡萄牙

　　葡萄牙人瓦斯科・達伽馬（Vasco de Gama, 1468-1524）於弘治十一年（1498），開啓了歐洲人經由好望角來到亞洲的航線。達伽馬第二次來到亞洲即佔領了印度西南地區，在果阿（Goa）建立軍事據點。印度人從此知道：「那些留著長辮，除了嘴邊以外，不蓄鬍子的人們，大約每隔兩年會來此一次，每次約有二十多艘船，他們的船都是四桅的大帆船」。[6]正德三年（1508），葡萄牙人狄歐哥・羅佩茲・地・西奎拉（Diogo Lopes de Sequeira）來東方之前，葡王曼努埃爾一世（Dom

---

6　Ernest George Ravenstein, A Journal of the First Voyage of Vasco da Gama , 1497-1499 , Hakluty Society, London, 1898, p. 131. 轉引自張增信，《明季東南中國的海上活動》（臺北：東吳大學中國學術著作獎助委員會，1988），頁195。

Manuel Ⅰ），在二月十三日的檔案中，特別說到：「你要詳細打聽
有關『秦』的事，他們從那裡來？距離有多遠？他們每年有多少船隻
來？」。[7]由此可見，葡萄牙當時對中國的情況並不熟識，因此葡王想藉
此機會多探聽中國，遂囑咐下屬要特別注意有關中國的動態。

　　正德六年（1511），印度總督阿豐索・德・亞伯奎爾克（Afonso de
Albuquerque），率領大舶八艘，精兵及萬，乘季風來到東南亞，[8]佔領了
滿剌加。在《明史》中亦有提到：「正德中，據滿剌加地，逐其王[9]」。
正德八年（1513），葡萄牙人出現在廣東外海，[10]正德十三年（1518），
遣使臣加必丹末等，進貢物品，請求敕封，始知道葡萄牙。[11]這是中國史
書中最早對葡萄牙人到中國的記載。

　　根據亞馬多・高德勝（Armando Cortesão）的記載，葡萄牙第一次
派遣使節來中國的時間為正德十二年（1517），由艦隊長佛爾南・貝
雷斯・德・安德拉德（Fernão Peres de Andrade）及使節托梅・皮雷斯
（Tomé Pires）等人帶領，當次踏上中國土地者約有二十三人。葡萄牙與
中國的第一次交往，葡王特別挑選托梅・皮雷斯，雖然他是一個裁縫師，
但也是一個謙虛、聰明、能幹，有經驗及教養的人，[12]派遣這樣的人出
使中國符合葡王的期待，這也顯見葡王對第一次與中國接觸的重視。這
二十三人來到中國之後，至嘉靖三年（1524）得以存活者剩下一人。[13]中

---

[7]　Alguns Documentos do Archivo Nacional da Tôrre do tombo, acerca das Navegações e
　　Coquistas portuguesas, Lisboa, 1892, pp. 194-195.(Tr. by Donald Ferguson: also in T'ien-Tsê
　　Chang, Sino-portuguese Trade, p. 33.)轉引自張增信，《明季東南中國的海上活動》（臺
　　北：東吳大學中國學術著作獎助委員會，1988），頁196。

[8]　（明）黃衷，《海語》，《中國史學叢書續編》（臺北：臺灣學生書局，1984），卷1，
　　頁5a。

[9]　（清）張廷玉，《明史》，卷325，〈外國〉6，頁8430。

[10]　關於葡萄牙人進入中國的最早時間，中西雙方資料無法契合，因此各方說法不一，本文
　　在此不做討論，可參閱張增信，《明季東南中國的海上活動》，頁199-206。

[11]　（清）張廷玉，《明史》，卷325，〈外國〉6，〈佛郎機〉，頁8430。

[12]　亞馬多・高德勝（Armando Cortesão），《歐洲第一個赴華使節》Primeira Embaixada
　　Europeia à China（澳門：澳門文化協會，1990），頁131。

[13]　本文使用的葡萄牙人使華的相關人名，因翻譯者不同，所使用的譯名尚無統一，差
　　距亦大，所以運用人名時亦附註葡萄牙文名字以為對照。請參閱，亞馬多・高德勝

葡的第一次交往，收場卻是殘酷，其中原因很多，貪婪、誤解、輕視、風俗民情不同等等都是造成流血衝突的原因。

　　皮雷斯被拘禁在中國的過程中，葡萄牙對明朝進行了兩次武裝攻擊，分別於正德十六年（1521）由迪奧戈・卡爾沃（Diogo Calvo）率艦隊至屯門（Taman）與廣東備倭海道副使汪鋐交戰，迪奧戈兵敗屯門；第二次於嘉靖元年（1522），由梅勒・科迪尼奧（Martim Afonso de Melo Coutinho）於廣東香山縣西草灣與備倭指揮柯榮等人交戰，結局亦是失敗，這次死傷更為慘重。[14]至嘉靖三年（1524）結束了中葡的第一次國與國接觸。雖然葡萄牙無法正式在廣州與中國展開貿易，但還是利用各種手段誓必達到與中國貿易的目標。因此，找尋貿易的地點由廣東轉往福建及浙江一帶。但這些貿易都是非法行為，不被明廷所接受，所以大部分的買賣都是在近海的島嶼進行。[15]如他們輾轉至浙江寧波外海的雙嶼，在島上建房屋、設置相關行政機構，與日本進行貿易。[16]葡萄牙無法利用外交手段與中國貿易，但與中國的貿易之路並非從此停滯，反而多次與倭寇、海盜合作，襲擾浙江、福建沿海一帶。

　　嘉靖二十六年（1547），朱紈（1494-1550）巡撫浙江，兼管福建等處海道，並大舉掃蕩葡萄牙人等走私者。葡萄牙人雖然一度武裝與明朝水師作戰，但最後還是遭致失敗，人員部分逃離，部分被抓，結束了這幾年在浙江的經營。此後，葡萄牙人轉向福建浯嶼及月港發展，但明朝官軍繼續追擊，這些人員為了緩和情勢，向中國艦隊的官員送了禮物，明朝官員得知葡萄牙人有撤離之意，便在夜間送密信給葡萄牙人，因為葡萄牙人先前曾送給明軍一筆禮物，所以把一些商品回送給葡萄牙人。[17]這代表雙方

（Armando Cortesão），《歐洲第一個赴華使節》Primeira Embaixada Europeia à China（澳門：澳門文化協會，1990）。

14　黃慶華，《中葡關係史》，上冊（合肥：黃山書社，2006），頁116-124。

15　（清）顧炎武，《天下郡國利病書》，卷120，〈海外諸番〉，頁15a-16b。

16　張天澤著，姚楠、錢江譯，《中葡早期通商史》（香港：中華書局，1998），頁87。

17　張天澤著，姚楠、錢江譯，《中葡早期通商史》，頁92。葡萄牙人是否向中國水師行賄及交易商品，在中方史料上並無所見，張天澤引用資料是葡萄牙史料。

之間是有溝通管道的。

　　嘉靖三十一年（1552），葡萄牙人雷奧尼爾・地・蘇沙（Leonel de Sousa）在國王唐・若昂三世的同意之下，率領一支由十七艘商船所組成的船隊再度來到中國，試圖與中國通商，並尋覓一停靠港口，做為與日本貿易的中繼站。[18]與蘇沙接洽的是時任廣東海道副使汪柏，蘇沙在他的文件中提到，他與汪柏已經達成協議，但沒有形諸條文或寫成文字，葡萄牙方面已經繳納百分之二十的關稅，所以人員及貨物都可以自由的出入廣東外海。[19]這也就是在中國文獻所記載的，課稅二萬金，[20]納租五百兩。[21]就這樣將澳門租借給葡萄牙。

　　葡萄牙人來到中國，在武力方面討不到任何好處，雖然短暫與走私集團合作，得以藉此獲利數倍，但這樣的舉動，畢竟是在一個不合法的情況之下進行，無法得到明朝政府的認同。從正德十三年至嘉靖三十一年（1518-1552）的三十多年間，葡萄牙人在中國的貿易之路處處受挫，然而，最後卻得以長期租借澳門到一九九九年，這箇中所用的手段如何，眾說紛紜，惟目的已經達到，過程如何進行或許已不是中葡雙方所關心的議題了。做為第一個來到東方的西方國家，與其後的西班牙、荷蘭及英國比較，或許國力無法與其相較，葡萄牙人還是憑藉著經驗與交涉手腕，得以在中國佔有一席之地。

（二）西班牙

　　西班牙人緊接著葡萄牙人的腳步來到東方，嘉靖四十三年（1564），Miguel Lopez de Legzpi 帶領的船隊來到菲律賓南部地區，隆慶五年（1571），Lopez以馬尼拉為中心，向東亞海域擴散經貿據點。[22]但早在

18　黃慶華，《中葡關係史》，上冊（合肥：黃山書社，2006），頁145。

19　Jordão de Freitas, *Macau, Materiaes para a Sua História no Seculo X VI, Lisbo, 1910*. Also see J. M. Braga, O primeiro Acordo Luso-Chines, Macao, 1939. 轉引自張增信，《明季東南中國的海上活動》，頁248。

20　（清）印任光、張汝霖撰，《澳門紀略》，世楷堂藏版，頁13b。

21　（清）張廷玉，《明史》，卷325，〈列傳〉213，〈外國〉6，〈佛郎機〉，頁8430。

22　陳宗仁，《雞籠山與淡水洋》（臺北：聯經出版公司，2005），頁95。

隆慶四年（1570），一位Augustine會士Diego de Herrea 寫信給國王，提到中國、琉球、爪哇、日本等地，都非常大且是富裕的地區，如果有船隻就可以到那些地方去。[23]由此可見，西班牙人雖然佔領馬尼拉但不會就此感到滿足，一旦有機會他們還是會去這些富裕的地區。

菲律賓地區在西班牙人還沒來以前，就已經是中國海商活動的地點之一，在馬尼拉一帶皆可看到中國帆船在此地貿易，島上也有許多華人移居於此。西班牙人佔領馬尼拉之後，控制了貿易權，與島上華人相處的情況並不融洽，島上發生四次華人被屠殺的慘案。[24]萬曆二年至三年間（1574-1575），海寇林鳳攻擊馬尼拉，[25]雖然島上有華人協助幫忙，但最後還是不敵西班牙，林鳳離開了菲律賓。西班牙本想藉著打敗林鳳，將林鳳的頭送給明廷，如此一來，就有機會得到明廷的關注，進而與中國進行貿易，但最後還是無法抓到林鳳，所以他們的想法即無法實現。[26]

在明朝方面，明廷對西班牙人來到菲律賓的情況掌握的不是很準確，到了萬曆年間才能比較瞭解實際狀況。如在道光朝擔任福建巡撫的徐繼畬（1795-1873）提到：

> 西班牙國，遣其臣咪牙蘭駕巨艦東來，行抵呂宋，見其土廣而腴，潛謀襲奪。萬曆年間，以數巨艦載兵，偽為貨船，饋番王黃金，請地，如牛、皮、大陳貨物，王許之。因剪牛皮相續，為四圍求地，稱是月納稅銀，番王已許之，不復校，遂築城立營，猝以炮火攻呂宋，殺番王，滅其國。[27]

---

[23] *The Philippine Islands.*, Vol.3, pp. 70-73。轉引自陳宗仁，《雞籠山與淡水洋》，頁98。

[24] 有關西班牙於馬尼拉大屠殺問題請參閱陳國棟，〈馬尼拉大屠殺與李旦出走日本的一個推測（1603-1607）〉，《臺灣文獻》第60卷第3期（南投：國史館臺灣文獻館，2009年9月），頁33-62。

[25] 陳荊和，《十六世紀之菲律賓華僑》（香港：新亞研究所東南亞研究室，1963），頁31-34。

[26] 伯來拉、克路士等著，何高濟譯，《南明行紀》（臺北：五南圖書出版公司，2003），頁23-27。

[27] （清）徐繼畬，《瀛環志略・航海瑣記》，《中國公共圖書館古籍文獻珍本匯刊》（北

這些消息傳到明廷，等到明廷對西班牙有較清楚的認識之後，西班牙人早已對中國虎視眈眈了。雖然如此，但是西班牙對明廷狀況也並不十分清楚，所以只能依照葡萄牙人先前的模式，先向明廷示好，再伺機而動。

萬曆五年（1577），馬尼拉的西班牙當局派遣使者四人乘船到廈門、漳州等地，企圖在福建沿海地區謀取立足之地，結果爲明廷所拒絕。[28]但西班牙不因這幾次的受挫就打退堂鼓，反而積極找尋機會。然而，想要打開中國貿易之門，並非易事，如果再持續下去而未能如願，這對西班牙在東方的經濟發展則是不利的。在菲律賓的西班牙人也深深的體會到，如果不早一點與中國進行貿易，解決日漸困窘的經濟問題，在馬尼拉的西班牙人很難再繼續維持下來。

萬曆八年（1580年5月25日），菲律賓總督Francisco de Sande寫信給國王菲力普二世，信中提出帶兵進攻中國的建議。但沒有得到國王認同，因爲國王想跟明朝維持友誼關係。[29]Philips II 與Francisco對中國政策看法明顯不同，這是可以理解的，因爲在馬尼拉的官員，處於第一線，與中國貿易受挫，除了影響士氣之外，也讓當地經濟陷入窘境。

爲了脫離這困境，萬曆十四年（1586年4月20日），菲律賓總督Santtiago de Vera在馬尼拉召開會議，會後決定向外擴張，而中國也是擴張地區的其中一個地點。[30]在此次會議中，已經擬定了一套完整的作戰方略。西班牙國王此刻也開始瞭解到如果不訴諸武力，恐怕也無法打開中國大門，因此對中國的開戰迫在眉睫。但在萬曆十六年（1588）的英西戰爭一役，結果西班牙戰敗，國力受到重創，遂打消了攻打中國的念頭。

西班牙當局雖已打消攻打中國的想法，但還是陸續派遣人員到中國打

京：中華全國圖書館文獻縮微複製中心，2000），卷2，頁2a-2b。

28　G. Philips, *Early Spanish Trade with Chincheo*.《南洋問題資料譯叢》，1957年，第4期。轉引自聶得寧，《明末清初海寇商人》（臺北：楊江泉出版，1999），頁123。

29　AGI, Filipinas6, R.3, N.38.轉引自方真真，《明末清初臺灣與馬尼拉的帆船貿易（1664-1684）》（臺北：稻鄉出版社，2006），頁66。

30　方真真，《明末清初臺灣與馬尼拉的帆船貿易（1664-1684）》，頁67-68。

探。萬曆二十六年（1598），兩艘西班牙帆船抵達澳門，請求開貢，但被當地官員逐出，不允許他們停留。後來西班牙將船泊於虎跳門，並在當地築屋，海道副使章邦翰，派兵曉諭，焚其聚落，至次年九月，西班牙人才離開。[31]西班牙想複製葡萄牙人在澳門的模式，侵佔中國土地築屋，但最終沒能成功，無法在中國沿海找到一個可以停駐的貿易地點。

在一次偶然的機遇當中，西班牙船隻漂流到澎湖群島，明朝軍隊希望西班牙船隊去攻佔荷蘭人據點「大員」。[32]這個訊息讓西班牙認真考慮，在評估之後，認為荷蘭人據有臺灣南部一帶，已經控有部分的貿易路線，如果再不積極尋求據點，就無法與荷蘭相抗衡。此後，西班牙出兵雞籠，這之中也蘊含了一些期待，如將荷蘭人趕出臺灣島，發展與中國貿易，以及到中國與日本傳教。[33]這個期待促使了西班牙決定攻打臺灣。

天啟六年（1626年2月8日），西班牙遠征船隊由Antonio Carreño de Valdés擔任司令，率軍攻臺。道明會士Diego Aduarte事後描述：「當時共有兩艘軍船及十二艘中國船，載著三連的步兵」，[34]航向臺灣北部，五月十一日抵達雞籠港，在社寮島（基隆和平島）上建一堡壘，稱聖薩爾瓦多城（San Salvador），並在旁邊的小山上建一稜堡。[35]西班牙佔領臺灣絕不是他們理想中的第一選擇，他們只是要利用臺灣的資源來對抗荷蘭人，因為臺灣島上也有很多的資源可供西班牙人使用，[36]再者，如果臺灣完全由荷蘭人掌控，這對他們在東亞海域的發展極為不利。

西班牙佔有臺灣北部之後，與荷蘭間的競爭越顯激烈，為了加強與明朝的關係，雙方各自與明朝官員交好。在這期間，明朝官員曾到雞籠做探

---

31 （清）陳灃，〔光緒〕《香山縣志》22卷，《續修四庫全書》（上海：上海古籍出版社，1997），卷23，頁15b-16a。

32 José Eugenio Borao Mateo et al. eds, *Spaniards in Taiwan*, Taipei: SMC Publishing, 2001, p.134。轉引自陳宗仁，《雞籠山與淡水洋》，頁227。

33 陳宗仁，《雞籠山與淡水洋》，頁208。

34 *Spaniards in Taiwan*,Vol, pp. 72, 79, 83. 陳宗仁，《雞籠山與淡水洋》，頁202。

35 *Spaniards in Taiwan*,Vol, pp. 71-73.

36 José Eugenio Borao Mateo et al. eds, *Spaniards in Taiwan*, Taipei: SMC Publishing, 2001, Vol.I, pp. 112-114。轉引自陳宗仁，《雞籠山與淡水洋》，頁269。

查，卻遭到住民襲擊，但在西班牙人的幫忙之下才得以脫困。另一方面，西班牙爲了對中國展現出其友好態度，也幫助中國打擊海盜，並向明廷說明荷蘭人才是海盜。[37]西班牙、荷蘭雙方彼此間的勾心鬥角，是可想而知的，顯見他們的競爭是激烈的。雖然西班牙人對於明代，在各方面都展現善意，然而明廷還是沒有允許他們可以在中國進行貿易活動。

（三）荷蘭

萬曆二十四年（1596年6月22日），由Cornelis de Houtman率領四艘船，乘載二百四十九名水手，繞過好望角來到印尼爪哇西部的萬丹（Banten），[38]至1597年返航至荷蘭時，只有三艘船及三分之一的人員幸以回國，損失極爲慘重。荷蘭人並沒有因此氣餒，從萬曆二十二年至三十年（1594-1602），先後有六十五艘船隻，分成十五支船隊抵達東方。[39]萬曆二十八年（1600），由範·納克（J. van Neck）率領六艘船到遠東，其中兩艘船準備航向中國進行貿易，幾經波折之後進入珠江口，並派遣人員上岸與明朝官員溝通，但都被拘禁，在無法援救的情況之下只好先行離開。[40]荷蘭人首次到中國的結果同樣遭到失敗。

萬曆三十年（1602），荷蘭東印度公司（Vereenigde Oost-Indische Compagnie 1602-1799）成立，派遣第一支艦隊到遠東，其中兩艘航向中國，由指揮官韋麻郎（Wijbrant van Warwijck）負責執行到中國的任務。[41]後來輾轉到了澎湖停留了四個多月。澎湖爲明朝土地，時任浯嶼欽依把總[42]沈有容帶兵至澎湖，希望荷蘭人離開澎湖，荷蘭人在評估雙方軍

---

[37] 陳宗仁，《雞籠山與淡水洋》，頁228-229。

[38] 村上直次郎譯，《バタヴィア城日誌》（東京都：平凡社，1975），第1冊，頁4。

[39] F. B. Eldridge, *The Background of Eastern Sea Power*, London, 1984, p. 221.轉引自轟得寧，《明末清初海寇商人》，頁124。

[40] Leonard Blussé著，莊國土、程紹剛譯，《中荷交往史1601-1989》（荷蘭：路口店出版社，1989），頁34。

[41] Leonard Blussé著，莊國土、程紹剛譯，《中荷交往史1601-1989》，頁37。

[42] 「欽依把總」：嘉靖42年，各水寨指揮照都指揮行事，名爲欽依把總；各衛歲輪指揮一員領衛所軍，往聽節制。（清）周凱，《廈門志》，卷3，頁80。有關欽依把總問題可參見何孟興，《浯嶼水寨：一個明代閩海水師重鎮的觀察》（臺北：蘭臺出版社，2002），頁100。

力之後，認爲目前力量難以跟明朝軍隊抗衡。在雙方溝通之下，達成協議，荷蘭人願意撤離。離開之前，明朝官員建議荷蘭人可以去淡水，[43]韋麻郎也贈送沈有容銅銃及銃彈，然而沈有容只接受了銃彈。[44]荷蘭人雖然沒能在澎湖建立據點，爲了達到貿易目的，韋麻郎並沒有因此作罷，反而是以三萬兩來賄賂當時的福建稅監高宷，[45]雖然如此，最終還是沒能達成在中國貿易的任務，然而，此種手法與葡萄牙人如出一轍。

　　天啓二年（1622），駐巴達維亞總督柯恩（Jan Pieterszoon Coen）派船隊到中國，由雷爾生（Cornelis Reijersz）擔任艦隊司令。1622年4月，荷蘭聯合英國（2艘大帆船），準備前往中國，如情勢有利可能準備攻打澳門，[46]荷蘭人最初目的是想要佔領澳門，或在澳門、漳州一帶找尋港口進行貿易，也可以在此區域截擊中國商船。[47]但最終事與願違，除了澳門無法佔領之外，也沒能在漳州外海一帶找到停留地點，七月十日短暫停留佩斯卡多爾列島（Pescadores Island），七月十一日到達大員（今臺灣安平），停留了八天之後，其中的兩艘船再度前往漳州。[48]此次中國行到達了漳州、廈門一帶，雖然重創了許多當地沿海的中國帆船，也俘虜了一千四百多名中國人，[49]但最終還是無法打開中國的貿易之門。在中國尋找島嶼進行貿易的計畫無法實現，但卻獲得明朝官員的幫助，他們願意協助荷蘭人至臺灣尋找適合的港口。[50]

　　天啓三年（1623年4月），明廷派遣洪玉宇與荷蘭人一起到臺灣島北

---

[43] 中村孝志著，許粵華譯，《荷蘭時代台灣史研究》上卷（臺北：稻鄉出版社，1997），頁176。

[44] （明）沈有容，《閩海贈言》，卷2，〈卻西番記〉，頁38。

[45] 《明神宗顯皇帝實錄》，卷440，萬曆35年11月戊午，頁8361-8362。

[46] 邦特庫（Willem Ysbrantsz Bontekoe），姚楠譯，《東印度航海記》（Memorable description of the East Indian voyage, 1618-25）（北京：中華書局，2001），頁68。

[47] 程紹剛譯註，《荷蘭人在福爾摩莎》（臺北：聯經出版公司，2000），頁6-9。1622年3月26日〈東印度事務報告〉。

[48] 邦特庫著，姚楠譯，《東印度航海記》，頁75-76。

[49] 邦特庫著，姚楠譯，《東印度航海記》，頁96。

[50] （明）黃承玄，〈題琉球諮報倭情疏〉，《明經世文編》（北京：中華書局，1962），頁5268。

部勘察，但荷蘭人認為那邊不適合泊船。[51]到達澎湖之前，遭遇到海盜襲擊，因此未完成與荷蘭人到臺灣勘察良港的任務。對荷蘭稍事敷衍之後，即返回中國，回國之後謊報荷蘭人已拆除澎湖城，並到達臺灣。[52]然而，荷蘭人當時根本沒離開澎湖，而且繼續在澎湖一帶興建各種防禦措施。

天啟三年八月（1623），南居益（？-1644）接替商周祚擔任福建巡撫。南居益就任後，對荷蘭的態度轉趨強硬。荷蘭此時亦派遣佛郎斯（Christiaan Francx；明朝稱高文律）增兵澎湖，雷爾生即利用此機會，至廈門與南居益談判，惟南居益強烈要求荷蘭必須撤離澎湖，但雷爾生再度聲明他並未獲得巴達維亞總督的允許，不能擅自離開澎湖，因此，拒絕撤兵，[53]另外一方面，亦派遣船隻至東南沿海一帶進行勘查，等待時機。十一月一日，荷蘭人唆使當地商人池貴與南居益疏通，南居益非但不與其談判，反而將他逮捕入獄，並向朝廷呈報。內容載道：「夷乃遣奸商池貴，持夷書重賂嘗臣，臣焚賄，斬使以絕其狡計」。[54]

荷蘭人雖然無法如願進行貿易，卻也不離開中國，南居益即利用荷蘭人極欲貿易的心態，遂佯裝與其討論貿易事宜，但卻運用這時機，將來談判的荷蘭人一網打盡，使荷軍損失慘重，兵部題本中載道：

> 乃多方用計，誘夷舟於廈門港口，生擒夷首高文律（Christiaan Francx）等，並斬級六十名，用火攻燬其舟，夷卒之死於焚溺者無算，精銳略盡，氣勢始衰，餘黨之在彭湖者，奄奄釜魚，知其無能為矣。[55]

---

[51] *The Formosan Encounter*, V01. 1, p3.陳宗仁，《雞籠山與淡水洋》，頁100-101。

[52] 包樂史，〈明末澎湖史事探討〉《臺灣文獻》（臺中：臺灣省文獻委員會，1973），第24卷，第3期，頁51。

[53] 包樂史，〈明末澎湖史事探討〉《臺灣文獻》，第24卷，第3期，頁51。

[54] 中央研究院歷史語言研究所編，〈兵部為彭湖捷功事〉《明清史料》乙篇，第7本，崇禎2年閏4月，頁629。

[55] 〈兵部為彭湖捷功事〉《明清史料》乙篇，第7本，頁629。

雷爾生得悉高文律被捕之後大爲震怒，決定再對中國施以封鎖的手段，來打擊中國，在周邊海域捕抓中國人。最終，荷蘭僅有的六百名人員，是無法對中國產生較大的威脅。[56]在另一方面，明朝水師亦派出五十艘戰船至澎湖沿海一帶巡防，展現進攻澎湖的決心，此舉讓雷爾生產生極大的壓力，在任期屆滿之際向巴達維亞提出辭呈，離開澎湖。

　　天啓四年（1624年3月初），耿思忠與王夢熊會商，準備對澎湖採取行動。荷蘭方面，巴城總督核准雷爾生辭職之後，派遣宋克（Martinus Sonck）至澎湖，[57]繼續執行與中國貿易的任務。雖然明廷要求荷蘭儘快撤離澎湖，但在明廷未答應讓荷蘭人貿易之前，荷蘭人不會撤出澎湖。這之間的數次談判最後都無法取得共識，在這種情況之下，明廷已無法再等待，陸續派遣軍隊，準備至澎湖與荷蘭一戰。宋克寫給巴城總督的報告，詳細記載明朝軍隊的動向：

> 現在他們已率領大量的帆船及士兵，整頓軍備，親自來到澎湖群島。我們若不輕易離開，他們將決心訴諸武力，他們的士兵將推進到我澎湖城寨，直到將我們從澎湖島上逐出中國為止。[58]

從這封信中可瞭解到，荷蘭方面也已經探查到明廷將攻擊澎湖的訊息，明廷已經集結兵力，準備開戰。荷蘭人此刻也開始懷疑，以他們現在的兵力，是否能夠繼續守住澎湖，面對這樣的壓力，內部已經產生信心危機了。

　　天啓四年（1624）六月十五日，明朝水師進攻澎湖，七月三日已逼近荷蘭在澎湖搭建的城池，並且準備分成三路進攻。此舉，造成荷蘭人的

56　雷爾生給巴城的信，1624年1月25日，收於W. P. Groeneveldt, *De Nederlanders in China*. pp. 474-475.轉引自林偉盛，《荷據時期東印度公司在台灣的貿易（1622-1662）》（臺北：國立臺灣大學歷史學研究所博士論文，1998），頁33。
57　林偉盛，《荷據時期東印度公司在台灣的貿易（1622-1662）》，頁33。
58　村上直次郎譯，《バタヴィア城日誌》（東京都：平凡社，1975），第1冊，頁68。

恐慌，並舉白旗停戰，尋求協商[59]。八月，宋克抵達澎湖，他很清楚，荷
蘭在澎湖的兵力是無法與明軍對抗，但又不能放棄澎湖，所以希望能將戰
事拖到來年，期待援軍的到來。然而，在明廷方面，態度極為強硬，絲毫
不給荷蘭人拖延的機會，並伺機行動。在陷入膠著的情況下，荷蘭請求李
旦幫忙，李旦願意幫助荷蘭人與明廷斡旋。荷蘭人告訴李旦，談判的條件
是：堅持中國商人必須放棄前往其他地區貿易，荷蘭才願意撤離澎湖。依
李旦判斷，現在的情勢對明朝有利，明朝軍隊不會答應此項要求，為使談
判不破裂，荷蘭不再堅持，最後放棄澎湖轉向臺灣發展。[60]明廷為了展現
誠意，也同意荷蘭人可以自由在臺灣及巴達維亞之間貿易。此後，荷蘭由
安平進入，佔領臺灣，但是對於打開中國貿易之門的想法還是沒有改變。

二、承自明代的海防制度

（一）嘉靖前的水師設置

　　明朝水師設置目的，在初期最主要是針對與朱元璋抗衡的相關對手之
殘餘勢力，以及少部分的倭寇。這些殘餘勢力逐漸瓦解之後，海防的防範
對象就以海寇為主。從洪武朝到嘉靖朝初期，倭寇的騷擾多有所聞，但只
有零星且規模並不大的侵犯，影響範圍尚可掌握。嘉靖中期之後，倭寇問
題越顯嚴重，再者，明代海防部隊及各種海防設施因荒於經營，因此面對
倭寇問題顯得力有不足；慶幸的是，此階段有一些善謀略、懂經營的官員
鎮守海疆，才不致讓沿海的問題持續擴大，不可收拾。

　　明朝的軍事制度是衛所軍制，至正二十四年（1364）始建立衛所，
成員來自投降的官兵。有兵五千者為指揮，滿千者為千戶，百人為百戶，
五十人為總旗，十人為小旗。[61]朱元璋（1328-1398）建立明帝國之後，
衛所制度繼續施行，並將其擴大至全國。《明史》載：「天下既定，度

---

[59] 《明熹宗哲皇帝實錄》，卷47，天啟4年10月己亥，頁2459-2460。
[60] 林偉盛，《荷據時期東印度公司在台灣的貿易（1622-1662）》，頁42。
[61] 《明太祖高皇帝實錄》，卷14，甲辰年4月壬戌，頁193。

要害地，係一郡者設所，連郡者設衛。大率五千六百人為衛，千一百二十人為千戶所，百十有二人為百戶所。所設總旗二，小旗十，大小聯比以成軍。其取兵，有從征，有歸附，有謫發」。[62]此為明代衛所的雛型。

衛所屬地方軍事體系，由各地都指揮使管轄，在中央則有兵部及五軍都督府，兵部下達軍令，五軍都督府則統兵作戰，軍令與指揮分權而立。衛所內的士兵，一部分執行勤務，一部分進行開墾工作。

明朝的水師部隊設置於衛所制度之下，並不是一個專門的獨立機構。對於水師部隊的建立，早在未建國之前，朱元璋即已擁有水師部隊。至正十五年（1355）五月，「俞通海父子擁眾萬餘、船千艘，據巢湖，結水寨，與廬州左君弼有隙，屢被其窘，懼為所襲，五月丁亥，遣俞通海間道來附，乞發兵為導使，凡三至」。[63]俞通海（1329-1366）率水師投靠朱元璋後，使朱元璋擁有較為完善的水師部隊，這支水師，在鄱陽湖戰役中，擊敗陳友諒（1320-1363）水師，陳友諒戰死。此後，這支水師部隊，即成為奠定明朝建國後的水師基礎。

雖然明初的水師戰功彪炳，但水師制度並不完善，缺乏一個專責單位管轄、經營，水師部隊只能隸屬於地方的都指揮使管轄，這些都指揮使，並不是人人都具備水師才能。即便如此，朱元璋還是在整個沿海地區，設置水師部隊防守海疆。此時期設置水師的原因為何？最主要是防範方國珍（1319-1374）、張士誠（1321-1367）等殘餘勢力以及沿海的海寇。雖然明廷已在沿海加強兵力佈防，但精銳部隊主要的防守地點，還是以西北地區為主，沿海地區並非由主力布防。如此的部署，考慮到西北各地時而紛擾不斷，元政權的勢力猶在，隨時會集結南侵，這讓明廷心生恐懼，所以朱元璋才分封諸王鎮守北疆。至於沿海一帶的對手，無論是倭寇、海盜等集團，這些勢力只會威脅到地方安全，影響地方經濟，並不會危及國家命脈。事情有輕重緩急，將主力部隊部署在威脅嚴重之處，這才是用兵的根

62　（清）張廷玉，《明史》，卷90，〈志〉66，〈兵〉2，〈衛所〉，頁2193。
63　《明太祖高皇帝實錄》，卷3，乙未歲4月丁巳，頁30。

本法則。朱元璋曾說道：「朕以諸蠻夷小國，阻山越海，僻在一隅，彼不為中國患者，朕決不伐之，惟西北胡戎世為中國患，不可不謹備之耳。卿等當記所言，知朕此意」。[64]朱元璋身經百戰，當然很清楚，蒙元雖已敗亡，但尚未瓦解，隨時有東山再起的機會，這對明廷的威脅不可小覷，因此備與重兵防守北疆亦是理所當然。

洪武元年（1368），朱元璋平定方國珍、張士誠、陳友定等主力部隊之後，開始經營海防。雖然主要對手已平定，但部分殘兵敗將遁走海上，部分與倭寇勾結襲亂沿海。另外亦有山賊與海寇相互合作者，如廣州海寇曹真自稱萬戶，蘇文卿自稱元帥，聯合山賊單志道等人，立寨攻掠東莞、南海及肇慶。[65]所以這階段的海防政策，一方面是要隔絕居民、山賊與倭寇有所聯繫，一方面則開始建構海防措施。

朱元璋的海防政策為大明帝國奠立基礎，要探討明朝完整的海防體系，以福建省做例子最恰當不過，因為明朝所興建的海防設施，在福建地區皆曾設置。這些海防設施包括衛所、水寨、烽堠、墩臺、遊兵。遊兵在隆慶朝之後才成立，其他設施皆在洪武朝即完成。

在完備的海防制度未設置之前，朱元璋也只能用消極的海禁政策來緩和沿海問題。為了加強沿海防務，洪武四年（1371）十二月，開始增加海防衛所人員的招募及編制，命靖海侯吳禎（1328-1379）調派方國珍部隊，以及溫州、台州、慶元三府軍士，和蘭秀山無田糧之民，共十一萬餘人，編制於各衛所。[66]此外，亦禁止沿海居民私自出海，因為，當時方國珍及張士誠的殘餘勢力，躲藏於各島嶼之間，勾倭為寇。因此除了設兵防守外，也避免沿海居民與其互動。

洪武五年，命浙江、福建造海舟防倭。[67]洪武八年（1375）命靖寧

---

64 《明太祖高皇帝實錄》，卷68，洪武4年9月辛未，頁1278。
65 《明太祖高皇帝實錄》，卷140，洪武14年11月庚戌，頁2206。
66 《明太祖高皇帝實錄》，卷70，洪武4年12月丙戌，頁1300。
67 （清）張廷玉，《明史》，卷91，〈志〉67，〈兵〉3，〈海防〉，頁2243。

侯葉昇，巡視溫、台、福、興、漳、泉、潮州等衛，督造防倭海船。[68]從洪武二年至洪武七年（1369-1374），是倭寇襲擾中國沿海最爲猖獗的時期，如洪武二年八月，倭寇進犯淮安（江蘇淮安）、[69]洪武六年七月，倭寇襲擾台州，[70]洪武七年七月襲擾膠州（山東膠州）、海州（江蘇連雲）等處。[71]但因明廷已增加沿海防衛措施，在軍隊數量及海防設施上都達到一定的標準時，倭寇在此刻無法得利。

洪武七年至洪武十九年（1374-1386），沿海地區並沒有危害嚴重的倭寇騷亂事件，因此沿海的防務並無多大變動。洪武二十年之後，開始在各地進行防務整頓，福建方面，命江夏侯周德興招募士兵一萬五千多人，築城十六座，增置巡檢司四十五處，以鞏海疆，如以前所設之衛所非要害之地，即移往他處設置，[72]這可使物盡其用。洪武二十年（1387），依左參議王鈍建議，將居住於福建外海的孤山斷嶼之民，遷居沿海新城，官給田耕種。[73]洪武二十一年（1388），置福建沿海五衛指揮使司，分別爲福寧、鎮東、平海、永寧、鎮海，千戶所十二，分別爲大金、定海、梅花、萬安、莆禧、崇武、福金、金門、高浦、六鰲、銅山、玄鍾，以防倭寇。[74]

在浙江方面，信國公湯和（1326-1395）欲告老還鄉之際，此時日本人屢屢騷擾濱海居民，朱元璋希望藉重湯和之力，巡視海防，並選擇重要地點築城，增兵來加強防衛。[75]朱元璋知曉目前的海防尚未建立完成，因此，才希望年過花甲的湯和可以代其視察防務。巡視完成之後，設置衛所城五十九座，以防衛海疆。

68　《明太祖高皇帝實錄》，卷99，洪武8年4月丙申，頁1680。
69　《明太祖高皇帝實錄》，卷44，洪武2年8月乙亥，頁866。淮安鎮撫吳祐等人擊敗倭人於天麻山，擒倭寇57人。
70　《明太祖高皇帝實錄》，卷83，洪武6年7月丙寅，頁1490。台州衛兵出海捕倭74人。
71　《明太祖高皇帝實錄》，卷91，洪武7年7月甲戌，頁1594。海州百戶何達斬倭寇24人。
72　《明太祖高皇帝實錄》，卷181，洪武20年4月戊子，頁2735。
73　《明太祖高皇帝實錄》，卷182，洪武25年6月甲辰，頁2748。
74　《明太祖高皇帝實錄》，卷188，洪武21年2月己酉，頁2818。
75　《明太祖高皇帝實錄》，卷191，洪武21年6月甲辰，頁2878。

在廣東方面，增設衛所的時間稍晚，洪武二十六年（1393）於潮州蓬山設守禦千戶所，[76]此後陸續在廣東海防要塞增設多處城寨。總計於洪武年間，於沿海地區設立五十七衛、八十九千戶所、巡檢司兩百多處，沿海地區的相關防衛設施，如城、堡、寨、墩臺、烽堠已有一千處。[77]以東南沿海來看，浙江有十一衛三十千戶所、福建有十一衛十三千戶所、廣東有八衛二十九千戶所。[78]

明成祖繼位之後，除了持續經營東南沿海的防務之外，因國都的北移，更加強了九邊及東北海防。在東南沿海方面，開始重視衛、所間的聯繫，永樂十五年（1417）刑部員外郎呂淵等人，出使日本期間，捕倭寇數十人獻京師，賊首有徵葛成二郎、五郎者，訊問之後，確認為日本人。[79]遂此，明廷開始重視這方面的情資，並注重沿海警戒之安全。便在浙江海寧、金鄉、松門、海門、昌國、定海各衛增置烽堠、墩臺七十二處。[80]在福建、廣東地區亦興建烽堠，鞏固沿海防務。

在將領的任用方面，選用有經驗的武弁帶領年輕的世襲軍官，以老帶少，傳承經驗。如廣東都指揮使李龍奏：

> 緣海衛所臨大洋，指揮等官多是新襲少年，未諳武畧，猝遇寇至，慮有疏虞，請別選老成用之。上諭，行在兵部。臣曰：海道倭寇出沒不時，必得老成之人，乃能臨機應變，宜精選指揮使、正千戶掌印，庶幾行事得宜，亦使後輩有所取法。[81]

相關的海防設施及人員的選用問題，歷經數朝之後，已有規制可尋。但正

---

[76] 《明太祖高皇帝實錄》，卷227，洪武26年4月乙亥，頁3311。
[77] 王日根，《明清海疆政策與中國社會發展》（福州：福建人民出版社，2006），頁42。
[78] 王日根，《明清海疆政策與中國社會發展》，頁42。楊金森、範中義，《中國海防史》，頁88載：廣東洪武朝有8衛26所，明顯與王日根所著錄不同。
[79] 《明太宗文皇帝實錄》，卷193，永樂15年10月乙酉，頁2035。
[80] 《明太宗文皇帝實錄》，卷195，永樂15年12月辛亥，頁2051。
[81] 《明宣宗章皇帝實錄》，卷3，洪熙元年7月丙子，頁83。

統之後，海防開始出現各種弊端，如官兵的怠忽職守、人員的不足、武器的老舊，這些問題成為倭寇再度入侵的主因。正統七年（1441），據浙江監察御史李璽等奏：

> 倭寇二千餘徒，犯大嵩城，殺官軍一百人、虜三百人、糧四千四百餘石、軍器無算，守禦指揮蔣鏞等，兵備不嚴，以致失機，總督備倭署都指揮僉事陳暹，委官都指揮僉事李貴，統船四十艘，圍賊於中，乃按兵不動，縱之逸去。[82]

由此事件可知，衛所官兵的警覺性不足，才讓倭寇乘虛而入，殺傷數百人，再者前來支援的部隊，本已將倭寇包圍，但卻無法將倭寇一網打盡，反而讓其兔脫。官兵的鬆散以及戰術的使用錯誤，是造成傷亡的主要因素。另外，之前裁撤的衛所，在此時亦遭到倭寇的攻擊，正統八年八月，浙江備倭都指揮使李信奏：「永樂中，原于沈家門等處，立三水寨，合兵聚船，以備倭寇，海道一向寧息，正統二年始挈散水寨各守地方，自此海寇益多」。[83]衛所的裁撤失當，確實讓海防產生了許多的漏洞，這方面的問題，在宣德、正統年間已開始顯現。

景泰以後，水師部隊的弊端更為嚴重，防倭要臣甚至與海寇有所勾結，景泰三年（1452）鎮守廣東左監丞阮能奏：「備倭指揮僉事王俊，將原獲賊番貨三百餘擔，私運回家，縱賊逃遁，不行追捕，以致殺死備倭都指揮僉事杜信」。[84]貴為指揮僉事的王俊，非但私吞賊貨，還縱容海賊逃逸，這使得明代初期所設置的海防系統，至今已蕩然失真，然而問題尚不僅止於此，嘉靖以後的海寇，才是明朝必須面對的最大難題。這是因為許多官員怠忽職守，未能乘勝追擊，將海寇平滅，這印證了俞大猷

---

82 《明英宗睿皇帝實錄》，卷92，正統7年5月丁亥，頁1872。
83 《明英宗睿皇帝實錄》，卷107，正統8年8月己亥，頁2174。
84 《明英宗睿皇帝實錄》，卷219，景泰3年8月戊辰，頁4729。

（1503-1580）所言：「閩廣海寇不過數百輩，乘風遊劫，不足爲地方大患」。[85]雖然海寇人數不只是俞大猷所宣稱的數百人之譜，實際的數量應該更多，但俞大猷擔心之處，是連那麼少的海寇都無法平定，如果海寇一旦再度熾盛，那將無法收拾。由此顯見，海防已出現許多弊端，因此才無法將只有數百人的海盜消滅。因此可以說，永樂至正德（1403-1521）的一百多年間，明朝海防由完善走向廢弛。[86]

（二）沿海防衛措施

衛所制度建置完成之後，在沿海地區設置了城寨、水寨、烽堠、墩臺和戰船所組成的一個海防網絡。水寨和陸上的衛、所、巡司和烽堠等海防互爲腹裡，衛所等軍負責控禦於內，水寨兵船則哨守於外，[87]如此形成一綿密的海防防禦系統。

1.水寨

宋朝時期即有水寨的設置，但此時的水寨都興建在江河之中，如遼太祖神冊五年（920），命默記將漢軍進逼長蘆水寨，俘馘甚衆。[88]長蘆水寨位於黃河入渤海灣口處，尙且看成是江河水寨，爾後從五代至元代，江河之要塞皆設有水寨。福建地區於北宋時期亦設有水寨，如在石湖、石井和小兜等地皆設立了水寨。[89]

沿海水寨的興建到了明朝方才確立，洪武二十年（1387），朱元璋命江夏侯周德興，至福建籌設海防，爾後周德興即在福建地區興建烽火門、南日、浯嶼三水寨，其目的是防衛倭寇入侵。水寨即爲一水師基地，它的寨城當係涵蓋水岸周圍，環邊築有城牆防禦工事的軍事保壘，甚至建

85　（明）俞大猷，《正氣堂集》（新竹：國立清華大學圖書館藏，線裝書），〈功行紀〉，頁3b。
86　楊金森、範中義，《中國海防史》上冊，（北京：海軍出版社，2005），頁102。
87　（明）陳仁錫，〈各省海防·閩海〉，《皇明世法錄》（臺北：臺灣學生書局，1986），卷75，頁8b。
88　（元）脫脫，《遼史》（臺北：鼎文書局，1980），〈列傳〉卷74，〈列傳〉第4，〈康默記〉，頁1230。
89　（清）懷蔭布，《泉州府誌》76卷（臺南：臺南市文獻委員會，1964），卷25，〈海防〉，頁1。

構了砲臺，另外亦有相關的軍事設施，如船塢、營房及教練場等。[90]

　　水寨主要設於海中島嶼，其設置有其必要性，因為東南沿海地區的大小島嶼星羅棋布，在防守上極為困難，如能妥善運用這些島嶼，在戰略上即可形成一綿密的防線，制敵於外洋。因此，在戰略的思考及地理環境的搭配之下，明朝於福建及浙江設置十處水寨、[91]廣東設置六水寨。[92]另外，水寨除了駐兵之外亦設有戰船，如福建每水寨造福船四十隻，海寇襲擊時，可合五寨兵力夾攻，賊勢較小時則各水寨可自行殲滅。[93]但要經營水寨實屬不易，要有多方面的配套措施，才能將水寨的功用發揮到極致，可惜的是這些水寨設置之後，因經營及管理的失當，陸續廢棄。如烽火門水寨於永樂十八年（1420）創設於三沙海面，正統元年（1436）侍郎焦宏（1392-1449）認為此地風濤洶湧，泊舟不便，命移於松山。[94]另外，浯嶼水寨在洪武朝設於中左所，屬於同安，萬曆三十年（1602）遷徙到泉州石湖。[95]

　　福建的五個水寨是將整個福建包覆其中，做為防衛海寇的第一線，但內遷之後，效果大打折扣。這些於明朝初期興建的水寨，到了嘉靖年間有些遭到破壞，這對海防的部署來講是相對失策，因為水師無法將敵軍殲滅於外海，反而讓敵軍於境內決戰，如此將減少對敵軍的因應時間之外，也會增加居民的損傷。所謂：「倭船至岸而後禦之，亦末矣，熟若立水寨、

90　何孟興，《浯嶼水寨：一個明代閩海水師重鎮的觀察》（臺北：蘭臺出版社，2002），頁11。

91　福建地區設有五水寨，烽火門、小埕、南日、浯嶼、銅山，另有玄鍾水寨隸屬於銅山，各水寨由把總統領。參見（明）鄭若曾，《籌海圖編》卷5，〈福建兵防官考〉，頁336-344。浙江地區水寨則有黃華水寨、江口水寨、飛雲水寨、鎮下門水寨、白岩塘水寨，參見（明）鄭若曾，《籌海圖編》，卷5，〈浙江兵防官考〉，頁449-450。黃中青，（宜蘭：學書獎助基金，2001），頁33-41。

92　（明）俞大猷，《正氣堂續集》，卷1，頁20a。

93　（明）俞大猷，《正氣堂集》〈洗海近事〉，卷上，頁2a。

94　（明）葉溥、張孟敬纂修，〔正德〕《福州府志》40卷，（福州市：海風出版社，2001），頁539。

95　（明）何喬遠，〈石湖浯嶼水寨題名碑〉，卷1，〈碑〉，頁12。收於（明）沈有容，《閩海贈言》，臺灣文獻叢刊，第56冊。

置巡船，制寇於海洋、山沙，策之上也」。[96]水寨的設置，本來立意甚佳，但如今卻失去原有的戰略效果。

2.烽堠

烽堠又作烽燧、煙墩或墩臺。墩臺，即古之斥堠也，明朝初期沿海地方依照地理遠近，各置墩臺，發現海寇後，即舉烽火為號。[97]烽堠有預警的效果，一般都設置在容易發生軍事衝突之處，一旦出現狼煙，即代表該處發生事故，必須給予相關支援。

洪武二十六年（1393）對烽堠有較詳細的規定：

> 定邊方去處，合設煙墩，並看守堠夫，務必時加提調整點，廣積稈草，晝夜輪流看望，遇有緊急，則舉煙、夜則舉火。[98]

烽堠是一個二十四小時警備的單位，做為最前線的哨所，當更為機警。烽堠設置之初，並無一硬體設備，只是在空曠處施煙放火，永樂十一年（1413），築煙墩，高五丈；天順二年（1458），在煙墩上設懸樓；成化二年（1466），再規定施放烽堠的條件。[99]設立煙墩，可以將訊息傳至更遠處，懸樓的設置，除了加強防衛安全之外，空間亦可增加兵援，加強防守力量。

有明一代，烽堠設置地點以北疆及沿海地區為主，沿海地區烽堠的設置非常的綿密，形成一道防禦線。從烽堠的設立地點及設置數量亦可看出海防的重點位於何處。明代浙、閩、粵三地的烽堠設置地點及數量見表1-1。由表中烽堠數量可看出，在嘉靖以前的海防重點地區是以浙江地

96　（明）鄭大郁，《經國雄略》，〈海防攷〉，卷1，〈海防〉，頁12b。
97　（清）顧炎武，《天下郡國利病書》，頁1772。稿本。
98　（明）申時行，《萬曆大明會典》，卷132，〈兵部〉15，頁1a。
99　（明）申時行，《萬曆大明會典》228卷，〈卷〉132，〈兵部〉15，頁1237。成化2年規定，見虜（一）二人至百餘人，舉放一烽一砲、500人2烽2砲、千人以上3烽3砲、五千人以上4烽4砲、萬人以上5烽5砲。

區為主，在同一時期，浙江地區有烽堠二百三十九座，福建地區有烽堠一百八十三座，廣東地區有烽堠一百三十二座，顯然在這個階段，浙江一地受到外來侵略的情況較為嚴重，因此才設置綿密的烽堠來預警。事實證明，嘉靖以後在浙江設置較多的烽堠確實符合這需求。

表1-1　明朝浙、閩、粵三地烽堠數量統計表

浙江地區		福建地區		廣東地區	
府	烽堠數量	府	烽堠數量	府	烽堠數量
溫州	52	漳州府	12	雷州府	21
台州	61	泉州府	44	高州府	8
寧波	87	興化府	45	廣州府	55
紹興	25	福州府	44	惠州府	29
嘉興	9	福寧州	38	潮州府	19
直隸都司	5				
總計	239	總計	183	總計	132

資料來源：（明）鄭若曾，《籌海圖編》，卷3-卷5，頁303-410。（廣東、福建、浙江兵防考）

3.戰船

　　中國外海戰船的製造始於南宋時期，因西北地區，金和蒙古的壓力，開始在東南沿海進行造船，在海上險隘處，益設戰艦。[100]元朝時期，為了出兵海外，更建造了數千艘戰船。[101]明太祖朱元璋即位之後，強調「片板不許入海」[102]，因為政府政策的使然，戰船的發展受到侷限。明成祖繼位後雖承繼禁海措施，但也積極經營海洋，這方面以官方為主，然而，這個舉動促使海洋得以發展，其中，於鄭和（1371-1433）下西洋

---

100 （清）嵆曾筠，〔雍正〕《浙江通志》（臺北：華文書局，1967），卷95，〈海防〉1，頁15a。
101 章巽，《中國航海科技史》（北京：海洋出版社，1991），頁79。
102 （明）張廷玉，《明史》，卷205，〈列傳〉93，〈朱紈〉，頁5403。

（1405-1433）時期，是中國海洋政策向外發展的最高峰。爾後因官方政策之考量，使得海洋發展計劃遭到停頓。

明朝的戰船設置額數在嘉靖朝以前，是以衛所做為基準點，衛所多，戰船數量亦多。洪武二十三年（1390），鎮海衛軍士陳仁建言，應廣造戰船，他認為沒有堅固的戰船是無法與海寇對抗，如使用漕船充作戰船，因船隻結構與性能不同，反而會失機誤事，因此建議興建戰船。[103]朝廷接受了建議之後，開始於濱海的衛所，每百戶設戰船二艘，巡邏海上盜賊，巡檢司亦設置。[104]這是明朝初期戰船的額設情況。此後，於沿海衛所，每千戶所，設備倭船十隻，每一百戶船一隻，每一衛五所，共船五十隻。[105]這是明朝會典中對於戰船的編制。

從掌握到的明朝戰船資料來看，顯示出海防的重點以浙江、福建為主，廣東地區的海防設施，尚不及浙、閩兩地。但隨著動亂發生地點的變動，戰船的設置地點亦隨之改變。惟在明朝相關的戰船資料記載上，缺漏連連，每階段對戰船資訊的記載也都是局部性的敘述，沒有一連貫性的記錄，在這部分即無法詳細瞭解明代戰船的數量及其佈防情況。（表1-2）是針對三種不同史料整理而成，可大致瞭解明朝戰船設置的情況。這三種史料雖然記載不同地點，在撰述的時間點上卻是差距不大，還是有參考的價值。這三位作者都出生於嘉靖年間，約萬曆時期亡故，惟侯繼高的生歿時間較不確定，從時間點來看，他們所論述的時間是有重疊的。由這三種史料來看，嘉靖到萬曆時期的戰船數量以浙江最多、福建次之、廣東最少，這與實際上海寇劫掠地點以浙江最多是相符合的，也顯示出此時期的海防重點是在浙江。

---

[103] 《明太祖高皇帝實錄》，卷199，洪武23年正月甲申，頁2986。
[104] 《明太祖高皇帝實錄》，卷201，洪武23年4月丁酉，頁3007。
[105] （明）申時行，《萬曆大明會典》228卷，卷200，〈工部〉20，頁1842。

表1-2　明朝浙、閩、粵三地戰船數量統計表（嘉靖至萬曆年間）

浙江地區		福建地區		廣東地區	
設置地點	戰船數量	設置地點	戰船數量	設置地點	戰船數量
軍門標下	49	福寧州	83	潮州府	19
總鎮標下	129	福州府	30	惠州府	16
杭嘉湖區	54	興化府	69	廣州府	24
紹興府	223	泉州府	70	高州府	4
寧波府	293	漳州府	79	廉州府海面	2
台州府	153	彭湖	20	瓊雷二府海港	16
溫州府	216			雷州海港	6
總計	1,117	總計	351	總計	87
資料來源：（明）侯繼高（約1530-1590），《全浙兵制》3卷，頁104-108。		資料來源：（明）何喬遠（1558-1631），《閩書》第一冊，卷40，〈捍圉志〉，（福州：福建人民出版社，1994），頁1002。		資料來源：（明）鄭若曾（1503-1570），《籌海圖編》13卷，卷3，頁306。	

　　雖然表中記錄了各省戰船數量不少，但實際上可能並非如此，尚需扣除興建中、未建、拆造等數目。如嘉靖五年（1526），水寨軍配備的船隻，存者無幾，因此臨時募兵造船，[106]顯見嘉靖初期，各地可動用勦寇的水師戰船寥寥無幾。

（三）嘉靖後的水師政策

　　嘉靖朝以後，倭寇問題加劇，再者，倭寇與海盜合作的情形增加，勢力更顯龐大，這將影響沿海經濟的正常活動。張彬村認為，這些亦寇亦商的海上走私勢力，壓縮了陸上私商的力量，兩者衝突之後，陸上私商力量劇降，如此一來，海上私商又刺激警力，使警力劇增，但時間一久，官方的力量還是占上風，海寇力量自然受到壓制。[107]雖然海寇不像政府有強

---

106 《明世宗肅皇帝實錄》，卷61，嘉靖5年2月壬戌，頁1432。
107 張彬村，〈十六世紀舟山群島的走私貿易〉《中國海洋發展史論文集》，第1輯（臺北：

大的力量做後盾，一旦海寇內部出現問題，其勢力自然削弱。

明朝設置近一百五十年的衛所制度及海防設施，在此階段已瀕臨瓦解。以至於爾後平定海寇的士兵都是來自他處，而不是原處的衛所兵。隆慶朝之後，海防軍隊組織由衛所改爲營哨制，招募新的士兵，同時整建沿海防衛設施。海防重新規劃之後，面對海寇的襲擾，尚能維持抗衡力量，但卻無法有效的防止海寇入侵。爲了加強沿海防務，明廷在局部地區設置遊兵，[108]以增加當地的防守力量。但遊兵在浙江爲海防巡弋的主力，但在福建及廣東仍是以水寨爲主。[109]

在地方官員的派任制度上，亦有重大的變革，在文官方面，設置總督、巡撫，武官方面設置總兵、副總兵、參將等職，這些新設的職務，或是職務的改變，代替原來的衛所體系，因此，無論統兵權或是各種決策權都超越以往，權力更大。[110]此時期所派遣的官員，大部分素質佳，勇於任事，所以海疆的防衛都能達到良好的效果。

嘉靖中期開始，倭患漸起，始設巡撫浙江兼管福建海道提督軍務都御史，朱紈（1494-1550）於嘉靖二十五年（1546）出任浙江巡撫。朱紈至浙江兩年多的時間，與盧鏜（1505-1577）、柯喬繼合作，整頓軍備，並

中央研究院三民主義研究所，1984），頁76。

[108] 浙江地區的遊兵分為，杭嘉湖區、寧紹區、溫處區、台金嚴區，每區設一參將，其下再設把總；福建地區則有臺山、喻山、五虎、海壇、湄州、浯銅、鴻江、彭湖、南澳、玄鍾、礵山、海橙，12處遊兵；廣東地區的遊兵與浙江、福建不同，這裡的遊兵，僅是位於水寨之下，由哨官帶領的遊哨，並非是一個新的機構。黃中青，《明代海防的水寨與遊兵》，頁42；103-105；137-138。

[109] 黃中青，《明代海防的水寨與遊兵》，頁42。

[110] 總督、巡撫、總兵，本為一臨時性的官職，通常在戰時設置總督、巡撫統領戰地所有事宜，總兵則專責帶兵打仗。戰事一旦結束，這些人再回任原單位，職務即解除。太祖朝，總兵形同主帥，以總兵主帥稱呼。《明太祖高皇帝實錄》，卷2，乙未歲正月戊酉，頁22。

明朝總兵的設置始於洪武2年，但為一臨時性；宣德年間，在山、陝設立二鎮總兵，此後在要害處設之，嘉靖中，倭患漸起，始設巡撫浙江兼管轄福建海道提督軍務都御史，總兵官亦成為地方的鎮戍官，以後巡撫也成為常設官，駐在各地。景泰以後，若涉及數鎮或數省以上用兵的場合則令派重臣前往處理，稱總督。許雪姬，《清代臺灣的綠營》（南港：中央研究院近代史研究所，1987），中央研究院近代史研究所專刊（54），頁131-132。

掌握浙、閩兩地兵權，將以前的各省各行其事，改由巡撫統一指揮調動，如此更能運籌帷幄，便宜行事。朱紈上任後，勦滅李光頭、許二、許六及葡萄牙等海寇，然而因壓縮當地利益，得罪奸商，最後在朝廷的壓力之下，自殺身亡。在檢討朱紈的事件中，朝廷認為朱紈權力過大，才會與地方爭議不斷，旋即，改巡撫為巡視。但不久倭寇開始肆虐，此時朝廷乃增設金山參將，分守蘇、松海防，旋改為副總兵，調募江南等地官、民兵充當戰守兵，而杭、嘉、湖地區於此時增設參將及兵備道。[111]增設這些職務，緩不濟急，主要是朱紈時期所籌設的海防設施已蕩然無存。

　　此後，王忬（1507-1560），於嘉靖三十一年（1552）七月，派任巡視浙江，此時期官制稍有更改，浙江、福建地區設置總兵、副總兵、參將等武職，改變舊有的衛所體系。如嘉靖三十一年，設浙江、南直隸，參將各一員，以俞大猷（1503-1579）及湯克寬擔任。[112]此後於嘉靖三十四年，設浙江、南直隸總兵官，以劉遠擔任，總理浙、直海防軍務。[113]至此，總督、巡撫及總兵便掌握地方軍事大權。

　　張經（？-1555）擔任總督節制各省軍務之後，於嘉靖三十三年（1554）向朝廷調撥山東民兵，及青州水陸槍手千人，赴淮、揚等處。[114]另外張經亦啟用原來他在兩廣地區的軍隊，進駐浙江進行防務，這些各有所長的軍隊統稱客兵[115]。此時期的勦寇任務，由客兵取代衛所，成為主要的勦寇部隊。張經擔任總督期間，妥善運用客兵，成功的勦滅許多海寇。然而，張經的下場卻與朱紈相同，最終被殺，讓人不勝唏噓。

---

111 （清）張廷玉，《明史》，卷91，〈志〉67，〈兵〉3，〈海防江防〉，頁2244。
112 《明世宗肅皇帝實錄》，卷387，嘉靖31年7月壬酉，頁6818。
113 《明世宗肅皇帝實錄》，卷428，嘉靖34年11月戊申，頁7403。
114 （清）張廷玉，《明史》，卷91，〈志〉67，〈兵〉3，〈海防江防〉，頁2244。
115 按：「客兵」係外地徵調之兵，《籌海圖編》說：「客兵各負所長，其或敗者，不閑吳越地利，又多堂堂之陣，罕用餌伏，若原領頭目得人，調皆精選，嚴節制，慎衝突，用謀用哨，不徒恃乎驍猛，　可暫為海防之一助」。見（明）鄭若曾，《籌海圖編》，《中國兵書集成》，卷11，〈經略〉，〈客兵〉，頁963。記錄的客兵有狼兵、土兵、毛葫蘆兵、礦夫、角腦兵、打手、箭手、僧兵、邊兵、福兵、漳兵、坑兵。

　　張經去職之後由周珫繼任，但一個月後去職，再由楊宜擔任，半年
之後亦去職。嘉靖三十五年（1556）二月，胡宗憲（1512-1565）擔任
總督，全權負責處理再度熾熱的海寇問題。胡宗憲沒有帶來屬於自己
的親軍，但他卻是一個擅謀略之人，他利用離間之計使海寇徐海與陳
東反目，最後將他們一網打盡。此外，面對有智略、實力強大的王直
（？-1559），胡宗憲則小心應對，先挾持王直母親及妻子，再令其兒子
寫信給王直，陳述其祖母希冀歸順之意。[116]王直在親情的呼喚之下，與
胡宗憲達成協議，答應免其一死，並可謀得一官半職，但最後事與願違，
於杭州問斬。

　　王直被殺後，海疆稍有平靜，但倭寇與海盜並非完全被殲滅，反而轉
向浙江南部以及福建一帶劫掠。嘉靖四十年（1561）四月，海寇犯馬蹄
沙岐（定海小沙鎮）、新河、台州，但皆為官兵所敗，台州一役，戚繼
光（1528-1588）九戰皆捷，俘斬千餘人。[117]戚繼光用兵神準，常讓海寇
喪膽。因此，浙江的海寇在戚繼光的勦滅之下，到處流竄，部分轉往福
建。嘉靖四十一年（1562）海寇攻陷興化府，[118]戚繼光帶領浙江軍隊入
閩平倭，在福建巡撫譚綸（1520-1577）、俞大猷、劉顯的共同合作下，
成功打擊了欲進攻平海的海寇。同年十月，海寇二萬多人大舉入侵福建仙
遊，[119]此時官兵人數明顯比海寇少，但最終還是被戚繼光殲滅。遂此，
譚綸積極在福建設防，譚綸認為：

　　　　五寨守扼外洋，法甚周悉，宜復舊。以烽火門、南日、浯嶼三艍為
　　　　正兵，銅山、小埕二艍為遊兵。寨設把總，分汛地，明斥堠，嚴會

---

[116] 王直亦稱之為汪直。（明）鄭若曾，《籌海圖編》13卷，卷9，〈大捷考〉，擒獲王直，
　　　頁746。
[117] （明）鄭若曾，《籌海圖編》13卷，卷5，〈浙江倭變紀〉，頁447。
[118] 《明世宗肅皇帝實錄》，卷517，嘉靖42年正月壬寅，頁8487。
[119] （明）譚綸，《譚襄敏奏議》10卷，（臺北：臺灣商務印書館，1983），卷2〈水陸官兵
　　　勦滅重大倭寇分別殿最請行賞罰以勵人心疏〉，頁17b。

哨。改三路參將為守備，分新募浙兵為二班，各九千人，春秋番
上，各縣民壯皆補用精悍，每府領以武職一人，兵備使者以時閱
視。[120]

　　雖然此次海寇大舉入侵，但所幸得以平定，惟動用了不少人力，在各水寨
相互合作之下才得以殲滅海寇。有了前車之鑑，明廷才瞭解到建立一個完
整海防體系的重要性，而烽堠、水寨、遊兵等設施，即成為海防的重要防
線。

　　廣東地區的倭亂始於嘉靖三十三年（1554），海寇何亞八等，引倭
入寇，被提督鮑象賢、總兵定西侯蔣傳討平，斬擒海寇一千兩百人，何
亞八亦被斬。[121]嘉靖三十七年正月，海寇入蓬州，十月攻佔黃崗城；
嘉靖三十八年二月，海寇圍困揭陽，十一月攻海門。[122]嘉靖四十二年
（1563），海寇往潮陽及揭陽海濱劫掠，眾號一萬。嘉靖四十三年，海
寇到處殺掠，慘不忍睹。[123]海寇之所以全無忌憚的到處橫行，是因為當
地兵源不足，無法嚇阻海寇。此時，俞大猷得知伍端有眾萬餘，便率其眾
二千征討倭寇。[124]俞大猷遣伍端部眾勦滅海寇，原本讓人有所質疑，因
為伍端的部眾皆為山賊，這如何與海寇對抗，但俞大猷認為以賊攻賊，則
為兵法所貴，[125]這樣不但能防止他們相互合作，也能讓伍端等山賊棄惡
從良。伍端的部眾在招撫前雖然軍紀鬆散，但招撫之後，軍紀嚴明、士氣
高漲，最終俞大猷借伍端之眾擊滅了騷擾廣東的海寇。

　　隆慶以後，海寇問題稍有平靜，這與朱紈、譚綸、俞大猷、戚繼光等
人的重新整備海防措施有很大的關係。無論在兵制的改革、海防設施的革

---

120 （清）張廷玉，《明史》，卷91，〈志〉67，〈兵〉3，〈海防江防〉，頁2246。
121 （明）鄭若曾，《籌海圖編》13卷，卷3，〈廣東倭變紀〉，頁308。
122 （明）鄭若曾，《籌海圖編》13卷，卷3，〈廣東倭變紀〉，頁308-309。
123 （明）謝杰，《虔台倭纂》，《北京圖書館古籍珍本叢刊》（北京：書目文獻出版社，
　　1988），下卷，〈倭績〉2，頁41a。
124 （明）俞大猷，《正氣堂集》，卷15，〈議以賊首伍端征倭〉，頁10a。
125 （明）俞大猷，《正氣堂集》，卷15，〈款吳平用伍端以大殺倭寇〉，頁11b。

新、將領的選用，都有不錯的成果。嘉靖朝因海寇問題，暴露出了海防漏洞，但也因為如此，才能利用此一機會重新整建。事實證明，此次海防設施的重新建構，使得隆慶到萬曆中期的海疆得以休息。

萬曆中期以後，朝鮮、女真問題，都讓明廷付出不少代價。萬曆二十年（1592），日本進攻朝鮮，在朝鮮的求援之下，明廷派軍支援朝鮮。但此次戰爭開打後長達七年，這讓明朝的國庫透支不少。女真方面，從萬曆十一年（1583）努爾哈赤以十三副盔甲起兵開始，明廷在九邊地區亦花費了不少錢糧。在軍事開銷龐大之下，國家的錢糧屢有不足，自然壓縮到沿海軍費支出。

福建方面，萬曆二十六年（1598）因兵餉問題裁去一遊兵，海壇、南日、南澳三處的哨船不再巡洋，現今僅剩鳥船二十隻，官兵八百五十人。[126]在各處兵力陸續的裁減之下，使得兵源不足以對抗海寇。浙江方面的情況亦同，不管陸路或水師，兵源都是減少的。廣東方面的情況也如出一轍，北津水寨原有水師兩千二百九十人，萬曆七年（1579）後戰船屢有裁減，至萬曆十五年（1587）只剩九百九十人。[127]於此情況之下，沉寂許久的海寇問題又再度燃起。

萬曆二十九年（1601），倭寇再度入侵福建，被浯嶼欽依把總沈有容擊退。[128]福建總兵朱文達等亦擒斬倭賊，擊沉或奪取倭船二十五隻，擒斬一百三十二人。[129]其他地區諸如北直隸、山東、江蘇等地亦有海寇亂邊的情況發生。但此階段的海防設施已明顯崩壞，要應付海寇問題顯然力有不足。

海寇問題雖然在萬曆中期再度熾熱，但早在萬曆初期就有林鳳的襲擾

---

126 （清）顧炎武，《天下郡國利病書》（臺北：廣文書局，1979），卷93，〈福建〉，〈漳州府彭湖遊兵〉，頁48b。
127 （清）顧炎武，《天下郡國利病書》，卷99，〈廣東〉3，〈海防〉，頁20b-21a。
128 （明）王在晉，《海防纂要》13卷，《續修四庫全書》（上海：上海古籍出版社，1997，萬曆刻本），卷10，〈漳泉之捷〉，頁192。
129 《明神宗顯皇帝實錄》，卷396，萬曆32年5月壬申，頁7453。

事件，林鳳在惠州的時候，其黨羽不過五、六百人，但官方無法發動大規模兵力予以痛擊，因此難以殲滅他們，所以林鳳海寇集團時常出沒福建、廣東一帶。[130]雖然林鳳襲擾沿海地區，但威脅性遠不及先前的海寇，爾後，屢被官兵追討。由此事件得知，海寇問題有死灰復燃的跡象，惟明廷在此時並沒有做好防範措施。緊接而來的鄭芝龍集團，帶給明廷更大的壓力，但鄭芝龍的投降卻不是懼怕於明廷的水師力量，而是接受招撫。鄭芝龍被招撫，緩和了沿海的海寇問題，讓明廷得以稍加喘息。

三、鄭氏家族的對抗

（一）鄭芝龍

鄭氏家族的崛起由鄭芝龍發跡，歷經四代至鄭克塽降清為止。鄭芝龍（？1592-1661），小名一官，字曰甲，號飛黃，西洋人稱尼古拉‧一官（Nicolas Iquan）。鄭家先祖於唐朝光啓年間（885）由河南光州固始縣，輾轉移居到福建南安縣石井。[131]鄭氏家族移居福建之後，到了晚明，鄭芝龍祖父鄭瑢時期，即有鄭氏族人開始往海外發展。[132]

鄭芝龍十多歲就到了澳門，爾後又到了菲律賓及日本，這段時間鄭芝龍憑著他的商業手腕，結識了不少人士，這為他往後的發展幫助不少。其中到日本認識了李旦，即是他人生的轉捩點，在李旦的推薦之下又到臺灣擔任荷蘭人的翻譯，[133]在當時的情勢之下，可以到葡萄牙、西班牙及荷蘭的殖民區從事相關工作，這也讓他對這些國家的狀況有了較清楚的瞭解。往後與這些國家的交往過程當中，鄭芝龍大部分處於上風，也能妥善運用他的交際手腕，縱橫在這些強權環繞的東亞海域。

---

[130] 《明神宗顯皇帝實錄》，卷4，隆慶6年8月庚辰，頁180。
[131] （明）鄭芝龍，〈石井本鄭氏宗族譜‧序〉；鄭克塽，〈先王父墓誌〉，頁17-20。收於《臺灣詩薈雜文鈔》，《臺灣文獻叢刊》（南投：臺灣省文獻委員會，1992）。
[132] 《石井鄭氏族譜》明末本。轉引湯錦台，《開啟台灣第一人鄭芝龍》（臺北：果實出版社，2002）頁37。
[133] 林偉盛，〈荷據時期東印度公司在台灣的貿易（1622-1662）〉，頁133。

　　天啓六年（1626），鄭芝龍成為海盜，並從福建延攬家鄉子弟共同參與，此舉讓鄭芝龍的勢力更加強大，兩年間成為東亞海域最強大的海寇集團。明廷為了拉攏鄭芝龍，遂給予許多優惠條件。崇禎元年（1628）降工部給事中顏繼祖。[134]投降後的鄭芝龍控制了沿海水師，東南沿海一帶的商貿利益，便掌控在其手上。[135]鄭芝龍原有的集團人員還是由他指揮，如此明廷就可專注女眞及流寇問題，毋寧再花心思在沿海防務上。但長期跟隨他的部屬李魁奇與鍾斌反叛，明廷委由鄭芝龍自行解決。在得不到朝廷的支援之下，只能憑藉自己的力量，妥善運用謀略。鄭芝龍一方面尋求荷蘭人幫忙，一方面讓李魁奇及鍾斌產生矛盾、嫌隙，再逐一殲滅。崇禎二年（1629）夏四月，鄭芝龍攻殺李魁奇於遼羅，取其首祭陳德等，盡降其眾。六月，遂斬楊六、楊七於浯洲港，[136]平定了李魁奇之亂。

　　李魁奇、鍾斌死後，緊接竄起的海盜劉香危亂東南沿海，損及鄭芝龍利益，崇禎八年（1635）於廣東田尾洋，擊滅劉香，劉香自焚溺死。[137]明廷認為鄭芝龍既已平定劉香，海洋氣氛已平息，海上交通也順暢，因此，陞任鄭芝龍署總兵。[138]荷蘭人對此事況亦有清楚的瞭解，在檔案中載道：「他們知道一官獨霸海上貿易，對駛往大員的船隻橫加敲詐、勒索……我們斷定，那個國家的貿易完全由一官控制」。[139]因此荷蘭人認知到，如果想要到中國貿易就必須與鄭芝龍接洽，因為他已經掌控東南沿海的貿易。

　　崇禎十七年（1644），李自成攻陷北京，明亡。南明諸王陸續成立

134 《明崇禎實錄》，卷1，崇禎元年辛未，頁36。
135 （清）邵廷采，《東南紀事》（上海：上海書店出版社，1982），卷11，頁282。
136 （清）沈雲，《臺灣鄭氏始末》（南投：臺灣省文獻委員會，1995），卷1，頁5。
137 《明崇禎實錄》，卷8，崇禎八年四月丁亥，頁8a-8b。
138 （明）王世貞，《明朝通紀會纂》7卷（臺北：中央研究院傅斯年圖書館，善本全文影像資料庫），卷5，頁30a。
139 程紹剛譯註，《荷蘭人在福爾摩莎》，（臺北：聯經出版公司，2000），頁10。1639年12月18日、1640年1月8日〈東印度事務報告〉，頁216、222。

政權，鄭芝龍擁立福王與清軍對抗。弘光元年（1645），三月，命平夷侯鄭芝龍崇理水師、戶、工二部，相關的事務由其兼理[140]，可見，鄭芝龍已掌控弘光朝的軍政大權。同年，五月初八日，清兵駐紮瓜洲（江蘇瓜洲鎮），部隊排列於江岸，沿江準備渡河而來。惟總兵官鄭鴻逵、鄭彩，率水師抵禦，[141]暫時阻擋了清軍渡河。清軍無法快速渡河，是因為清軍入關後，水師實力尚不成氣候，無法與擁有強大水師的鄭芝龍抗衡。但鄭芝龍離開福王（朱由崧）之後，福王不久即為清廷所俘。

隆武元年（1646），閏六月，福建巡撫張肯堂、巡按吳春枝、禮部尚書黃道周、南安伯鄭芝龍等人，擁立唐王（朱聿鍵）於福州建立政權，[142]鄭鴻逵、鄭芝豹等人亦支持。唐王封南安伯鄭芝龍為平虜侯、平國公鎮海將軍鄭鴻逵為定虜侯、定國公鄭芝豹為澄濟伯[143]。但不到二年，在博洛貝勒（1613-1652）的利誘之下，鄭芝龍欲獻出福州降清，當時，其弟鄭鴻逵，子鄭成功極力阻止。[144]然而，鄭芝龍心意已決，任誰勸阻亦無法改變初衷，與貝勒暢飲三日後，卻被挾持到北京。[145]

鄭芝龍降清後，並沒有受到重用，清廷目的只是要拉攏他，並希望他能說服相關人等一併納降，惟效果不大。順治九年（1652），鄭成功圍攻漳州，鄭芝龍惟恐禍及家人，派遣親信到福建勸鄭成功就撫，朝廷為了招撫鄭成功，封鄭芝龍同安侯。清廷得悉鄭成功無意投降之後，遂將鄭芝龍監禁，迨至鄭成功圍攻南京失敗後，即被清廷發配到寧古塔，順治十八年（1661）十月，鄭芝龍與其子鄭世恩、鄭世蔭等，依謀反罪，全

140 （明）陳燕翼，《思文大紀》8卷，《筆記小說大觀》（臺北：新興書局，1975），卷5，頁1498。
141 （清）計六奇，《明季南略》（北京：中華書局，2006），卷5，頁211-212，弘光元年。
142 （明）彭孫貽，《流寇志》16卷，《續修四庫全書》（上海：上海古籍出版社，1997），卷14，頁10b。
143 （清）夏琳，《閩海紀要》（南投：臺灣省文獻委員會，1995），卷上，頁1。
144 （明）瞿共美，《天南逸史》，《續修四庫全書》（上海：上海古籍出版，1997），頁21a。
145 （清）邵廷采，《東南紀事》，卷11，頁284。

族皆誅；鄭芝豹，在鄭成功不肯接受招撫時，即投向清廷，因此與其子免死。[146]鄭芝龍就此結束其傳奇性的一生。

（二）鄭成功

鄭成功（1624-1662）字明儼，本名森，字大木，隆武元年（1646），唐王賜姓朱，改名成功，時年二十一歲。鄭芝龍降清後，鄭成功不遵父命，與叔父鄭鴻逵繼續抗清，鄭鴻逵攻泉州時鄭成功引兵相助，破溜石砲城，殺參將鮮應龍，軍聲大振。[147]戰後，前來投靠的居民越來越多，聲勢更顯浩大。清廷無法在短時間使用武力擊滅鄭氏勢力，只好恩威並施，一方面讓鄭芝龍動之以情，一方面由清廷出面招撫。

隆武二年（1646），鄭芝龍與部將施琅降於清，（琅本名郎投誠後改今名琅）[148]；後又效力鄭成功。永曆五年五月（1651），施琅因親兵曾德問題與鄭成功有隙，遂再度降清。[149]永曆七年（順治十年；1653），諭浙江福建總督劉清泰，招撫鄭成功、鄭鴻逵，「今特差滿洲章京碩色，齎賜鄭成功海澄公印一顆、敕諭一道，鄭鴻逵奉化伯印一顆、敕諭一道」。[150]清廷給予封爵，希望他們接受招撫，但鄭成功等人不為所動。同年，桂王封鄭成功為延平王，永曆九年四月，始受延平王冊印。接受冊封後的鄭成功招徠更多的部眾，實力更上層樓，屢屢破敵，但與部將的相處時有磨擦，導致部分將領投清。這些人員投降清廷之後，即成為清朝重要的水師將領，並用他們來對抗鄭成功。

永曆十年五月（1656），因敗戰之責，鄭成功殺左先鋒蘇茂，與蘇茂同時必需接受懲處的黃梧，即利用鄭成功督師北上的機會，以海澄降清，受封海澄公[151]。施琅與黃梧兩位重要的水師將領投降之後，受到清

---

146 《聖祖仁皇帝實錄》，卷5，順治18年10月己酉，頁91-1。

147 （清）邵廷采，《東南紀事》，卷11，頁285。

148 （清）徐鼒，《小腆紀年附考》20卷，《續修四庫全書》（上海：上海古籍出版，1997），卷17，頁8b。

149 施偉青，《施琅將軍傳》（長沙：嶽麓書社，2006），頁11-12。

150 《世祖章皇帝實錄》，卷75，順治10年5月壬午，頁588-2。

151 （清）夏琳，《閩海紀要》（南投：臺灣省文獻委員會，1995），卷上，頁10。

廷的重用，即使鄭氏王朝亡，施、黃兩家亦主導福建水師數十年之久。但北伐期間，並沒有因為此二人降敵而受挫，永曆十年八月二十六日，虜水師大小五百餘船，進犯舟山，大敗清軍，[152]將控制的區域延伸至浙江。

　　鄭成功控有福建的這段時間，沿海地區的貿易持續進行，吸引了許多各階層的人員投靠，[153]即使是荷蘭人想要到此地貿易也要與鄭成功溝通。永曆十一年（1657）六月，荷蘭駐臺灣總督揆一（Frederick Coyett）派遣何斌，送給鄭成功一些外國珍寶，要求通商，並且願意每年輸款、納餉銀五千兩、箭坯十萬枝、硫磺一千擔，鄭成功允准。[154]可見此時的貿易權掌握在鄭成功手上，所以荷蘭人才與鄭成功交涉，清廷此刻尚無法掌控海權。爾後，鄭成功利用其優勢水師，配合陸師，揮軍北上，攻陷鎮江，直抵南京。永曆十三年，江南總督郎廷佐（？-1676）奏報：

> 海寇自陷鎮江，勢愈猖獗。於六月二十六日，逼犯江寧。城大兵
> 單，難於守禦。幸貴州凱旋，梅勒章京噶褚哈、馬爾賽等，統滿
> 兵從荊州乘船回京。聞賊犯江寧，星夜疾抵江寧，臣同駐防昂
> 邦章京喀喀木、梅勒章京噶褚哈等密商，乘賊船尚未齊集，當先
> 擊其先到之船。喀喀木、噶褚哈等，發滿兵乘船八十艘，於六月
> 三十日，兩路出剿，擊敗賊眾，斬級頗多，獲船二十艘、印二
> 顆。至七月十二日，逆渠鄭成功，親擁戰艦數千，賊眾十餘萬登
> 陸，攻犯江寧，城外連下八十三營。[155]

從清廷掌握的消息可以知道，鄭成功軍隊傾巢而出，水陸進逼南京。此刻鄭成功的聲望及兵力達到最高峰，士氣也高漲，鄭軍進攻各處如入無人之

---

152 （明）楊英，《從征實錄》（南投：臺灣省文獻委員會，1995），頁103。
153 白蒂（Patrizia Carioti）著，莊國土等譯，《遠東國際舞臺上的風雲人物——鄭成功》（南寧：廣西人民出版社，1997），頁58。
154 （清）夏琳，《閩海紀要》，卷上，頁12。
155 《世祖章皇帝實錄》，卷127，順治16年7月己丑，頁985-2。

境，所向匹敵，攻陷南京指日可待。在南京一役，鄭成功相信郎廷佐守城三十日後，開城獻降之說，[156]選擇了圍城。失去了制敵先機，待清軍南下支援後，鄭軍優勢不在，清軍再利用奇襲戰術，讓鄭軍損失十之七八，重要將領幾乎都在此役陣亡。在局勢逆轉的情況之下，鄭成功只能帶領殘部，揚帆出海，退回福建。[157]經過此役，鄭成功部隊遭到重創，除了人員損失之外，亦有投降清廷者，此後鄭成功已無力再行反攻。

　　隨著清軍即將進入福建，鄭成功也必須未雨綢繆，尋找退路。臺灣則是他們最佳的選擇地點。永曆十五年三月（1661），鄭成功移師金門，並委派洪旭、黃廷留守廈門，鄭泰守金門，傳令各種船隻及官兵至料羅灣集結。[158]順治十八年四月，鄭成功率軍至鹿耳門外海，此後，兵分二部，一部攻擊普羅民遮城（Provintia），一部攻擊熱蘭遮城（Zeelandia）。五月，防守普羅民遮城之荷蘭人開城投降，[159]但進攻熱蘭遮城並不順利，遇到的阻力較多，在圍城八個多月之後，荷蘭人才與鄭成功簽定合降書退出熱蘭遮城。[160]短暫停留臺灣的鄭成功於永曆十六年（1662），五月初八日薨。

（三）鄭經

　　鄭經，字式天，成功長子，鄭成功來臺時，鄭經奉命守金、廈地區。[161]鄭成功薨後，鄭襲（鄭成功弟）與鄭經皆欲自立，爾後雙方相互爭鬥，鄭經入臺後，斬殺鄭襲部將黃昭、曹從龍等人，鄭經控有臺灣。[162]鄭氏王朝因繼位問題，發生內訌，在金、廈二島兵力尚存，以鄭泰統領之。惟鄭經細數鄭泰之罪後，鄭泰自縊身亡，中國部眾降清者眾，

---

[156] 錢海岳，《南明史》（北京：中華書局，2006），卷75，〈列傳〉51，頁3566。

[157] （清）邵廷采，《東南紀事》，卷11，頁293-294。

[158] 楊彥杰，《荷據時代台灣史》（臺北：聯經出版公司，2000），頁282。

[159] 村上直次郎譯，《バタヴィア城日誌》（東京都：平凡社，1975），第3冊，頁290。

[160] C. Imbauel Huart著、黎烈文譯，《臺灣島之歷史與地誌》（臺北：臺灣銀行經濟研究室，1958），頁33。

[161] （清）溫睿臨，《南疆逸史》56卷，《續修四庫全書》（上海：上海古籍出版，1997），卷54，頁17a。

[162] 錢海岳，《南明史》，卷75，〈列傳〉51，頁3572。

加以清廷聯繫荷蘭進攻金、廈二島，在人心思變之下，鄭經部隊退守銅山。[163]永曆十八年（1664），周全斌自鎮海降清，毛興、毛玉等自銅山降清，張堯天自金門降清後，鄭氏退出中國沿海。[164]

鄭經退守澎湖、臺灣之後，清廷厲行海禁與遷界，加強在沿海地區設置烽堠預警。[165]永曆二十七年（1673），鄭經趁三藩為亂之際進攻福建、浙江一帶，至永曆三十四年期間，鄭氏王朝時有控制福建沿海島嶼。[166]期間，清廷運用議合、禁海、遷界等措施。時與荷蘭聯合，借助荷蘭軍隊，夾勦鄭氏。[167]然而，清、荷的合作亦無法擊滅鄭經，反觀鄭經於永曆三十年，由劉國軒統領的部隊曾經攻佔福建南部五府城邑。[168]顯見清廷雖控有中國，但軍力並不穩定，水師部隊更無遑論。

永曆三十五年（1681）正月，鄭經薨，由時年十二歲的鄭克塽繼任。鄭克塽為馮錫范女婿，馮錫範始專政。[169]兩年後施琅率軍攻陷臺灣，鄭克塽降清。

四、其他的海防問題

（一）明朝時期（1556-1643）

明朝政府面對來自海洋的勢力有海寇、葡萄牙、西班牙以及荷蘭。在海寇問題方面，嘉靖三十五年（1556）之後，倭寇[170]逐漸退出中國沿海，雖然偶爾有零星劫掠中國沿海的情況，但危害並不大。緊接而來的是各地的海盜，無論是倭寇或海盜，在此時間，雖然一度襲擊浙、閩、粵等

163 （清）溫睿臨，《南疆逸史》56卷，卷54，頁17b-18a。
164 錢海岳，《南明史》，卷75，〈列傳〉51，頁3573。
165 錢海岳，《南明史》，卷75，〈列傳〉51，頁3573。
166 錢海岳，《南明史》，卷75，〈列傳〉51，頁3575-3583。
167 （清）楊捷，《平閩紀》13卷（南投：臺灣省文獻委員會，1995），卷4，頁92-93。
168 （清）溫睿臨，《南疆逸史》56卷，卷54，頁19b。
169 （清）溫睿臨，《南疆逸史》56卷，卷54，頁20a。
170 張彬村認為，十六世紀中葉，中國沿海的海盜，以中國人為主要成員，日本人不多，而且只是扮演附庸性的角色。見張彬村，〈十六世紀舟山群島的走私貿易〉，《中國海洋發展史論文集》，第一輯，頁71。

處。明廷此刻已重新整頓防務，海寇威脅已減少。只剩下殘餘海寇，只得零星集結於東南沿海島嶼，隨時伺機而動。[171]

萬曆末期以降，海寇問題再度熾盛，嘉靖倭亂時建置的海防設施，部分已失修，再者，女眞及流寇問題對明廷威脅更大，明廷已無暇在海防設施上多有琢磨，只能運用其他手段，減少在海防方面的財力、人力及物力支出，如此才能將重心用來對付女眞及流寇。然而，在海寇問題上又不能置之不理，所以最好的方式則是招降鄭芝龍。

在西方勢力的問題上，葡萄牙與中國貿易問題於嘉靖年間已獲得解決，葡萄牙人不再對明廷產生威脅。西班牙與荷蘭，爲了達成與明朝貿易目的，遂使用各種方式來博取明廷的好感，如得不到良好回應則使用武力威迫。不管西班牙及荷蘭所使用的手段爲何，似乎對明廷的威脅有限。明廷身處於各種勢力的環境之下，也開始熟悉應變之道，這套應變方式讓他們在沿海防衛上，沒有發生嚴重的損失。然而其他勢力也不是手足無措，他們運用各種謀略，希望開啓通商大門，獲得更多的利益，在這之中的合縱連橫值得詳細探討。

明廷在處理海盜問題上採取恩威並施、勦撫交相運用的策略，無論在嘉靖、萬曆、崇禎年間都有一定的成效，尤其是對鄭芝龍的招撫。鄭芝龍爲當時最大的海寇，招撫鄭芝龍之後，再由他去勦滅或整合其他海盜，這減輕明廷許多負擔，因爲鄭芝龍的軍隊由寇轉兵，以寇治寇，是爲上策，這對明廷的戰略安排影響不大，是一種有利無損的謀略。鄭芝龍受招撫後，的確平定相關的海寇勢力，爲明廷維繫了海疆安寧。雖然其部屬李魁奇、鍾斌反叛，但在短暫時間內就予以平定，東南沿海的氣氛又趨於平靜。除此之外，鄭芝龍由海寇轉任軍官，對此海域的影響可謂不小，西方各國必須拉攏鄭芝龍，鄭芝龍也利用他們鏟除異己，彼此各取所需，但最後西方各國卻無法從中獲取最大利益。

---

[171] 張增信，《明季東南中國的海上活動》，頁33。

　　西班牙爲了開啓對中國的貿易之門，極盡能事與明廷交好，西班牙艦隊司令米高・羅培茲・列格茲比（Miguel Lopez de Legazpi）提到，隆慶五年（1571年4月），他赴馬尼拉途中，在民都洛（Mindoro）從菲律賓族人手裡贖出五十名船隻失事的中國人，把他們送回中國，以履行他善待一切中國商人的政策。[172]除了救助中國人之外，在海盜問題的處理上，西班牙消滅了林鳳勢力，減少明廷的負擔，但明廷不因此而改變初衷，讓西班牙可以自由在中國貿易。

　　在荷蘭方面，鄭芝龍未被招撫之前，就與荷蘭保持良好的互動關係。鄭芝龍曾擔任第二任大員長官德韋特（Gerard Frederiksz de With）的通事。[173]即使鄭芝龍離開大員，與荷蘭的關係亦保持友好，鄭芝龍的船隊甚至懸掛荷蘭國旗。因爲荷蘭在此時期的武力強大，許多航行在東亞海域的海盜船、李旦的商船，甚至鄭芝龍的部分船隻也都懸掛荷蘭的旗幟。[174]即便鄭芝龍已被明代招撫，荷蘭人還是幫助鄭芝龍勦滅海盜，當然最主要目的，還是需要透過鄭芝龍與明廷溝通商貿事宜。

　　崇禎四年（1630年2月），荷蘭與鄭芝龍談判，鄭芝龍尋求荷蘭人的支持，荷蘭允諾幫助。雙方達成的協議爲：

> 如果荷蘭人援助鄭芝龍，聯手攻打李魁奇，荷蘭人要求鄭芝龍，禁止中國商船前往馬尼拉、雞籠、淡水等地貿易，而且也不得允許西班牙人，或葡萄牙人在中國沿海交易。[175]

荷蘭人利用鄭芝龍，想要盡快殲滅李魁奇的心理，從中獲取更多利益。因

---

[172] 伯來拉、克路士等著（Galeote Pereira；Gaspar da Cruz），何高濟譯，《南明行紀》（臺北：五南圖書出版公司，2003），頁21。

[173] 蘭伯特（Lambert van der Aalsvoort）；林金源譯，《福爾摩沙見聞錄((風中之葉》（臺北：經典雜誌，2002），頁30。

[174] 陳國棟，〈好奇怪喔！清代臺灣船掛荷蘭國旗〉《臺灣文獻別冊》14（南投：國史館臺灣文獻館，2005），頁6-10。

[175] 江樹生譯，《熱蘭遮城日誌》第1冊，頁16。

此，荷蘭不但要求通商，更進一步希望明廷阻撓葡萄牙，及西班牙在中國沿海的貿易活動。衡量權衡輕重之後，鄭芝龍答應他們的條件，但事成之後並沒有信守諾言。

崇禎四年（1630年7月21日），鄭芝龍要去攻打海盜鍾斌，請求荷蘭人派兵予以協助。[176]荷蘭亦信守承諾派兵支援鄭芝龍，但另一方面荷蘭卻與李魁奇交好，暗中聯絡。因為，李魁奇與鄭芝龍分道揚鑣之後，李魁奇極力拉攏荷蘭以對抗鄭芝龍。早在崇禎三年（1629年10月27日），李魁奇派使節到熱蘭遮城，想贈送一艘中國帆船給荷蘭長官，展現友好的誠意。[177]荷蘭的盤算當然是在這之中獲取最大的利益，因此遊走在雙邊之間。十二月十四日，李魁奇送回遭到擄獲的荷蘭逃兵，[178]再度表現與荷蘭的友好態度。十二月二十日，李魁奇與荷蘭人進行三十兩的交易。[179]雙方交往非常熱絡，但荷蘭人此刻一邊討好李魁奇，另一方面，則與鄭芝龍討論如何殲滅李魁奇，這有包藏禍心之嫌。

崇禎三年（1629年12月29日），荷蘭長官普特曼斯（Hans Putmans）與鄭芝龍商討攻擊李魁奇的計畫，普特曼斯說：「如果鄭芝龍有意願，可以幫他將李魁奇打離廈門，使他恢復地位」。[180]從他們往來的書信中，可以顯見李魁奇只是荷蘭人手中的一顆棋子，荷蘭人想利用李魁奇事件從中謀利。即使與李魁奇交惡，也絲毫沒有任何損失，所以不管結果如何都對荷蘭人有利。戰爭爆發後，荷蘭人也信守對兩邊的承諾。

崇禎四年（1630年2月1日），鄭芝龍及鍾斌要攻打李魁奇的事，荷蘭人也告知李魁奇，[181]但李魁奇卻不知道荷蘭人也要攻打他。此時的鄭、荷是一種合作夥伴，事情結束之後，雙方各謀其職。事後證明，鄭芝

[176]江樹生譯，《熱蘭遮城日誌》第1冊，頁31-32。
[177]江樹生譯，《熱蘭遮城日誌》第1冊，頁3。
[178]江樹生譯，《熱蘭遮城日誌》第1冊，頁8。
[179]江樹生譯，《熱蘭遮城日誌》第1冊，頁9。
[180]江樹生譯，《熱蘭遮城日誌》第1冊，頁10。
[181]江樹生譯，《熱蘭遮城日誌》第1冊，頁14。

龍不需再求助於荷蘭時，反而抑制他們的商貿活動，使荷蘭在人員的貿易遭受很大損失，其他荷蘭東印度公司各地的貿易同時也遭到破壞。[182]由此可以看出，戰場或商場是沒有永遠的朋友也沒有永遠的敵人。三年以後，鄭、荷雙方反目成仇。

　　崇禎六年（1633年7月12日），荷蘭派出數艘戰船前往廈門攻擊鄭芝龍及其他官員的船隻。[183]這是在鄭芝龍沒有信守承諾之下，荷蘭人才展開攻擊，做為報復。荷蘭人雖然可以在大員至巴達維亞自由貿易，但荷蘭人更想到中國沿海地區如漳州及廈門等地貿易。這些請求都得不到鄭芝龍的支持，當然也無法得到明廷的首肯，因此荷蘭人只有訴諸武力。[184]

　　荷蘭在中國貿易並不順利，但對於西班牙這個競爭者，卻給予很大的打擊。荷蘭所採取的策略並非占領菲律賓群島或是馬尼拉，而是阻斷馬尼拉的對外貿易，並捕抓來自摩鹿加群島的香料船隻、或來自美洲的大帆船以及中國商船。[185]這樣一來就可以嚇阻西班牙在亞洲的貿易活動。

　　明廷在這期間，妥善運用鄭芝龍去對付海盜，以及荷蘭及西班牙。鄭芝龍在這些事件的處理上，使用合縱連橫策略，再利用荷、西之間的矛盾，得到良好的成效。荷、西兩方是競爭者，只要牽涉到利益問題，相互間的對立會繼續存在。當然西班牙也不是坐以待斃，在荷蘭佔領臺灣南部之後，西班牙也開始準備要佔領臺灣北部，以便與荷蘭抗衡。天啓六年（1626年2月初），巴達維亞的荷蘭人自日本得到消息，西班牙人準備出兵臺灣島。不過荷蘭人認為這是假消息，這只不過是讓他們的船隻不再至馬尼拉劫掠中國船。[186]惟事情出乎荷蘭所料，西班牙的確想要佔領臺灣北部，也付諸實現了，但西班牙在臺灣的時間只有短短的十六年，實際上

[182] 日蘭學會編，《長崎オランダ商館日記》（東京都：雄松堂，1989），第1輯，1643年8月2日，頁226。
[183] 江樹生，《熱蘭遮城日誌》第1冊，頁104-105。
[184] 江樹生，《熱蘭遮城日誌》第1冊，頁110-111。
[185] 陳宗仁，《雞籠山與淡水洋》，頁190。
[186] 程紹剛譯註，《荷蘭人在福爾摩莎》，（臺北：聯經出版公司，2000），1626年2月3日〈東印度事務報告〉，頁10。

對荷蘭的威脅並不大。崇禎十五年（1642），荷蘭人趁勢驅逐了西班牙人。西班牙退出臺灣之後，勢力明顯消弱，對明廷的威脅已不再。

（二）清朝時期（1644-1663）

清廷入關後，面對的情勢與明末稍有不同，最主要是南明勢力，另外，以荷蘭、西班牙為主的西方勢力則在觀望，與清廷亦有合作關係。雖然如此，此刻清廷的水師尚未整建完成，無法掌控東亞海域，所以控有海域是清廷急迫性要做的事。在另一方面，明朝主要的水師部隊掌握在鄭氏家族手上，所以清廷的想法是勸撫手握明朝水師兵權的人，來瓦解南明的水師戰力。

在南明方面，由福王監國的南京政權，雖然在崇禎十七年（1644）十月十九日，由劉澤清招募商船組成水師營，[187]但實力上無法與鄭芝龍相較。因此，招降鄭芝龍就成了清廷的第一要務。這個策略最後奏效，因為福王、唐王陸續敗亡，鄭芝龍瞭解明代已是日落西山，在做最後掙扎，所以願意接受清廷的招撫。鄭芝龍降清後，其部眾並沒有全部與其歸降，這讓清廷大失所望。雖然招撫策略無法達到最好的效果，至少造成鄭氏部隊的分裂，分裂後的明代水師大部分由鄭成功掌握，並成為各部隊中實力最強者，鄭成功已然對清廷產生很大威脅。所以清廷希望鄭芝龍能說服鄭成功降清，但鄭成功並不接受。在鄭芝龍失去利用價值的情況之下，清廷即予以斬首。

清廷希望鄭成功投降的計畫落空之後，輾轉利用鄭成功所部降清人員，如黃梧、施琅等人與鄭成功對抗。施琅本為左先鋒，因處理下屬曾德問題，遷怒了鄭成功，遂被抓，囚禁施琅家屬。施琅逃脫後投降清朝，父親與弟弟卻慘遭殺害。[188]清廷運用這些降將來對抗鄭成功，也不失為一種好計策。這種策略也達到一定的效果，雖然無法殲滅鄭成功，但至少已

---

[187] （清）計六奇，《明季南略》（北京：中華書局，2006），卷2，頁129。

[188] （清）徐珂，《清稗類鈔》（北京：中華書局，1984），〈武略類〉，〈施琅善水戰〉，頁938。

經瓦解鄭氏集團的力量。

在西方國家方面，西班牙退出臺灣之後，勢力逐漸消弱當中，只有荷蘭的力量較爲堅強。荷蘭對中國的貿易並未因中國改朝換代後就放棄，反而積極尋求適當時機伺機而動。尤其荷蘭與鄭芝龍的溝通管道暢通，可以依靠鄭芝龍傳達訊息。雖然彼此各有盤算，偶爾有磨擦，但合作多於對立，即使在北京城被大順軍隊攻破前後，荷蘭與鄭芝龍還是維持良好的關係，雙方禮尙往來。《熱蘭遮城日誌》記載：

> 1644年3月25日，我們乃寫一封恭維的書信，加附相當的禮物，要寄去給官員一官，用以感謝他最近派船，從中國運來那麼多有用的貨物，並希望他繼續派船運貨來，等等。並爲促進貿易，也贈送一些胡椒和檀香木等物給商人Bendiock和他的兒子。[189]

鄭芝龍未降清之前，有足夠的力量掌控東南海域，與荷蘭人周旋。即使雙方互有矛盾，但尙未因此反目。曾經，鄭芝龍有兩艘中式帆船被荷蘭人截取，他透過臺灣島上住民向荷蘭人索討兩艘船上的貨物，否則大家由友變敵，但荷蘭人堅持鄭芝龍沒有遵守合約貿易才會被扣留船隻，因此不歸還貨物。[190]扣留船隻的做法，荷蘭人認爲是依法辦理，遂不理會鄭芝龍的要求，但卻也沒有跟鄭芝龍交惡。鄭芝龍降清之後，實力已大不如前，荷蘭人也毋需再與其談判了。

鄭芝龍降清之前，密諭鄭成功欲與貝勒一見，但鄭成功不從。鄭鴻逵也因此離開，率所部入海，鄭芝豹獨自侍奉母親居住於安平鎭，鄭彩率水師至舟山迎接監國魯王南下。魯王冊封鄭彩爲建威侯，再晉陞建國公，其弟鄭聯爲定遠伯再晉陞定遠侯[191]。鄭芝龍降清後，原有的部隊，都已各

---

189 江樹生譯，《熱蘭遮城日誌》第2冊，頁253。
190 江樹生譯，《熱蘭遮城日誌》第2冊，頁432。1645年7月7日。
191 （清）彭孫貽，《靖海志》（南投：臺灣省文獻委員會，1995），卷1，頁8。

自謀求發展去了。與鄭芝龍分道揚鑣的鄭成功，在初期實力有限，只能屯兵於鼓浪嶼，廈門地區爲建國公鄭彩及弟定遠侯鄭聯所盤據[192]，鄭成功無法立寨於此。然而鄭成功頗能掌握先機，先後兼併相關勢力，掌有閩南一帶的鄭芝龍舊部。

荷蘭人知道鄭芝龍已無實權之後，轉向與鄭成功合作，但雙方各有盤算，合作的氣氛沒有像鄭芝龍時期融洽。再者，當時鄭成功試圖壟斷福建對外貿易，並帶兵攻臺，使荷蘭人傾向與清廷合作，共同打擊鄭成功的勢力。[193]鄭成功爲了反制荷蘭，亦聯合臺灣當地居民，來反抗荷蘭人的統治。早在順治十三年（1656），原住民就起來反抗荷蘭人，對其保護下的中國居民住宅放火焚燒，荷蘭人不敢派兵鎮壓，即是爲了要防止鄭成功的攻擊。[194]由此可知，爲了求生存，雙方均設法讓自己站在有利的位置。

雖然此刻的荷蘭武力已不如前，但卻是清廷、鄭成功雙方拉攏的對象，清廷認爲，進剿海寇，必須調取荷蘭國船隻，方可成功。[195]清朝的將領知道，以他們現在的力量要殲滅鄭成功，並不可能，所以只能加強與荷蘭合作。順治十四年（1657），清廷釋出善意，允許荷蘭朝貢，但還是多有限制，如禮部奏言：

> 荷蘭國從未入貢，今重譯來朝，誠朝廷德化所致。念其道路險遠，准五年一貢，貢道由廣東入至海上貿易，已經題明不准。應聽在館交易，照例嚴飭違禁等物。得旨。荷蘭國慕義輸誠，航海修貢，念其道路險遠，著八年一次來朝，以示體恤遠人之意。[196]

---

[192] （清）夏琳，《閩海紀要》，卷上，頁5。
[193] 陳宗仁，《雞籠山與淡水洋》，頁322。
[194] 程紹剛譯註，《荷蘭人在福爾摩莎》，頁10。1657年1月31日、1640年1月8日〈東印度事務報告〉，頁461-462。
[195] （清）楊捷，《平閩紀》13卷，卷6，〈諮文〉，〈奏聞事諮督院〉，頁169。
[196] 《世祖章皇帝實錄》，卷120，順治13年6月戊申，頁793-2。

雖然清廷表達的善意不如預期，但總是好的開始，順治十八年（1661年底），靖南王耿繼茂寫信給大員的荷蘭人，建議合力攻擊鄭成功在中國沿海的據點，大員評議會也同意此項建議。[197]為了確保荷蘭在臺灣的勢力得以延續，荷蘭轉與清廷合作。荷蘭為了表達支持，派遣兵船至福建閩安鎮，幫助清廷打擊海寇。另一方面，也派遣巴連衛林等向清廷朝貢，期間，得到皇帝的嘉許，並賞賜銀幣給相關人員。[198]康熙二年（1663）十月，施琅率領招募的荷蘭夾板船攻擊鄭成功，收復浯嶼、金門二島。事後，清廷賞賜施琅，加右都督銜。[199]可見清、荷雙方是各懷鬼胎。

在清廷方面，雖說為了壓制鄭成功但也不能將希望全部轉向荷蘭這邊，所謂求人不如求己，所以在海防的經營上，清廷已開始進行整備。康熙元年（1662）之後，清廷開始在各地設汛防，在邊界五里設一墩，十里一臺墩，禁止居民出海；康熙八年（1669），再修復荒廢的水師營寨。[200]清廷掌握了部分沿海據點之後，便積極重建各種海防措施。

鄭成功死後，鄭氏集團內部分裂，轉而投降清廷的鄭軍越來越多，如遵義侯鄭鳴駿、慕恩伯鄭纘緒、慕仁伯陳輝、總兵楊富、何義、郭義、蔡祿、楊學皋等，官兵共兩萬四千餘名，戰船四百六十餘隻，這些投誠的官兵及船隻，皆係具有海戰經驗的水師。[201]如此一來，鄭、清雙方敵我實力消長，立竿見影。清廷增加了鄭氏降兵的助力，西方各國在此時又無法威脅到清廷，清朝逐漸掌握沿海優勢。

此刻的鄭經，雖然與荷蘭之間存在著矛盾，但還是希望與荷蘭交好。康熙二年（1663），鄭經派遣使者，與荷蘭人聯絡，提議釋放荷蘭俘

---

[197] R. W. Campbell, *Formosa under the Dutch*, pp. 445, 447. 轉引自陳宗仁，《雞籠山與淡水洋》，頁322。

[198] 《聖祖仁皇帝實錄》，卷8，康熙2年3月壬辰，頁142-1。

[199] （清）李元度，《清先正事略選》（南投：臺灣省文獻委員會，1994），卷1，〈施琅〉，頁7。

[200] （清）杜臻，《粵閩巡視紀略》，《近代中國史料叢刊續編》，卷1，頁10a。

[201] （清）楊捷，《平閩紀》（南投：臺灣省文獻委員會，1995），卷4，〈微臣報國心切啟〉，頁111。

虜，開啓貿易。一六六四年初，雙方使節見面，鄭經向荷蘭人提議可以在淡水、雞籠或其他地方設立一處據點，進行貿易，但遭到荷蘭人拒絕。荷蘭人知道與清廷合作，才能開啓至中國貿易的機會，並認為大員遲早將被清廷攻佔，[202]因此，與鄭經合作似乎已不再那麼重要了，可見荷蘭已將鄭經王朝看成強弩之末了。

小　結

　　明太祖朱元璋為了防範敵對的殘餘勢力，於沿海地區設置關城、水寨、烽堠等各種海防設施，有效的鞏固海疆安全。十五世紀末，西方各國勢力擴及到南中國海，進入中國疆域，但明廷尚未提高警覺性。然而，葡萄牙、西班牙以及荷蘭船艦上所配置的武力，雖然優於明朝水師，但這些國家來到中國的人數及帆船數量並不多，難以佔有優勢。以當時狀況來看，明廷的武力明顯落後這些國家一段距離，然而，尚且利用各種手段，防止門戶洞開的可能。不管手段為何，所謂「勝者為王，敗者為寇」，明廷最終還是成功的拒絕他們的貿易要求，這些國家與明朝的第一次接觸顯然都是失敗的。

　　與西方的第一次接觸，明朝雖然取得優勢，但從過程來看，明朝在天時、地利及人和上佔有優勢，但武器是明顯落後。在幾次接觸的過程中，明廷沒有學習西方的船堅砲利，再加以海防弊端叢生，導致嘉靖中期以後，設置許久的海防設施及水師制度，因缺乏革新，產生許多的漏洞。海寇乘機崛起，劫掠了浙、閩、粵大部分地區，其中以浙江最為嚴重。在這數十年的海寇劫掠當中，明朝的官僚體系，在文武官員方面，出現了不少良才，在這些人的運籌帷幄之下，至少讓損失降到最低。

　　萬曆中期以後，海寇、西方各國、流寇、女眞族並起，明廷疲於奔命，未妥善改革的海防設施，如今更難有所作為，但明廷卻沒因此，快速

---

[202] 村上直次郎譯注：中村孝志校注，《バタヴィア城日誌》第3冊，頁337-338。

遭受滅亡。那是因為明廷利用合縱、連橫、拉攏等手段，周旋其中，勉強維繫住政權。但國力已呈現衰敗現象，搖搖欲墜，隨時崩盤。

　　鄭氏家族在夾縫中生存，雖然並不安穩，卻能夠縱橫東亞海域數十年之久，憑藉的是他們的水師力量與謀略。雖然最終的勝利者是大清帝國，但清朝是否在這些經驗當中得到啟發，改變制度，設置更完整的海防設施？但事實證明，清朝在這期間只承襲明朝，在海防設施上並沒有積極作為。

第二章

沿海自然環境與海防布局

前　言

　　中國海岸線北起遼東，南至廣東、海南島。沿海環境，形貌各有不同，如水道、潮汐、沙礁、島嶼等等，[1]此種形貌即所謂的山形水勢。[2]水師設施可分為陸地及海上兩個部分，陸地即砲臺、烽堠；海上則為船舶。無論陸地或海上，皆需配合自然環境，依地制宜。因地理環境、山形水勢的不同，在各個港口航道行駛的船隻樣式亦不同。[3]船隻進場地方不同，即影響陸上海防地點的設置。再者，船隻行駛在海上除了面對固定的海上地形之外，季風以及氣候更是影響海上航行的重要因素，以當時的海上交通工具帆船來看，這些因素都必須在設置海防設施時納入考慮。

　　長江以南的海岸線大部分屬於岩岸，浙江、海南島部分地區為沙岸。岩岸地形的特色為水深，適合停泊噸位較大或是尖底的船隻，如果陸上的相關條件配合得宜，這些地點將可發展貿易，成為貿易港口。然而，貿易熱絡之處自然成為海寇劫掠之最佳場所。如何維護沿海水域的安全，當然是清朝水師的責任。

　　本章擬就明清時期，探討沿海自然環境為基礎，解析浙、閩、粵三省

1　按：水道：註明深淺寬窄，則何等船隻可到與否。
　　潮汐：每日不同，大率逐日遞遲三刻三分，既知朔望潮漲之時刻，則逐日既可遞推而知。
　　沙礁：沙礁隱伏，舟行所忌，然礁有常，而沙時變，其潮猛，流勁之處，歲異而月不同。
　　島嶼：沿海島嶼大者足以屏藩口門，小者亦可寄椗，船隻星羅棋布，半有漁舍。
　　（清）朱正元輯，《浙江省沿海圖說》，（臺北：成文出版社，1974，光緒25年刊本），〈凡例〉，頁1a-1b。

2　所謂的「山」，並非全然指稱山峰、山嶽或者是山脈，而主要是用來指稱從海中突起的陸塊（land mass），包含島嶼、島礁……等等；所謂的「形」其實就是指其輪廓。「山形」在此指的是海中島嶼、或較大島嶼上個別山峰的輪廓。至於「水勢」，則著重之處並非水的流勢或流量，而是指海洋地形，特別具有危險性，應該小心或迴避的海洋地形。有關「山形水勢」的觀察與記錄，主要是為了當作航海時的參考資料，其紀錄形式可以用文字，當然最好還是用圖像更加直接。參見陳國棟，〈古航海家的「近場地圖」——山形水勢圖淺說〉，《中央研究院週報》（臺北：中央研究院，2007年9月20日），第1138期，頁3-5。

3　（清）陳良弼，《水師輯要》，《續修四庫全書》（上海：上海古籍出版社，1997，清抄本），頁331下。

的沿海自然環境，再配合沿海港灣與港口情形，試圖瞭解明、清政府如何在沿海地區設置海防基地來保護船舶的安全。另外，在明朝的海防設施基礎上，清廷是否承繼或改變，確立之後的海防設施是否符合當下需求。

一、自然環境

（一）浙江島嶼羅列

浙江地區海岸線北起大金山南至鎮下關，沿海地區島嶼星羅棋布，約有五百六十一處大小島嶼。[4]地形則有礁石、沙線少，[5]海域以岩岸為主，適合停泊尖底船隻。島嶼群由北而南，分別為舟山群島、台州群島、洞頭島、大北群島、北麂島等。東面洋面稱南大洋，屬東海，沿海洋面由北而南分別為大戢洋、黃澤洋、岱衢洋、黃大洋、磨盤洋、大目洋、貓頭洋、洞頭洋。以浙江沿海城市區域劃分，可分成北、中、南三部，北部以杭州為中心，中部以寧波為中心，南部以溫州為中心，這三處亦為浙江最繁榮之地，當成為軍事佈防的重要地點。

杭州為浙江省城，位於錢塘江口，自古商賈繁盛，人文匯集，繁榮非常。顧祖禹（1631-1696）言：「浙江之形勢盡在江淮，江淮不立，浙江未可一日保也」。[6]俞昌會亦認同此看法並指出：「浙江以海為境，東南必備之險也，其中錢塘江口，鼈子門為省城第一門戶，石墩、鳳凰[7]外為第二門戶，羊山則為第三門戶」。[8]因此，能夠在這三處部署水師，當可保護杭州安全。對於浙江濱海輿地考，陳倫炯[9]（？-1751）有詳細之論述：

4　中島邦彥，〈清代の海島政策〉《東方學》（東京都：東方學會，1980年7月31）第60輯，頁118。

5　（清）李增階，《外海紀要》，《續修四庫全書》（上海：上海古籍出版社，1997，道光刻本），頁21a。

6　（清）顧祖禹，《讀史方輿紀要》130卷，《續修四庫全書》（上海：古籍出版社，1997），〈浙江方輿紀要序〉，頁1a。

7　石墩、鳳凰位於錢塘江口北岸。

8　（清）俞昌會，《防海輯要》，18卷，卷4，頁1b。

9　（清）陳倫炯，福建同安人，活躍於康熙至乾隆朝之水師部隊，經歷了八旗、綠營水師，歷任碣石鎮總兵、廣東右翼副都統、臺灣協、澎湖協水師副將、臺灣鎮總兵，蘇松

更兼江、浙海潮，外無藩扞屏山以緩水勢，東向澎湃，故潮汐之流，比他省為最急，乏西風開避，舟隨溜擱，靡不為壞。是以海舶往山東、兩京，必從盡山對東開一日夜，避過其沙，方敢北向。是以登萊、淮海稍寬海防者，職由五條沙為之保障也。廟灣南，自如皋、通州而至洋子江口，內狼山、外崇明，鎖鑰長江；沙阪急潮，其概相似。而崇明上鎖長江、下扼吳淞，東有洋山、馬蹟、花腦、陳錢諸山，接連浙之寧波、定海外島。而嘉興之乍浦，錢塘之鱉子，餘姚之後海，寧波之鎮海，雖沿海相聯要疆，但外有定海為之扞衛，實內海之堂奧也。惟乍浦一處濱於大海，東達漁山，北達江南之洋山、定海之衢山、劍山，外則汪洋。言海防者，當留意焉。江、浙外海，以馬蹟為界，山北屬江，山南屬浙，而陳錢外在東北，俗呼盡山，山大澳廣，可泊舟百餘艘。山產水仙，海產淡菜（蚌屬）、海鹽（即小魚）。賊舟每多寄泊，江、浙水師更當加留意於此。南之海島，由衢山、岱山而至定海，東南由劍山、長塗而至普陀。普陀直東之外，出洛迦門，有東霍山，夏月賊舟亦可寄泊，伺刼洋舶囘棹，且與盡山南北為犄角，山腳水深，非加長椗纜不足以寄。普陀之南，自崎頭至昌國衛，接聯中國，外有韮山、弔邦，亦賊舟寄泊之所，此皆寧波郡屬。自寧波、台州、黃巖沿海而下，內有佛頭、桃渚、松門、楚門，外有茶盤、牛頭、積穀、鸞殼、石塘、枝山、大鹿、小鹿，在在皆賊艘出沒經由之區；南接樂清、溫州、里安、金鄉、蒲門；此溫屬之內海。樂清東崎玉環，外有三盤、鳳凰、北屺，南屺而至北關以及閩海接界之南關；實溫、台內外海逕寄泊樵汲之區，不可忽也。**10**

鎮水師總兵，浙江水陸提督等，對東南沿海的水師相當熟悉，亦深受朝廷倚重。

10 （清）陳倫炯，《海國聞見錄》（南投：臺灣省文獻委員會，1996，清藝海珠塵本），頁1-3。

浙江洋面，島嶼眾多，沿海地形、水道複雜，防守極為不易。然則，欲進攻相關處所，亦需對環境有深切認知，否則難以達到所求。浙江三大都會區，各有防守要塞，業可相互聯絡支援。如能妥善規劃各地衝要[11]與形勢（表2-1），當可靖海疆。

表2-1　浙江省主要港口之衝要與形勢（地點由北而南排列）

地　點	衝　要	形　勢
乍浦	極衝	江、浙之間，崖闊水深隨處可以登岸。
澉浦	次衝	沙淺流急，水道變遷大，舟鮮敢入。
蟹浦	次衝	鎮海西北一帶淺沙至蟹浦而盡，此可登岸。
鎮海	極衝	可外控各島，北淺沙，護口門極窄。
寧波	極衝	東、北、南三路可至，防守宜嚴。
三山浦	次衝	地勢平衍可登岸。
穿山	次衝	此可登岸至寧波。
象山港	次衝	港闊而深。
岱山	次衝	舟山以北諸島最大者，北面東沙角為全島精華。
長塗	又次衝	四面皆高峰，中開一港斜貫南北港兩岸，口窄。
衢山	又次衝	東面高山西面多田，形勢孤。
舟山	極衝	形勢散漫，防守不易。
沈家門	又次衝	蓮花洋淺灘，可登岸。
爵溪所	又次衝	澳門雖寬，水道極淺。
石浦	極衝	南北岸擇地可築船塢。
健跳所	又次衝	海隅貧瘠。
海門衛	次衝	地事高可築礮臺。
松門衛	又次衝	勢孤而貧。
玉環	次衝	有淺塗大舟不能近岸，東南坎門水道深穩，可登岸。

---

[11] 衝要：即繁華或戰略地位重要之處。

地　點	衝　要	形　　勢
鏵鍬埠	又次衝	水道深穩。
溫州	極衝	黃華關為頭重門戶，磐石與龍灣隔岸相望為二重門戶。
大漁口	又次衝	澳門寬廣，地勢佳，水道不深。
南北關	次衝	鎮下關介閩浙之間，負山面海，沙埕港水深可泊大船數十艘。

說明：表中顏色不同處為浙江地區極衝地區。
資料來源：整理自（清）朱正元輯，《浙江省沿海圖說》，頁1a-43a。

　　從表2-1可看出，浙江地區的衝要處，除了石浦不是屬於重要的貿易城市之外，其他各地皆為貿易熱絡之處，也是人口聚集較多的地方。其中，鎮海、寧波位置重要，防守不易，極需部署更多水師。顯見，良港，大都處於衝要地，成為海寇劫掠的場所。

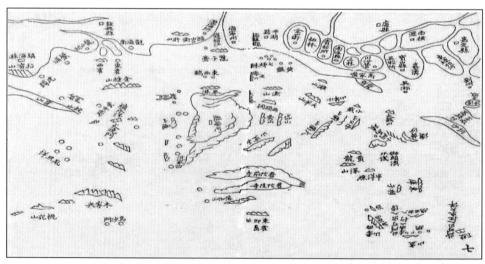

▲ 圖2-1　舟山群島水域圖。圖片來源：（清）陳倫炯，《陳資齋天下沿海形勢錄》，《清代兵事典籍檔冊匯覽》，頁130。

（二）福建航路咽喉

　　福建東北部與浙江溫州府為界，西南與廣東潮州府為界，福建東南沿海凡兩千餘里；港、澳凡三百六十餘處；要口，凡二十餘處。沿海有福寧、福州、興化、泉州、漳州五府，五府防務，各有注重之處。[12]福建的濱海地形礁石多，沙線微少。[13]省城福州，位於閩江出海口，閩江外海一帶地理位置重要，長門、閩安即成為極衝之地（表2-2），是部署防務的地點；沙埕港、廈門等地則處於次衝位置，其重要性亦不可小覷。陳倫炯對福建的輿地敘述深入：

> 閩之海，內自沙埕、南鎮、烽火、三沙、斗米、北茭、定海、五虎而至閩安，外自南關、大崳、小崳、閭山、芙蓉、北竿塘、南竿塘、東永而至白犬，為福寧、福州外護左翼之藩籬；南自長樂之梅花、鎮東、萬安為右臂，外自磁澳而至草嶼，中隔石牌洋，外環海壇大島。閩安雖為閩省水口咽喉，海壇實為閩省右翼之扼要也。由福清之萬安、南視平海、內虛海套，是為興化；外有南日、湄洲，再外烏坵、海壇。所當留意者，東北有東永、東南有烏坵，猶浙之南屺、北屺、積穀、弔邦、韭山、東霍、衢山、江之馬蹟、盡山是也。泉州北崇武、獺窟、南祥芝、永寧，左右拱抱，內藏郡治；下接金、廈二島，以達漳州。金為泉郡之下臂，廈為漳郡之咽喉。漳自太武而南，鎮海、六鼇、古雷、銅山、懸鐘，在在可以寄泊，而至南澳，以分閩、粵。泉、漳之東，外有澎湖，島三十有六，而要在媽宮、西嶼頭、北港、八罩四澳，北風可以泊舟；若南風，不但有山、有嶼可以寄泊，而平風靜浪，黑溝、白洋皆可暫寄，以俟潮流。洋大而山低，水急而流迴，北之吉貝、沉礁一線，直生東北，一目未了；內皆暗礁滿佈，僅存

12　（清）趙爾巽，《清史稿》，〈志〉，卷138，〈兵〉9，〈海防〉，頁4111。
13　（清）李增階，《外海紀要》，頁21a。

一港蜿蜒，非熟習深諳者不敢棹至。南有大嶼、花嶼、貓嶼，北風不可寄泊，南風時宜巡緝。[14]

對於福建沿海輿地的情勢，陳倫炯已有清楚的描述，他認為海壇、金門、廈門是海防的重點區域，如安善防衛這些區域，將可維護福建北路及南路安全。澎湖島嶼羅列，地處於臺灣海峽居中位置，為船隻寄泊之地點，掌控福建澎湖間的水道，重要性高。

表2-2　福建省主要港口之衝要與形勢（地點由北而南排列）

地　點	衝　要	形　勢
長門	極衝	可由北門連江口內之東岱等處登岸。
閩安	極衝	外海入閩江有二道，長門為正路，梅花江為間道。
馬尾	極衝	水路必經之道，地理位置重要。
崖石	次衝	梅花一帶形勢遼闊，惟有淺沙。
梅花江	次衝	與琅崎隔海對峙。
連江	次衝	江寬而險，近口處即小船亦須乘潮出入。
北茭	又次衝	在連江口北面，形勢最為孤突。
東沖	極衝	口窄、內寬，水道深。
三都	極衝	水道東面尤為深廣，最適合聚泊。
松山口	次衝	口門寬，東西兩澳形勢亦佳，口內淺灘。
三沙	又次衝	在福寧府口外，濱海小澳，地勢逼窄。
秦嶼	又次衝	三面臨水，後有平原，水道淺。
沙埕港	極衝	水道深可泊大船，可設船塢。
松下口	又次衝	海岸均淺沙，口處始有深水。
鎮東口	次衝	為福清縣門戶，水道淺，大舟難入。
海壇	次衝	內港水道太淺，需乘潮出入。

14　（清）陳倫炯，《海國聞見錄》，頁3。

地　點	衝　要	形　　勢
萬安	又次衝	外無沙礁，可停大船，惟土地貧瘠。
三江口	次衝	海口處為平原。
南日	次衝	地理位置重要，為南北水道必經之地。
平海	又次衝	地理位置偏僻，土地貧瘠。
湄州	又次衝	小島多，腹地小。
崇武	次衝	在泉州口北岸，三面臨海，地勢太孤。
永寧	又次衝	為一濱海孤城。
深滬	又次衝	深滬澳極寬，個礁起伏隱見。
圍頭	又次衝	地勢孤遠。
金門	次衝	地勢平，東北面有沙礁阻蔽，西南面可登陸。
廈門	極衝	四面水道深，北面高崎可登。
陸鼇	又次衝	三面懸海，水道深，東有山角。
銅山	次衝	銅山北面與陸岸僅隔一江，即八尺門。
宮口	次衝	水道深而迂，西港處需隨潮出入。
南澳	次衝	全島四澳，隆澳無險可設，為海道必經之路。

說明：表中顏色不同處為福建地區極衝地區。
資料來源：整理自（清）朱正元，《福建沿海圖說》不分卷，頁1a-45b。

（三）廣東海域遼闊

　　廣東的海岸線略長於浙江與福建，北起潮州府南澳，拓林與福建詔安為界，南至廉州府白龍尾與安南為鄰。廣東海岸線則沙線多、礁石略小，惟瓊州南部地區沙礁最多。[15]沿海府治由北而南，分別為潮州府、惠州府、廣州府、肇慶府、高州府、雷州府、廉州府，以及外海島嶼瓊州府。如以衝要來看，南澳、碣石、廣州位處極衝之地。

15　（清）李增階，《外海紀要》，頁21a。

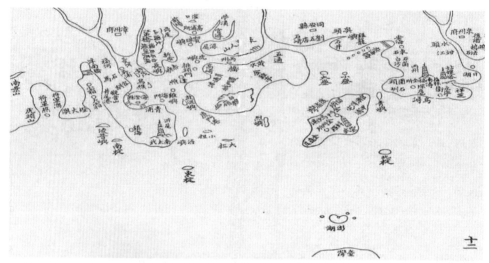

▲ 圖2-2　金門水域圖。圖片來源：（清）陳倫炯，《陳資齋天下沿海形勢錄》，頁140。

　　在沿海的相對位置方面，潮州府外海有南澳，與閩海接界，另有廣澳、赤澳諸島，皆爲水師巡泊所在，往南水道進入田尾洋則屬惠州府，明朝設碣石衛。過平海、大星澳則入廣州府，珠江口外則爲伶仃洋，再外則爲萬山群島。虎門、屯門則爲珠江口兩大重要門戶，明朝於此區域設有重兵防守。珠江口西面則爲廣海，下接岸門、三竈、大金、小金、烏豬、上川、下川、㦸船澳、馬鞍山，陽江、雙魚則爲肇慶府之外護也，其外，則上川島及下川島。進入肇慶府後則爲北津港，屬陽江縣，其外則爲海陵島，此處以沙岸爲多，尖底船舶不易進入。過了白石港則爲高州府電白縣，蓮頭寨一帶則爲沙岸，其他地方爲沙礁。再往西的吳川限門寨則爲極衝之地，過湛江之後則爲雷州灣，白鴿寨位於雷州灣內海，可泊船，位置重要。雷州一郡自遂溪、海康、徐聞向南海域廣達四百餘里。雷州最南端則爲海安，其三面濱海，亦屬戰略重點。雷州半島隔瓊州海峽與瓊州府爲界，雷州西面則爲珠母海，又西爲廉州、欽州府，隔龍門海與越南接壤。廉州多沙，欽州多島，位置最南端的瓊州府孤懸海外，沿海多沉沙，行舟

險要，此處水師可寄泊，但可泊船港口僅有六、七處。**16**

表2-3　廣東省主要港口之衝要與形勢（地點由北而南排列）

地　點	衝　要	形　　勢
柘林	極衝	為南澳海道門戶，據三路上游，番舶自福至廣，皆由此入。
南澳	次衝	全島四澳，隆澳無險可設，為海道必經之路。
廣澳	次衝	位於潮州府中部沿海，澳口有網頭礁。
甲子	次衝	惠、潮邊界，灣口大，有多處沉礁。
平海	次衝	大星港為停船之處。
白沙湖	又次衝	湖內可泊船。
虎頭門	極衝	東邊有沙角，西邊有大角，控有廣州門戶，南邊暗礁多。
赤埃	次衝	要入廣則至黃田一埃，虎頭門至魚珠至廣城。
澳門	次衝	水深，可泊船，西為香澳，其南之浪白嶼為番舶等候接濟之處。
望頭嶼	次衝	在崖門之西，為番舶停留避風之門戶。
海陵島	次衝	東北之馬鞍山可泊船，大戙澳可避風。
蓮頭	次衝	外為放雞山，電白港四面可泊船。
電白	次衝	至硇州過小洋無澳可灣。
限門	次衝	蟲嘴山、祖宮一帶可泊船。
官場港	次衝	可避風、泊船。

說明：表中顏色不同處為廣東地區極衝地區。
資料來源：整理自（清）陳良弼，《水師輯要》；不著撰人，《兩種海道針經》；《廣東通志》、《讀史方輿紀要》。

---

16 整理自（清）趙爾巽，《清史稿》，〈志〉，卷138，〈兵〉9，〈海防〉，頁4115；（清）陳倫炯，《海國聞見錄》，頁3。

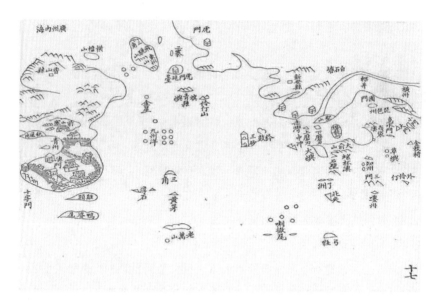

▲ 圖2-3　虎門水域圖。圖片來源：（清）陳倫炯，《陳資齋天下沿海形勢錄》，
　　頁150。

▲ 圖2-4　虎門外形勢圖（1839年）。左側為橫檔砲臺，右側為亞娘鞋砲臺。原圖藏
　　美國麻省薩勒姆皮伯第伊賽克斯博物館。圖片來源：李士風，《晚清華洋錄》（上
　　海：上海人民出版社，2004）。

二、城市與港灣

　　港灣深淺及其周邊城市機能是否健全，亦是海防設施設置的考慮因素。長江口以南，自古為海外貿易興盛區域，明、清兩代亦為如此。貿易興盛之後，自然劫掠事件的發生無可避免，在那些區域設置防禦設施，則是歷朝政府必須認真思考的。

　　清朝以前，歷代各朝設置防務地點各有不同，當然考慮的因素除了自然地理環境之外，城市與港灣問題，亦需納入考慮。水師防務以戰船為主、沿海設施為輔，如何選擇合適地點設港泊船，則是設置水師最重要的步驟之一。陳良弼對選擇港灣興建水師基地上有深入看法，他認為：

> 凡欲灣船，當先明地利，如今日一行，意欲照坡而行，順風取流則兼數程勿論，如戧風逆戧，則當變明此坡係何，南風北風可以久住，可以寄流，可容多少船隻，山上有水與否，何日能有暴期與否，則天時地利皆了然胸中，自毋錯誤之虞耳。譬如此山在此則可當比風之患，是為比風澳矣。此月何皆有無暴期，則可得知天時矣。苟或南風盛火之際，南面而向，甚為不便，則當避之，皆此理也。如浙之海濱，山直而下，深船雖到邊無礙，閩之海濱山高低各半，當識淺深，粵之海濱山西南面不高，甚少南風。[17]

設置水師地點必須考慮內在及外在因素，在內在因素方面，應考慮該地點是否適合設城防守、城市是否繁榮、補給是否方便。外在因素方面，應該瞭解沿海山形水勢、潮汐、洋流等問題，以及是否為海寇常騷擾之地，如此才是設置水師的最佳場所。本章第一節已針對沿海三省的海洋環境作敘述，本節將針對沿海重要區域的城市[18]、港灣、海洋相關條件等進行闡

17　（清）陳良弼，《水師輯要》，頁344上。
18　本處所指的重要區域則指沿海大城、重要港灣，以第一節各區域衝要之處再論述。

述，從中瞭解那個地點適合興建水師基地。

（一）浙江省

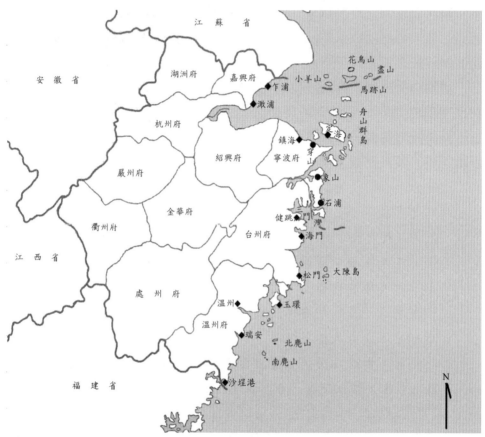

▲ 圖2-5 浙江沿海軍事衝要分佈圖。李其霖繪。

1.嘉興府

嘉興府位於浙江東北端，南濱杭州灣，爲江南五府之一，管轄區域
除嘉興府之外，最重要則以對外的兩個門戶乍浦、澉浦最爲重要（圖
2-5）。乍浦城南面沙岸，逐年淤積，附近水深二-三托，[19]此處風浪大，

---

[19] 按：「水托者，以鉛爲墜，用繩繫之，探水取則也，每五尺爲一托」。見（清）崑岡，

大船難以長久停泊，再者，礁石多容易擱淺。[20]

　　澉浦海口一帶則有淺沙及漩渦，水深約在二-七托之間，大潮時高三丈二尺，水門外亦有沙礁。[21]雖然乍浦、澉浦這二處港口的天然條件有待改善，但乍浦、澉浦控制了杭州灣北路水道，戰略地位重要，與浙江其他地方相較，此處興建港口的條件較他處爲佳。乍浦地區甚至在中華民國初期，被孫中山先生規劃爲東方大港的預定區域，顯見其具有地理上的優勢。[22]

2.寧波府

　　寧波府位於浙江東部，杭州灣東南，舊稱明州。明太祖吳元年（1367）十二月改爲明州府，洪武十四年（1381）二月，改寧波府。[23]宋代負責對外貿易的兩浙路市舶司，設於寧波府東北隅姚家巷。[24]明、清兩代，寧波的海外貿易興盛，爲浙江地區重要的對外貿易口岸。寧波東部外海，屬舟山群島，島嶼星羅棋布，成爲寧波的重要屏障，但也因島嶼形勢複雜，巡防不易，常成爲海寇的棲息場所。明朝時期，倭寇進犯浙江之後，寧波的重要性提升，爲控制日本諸藩的咽喉之地，故以要害論，鎮海爲寧波之門戶，舟山（定海）爲鎮海之外藩。[25]

(1)鎮海：

　　鎮海位於寧波東部，是寧波的對外門戶，江海之咽喉。船出入於此，

　　《大清會典事例・光緒朝》，〈戶部〉，卷211，〈海運〉2，〈沿途段落道裡〉，頁466-1。（明）張燮著，謝方點校，《東西洋考》（北京：中華書局，2000），卷9，〈舟師考〉，頁170載：「沈繩，水底打量某處水深淺幾託，方言謂長如兩手分開者爲一託」。本文所引用文書內容涉及「托、拖、託」字者，皆統一使用「托」字。

20　（清）朱正元輯，《浙江省沿海圖說》，（臺北：成文出版社，1974，光緒25年刊本），頁1a-1b。
21　（清）朱正元輯，《浙江省沿海圖說》，頁4a-4b。
22　有關乍浦港口的研究，參見，劉序楓，〈清代的乍浦與對日貿易〉收於張彬村、劉石吉主編，《中國海洋發展史論文集》，第五輯（臺北：中央研究院中山人文社會科學研究所，1993），頁188-196。
23　（清）張廷玉，《明史》，〈志〉，卷44，〈地理〉5，頁1108。
24　李慶新，《明代海外貿易制度》（北京：社會科學文獻出版社，2007），頁104。
25　（清）嵇曾筠，〔雍正〕《浙江通志》，卷97，〈海防〉3，頁8a。

須在虎蹲遊山以內行駛，朔望日潮漲於十一點一刻五分鐘，大潮高一丈兩尺半；在其港口外，北面一片淺沙，東與遊山相連，[26]此區域礁石極多，航行危險。

(2)穿山：（提標水師左營）

穿山位於鎮海右方，北臨橫水洋，由沈家門入寧波將經此處，可避風。朔望日潮漲十點三刻鐘，潮高一丈三尺，小潮高六尺，海道處北有道場礁，東北有老鼠礁，[27]因此要進入穿山則要注意礁石。

(3)象山：（南岸為象山協，北為昌石營管轄）

象山座落於象山港南方，右面為大目洋，北面則為舟山群島。象山港長約九十里寬五-六里至十餘里不等，水深四托，港內深七、八托至十托不等。朔望日漲潮於十點半鐘，大潮高兩丈。港內無沙，有幾處礁石，[28]象山四周，群山環繞，是船舶避風的良好場所，[29]因屬於岩岸港口，適合船隻停泊。象山港外，往北區域，常吹東北風，在山後有沉礁，西是亂礁洋，進入舟山等處，南有半洋礁。因暗礁多，因此夜間不可行船。[30]雖然象山港適合泊船，但因港外礁石多，不利於船舶航行。

(4)舟山群島：（水師鎮標中左右城守四營管轄）

舟山為浙東門戶，大小島嶼有一千三百有奇，島嶼間之潮汐、水道流向各有不同。南面水深四-十托，東面竹山門，水深三十餘托，朔望日潮漲於十點一刻五分鐘，大潮一丈三尺，小潮高八尺七寸。此處礁石多，亦有許多暗礁、漩渦。[31]舟山為進入杭州灣的重要屏障。

舟山北面則為羊山，東北面則為花鳥島，水流急，泥沙多。花鳥南面為盡山，花鳥、盡山澳內可以泊船。在盡山東北洋面，有海招嶼，嶼南

26　（清）朱正元輯，《浙江省沿海圖說》，頁8a-8b。

27　（清）朱正元輯，《浙江省沿海圖說》，頁14a。

28　（清）朱正元輯，《浙江省沿海圖說》，頁15a。

29　（清）陶駿保編輯，《皇朝邊防紀要》，《清代兵事典籍檔冊匯覽》（北京：學苑出版社，2005，民國初年抄本），卷2，頁178。

30　向達校注，《兩種海道針經・指南正法》（北京：中華書局，2006），頁150。

31　（清）朱正元輯，《浙江省沿海圖說》，頁17a-17b。

有礁，此處可設防務，門北中有沉礁，此一區域不適合泊船，因為水底有礁石，容易將椗索割斷。[32]花鳥、盡山成為進入杭州灣及長江口的重要航道，商船時常經過此處，因此成為水師會巡的區域範圍。[33]舟山一帶，因自然環境關係，物產豐富，「五穀之饒，魚鹽之利，歲可食三萬衆，不待外求」。[34]顯見舟山群島山形水勢雖然複雜，但物產可自給自足。

(5)石浦：（昌石營）

　　石浦位於寧波府最南處，港外有壇頭山，在石浦城西門方向，水道淺、窄、漩渦多，東門則港道窄，多礁石，水深四-十托，大小船隻均可停泊，大船可泊於滿山及金漆門之西，惟遇東南風浪甚大時，海象差。朔望日潮漲於九點一刻鐘，大潮一丈八尺，小潮高一丈。[35]因港道狹、淺之因素，故大船無法直接進入石浦。其北面有一爵溪港，北臨象山港，水道寬但淺，吃水六、七尺之船亦僅能停泊於十餘里外羊背山與陸岸之間，羊背山與青門山間水道則更淺。朔望日潮漲於十點半鐘，大潮高一丈四尺，有沙礁數處。[36]石浦及爵溪沿海地區因水淺關係，遂無法停泊大船，大船需於外洋停泊。

3.台州府

　　台州府自古以來的海外貿易情況雖然不及杭州及寧波熱絡，但此處為漁民、商船的必經之處，其中以健跳所、海門衛及松門衛三處最為重要。

(1)三門灣：（海門水師鎮標左營）

　　三門灣位於寧海、健跳之東，象山、石浦之南，西連五岐洋，東北，接連石浦江，其間島嶼甚多，港灣水深，水域寬可泊船。[37]健跳位於三門灣南面，東面為大佛島，其外洋狗頭山與藍嘴間僅深一、二托，亦有深不

32　向達校注，《兩種海道針經‧指南正法》，頁151。
33　《聖祖仁皇帝實錄》，卷245，康熙50年3月丙辰，頁437-1。
34　（清）陶駿保編輯，《皇朝邊防紀要》，卷2，頁171。
35　（清）朱正元輯，《浙江省沿海圖說》，頁24a。
36　（清）朱正元輯，《浙江省沿海圖說》，頁23a。
37　（清）陶駿保編輯，《皇朝邊防紀要》，卷2，頁181。

及托者，入內則三、四托至七、八托不等，此處為淺沙無水，只能供小船進出。[38]健跳地理位置重要，為三門灣咽喉，但因水淺故無法停泊較大船舶，只能行駛小船。

(2)海門衛：（海門水師鎮標中營、城守營、台州協左營管轄）

　　海門衛建於洪武二十年（1387），城郭約有七里，嘉靖三十二年（1553），重修整建。其為浙東門戶，因三面臨海，海寇容易登岸，救援之道，在臨海、黃巖之東方地區有泉井、路橋、三山，在這三處，設三道設施禦之於港口，成為重要防線。[39]海門為黃巖外港，地處台州灣中部，水道寬，但水深僅一托餘，水流湍急，朔望日漲潮於十點鐘，大潮高一丈八尺，港口外無礁石，有淺沙，外有大陳諸島，[40]及東磯列島。

(3)松門衛：（水師鎮標右營管轄）

　　位於台州最南端，港內水道淺，船隻能停泊十里外之龍玉塘山與松門衛間水道，此處長期泥沙淤積，只能行駛小船。朔望日潮漲於九點三刻鐘，大潮高一丈三尺。水門外有明礁一處，暗礁二處，東、南、北三面係沙灘，漲潮後則又不見沙灘，[41]海象不佳。此處為沙岸，水淺，不適合大型船隻航行，港外礁石多，航行時危險性高。

4.溫州府

(1)玉環：（玉環右營水師管轄）

　　玉環島，位於樂清縣東面，島之右方為漩門灣，左為樂清灣。水道東面有淺沙，大船不能近，泊船處水深三、四托。西北處大青山、小青間均淺沙，潮退水深僅一托；東北與陸岸間有漩渦，水道處亦有石礁、暗礁，漲潮時易觸及。[42]東麓坎門地理位置險要，西北區域的航路最危險，四周

38　（清）朱正元輯，《浙江省沿海圖說》，頁26a。

39　（清）顧祖禹，《讀史方輿紀要》，卷92，〈浙江〉4，頁84a。

40　（清）朱正元輯，《浙江省沿海圖說》，頁27a-27b。

41　（清）朱正元輯，《浙江省沿海圖說》，頁29a。

42　（清）朱正元輯，《浙江省沿海圖說》，頁30a-30b。

小島羅列，[43]航行危險。

　　玉環島東側爲一內灣，澳內潮退後則水淺，四周則有大門島、小門島、黃花島、溫州等處，外是隴山澳，澳內可停泊船隻，亦有土堆可防。[44]玉環除了天然環境佳之外，物產亦豐沛，楊嶼、姚嶼、三峽潭、漁嶼塘、洋墩等處土地寬闊，約田三萬畝，土性肥饒，又各嶼口有潮水侵灌，成灘者尙可煎鹽。[45]此處山麓居高可瞭望海洋，可掌握洋面及海盜狀況。[46]玉環島無論在自然條件上或地理位置上，皆爲設置水師設施的重要地點。

(2)溫州府

　　府治位於永嘉縣，溫州灣內水道淺，小船需待漲潮船方能入，東門外有淺灘，水道彎曲不易行走。朔望日府城前潮漲於十點一刻鐘，大潮高一丈八尺，小潮高七尺。潮退後，有沙洲露出。[47]溫州灣北岸爲盤石營，灣外則爲洞頭山諸島，爲溫州天然屏障。

(3)瑞安：（瑞安水師協右營）

　　北爲永嘉縣南爲平陽縣，東面則爲大北列島，更外洋則爲南麂山、北麂山。飛雲江面寬三、四里，水深約一托，入江內水深至一托半。里安西門外漲潮後可航行中、小船，飛雲江至平陽三十里水道頗寬深，但江口外泥灘爲多。[48]江外的鳳凰島及四嶼一帶可以停泊船隻。[49]

(4)沙埕港（南北關）：（屬瑞安水師及福建烽火營）

　　位爲浙江最南端，鎭下關東，西南面懸水，西北爲大澳，港內均淺灘不能泊船，南關、鼠尾兩山水深二、三托可泊民船，西面虎頭鼻與南鎭山間爲沙埕口，港口窄而深，可駛入大船數十隻，不須候潮，爲浙江洋面最

43　（清）趙爾巽，《清史稿》，〈志〉，卷65，〈地理〉12，頁2147。
44　向達校注，《兩種海道針經·指南正法》，頁148。
45　（清）陶駿保輯，《皇朝邊防紀要》，卷2，頁184。
46　中島邦彥，〈清代の海島政策〉《東方學》，第60輯，頁120。
47　（清）朱正元輯，《浙江省沿海圖說》，頁33a-33b。
48　（清）朱正元輯，《浙江省沿海圖說》，頁36a。
49　向達校注，《兩種海道針經·指南正法》（北京：中華書局，2006），頁148。

適合下椗之處。北關山南方,偏西三里處有一暗礁,民船常觸礁,其他礁石均露於水面。[50]沙埕港爲一天然良港,港道雖窄,但可停泊大型戰船。

(二) 福建省

1.福寧府 (福寧鎮)

雍正朝以前,福寧設州,雍正十二年(1734),升福寧州爲府,[51](圖2-6)位於福寧府外的三都澳,地處福安、寧德兩縣之間,距福州省城陸路兩百餘里,爲福州後門戶,形勢險要,放洋商船亦都會經過此地。[52]福寧東面,沿海風濤洶湧不適合停泊船隻,必須停泊於松山寨,此處地理位置重要。依據鄭若曾的看法,沙埕、羅江、古鎮、羅浮、九灣等地,孤懸無援,因此必須在官井、羅浮、沙埕,南、北、中三處設三個哨所,羅江、古鎮兩哨聯絡策應,如此一來,方能成爲福州之藩戶。[53]北面的沙埕山與浙江鎮下關爲界,關外北邊有三星嶼,往南則有礁石(三白牙),夜間海象差不可行船。[54]

2.福州府

(1)閩江口 (閩安協)

福州府爲省城所在;閩江口,爲福州府之門戶,天然險要,溯閩江而上,可到達中國各府、縣,於海則通於各港,交通便利。[55]福州距海5里,東北邊皆爲海濱,廣石、梅花、連江之定海則爲右臂,自梅花至松下則有十一澳,但此處水淺不適合泊船,松下與福清接攘處則是商船停泊之地方。[56]

50 (清)朱正元輯,《浙江省沿海圖說》,頁38a-38b。
51 (清)趙爾巽,《清史稿》,卷70,〈志〉45,〈地理〉,頁2241。
52 (清)陶駿保編輯,《皇朝邊防紀要》,卷3,頁267。
53 (明)鄭若曾,《籌海圖編》,《中國兵書集成》,卷4,〈福建事宜〉,頁356。
54 向達校注,《兩種海道針經·指南正法》,頁147。
55 (清)陶駿保編輯,《皇朝邊防紀要》,卷3,頁250-251。
56 (清)俞昌會,《防海輯要》,《清代兵事典籍檔冊匯覽》(北京:學苑出版社,2005,清光緒11年,星沙明遠書局刻本),卷5,頁4b。

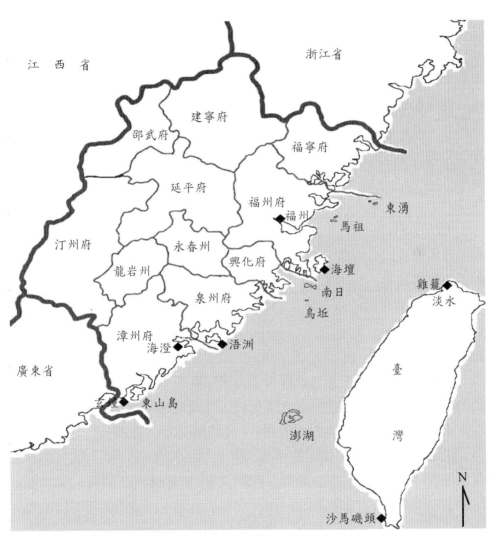

▲ 圖2-6　福建沿海軍事衝要分佈圖。李其霖繪。

(2)海壇（海壇鎮）

福州東南方之海壇島，位於福清縣東南七十里海中，爲汛守要地。[57]東北洋面的黃崎，澳內可以停泊船隻，但澳口有沉礁，往南至銅鼓洋途中，有龍船礁等礁石，來往須仔細。[58]黃崎之北面則爲北加（茭），與福寧爲界，其東面有罕嶼，西北有媳婦娘澳，東面臨宮仔洋、羅源、寧德、福安等處。[59]這些地區地理位置險要，爲福州、泉州之間的橋樑。北茭一帶則水深十-二十托，但在北茭角一帶，潮流湍急，操舟不易。[60]

(3)東湧

東湧亦稱爲東永，現稱之爲東引，位於馬祖列島東北側，北茭洋東面，有東引及西引兩島。東湧爲福建東北部沿海的重要航道，爲針路簿上的重要標識島嶼。[61]此處商、漁船往來熱絡，成爲海寇盤據的重要地方之一。明朝年間亦爲倭寇聚集之地，往東湧島上可遙望海面，偵查洋面狀況。[62]

3.興化府（興化鎮）

北屏福州，西翼泉州，此間海道舟車絡繹不絕，爲船舶必經之地。興化灣內有一野馬門，門中有沉水礁可防，外去是白嶼洋，亦有沉水碎礁可防，船舶行經此處，除非對水道熟悉，否則難以進入此處。[63]

南日山在興化府東面，在燕山外多魚，山嶼零碎，嶼小礁石甚多，名十八門，此處可以停泊船隻，門外有礁名碗礁，必須當心。[64]吉蓼（了）、平海、三江則爲興化門戶，爲極衝之地，南邊的湄州亦爲險要之

---

57 （清）陶駿保編輯，《皇朝邊防紀要》，卷3，頁267。

58 向達校注，《兩種海道針經·指南正法》，頁145。

59 向達校注，《兩種海道針經·指南正法》，頁145。寧安爲寧德。

60 （清）朱正元，《福建沿海圖說》（中央研究院傅斯年圖書館藏，古籍線裝書，光緒28年上海聚珍版排印本），頁13a。。

61 （清）徐景熹，〔乾隆〕《福州府志》77卷（臺北：成文出版社，1962），卷13，〈海防〉，頁20a-21b。

62 （明）朱國禎，《湧幢小品》32卷，《續修四庫全書》（上海：上海古籍出版社，1997），卷30，〈東湧偵倭〉，頁26a-28b。

63 向達校注，《兩種海道針經·指南正法》，頁142。

64 向達校注，《兩種海道針經·指南正法》，頁143-144。

地。[65]外海處有烏圻嶼（烏坵），洋面則為臺灣海峽。平海南方有一嶼名南進嶼，門中有礁石，東南有鷺鷥屎礁，航行時皆必須留意。[66]

4.泉州府

(1)泉州

泉州為海外貿易的重要港口，北鄰興化府，南接漳州府，東濱臺灣海峽，西則倚山。泉州府城，城內外皆有濠，船舶可通府城，泉山在府城東北八里處，為攻守要地。位於北岸的崇武城，三面臨海，水道六、七托，大船可進。[67]

(2)浯洲（金門鎮）

浯洲嶼南北長三十里，東西約十里，北為太武山、東為鳳山、塔山，為備海要地。[68]太武山控制泉州南境，外扼大、小擔之險。[69]料羅灣之澳內北邊可行駛船隻，此處水深四、五托，[70]因灣內多礁石，下椗時須注意繩索易被礁石割斷。[71]東北面之崇武城，灣內適合泊船，龜嶼外水有沉水嶼，出入則必須仔細。[72]

5.臺灣府

(1)澎湖（澎湖水師協）

位於泉州與臺灣航道之間，山形平衍，東西約十五里、南北約二十里，周圍小島羅列，有六十四島以上，[73]澎湖溝水分東西流，[74]附近礁石、漩渦多，行船須注意。澎湖群島中以媽宮、西嶼、頭北港、八罩、四

65　（清）俞昌會，《防海輯要》，卷5，頁9a-10b。
66　向達校注，《兩種海道針經·指南正法》，頁142。
67　（清）朱正元，《福建沿海圖說》不分卷，頁33a。
68　（明）洪受；吳島校釋，《滄海紀遺校釋》（臺北：台灣古籍出版公司，2002），頁1-9。
69　（清）俞昌會，《防海輯要》，卷5，頁16b-24a。
70　（清）朱正元，《福建沿海圖說》不分卷，頁37a。
71　向達校注，《兩種海道針經·指南正法》，頁152。
72　向達校注，《兩種海道針經·指南正法》，頁142。
73　明、清時期對於澎湖群島所轄之各島嶼實施數量並不明確，有30-60島之說，目前澎湖縣所轄島數為64，惟實際上多於此數目。
74　（清）俞昌會，《防海輯要》，卷5，頁18a。

澳，在北風時可以泊舟，若南風不但有山有嶼可以寄泊，浪亦靜，黑溝、白洋皆可暫寄。[75]

萬曆中期，許孚遠（1535-1604）擔任福建巡撫期間（1592-1598）建議，在澎湖諸嶼修築城池，[76]其目的是爲加強對澎湖一地的防務，因爲澎湖有許多港口及島嶼，所屬海域可停泊大型帆船。天啓年間，在澎湖地區築城設兵防守，設游擊，把總，統兵三千，築礮臺以守。[77]顧祖禹亦認爲：「福建外海島嶼最險要者有三，如彭湖，蓋其山周遭數百里，隘口不得方舟，内澳可容千艘，往時以居民恃險爲不軌，乃徙而虛其地，訓至島夷乘隙，巢穴其中，力圖之後復爲中國，備不可不早也」。[78]由相關人員的看法，可見澎湖戰略地位之重要性。

(2)臺灣（臺灣水師協）

康熙二十三年（1684），清領有臺灣之後，對臺灣的情況才有較清楚的瞭解，如《臺灣府志》載：臺自建置以來，設府一，其府治，東至保大裡大腳山五十里爲界，是曰中路；人皆漢人；西至澎湖大海洋爲界，亦漢人居之；除澎湖水程四更外，廣五十里，南至沙馬磯頭六百三十里爲界，是曰南路；磯以内諸社，漢、番雜處，耕種是事，餘諸里、莊，多屬漢人。北至雞籠山兩千三百一十五里爲界，是曰北路；土番居多。惟近府治者，漢、番參半，至於東方，山外青山，迤南互北，皆不奉教，生番出沒其中，人跡不經之地；延袤廣狹，莫可測識。[79]臺灣北自雞籠山對峙福州之白犬洋，南自沙馬磯（貓鼻頭）對峙漳之銅山，鹿耳門是臺灣府門戶。臺灣一地惟有鹿耳門、雞籠與淡水港可以進出大船，其他的港口皆沙灘，僅能以平底船隻出入。[80]

75　（清）陳倫炯，《陳資齋天下沿海形勢錄》，頁3b-4b。

76　《明神宗顯皇帝實錄》（臺北：中央研究院歷史語言研究所，1966），萬曆23年4月丁卯，卷284，頁5265。

77　（清）張廷玉，《明史》，〈志〉，卷91，頁2246。

78　（清）顧祖禹，《讀史方輿紀要》130卷，《續修四庫全書》（上海：古籍出版社，1997），卷95，〈福建〉1，頁15b-16a。

79　（清）高拱乾，《臺灣府志》（臺北：臺灣文獻委員會，1993），卷1，頁6。

80　（清）陳倫炯，《海國聞見錄》，頁3。

6.漳州府

(1)海澄港

　　海澄北方爲同安縣，西南爲南靖縣，南爲漳浦縣，水路由海門經廈門出海。控制海澄門戶者，北爲浯洲，南爲浯嶼及鎮海。海澄港口舊名月港，隆慶元年（1567），奏設縣治（張燮記錄有誤，明會典載海澄於嘉靖四十五年設縣），[81]但此處水路較淺，航行於此間必須使用小舟。[82]

(2)詔安灣（銅山營）

　　位於漳州府最南端，由南澳島北角至進口處，在東北偏東三分向，其外之銅山港爲一濱海良港。[83]位於銅山之東門嶼，爲航行的最佳水域。[84]東山島位於詔安灣口，地理位置險要。銅山水道深六-十托，在八尺門附近水道狹窄，東北面沙礁錯雜，[85]因此在航行上必須小心。

(3)玄鍾

　　明清時期玄鍾有多種稱呼（元鍾、懸鍾、玄終），地處閩粵交界處，位於詔安灣最南端，澳內一礁爲玄鍾，近岸之處有沙崙，下有酒甕礁、虎仔嶼，對門港口亦有橄欖礁。[86]在玄鍾旁有一勝嶼則被稱之爲詔安縣門戶。[87]

（三）廣東省

1.潮州府

(1)南澳（南澳鎮）

　　南澳孤懸海中，四片汪洋，爲漳、潮兩郡門戶，商船往來要衝。[88]南澳劃分區域各時期皆有不同，漢代爲揭陽縣，東、西晉時期爲海陽縣，明

81　（明）申時行，《大明會典》，卷15，〈戶部〉2，頁160。
82　（明）張燮著，謝方點校，《東西洋考》，卷9，〈舟師考〉，頁171。
83　（清）陶駿保編輯，《皇朝邊防紀要》，卷3，頁271-273。
84　向達校注，《兩種海道針經‧指南正法》，頁154。
85　（清）朱正元，《福建沿海圖說》不分卷，頁43a。
86　向達校注，《兩種海道針經‧指南正法》，頁154。
87　（清）俞昌會，《防海輯要》，卷5，頁33a。
88　（清）盧坤，《廣東海防彙覽》42卷，《清代兵事典籍檔冊匯覽》（北京：學苑出版社，2005，道光刻本），卷1，頁11b。

代成化時期爲饒平縣，雍正十年（1732），置南澳廳，由廣東布政始管轄。[89]南澳可停泊船隻，但退潮時水面較低，南澳島西面則爲長沙尾，水深六-七托，[90]此處亦可停船，東面則爲七星礁，附近小型礁石多，船隻行駛則須小心。[91]南澳亦爲閩廣要衝，阨塞險阻，乃閩廣兩省之門戶，外洋番泊必經之途，內洋賊盜必經之地。[92]（圖2-7）

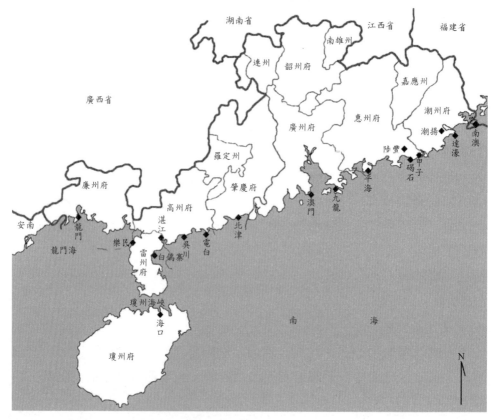

▲ 圖2-7　廣東沿海軍事衝要分佈圖。李其霖繪。

89　（清）毛鳴賓，《廣東圖說》（臺北：成文出版社，1967，同治刊本），卷41，頁1b。

90　（清）朱正元，《福建沿海圖說》不分卷，頁45a。

91　向達校注，《兩種海道針經‧指南正法》，頁155。

92　（清）陶駿保編輯，《皇朝邊防紀要》，卷4，頁348-349。

(2)潮陽

潮陽地區最重要之處爲廣澳及海門。廣澳（達濠營），澳口有網頭礁，水面高時，切勿靠近，避免觸礁；錢澳在海門及達濠之間，其外有觀音礁。[93]雖然附近海域有礁石，海象危險，然而確是海船下椗最好之處。[94]海門山南臨大海，旁即海門所，前有蓮花峰，下臨滄海，亦爲海船寄椗之所。[95]

2.惠州府

(1)陸豐（碣石鎭）

陸豐有甲子欄（灣），灣口大，澳口處有三點金礁，另外，灣口亦有多處沉礁。蘇公澳適合船隻停泊，附近有暗礁，出入仍需注意。[96]碣石位於捷勝所旁，南爲龜齡嶼，此處有龜屎礁石浮沉水面，危險萬分；東南爲荣嶼，其四周亦有多處暗礁；東南有金嶼；東北爲虎頭嶼，此海域有暗沙，船隻出入需謹愼小心。[97]

(2)平海

位於大亞灣東北側，枕山面海，上通碣石，下達大鵬，大星港爲船舶聚集之處，水深二至三托，大船西南風可進，吹東北風時可停靠船隻。[98]

3.廣州府

(1)虎跳門（虎頭門）

有大虎、小虎二、三，俗稱虎頭門、虎門。虎山內外重洋，番舶出入皆須經由此處；虎門東邊有沙角、西邊有大角，兩山對峙環抱，這是虎門第一要隘。[99]屈大均（1630-1696）認爲虎頭門地理位置險要，爲進入廣

93　向達校注，《兩種海道針經·指南正法》，頁155。
94　（清）毛鳴賓，《廣東圖說》，卷33，頁3a。
95　（清）毛鳴賓，《廣東圖說》，卷33，頁3a。
96　向達校注，《兩種海道針經·指南正法》，頁156。
97　（清）毛鳴賓，《廣東圖說》，卷26，頁6a。
98　（清）盧坤，《廣東海防彙覽》42卷，卷1，頁12b-13b。
99　（清）陶駿保編輯，《皇朝邊防紀要》，卷3，頁358。

州之咽喉。[100]要進入虎門，最好由北邊入，不可從南邊進入，因爲暗礁較多，危險性亦高。[101]

(2)魯萬山（圖2-3）

珠江口外則爲萬山，一名魯萬山，亦稱爲老萬山，廣州外海島嶼也。山有二，東山在新安縣界、西山在香山縣界，沿海漁船藉以避風雨，西南風急則居東澳、東北風急則居西澳，凡南洋海船俱由此出入。[102]

澳門位於香山縣東南端，嘉靖三十二年（1553），澳門租借給葡萄牙，成爲廣州對外貿易的口岸。此處水深，適合停泊船隻，往西走可以至香澳，但此處駕駛八槳（櫓）船的海寇多，需防範。[103]珠江口北邊則爲香港，澳門與香港間爲伶仃洋。

樑頭門位於香港最北端，入門處則有媽祖廟，此處適合停泊船隻。其旁的九龍澳亦可停泊船隻，惟附近水流急，水亦深，但無礁石；其北邊大山是傳門澳，也是適合停泊船隻之處。[104]

4.肇慶府（陽江鎮）

陽江位於肇慶府最南端陽江出海口處，北津港具有控制陽江咽喉之稱，港口有大礁，港外亦有數個礁石。[105]北津港外則爲海陵島，海陵島東北之馬鞍山汛可停泊海船，其東南處之戙船澳一帶亦可停船。[106]

5.高州府（高州鎮）

(1)電白港

電白位於高州府東南端，海域遼闊，南士島、放雞島、竹洲島、青洲島、大洲島、三洲島、嶺仔嶼等七大島嶼可做爲天然屏障。電白港西邊澳

---

100 （清）屈大均，《廣東新語》（北京：中華書局，2006），頁34。
101 向達校注，《兩種海道針經‧指南正法》，頁158。
102 （清）謝清高口述、楊柄南錄，《海錄》（北京：商務印書館，2002），頁1。
103 向達校注，《兩種海道針經‧指南正法》，頁159。
104 向達校注，《兩種海道針經‧指南正法》，頁156。
105 向達校注，《兩種海道針經‧指南正法》，頁159。
106 （清）毛鳴賓，《廣東圖說》，卷46，頁10a。

內有礁石一個，可以停泊船隻。[107]

(2)吳川

　　吳川東為南海，西與雷州為界，地處高州府最南端。吳川海濱一帶暗沙多，東南海面有硇洲島，島之西面為海船停椗之所，[108]硇洲島位於雷州灣東側，控制雷州灣水道，亦轉往雷州、瓊州之必經之路，地理及戰略地位重要。

6.雷州府

(1)白鴿寨

　　白鴿寨位於雷州灣西側，面對海濱，戰略位置重要。白鴿寨東側有東山島，東山島東北有蔚萃嶺，島西北處為麻丹港、狗尾草港，此處可泊海船，西北處之東頭山島亦是海船下椗之處。[109]距離雷州府北方十里為北月港，又北十里接吳川境，諸港惟雙溪最近府治，港口又向大洋，然淤淺不可泊舟，只有通明港可泊大舟。[110]

(2)限門（湛江）

　　限門為吳川縣與遂溪縣交界之海道，港口甚淺，船若由此進入，須等漲潮之後方可進港，進港之時須以塔為目標，塔上有媽祖宮，進入港口之後須看蟲嘴山，祖宮一帶則是停泊船隻的良好場所。[111]

7.瓊州府

　　瓊州即現今海南島，在明、清時期，此處所部署的戰略要塞，皆以海口一帶為主。瓊州灣則是南海及北部灣兩水道的通道，地理位置重要。瓊州四面環海，屹立萬里汪洋中，為全粵西南之保障，其西側則為占城、真臘、交趾等國。[112]在瓊州海峽的水流流向各有不同，如海安一地，在漲

---

[107] 向達校注，《兩種海道針經‧指南正法》，頁159。
[108] （清）毛鳴賓，《廣東圖說》，卷59，頁4a-4b。
[109] （清）毛鳴賓，《廣東圖說》，卷65，頁5b。
[110] （清）杜臻，《粵閩巡視紀略》，《近代中國史料叢刊續編》，卷1，頁44a。
[111] 向達校注，《兩種海道針經‧指南正法》，頁160。
[112] （清）藍鼎元，《鹿洲初集》20卷，《景印文淵閣四庫全書》（臺北：臺灣商務印書館，1983），卷12，〈瓊州府圖說〉，頁11b。

潮時水流向西，若在半洋中則水流向東。[113]船舶在行駛時需注意潮水流向。

8.廉州府

廉州西邊與安南為界，為廣東省最西邊之府城，北面為廣西，東與高州府為界，南則為龍門海。樂民所距海十里，距府治一百二十里，西有樂民港，海口廣二、三里，可泊大船，其地有沙洲，登城可見大海，稍南三十里為調神灣，又南三十里處，為博裡港，此處海域適合停泊船隻，又南三十里是官場港，船泊亦常於此處避風。[114]

三、水師改建

（一）明代概況

朱元璋為了整頓東南海疆，他所採取的辦法是加強海防武力，把海島及偏僻海濱的居民向中國遷徙。[115]在這樣的情況下，明朝的海防設置趨於保守，海防的設置，即以衛、所、水寨為主，再輔以巡檢，形成一綿密的海防網絡。嘉靖以後，海防設施衰壞，遂以遊兵維持海防安全。

明代海防的重點防衛區域，基本上是維持一貫政策，少有裁減。嘉靖以後，倭寇犯邊熾盛，沿海都會地區，各設總督、巡撫、兵備副使及總兵官、參將、游擊等員。浙江設金鄉、盤石、松門、海門、昌國、定海、觀海、臨山、海寧等軍事據點，以四參將統領。[116]福建則有五水寨；廣東分東、中、西三路，設三參將。以浙、閩、粵三省海防部署來看，明朝的海防重點以浙江地區最為重要。此種做法是採取較保守的心態，以「防禦」及「守禦」為主的戰略觀念，雖然部署消極，但卻具創意。[117]

---

[113]（清）李增階，《外海紀要》，頁29a。
[114]（清）杜臻，《粵閩巡視紀略》，卷1，頁39a-39b。
[115]張彬村，〈十六世紀舟山群島的走私貿易〉收於《中國海洋發展史論文集》，第一輯，頁77。
[116]（清）張廷玉，《明史》，卷91，〈志〉67，〈兵〉3，〈海防江防〉，頁2247。
[117]何孟興，《浯嶼水寨：一個明代閩海水師重鎮的觀察》（臺北：蘭臺出版社，2002），

　　明朝設置水師地點，於明太祖初期設置，主要在沿海、沿邊，設置衛、所、巡檢，構成一海防體系，如明朝兵部所言：

> 浙、直、通、泰間最利水戰，往時多用沙船破賊，請厚賞招徠之。防禦之法，守海島為上，宜乙太倉、崇明、嘉定、上海沙船及福倉、東莞等船守普陀、大衢。陳錢山乃浙、直分路之始，狼、福二山約束首尾，交接江洋，亦要害地，宜督水師固守。[118]

　　明朝中期，自嘉靖海寇肆虐東南沿海之後，水師設置的地點，多有改變，基本上，明廷是針對海寇襲擾較多之處增加防務。本節對明代設置海防位置的經驗進行討論，從中暸解明代海防設置地點是如何確立，並在海寇熾盛時，如何應對。以下對明朝防務狀況做一統整，這對於暸解清廷的海防建置地點，可做參考依據，也可看出明、清兩代在海防設置地點的異同。

1.浙江省

　　明朝嘉靖以前，在浙江設置十一個衛，[119]六個水寨。[120]（表2-4）嘉靖以後，海寇騷擾沿海加劇，衛所制度也漸崩壞。在這些水寨，每處設一欽依把總統領，但水寨設置的時間並不長，[121]對沿海防務幫助有限。另外，再整合相關衛所，組成定海備倭把總、昌國備倭把總、金鄉備倭把總、臨觀備倭把總、海寧備倭把總、松門備倭把總[122]等六個軍力集結

頁84-85。
[118]（清）張廷玉，《明史》，〈志〉，卷91，〈志〉67，〈兵〉3，〈海防江防〉，頁2245。
[119]此沿海衛分別為海寧衛、定海衛、昌國衛、觀海衛、臨山衛、台州衛、海門衛、松門衛、溫州衛、金鄉衛、磐石衛。
[120]浙江設置的水寨有沈家門、黃華、江口、飛雲、鎮下門及白岩塘，其建置時間最晚於隆慶年間。見黃中青，《明代海防的水寨與遊兵》（宜蘭：學書獎助基金，2001），頁33-41。
[121]黃中青認為，浙江水寨設置時間短暫的原因與沿岸地形及海水深淺有關。黃中青，《明代海防的水寨與遊兵》，頁38。
[122]（明）鄭若曾，《籌海圖編》，《中國兵書集成》（遼寧：解放軍出版社，1990），〈浙江兵防官考〉，頁392。

處[123]，此間，在沿海各重要據點設置遊兵，[124]亦由把總統領。[125]為何會設置遊兵？是因為浙江沿海水淺，多處屬於沙岸地形，因此不利於大船操作，故海防的守備，便以小船為主的遊兵來擔負。[126]遂此，浙江地區的遊兵設置，則為浙、閩、粵三省最多者，分佈區域亦最廣。[127]在這些防衛體系的建置下，形成了綿密的海防線。這樣轉攻為守的設置，在嘉靖時期的鄭若曾看來有所不同，他認為：「禦賊之道，曰守、曰攻、曰撫，治直以守，治浙以攻，皆因地度勢而為之也」。[128]設置眾多的遊兵，最主要是在嘉靖倭亂以後所得到的教訓，浙江海防必須以守為攻。

從浙江地區海防設置地點的轉變，可以看出明廷將浙江海岸線分成六個區塊。再從明朝的海防部署狀況，可以看出四個重點。第一，還是以「衛」為主。第二，加強杭州城外之杭州灣之防務，設兩把總，分南北兩岸防守。第三，溫州府外的磐石衛已不是重點防守區域。第四，把總的地位提高，權力更大。

(1)嘉興府

乍浦與澉浦為嘉興府之門戶，亦控制北杭州灣水路之重鎮，乍浦的重要性又高於澉浦，明初即已在嘉興府設海寧衛，以及乍浦、澉浦兩千戶所。明成祖期間倭寇襲擾乍浦地區，明成祖即曉諭官兵加強當地防務，其言：「賊欲來濱海為寇，又海寧、乍浦千戶所，瞭見赭山西南海洋等處，

---

[123] 按：定海備倭把總即鎮守以前之定海衛；昌國備倭把總即鎮守以前的昌國衛；金鄉備倭把總即以前之金鄉衛；臨觀備倭把總即結合臨山衛及觀海衛，組成一新的防守地；海寧備倭把總即之前的海寧衛；松門備倭把總即以前之松門衛。

[124] 遊兵：以寨為正兵，以遊為奇兵，寨屯於遊之內，遊巡於寨之中，蓋寨藉遊以共聲其援，非得遊而可互卸責也。（明）黃承玄，〈條議海防事宜疏〉，《明經世文編》，卷479，頁4632。

[125] 明代水師建置：水寨的把總稱「欽依把總」，遊兵把總稱「名色把總」，欽依把總品級高於名色把總許多。進入清代之後，已無此種職稱，但清代亦有把總官職，惟與明代相去甚遠，欽依把總為中高階軍官，名色把總為中低階軍官。見《福建通志臺灣府》，卷83，頁255-256。

[126] 黃中青，《明代海防的水寨與遊兵》，頁41。

[127] 黃中青，《明代海防的水寨與遊兵》，頁42-58。

[128] （明）鄭若曾，《鄭開陽雜著》，《景印文淵閣四庫全書》（臺北：臺灣商務印書館，1983），卷1，頁38a。

有倭船十餘艘，望東南行，爾等宜嚴備之」。[129]倭寇進犯乍浦一帶的時間始於明朝初年，但大規模的劫掠事件在嘉靖之後。最熾熱時期為嘉靖三十一年（1552），乍浦、上海等地皆被海寇王直、徐海等人攻陷，[130]此後海寇劫掠乍浦，時有所聞，可見此處的重要性。

(2)杭州府

　　杭州為浙江省城，明廷為了鞏固省城防衛，在杭州灣一帶設置六個衛所，[131]此處亦為衛所設置最綿密之區域。雖然杭州灣防衛綿密，但曾經為海寇攻陷。嘉靖三十二年（1553），海寇王直等人攻佔海鹽縣、海寧衛，並進入杭州門戶鼊子門，在參將湯克寬的防衛之下，才化解省城危機。[132]顯見明朝雖於杭州一帶部署重兵，但還是無法抵擋海寇的攻擊，海寇的力量足以撼動省城。

(3)寧波府

　　①舟山

　　舟山地區（定海）島嶼星羅棋布，地形水道複雜，地處極衝之地，是海寇盤踞的良好場所。洪武、永樂期間即有海寇進犯舟山一帶，此間，尤以明代嘉靖年間最為嚴重。為了防守舟山，明初，於定海設有三城池，分別為望海城、威遠城及翁山城，其中以威遠城位於海口處，控制江海咽喉，地位最為重要。[133]洪武二十五年（1392），設置定海衛、舟山中中、舟山中左、穿山後、霩𩰚、大嵩，五個千戶所。[134]明永樂年間，倭寇再度襲擾舟山，雖被擊退，但時任鎮海衛軍張琬即查覺，定海等地實為倭寇出沒之地。[135]即使明廷在此設防，但還是無法有效防範，海寇屢犯不

129 《明太宗文皇帝實錄》，卷209，永樂17年2月辛卯，頁2124。
130 （清）張廷玉，《明史》，卷204，頁5397。
131 明廷在杭州灣設有杭州前衛、杭州右衛，海寧衛、臨山衛、紹興衛及觀海衛。（明）申時行，《大明會典》，〈兵部〉，卷124，頁1775-1。
132 （明）鄭若曾，《籌海圖編》，卷5，〈浙江倭變紀〉，頁416-417。
133 （清）顧祖禹，《讀史方輿紀要》130卷，卷92，〈浙江〉4，頁50a-51b。
134 （清）顧祖禹，《讀史方輿紀要》130卷，卷92，〈浙江〉4，頁62a-63b。
135 《明太宗文皇帝實錄》，卷20下，永樂元年5月壬辰，頁367。

鮮。嘉靖十九年（1540），海寇李光頭、許棟等人佔領雙嶼港，劫掠舟山一帶數年，至嘉靖二十七年四月（1548），朱紈派遣都指揮史盧鐺攻擊雙嶼，李光頭於此役才束手就擒。[136]攻克雙嶼賊窟之後，明廷於此地築城防守，嘉靖晚期，以副總兵屯泊陳錢諸島以靖海疆。[137]

②昌國衛

洪武十七年（1384），於寧波府象山縣置昌國衛。[138]昌國衛位於石浦北面，濱大目洋，為三門灣的對外門戶，屬極衝區域。正統四年（1439），海寇駕船四十餘艘攻陷大嵩所、昌國衛，[139]嘉靖三十四年四月（1555），昌國衛再度被攻陷，百戶陳表被殺。[140]此後，為加強此處的防衛能力，遂重興建造昌國衛以及石浦所關城。[141]

(4)台州府

台州府沿海地區設有二衛、六所，分別為海門衛，前所、新河、桃渚、健跳所，又松門衛，隘頑、楚門所。[142]黃巖縣又為台州府門戶，城東的海門衛城設於洪武二十年（1387）。[143]洪熙元年五月（1425），海寇犯海門衛及桃渚千戶所，[144]但最後海寇被官兵擊退，被官軍斬首十七人。正統五年（1440），於海門衛擒獲海寇七名。[145]朱紈提督浙、閩軍務期間，為了加強防務，曾經招撫福清縣捕盜船四十餘艘，分佈各海道之用，當時分配予海門衛戰船十四艘，[146]雖然增加了台州地區的防務，但

---

[136] （明）鄭若曾，《籌海圖編》，卷5，〈浙江倭變紀〉，頁413。
[137] 《明世宗肅皇帝實錄》，卷425，嘉靖34年8月壬辰，頁7362。
[138] 《明太祖高皇帝實錄》，卷165，洪武17年9月丁未，頁2542。
[139] （明）鄭若曾，《籌海圖編》，卷5，〈浙江倭變紀〉，頁412。
[140] （明）侯繼高，《全浙兵制》，《四庫全書存目叢書》（臺南：莊嚴出版社，1995，天津圖書館藏，舊鈔本），卷1，頁144。
[141] （清）顧祖禹，《讀史方輿紀要》130卷，卷92，〈浙江〉4，頁63a-64a。
　　按：昌國衛於洪武17年設，石浦守禦千戶所於洪武20年設。（清）顧祖禹，《讀史方輿紀要》，卷92，頁63b。
[142] （清）顧祖禹，《讀史方輿紀要》130卷，卷89，〈浙江〉1，頁3b。
[143] （清）顧祖禹，《讀史方輿紀要》130卷，卷92，〈浙江〉4，頁70b。
[144] 《明宣宗章皇帝實錄》，卷2，洪熙元年6月乙卯，頁40。
[145] 《明英宗睿皇帝實錄》，卷105，正統8年6月戊申，頁2143。
[146] （清）張廷玉，《明史》，〈列傳〉，卷205，頁5405。

海寇從嘉靖三十一年至四十年（1532-1561）侵犯台州各地十六次，[147]其中嘉靖三十八年（1559），海寇數千劫掠台州，最後在戚繼光的指揮之下，才擊退海寇，並斬首八百多名海寇。[148]

(5)溫州府

溫州為浙江南部最重要城市，明廷設置了三衛、八所，分別為溫州衛，平陽、里安、海安三所；金鄉衛，蒲門、壯士、沙園所；盤石衛，蒲歧、寧村所。[149]洪武五年（1372），海寇船隻兩百艘犯溫州；洪武十六年（1383），再侵犯金鄉衛，殺官軍二十二人。[150]永樂九年（1411），海寇襲擊磐石衛一帶，造成百戶羅銘等人戰死。[151]嘉靖以後，海寇再度進犯浙江。為了加強防務，明廷於溫州設置黃華、江口、飛雲、鎮下門、白岩塘五水寨。[152]

2.福建省

明朝時期，海寇襲擊福建的事件相對的比浙江少。明初，為了鞏固海防，在福建地區陸續派官員巡視，並設置沿海防務（表2-5），如洪武十九年（1386）則以江夏侯周德興；正統九年（1444），則以侍郎焦宏；景泰二年（1451），則以尚書薛希璉經略海上。

---

147 （明）侯繼高，《全浙兵制》，卷2，頁158-159。
148 〈上應詔陳言乞晉恩賞疏〉《戚少保文集》，《明經世文編》，卷347，頁3738。
149 （清）顧祖禹，《讀史方輿紀要》130卷，卷89，〈浙江〉1，頁4a-4b。
150 （明）萬表輯，《明代經濟文錄三種》（北京：全國圖書文獻縮微複製中心，2003，明嘉靖刻本），卷19，〈浙江〉，頁285。
151 （明）湯日昭，《萬曆溫州府志》18卷，《四庫全書存目叢書》（臺南：莊嚴出版社，1996），卷13，〈人物〉3，頁11b。
152 （明）鄭若曾，《籌海圖編》，卷5，〈浙江倭變紀〉，頁449-450。

表2-4　明代嘉靖以前浙江地區沿海衛所表

府治	衛所名稱						
杭州府	海寧衛 屯軍1,240		澉浦所（嘉興府）		乍浦所（嘉興府）		
紹興府	紹興衛	三江所	臨山衛	三江所	瀝海所		
寧波府	定海衛	大嵩所	霩𩏩所	穿山後所	舟山中中中左二所		
	觀海衛	龍山所	昌國衛	爵谿所	錢倉所	石浦前後二所	
台州府	海門衛 屯軍683	新河所	海門前所	健跳所	桃渚所	松門衛 屯軍797	楚門所	隘頑所
溫州府	溫州衛 屯軍2,717	海安所	里安所	平陽所	磐石衛	寧村所	蒲岐所	磐石後所
	金鄉衛 屯軍684	蒲門所		壯士所		沙園所		

資料來源：（明）鄭若曾，《籌海圖編》，卷5，〈浙江兵防考〉，頁393-397。

　　明初，置衛十一[153]、置所十四、置巡司十五，加強沿海防務；另外，又置水寨防之於海。初期有烽火、南日、浯嶼三寨。景泰年間，增加銅山、小埕。嘉靖四十二年（1563），譚綸題設五寨，設欽依把總，以烽火、南日、浯嶼三為正兵，再增設小埕、銅山二寨為奇兵。萬曆三年（1575），劉堯誨（1521-1585）會同兩廣軍門題設南澳副總兵、玄鍾遊

---

[153] 福建沿海衛，分別為，福州中衛、福州左衛、福州右衛、興化衛、泉州衛、漳州衛、福寧衛、鎮東衛、平海衛、永寧衛、鎮海衛。見（清）張廷玉，《明史》，卷90，頁2202。

兵，又設浯銅、海壇二遊兵。[154]明朝在福建地區共設置十二處遊兵。[155]

　　除了在沿海重要孔處，設置防務之外，顧祖禹（1631-1692）認為，外海島嶼亦是防務重點，他提出以澎湖、銅山、桐山，三地防守要塞論：「彭湖，東為海壇，西則南澳，守海壇，則桐山、流江之備益固，可以增浙江之形勢；守南澳，則銅山、玄鍾之衛益堅，而可以厚廣東之藩籬。此三山者，誠天設之險可或棄，而資敵歟」。[156]陳仁錫（1581-1636）呼應顧祖禹看法，他也認為彭湖一帶的地理位置重要，應該要加強防務：

　　　　閩海一帶延袤數千里，歲清明前，南風盛發，倭寇從粵而北，縱
　　　　台、溫，霜降後，北風盛發。又從浙而南馳閩廣，其南而北也，
　　　　必繇彭湖、烏坵，北而南也，必經臺山、礵山，礵臺外島也，巨
　　　　浪粘天，驚槎廻鬥，難以寄泊。[157]

彭湖的重要性一直到明代嘉靖倭亂之後才受到關注，但因防守不易，因此在彭湖並沒有常態性的駐兵。

　　明朝嘉靖海寇之亂以後，明廷重新整建海防，鄭若曾對福建海防的設置提出他的看法：「治福之法，貴於撫而已矣，福地素通番舶，其賊多諳水道，操舟善鬥皆漳、泉、福寧人，漳之詔安有梅嶺、龍溪、海滄、月港，泉之晉江有安海，福寧有桐山，各海澳僻遠」。[158]他指出福建的防務重點是在招撫，他瞭解到此間的海寇大部分都為福建人，既然屬於同鄉，即有利於招撫。

---

[154] 整理自（明）王在晉，《海防纂要》13卷，《四庫禁燬書叢刊》（北京：北京出版社，2000，萬曆刻本），卷1，〈福建事宜〉，頁8a。

[155] 分別為臺山、嵛山、五虎、海壇、湄州、浯銅、鴻江、彭湖、南澳、玄鍾、礵山、海澄。見黃中青，《明代海防的水寨與遊兵》，頁104-105。

[156] （清）顧祖禹，《讀史方輿紀要》130卷，卷95，〈福建〉1，頁16a。

[157] （明）陳仁錫，《陳太史無夢園初集》34卷，《續修四庫全書》（上海：上海古籍出版社，1997），〈漫集〉2，頁72a。

[158] （明）鄭若曾，《鄭開陽雜著》，卷1，頁38a。

(1)直隸福寧州

　　福寧州有屬縣二，分別爲福寧縣、福安縣，於沿海設有福寧衛，大金所。[159]福寧一帶本有魚鹽之利，雖然此地山谷深邃，應爲山賊盤據之地，但卻鮮少出現山賊，反而劫掠此地者都來自於海上。[160]位於閩、浙交界處之烽火門，其地理位置重要，亦有魚鹽之利，但卻未設衛所，永樂年間即有海寇騷擾事件發生，遂派大金所官兵協防。正統九年（1444），在侍郎焦宏的建議下始設烽火門水寨。[161]嘉靖二十七年（1548），海寇襲擊福寧沿海一帶；嘉靖三十八年三月（1559），海寇進攻福寧州不克，輾轉攻陷福安縣。[162]此後戚繼光擔任福建總兵之後，在福寧設二營，一千八百名兵力防守。[163]在增兵駐守之後，福寧等處才漸趨穩定。

(2)福州府

　　省城福州管轄九縣，海防設有一衛、三所。[164]爲了再加強防衛，設置了小埕水寨，成爲駐守福州之屏障。[165]其設置的時間，根據何孟興的研究，可能設置於景泰年間。[166]福州地區受到海寇攻擊，最熾盛時間爲嘉靖三十五年（1556）之後，攻擊地點爲福清縣，隔年進攻福州、連江；嘉靖三十七年，福清縣爲海寇攻陷，此後海寇繼續往南劫掠，嘉靖三十九年，再攻大金所。[167]此後，省城一帶被海寇劫掠事件鮮少。

---

[159] （清）顧祖禹，《讀史方輿紀要》130卷，卷95，〈福建〉1，頁2b。

[160] （明）王鳴鶴，《登壇必究》，（北京：解放軍出版社，1993，清刻本），卷7，頁243。

[161] （明）鄭若曾，《籌海圖編》，卷4，〈福建事宜〉，頁356-357。

[162] （明）鄭若曾，《籌海圖編》，卷4，〈福建倭變紀〉，頁345-349。

[163] （明）譚綸，《譚襄敏奏議》，《景印文淵閣四庫全書》（臺北：臺灣商務印書館，1983），卷2，頁20b。

[164] 福州地區轄縣及衛所分別爲，閩縣、侯官縣、長樂縣、福清縣、連江縣、羅源縣、古田縣、閩清縣、永福縣；鎮東衛、梅花、萬安、定海所。見（清）顧祖禹，《讀史方輿紀要》130卷，卷95，〈福建〉1，頁2b。

[165] （明）鄭若曾，《籌海圖編》，卷4，〈福建事宜〉，頁358。

[166] 何孟興，《浯嶼水寨：一個明代閩海水師重鎮的觀察》，頁14-17。

[167] （明）鄭若曾，《籌海圖編》，卷4，〈福建倭變紀〉，頁346-350。

(3)興化府

　　興化府轄莆田縣、仙遊縣二縣，沿海設有平海衛及莆禧所。[168]嘉靖三十二年九月之後，海寇二次犯興化府、南日舊寨。[169]嘉靖三十七年，海寇再度進攻興化府，[170]嘉靖四十二年（1563），海寇攻擊平海衛，及圍攻興化府，當時興化府守將劉顯逗留不動，海寇利用此一時機擴張勢力，並逐漸強大，但最終在俞大猷與戚繼光的合作之下，將海寇擊滅於平海衛。[171]

　　為了加強興化府的防衛，明廷在南日設水寨，其為莆田之對外屏障，明朝設置南日水寨與平海衛互為表理，此後，增設湄州遊兵，做為偵探外防之用。[172]興化府濱海之地雖不及他府廣闊，但地理位置位於福建省中部，有其重要性。

(4)泉州府

　　泉州府管轄七縣，設有六個衛所。[173]泉州地區的海外貿易極早，為福建省對外貿易之重鎮。嘉靖三十七年四月（1558），海寇進攻安海城，五月攻打泉州府、南安縣以及崇武城，但為官軍擊退。[174]嘉靖四十一年（1562），海寇夜襲破永寧衛城，威脅指揮王國瑞、鍾壋，千戶蔡朝陽降之。[175]隆慶元年四月（1567），海寇船隻4艘出現於崇武城外，整理漁舟等器具，但居民無損失。[176]

---

[168] （清）顧祖禹，《讀史方輿紀要》130卷，卷95，〈福建〉1，頁2b。

[169] 《明世宗肅皇帝實錄》，卷408，嘉靖33年3月癸丑，頁7124。

[170] （明）鄭若曾，《籌海圖編》，卷4，〈福建倭變紀〉，頁347。

[171] （明）高汝栻輯，《皇明法傳錄嘉隆紀》6卷，《續修四庫全書》（上海：上海古籍出版社，1997，崇禎9年刻本），卷5，頁24b。

[172] （明）陳仁錫，《陳太史無夢園初集》34卷，〈漫集〉2，頁72b。

[173] 分別為晉江縣、南安縣、同安縣、惠安縣、安溪縣、永春縣、德化縣；海防衛所則有永寧衛，五個所分別為福泉、金門、中左、高浦、崇武。見（清）顧祖禹，《讀史方輿紀要》130卷，卷95，〈福建〉1，頁3b。

[174] （明）鄭若曾，《籌海圖編》，卷4，〈福建倭變紀〉，頁347-348。

[175] 《明世宗肅皇帝實錄》，卷506，嘉靖41年2月壬戌，頁8345。

[176] （明）戚繼光，《戚少保年譜耆編》12卷（北京：中華書局，2003，道光刻本），卷6，頁115。

(5)彭湖

《澎湖廳志》載「隋大業中，遣虎賁陳稜略地至澎湖；元末置巡司，屬同安縣兼轄；明洪武五年墟其地，遷其民於泉、漳間。嘉靖四十二年，設巡檢司，旋罷。明末海寇、外寇屢為巢穴」。[177]明朝對澎湖的經營並不積極，嘉靖年間，設巡檢之後又裁。萬曆以後，彭湖成為海寇及西方夷人的避風場所，如萬曆二年，海寇林鳳經彭湖至臺灣。[178]萬曆二十三年（1595），許孚遠（1535-1604）建議在澎湖地區可以築城置營，他認為此地可耕且守，再者，澎湖地理位置重要，如在此駐兵，可阻斷夷人的往來，惟其缺點是距離中國較遠，鮮有居民在此居住。[179]萬曆二十五年，新設彭湖遊兵，以名色把總統領，兵八百五十名。[180]雖在彭湖設遊兵，幾乎秋冬兩季就將遊兵撤回泉州。此後，荷蘭人即利用此一機會一度佔領彭湖，做為前進中國的跳板，在福建巡撫南居益等相關人員的處理之下，荷蘭人才離開澎湖。[181]

(6)漳州府

漳州為福州最南方之府，管轄十縣，設有四衛所。[182]海澄港未開放貿易之前，走私貿易相當興盛，為海寇的巢穴。[183]嘉靖四十五年（1566）設置海澄縣之後，正式開放貿易。在整個明代，海澄則是當時開放給人民販洋的唯一口岸，[184]貿易熱絡之後，海寇的劫掠可想而知。

177 （清）林豪，《澎湖廳志》（臺北：臺灣銀行經濟研究室，1958），頁51。
178 《明神宗顯皇帝實錄》，卷30，萬曆2年10月辛酉，頁731。
179 （明）許孚遠，〈議處海壇疏〉《敬和堂集》，收於陳子龍，《明經世文編》（北京：中華書局，1987），頁4342-1。
180 （清）顧炎武，《天下郡國利病書》，〈福建〉，頁77b。
181 《明清史料》，乙卷，第7冊，頁627-629。〈兵部為彭湖捷功事〉，崇禎2年，閏4月。
182 分別為龍溪縣、漳浦縣、龍巖縣、長泰縣、南靖縣、漳平縣、平和縣、詔安縣、海澄縣、寧洋縣。沿海衛所則有鎮海衛，六鰲、銅山、元鐘三所。見（清）顧祖禹，《讀史方輿紀要》，卷95，〈福建〉1，頁3a。
183 （明）陳子龍，《明經世文編》504卷（北京：中華書局，1987），卷383，〈姜鳳阿集〉，議防倭，頁4153-2。
184 張彬村，〈明清兩朝的貿易政策：閉關自守？〉，收於吳劍雄主編，《中國海洋發展始論文集》第四輯（臺北：中央研究院中山人文社會科學研究所，1991），頁52。

景泰以後在漳州設置銅山水寨，並在玄鍾設遊兵、水寨由南澳把總統領。[185]嘉靖年間的海寇劫掠，由北而南移動，因此漳州地區受到海寇的襲擾已到嘉靖末期。嘉靖三十九年（1560），海寇由大埔攻打平和縣，隔年五月攻打詔安，[186]但海寇此次攻打詔安實為奸民內應所引起，可見海寇確與沿海居民互通訊息。萬曆三年之後，為了加強閩粵防務，設置南澳副總兵及玄鍾水寨。[187]

表2-5　明代嘉靖以前福建地區沿海衛所表

府治	衛所名稱				
福寧府	福寧衛		定海所		大金所
	屯軍717				
興化府	平海衛	鎮東衛	莆禧所	萬安所	梅花所
		屯軍1,432			
福州府	福州左衛		中左所		
	旗軍1,000；屯軍1,697				
泉州府	永寧衛	金門所	福全所	崇武所	
	旗軍5,000	旗軍1,000	旗軍1,000	旗軍1,000	
	屯軍784	屯軍130	屯軍224	屯軍224	
漳州府	鎮海衛		六鰲所		
	旗軍1,500		旗軍1,000；屯軍42		

資料來源：（明）鄭若曾，《籌海圖編》，卷4，〈福建兵防考〉，頁336-338。

---

185 （清）傅維鱗，《明書》171卷（上海：上海商務印書館，1936），卷72，〈志〉14，頁1448。收於《叢書集成初編》。
186 （明）鄭若曾，《籌海圖編》，卷4，〈福建倭變紀〉，頁350-352。
187 （清）杜臻，《粵閩巡視紀略》，卷4，頁2a。

3.廣東省

明朝於廣東地區設有十一個衛,沿海設有三個千戶所。[188] (表2-6)
廣東地區的海防重點在廣州一帶,高、雷、廉州等處重要性較低。明朝初
年略有海寇襲擊廣東地區,嘉靖以後的海寇事件對廣東地區的影響相對
較小。除了設置衛所之外,廣東地區亦設置水寨及遊兵。但相對於浙江
與福建在明初即設置水寨,廣東則於嘉靖四十五年 (1566) ,始設六水
寨。[189]遊兵的設置則與閩、浙相較,顯得不具規模,因為廣東的遊兵則
隸屬於水寨統轄。[190]

廣東省在沿海軍事上的劃分,明朝時期相關的軍事家將廣東沿海分為
三路,此種劃分,始於鄭若曾,《籌海圖編》:其載,廣東列郡者十,分
為三路,東路惠潮,南澳、柘林最為重要;中路廣東,虎頭門、東莞、廣
海最為重要;西路高雷廉。[191]此後主要的軍事家如:明人茅元儀、王明
鶴、王在晉、鄭大郁都認同此看法,入清之後,杜臻、姜宸英繼續承繼,
即使至嘉慶、道光間年間,薛傳源、盧坤亦秉持看法。[192]顯見,將廣東
沿海分成三路防守,則是最佳的防衛建置。

(1)潮州府

潮州府管轄十一個縣,[193]沿海衛所則有潮州衛,靖海所、海門所、

---

[188] 分別為廣州前衛、廣州左衛、廣州右衛、南海衛、潮州衛、雷州衛、海南衛、清遠衛、
惠州衛、肇慶衛、廣州後衛;程鄉千戶所、高州千戶所、廉州千戶所。見 (清) 張廷
玉,《明史》,卷90,頁2202。

[189] 黃中青,《明代海防的水寨與遊兵》,頁121。分別為柘林、碣石、南頭、白沙、烏兔、
白鴿門。

[190] 黃中青,《明代海防的水寨與遊兵》,頁137。

[191] (明) 鄭若曾,《籌海圖編》,卷3,頁311-316。

[192] (明) 茅元儀,《武備志》,卷213,頁1505-1506; (明) 鄭大郁,《經國雄略》48
卷,〈海防玫〉2卷,〈粵東〉,頁17a-19b; (明) 王在晉,《海防纂要》,卷1,
頁1-3; (清) 杜臻,《海防述略》,頁1-2; (清) 姜宸英,《海防總論》,頁1-3;
(清) 薛傳源,《防海備覽》10卷,卷1,頁14b-15a; (清) 盧坤,《廣東海防彙覽》
42卷,卷2,頁3a-5a。

[193] 分別為海陽縣、潮陽縣、揭陽縣、程鄉縣、饒平縣、惠來縣、大埔縣、平遠縣、普寧
縣、澄海縣、鎮平縣。見 (清) 顧祖禹,《讀史方輿紀要》,卷100,〈廣東〉1,頁
3b。

蓬州所、大城所，潮州衛有兵一千三百二十八人，其他所約二、三百人。[194]洪武二年（1369），已有海寇襲擾惠、潮諸州；永樂十九年（1421），海寇攻打靖海所，但遭官軍擊敗。[195]嘉靖三十五年，海寇劫掠潮州等地區，[196]以及廣東各地之後，明廷於嘉靖四十四年（1565），設澄海守禦千戶所，撥潮州衛官軍防守，[197]加強潮州一帶的防衛。

(2)惠州府

　　惠州府管轄十個縣。[198]海防衛所有，碣石衛，平海所，海豐所、捷勝所、甲子門所。[199]洪武二年（1369），倭寇襲擾惠州；嘉靖三十八年，倭寇兩千多人，突犯饒平、海豐，並攻破黃岡城。[200]此後，海賊曾一本勾引倭寇犯廣東，並攻破碣石、甲子，諸衛所，官軍禦之無功。[201]

(3)廣州府

　　廣州府管轄十六個州、縣。[202]設置在沿海的衛所有廣海衛、南海衛、海朗所、新會所、香山所、東莞所、大鵬所，有兵九百五十二人。[203]廣州地區的海寇襲擊事件始於洪武十三年（1380），海寇劫掠廣州、東莞等處。[204]嘉靖三十三年，何亞八入侵廣海一帶，但被提督侍郎鮑象賢、總兵定西侯蔣公傳討平。[205]廣州雖為府城，但此地的海寇劫掠事件，比起潮州以北地區相對減少。

194　（明）鄭若曾，《籌海圖編》，卷3，〈廣東兵防考〉，頁299。

195　（明）鄭若曾，《籌海圖編》，卷3，〈廣東兵防考〉，頁307-308。

196　《明世宗肅皇帝實錄》，卷436，嘉靖35年6月壬辰，頁7503。

197　《明世宗肅皇帝實錄》，卷550，嘉靖44年9月庚子，頁8855。

198　分別為歸善縣、博羅縣、長寧縣、永安縣、海豐縣、龍川縣、長樂縣、興寧縣、河源縣、和平縣。見（清）顧祖禹，《讀史方輿紀要》130卷，卷100，〈廣東〉1，頁3b。

199　（明）鄭若曾，《籌海圖編》，卷3，〈廣東兵防考〉，頁298-299。

200　《明世宗肅皇帝實錄》，卷471，嘉靖38年4月乙巳，頁7910。

201　《明穆宗莊皇帝實錄》，卷30，隆慶3年3月戊辰，頁800-801。

202　分別為南海縣、番禺縣、順德縣、東莞縣、新安縣、三水縣、增城縣、龍門縣、香山縣、新會縣、新寧縣、從化縣、清遠縣、連州、陽山縣、連山縣。見（清）顧祖禹，《讀史方輿紀要》130卷，卷100，〈廣東〉1，頁2a-2b。

203　（明）鄭若曾，《籌海圖編》，卷3，〈廣東兵防考〉，頁296-298。

204　（明）王士騏，《皇明馭倭錄》，《續修四庫全書》（上海：上海古籍出版社，1997，明萬曆刻本），卷1，頁15b。

205　（明）鄭若曾，《籌海圖編》，卷3，〈廣東倭變紀〉，頁308。

(4)肇慶府

　　肇慶府轄十一個州、縣。[206]沿海衛所有陽江所、陽春所、新興所、雙魚所、寧州所。[207]隆慶六年二月（1572），倭寇分道侵犯廣東高州府、化州、石城縣，再攻破錦囊所，殺千戶黃隆，此後再轉入肇慶府，攻陷神電衛縣城，並劫掠吳川、陽江、高州、海豐等縣。[208]

(5)高州府

　　高州府轄六州、縣，[209]沿海衛所有神電衛。[210]隆慶六年，海寇攻陷高州城，明廷調集惠州官兵進剿，遂平，海寇平息之後，於此地建營留守，原設把總一員，哨官五人，旗隊兵五百三十八人。[211]派兵駐守之後，海寇沉寂一段時間不再騷擾，至萬曆二十九年（1601），再度進犯高州城，明廷再度調集官兵征剿平定後，再建軍營防守。[212]

(6)雷州府

　　雷州府位於廣東最南端之雷州半島，轄海康縣、遂溪縣、徐聞縣；[213]沿海衛所有雷州衛，樂民所、海康所、海安所、錦囊所、石城後所。嘉靖年間，雷州衛設有兵一千三百八十人[214]。海寇犯肇、高、雷三處始於隆慶六年二月，當時海寇從廣東往南分道犯石城縣，攻破錦囊所、陷神電衛、吳川、陽江、高州、海豐遭劫掠，[215]隔月，進犯新寧、高州、雷州等處，官兵與海寇戰於外村鳥壘，海寇二百餘人遭焚、溺死，事

---

206 分別為高安縣、高明縣、四會縣、廣寧縣、新興縣、陽春縣、陽江縣、恩平縣、德慶州、封州縣、開建縣。見（清）顧祖禹，《讀史方輿紀要》130卷，卷100，〈廣東〉1，頁2b-3a。
207 （明）鄭若曾，《籌海圖編》，卷3，〈廣東兵防考〉，頁297-298。
208 《明穆宗莊皇帝實錄》，卷66，隆慶6年2月丙申，頁1587。
209 分別為茂名縣、電白縣、信宜縣、化州、吳川縣、石城縣。見（清）顧祖禹，《讀史方輿紀要》130卷，卷100，〈廣東〉1，頁4a。
210 （明）鄭若曾，《籌海圖編》，卷3，〈廣東兵防考〉，頁297。
211 （明）曹志遇，〔萬曆〕《高州府志》（北京：書目文獻出版社，1990，明萬曆刻本），卷2，頁11b-12a。
212 （明）曹志遇，〔萬曆〕《高州府志》，卷2，頁13a。
213 （清）顧祖禹，《讀史方輿紀要》130卷，卷100，〈廣東〉1，頁4a。
214 （明）鄭若曾，《籌海圖編》，卷3，〈廣東兵防考〉，頁297。
215 《明穆宗莊皇帝實錄》，卷66，隆慶6年2月丙申，頁1587。

件方平。[216]但此次海寇劫掠事件危亂到粵東及粵南，造成粵省沿海州、縣重大損失。

(7)瓊州府

瓊州府爲廣東最南端府治，隔瓊州海峽與雷州府爲界，轄十三州、縣。[217]沿海衛所有海南衛，清瀾所、萬州所、南山所。瓊州雖位於外海，海寇的劫掠事件於洪武二十年（1387）即發生，當時海寇從海口登岸，襲擾海口一帶，此後瓊州一帶便設置千戶所。[218]至嘉靖年間，瓊州一帶鮮少發生海寇劫掠情事。隆慶五年（1571），海寇突入瓊州澄邁縣，襲陷海南衛所城，瓊州府同知陳夢雷等人，因防守不力，受到罰俸處分。[219]此後海寇郭子富等駕船招募李茂海寇餘黨，繼續劫掠。[220]萬曆以後，李茂、陳德樂及林鳳在瓊州一帶島嶼盤據劫掠，萬曆十八年（1590），兩廣總督劉繼文擒獲李茂、陳德樂，賞俸一級。[221]

(8)廉州府

廉州位於廣東西南方，西北爲廣西省，西南則與越南爲界。轄3州、縣，分別爲，合浦縣、欽州、靈山縣。[222]沿海衛所廉州衛、欽州所、靈山所、永安所。[223]明朝在廉州地區沒有發生重大的海寇劫掠事件。但於洪武二十七年七月（1394），明廷命安陸侯吳傑、永定侯張全寶等，率致仕武官往廣東，訓練沿海衛所官軍以備倭寇。[224]隔年於欽州設置欽州千戶所。[225]

---

216 《明穆宗莊皇帝實錄》，卷67，隆慶6年閏2月己亥，頁1616-1617。
217 分別爲瓊山縣、澄邁縣、臨高縣、定安縣、文昌縣、會同縣、樂會縣、儋州、昌化、萬州、陵水縣、崖州、感恩縣。見（清）顧祖禹，《讀史方輿紀要》130卷，卷100，〈廣東〉1，頁4b-5a。
218 （明）唐冑，〔正德〕《瓊臺志》44卷（臺北：新文豐出版公司，1985，明正德刻本），卷21，頁14b。
219 《明穆宗莊皇帝實錄》，卷62，隆慶5年10月丁酉，頁1501。
220 《明神宗顯皇帝實錄》，卷4，隆慶6年8月丁卯，頁154。
221 《明神宗顯皇帝實錄》，卷221，萬曆18年3月丙午，頁4127。
222 （清）顧祖禹，《讀史方輿紀要》130卷，卷100，〈廣東〉1，頁4a-4b。
223 （明）鄭若曾，《籌海圖編》，卷3，〈廣東兵防考〉，頁297。按：《籌海圖編》書中第296頁，廣州衛有誤，應改爲廉州衛；鎮州所應改爲欽州所。
224 （明）林希元輯，〔嘉靖〕《欽州志》9卷（臺北：新文豐出版社，1985，明嘉靖刻本），卷6，頁28a。
225 （明）林希元輯，〔嘉靖〕《欽州志》9卷，卷6，頁14b。

表2-6　明代嘉靖以前廣東地區沿海衛所表

府治	衛所名稱						
潮州府	潮州衛	靖海所	海門所	蓬州所		大城所	
	1,328	282	225	388		383	
惠州府	碣石衛	平海所	海豐所	捷勝所		甲子門所	
	1,284	447	402	582		287	
廉州府	廣州衛	鎮州所	靈山所	永安所			
	952	217	254	390			
廣州府	南海衛	東莞所	大鵬所	廣海衛	海郎所	新會所	香山所
	1,114	328	223	1,165		664	428
肇慶府	肇慶衛	陽江所	新興所				
			252				
高州府	神電衛	寧州所	雙魚所	陽春所			
	1,058	457	177	210			
雷州府	雷州衛	樂民所	海康所	海安所	錦囊所	石城後所	
	1,380	345	323	181	235	234	
瓊州府	海南衛	清閑所	萬州所	南山所			
	1,114	587	469	215			

說明：表中數字為各衛所額數，與實際數目當有出入，人數比實際少。
資料來源：（明）鄭若曾，《籌海圖編》，卷3，〈廣東兵防考〉，頁296-299。

（二）清初海防據點（康熙二十三年以前）

　　明朝在沿海各處設置衛所，其敵人主要以海寇為主，清初設置海防目的，主要是針對鄭氏家族。清朝的海防設置，在初期以明朝的架構為主，領有臺灣之後，清廷對海防的設置地點重新規劃，因為海防的假想敵已不是鄭氏，而是海寇，海防的設置必須再統籌規劃。因此，將不緊要處士兵歸併到緊要處，重新調整，新設的戰略地點有別於以往，例如：南澳一地，康熙二十二年（1683）以前，並未設置水師，但海防重新統籌之

後，即設置總兵。[226]本節敘述重點將以清廷領有臺灣之前，水師設置情況做一討論，康熙二十二年之後，清廷的沿海防務又重新部署，與清朝前期有所不同。

1.浙江省

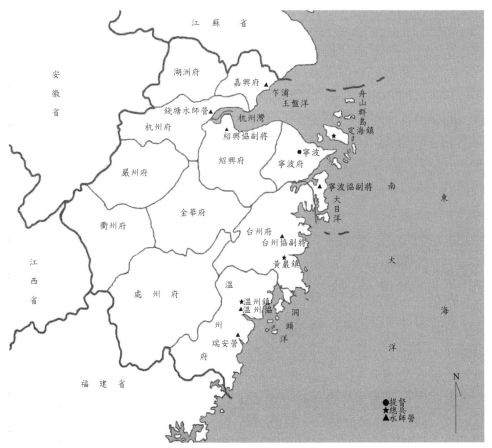

▲ 圖2-8　康熙浙江海防設置圖。李其霖繪。

---

226 （清）杜臻，《粵閩巡視紀略》（臺北：文海出版社，1983），卷5，頁68a。

　　清初平定浙江後，沿襲明朝制度，重視海防，順治五年（1648），浙江始定兵制，設置水師[227]，同年再增設水師三千人。[228]順治八年，令寧波、溫州、台州三府沿海居民內徙，以杜絕海盜之蹤。[229]浙江省在水師設置後的變化較福建省來的少，主要在康熙元年及康熙十四年（1675），兩次設置水師提督職，標下設五營。[230]清廷記取了明朝的經驗，瞭解到浙江地區為海寇劫掠最嚴重之省份，因此在初期的海防建置當中，即在浙江設置水師提督專責水師防務，但鄭氏勢力退出浙江之後，浙江一帶亦鮮少有海寇劫掠事件發生，因此清廷即裁編水師提督缺，所有浙省水師委由陸路提督管轄。（圖2-8）

(1)嘉興府

　　明代於乍浦及澉浦，設置千戶所，防衛沿海，入清以後，杭州地位依舊重要，但初期清廷並未在杭州灣北麓設水師防守。雍正二年（1724），始設乍浦水師營，屬於綠營系統；[231]此後於雍正七年（1729），設駐防浙江乍浦水師旗營，屬八旗系統。[232]由此可見，清廷入關之初，在杭州灣北部並未設置水師部隊，此間防務則由陸師鎮戍。

(2)杭州府

　　清廷控有浙江之後，杭州一帶雖為省城重地，但以陸防為要，海防次之。此區域除了定海鎮所屬水師屬綠營之外，其他大部分以八旗駐防水師營為主。明朝在杭州一帶設置海寧衛，清初則設有錢塘水師營，及杭州城守協副將，[233]（表2-7）在水師防衛上並無特別加強之處。順治三年，浙閩總督張存仁，疏請於錢塘設兵防守，他認為：「錢塘一帶緊要，地方應

---

[227] （清）崑岡，《大清會典事例・光緒朝》，卷551，〈浙江綠營〉，頁127-1-128-1。

[228] 《世祖章皇帝實錄》，卷40，順治5年9月丙戌，頁323-1。

[229] （清）趙爾巽，《清史稿》，〈志〉，卷138，〈志〉113，頁4109。

[230] （清）伊桑阿，《大清會典・康熙朝》（臺北：文海出版社，1992），卷91，頁4637。

[231] （清）趙爾巽，《清史稿》，〈志〉，卷135，〈水師〉，頁3982。

[232] （清）崑岡，《大清會典事例・光緒朝》，卷1128，〈八旗都統〉18，〈兵制〉8，〈各省駐防兵制〉，頁217-1。

[233] 杭州城守協副將兼水師，於順治5年設置，以防守杭州城為主，並協防海疆。（清）趙爾巽，《清史稿》，〈志〉，卷117，頁3398。

設水師五千以防海寇」。[234]此後，於順治五年（1648）設錢塘水師營，及左、右二營游擊，[235]錢塘水師隸屬於杭州協副將管轄。順治八年，裁左營各官；順治十年，裁游擊改設守備，千總二人、把總四人。[236]

(3)紹興府

　　紹興府於清初並未設置水師部隊，這與明代在紹興設置二衛二所有所不同，順治五年（1648），於紹興設置紹興城守營副將一人，左營都司一人，[237]但此部隊以陸師爲主，並未設置水師。

(4)寧波府

　　明朝時期海寇對浙江的襲擾，最頻繁的區域非寧波莫屬，因此明朝在寧波地區設置許多沿海衛所。清初則設有定海鎮、寧波協、舟山協。海寇劫掠寧波一帶最早爲順治四年（1647），海寇由舟山劫掠崇明，江寧巡撫土國寶奏報：「舟山海寇沈廷揚等，聯艅復犯崇明。游擊李雲龍等，分兵追剿，廷揚就擒，俘、斬賊兵千餘，湖海諸寇悉平」。[238]海寇劫掠舟山等地之後，清廷爲了加強防務，於順治五年（1648），設定海鎮總兵一職，[239]對舟山一帶區域進行彈壓。康熙元年，浙江設水師提督，駐防寧波。康熙八年（1669），移水師左路總兵官駐定海。[240]雖在寧波及定海設提督、總兵駐防，但海寇的襲擾卻不會因爲此處有大吏鎮戍，就因而退縮。康熙十六年，耿精忠部眾再度盤據舟山一帶，據浙江提督常進功報：

> 海賊踞舟山造船，臣率官兵，自黃巖赴定海，駕船出關，於螺頭門掟齒洋，擊沉賊船一十三隻、獲船八隻、生擒偽副將一名，復

234 《世祖章皇帝實錄》，卷29，順治3年11月戊午，頁241-2。
235 （清）崑岡，《大清會典事例・光緒朝》，卷551，〈浙江綠營〉，頁127-1。
236 （清）嵇曾筠，〔雍正〕《浙江通志》，卷92，〈兵制〉3，頁3a。
237 （清）伊桑阿，《大清會典・康熙朝》，卷91，頁4627。
238 《世祖章皇帝實錄》，卷32，順治4年5月壬寅，頁262-1。
239 （清）崑岡，《大清會典事例・光緒朝》，〈兵部〉，卷551，〈浙江綠營〉，順治5年，頁127-2。
240 （清）伊桑阿，《大清會典・康熙朝》，卷91，頁4625。

> 令官兵搜剿，連破木城木寨，殺賊二千一百六十餘名，燒燬所造
> 船隻無算。[241]

但此時的海寇背景與明朝時期不同，**襲擾者是鄭氏王朝的水師部隊**。惟鄭氏王朝的勢力對浙江的威脅已減少當中，此階段清廷並未在舟山一帶再增補水師。康熙二十二年，將定海總兵移駐舟山並改為舟山鎮，康熙二十五年（1686），改舟山為定海，仍為定海鎮總兵官。[242]

寧波府除了設水師總兵之外，於順治五年，設寧波協副將，[243]順治八年，以提標水師左營，及定海鎮標水師左營，移紮舟山，改設舟山協副將一人。[244]這樣一來，寧波地區即設置，一總兵、二副將鎮戍。

(5)台州府

明朝在台州地區設置許多的沿海衛所，清初設水師右路總兵、台州協、海中營、海左營、海右營等水師於此。順治五年，設台州協副將，駐台州府。[245]順治十四年（1657），鄭成功進攻台州府，浙江分巡紹台道蔡瓊枝、副將李必，及府、縣等官俱降，[246]顯見順治朝的水師部署無法嚇阻鄭成功部隊。順治十五年，鄭成功於南京一役失利之後，鄭軍再度進入浙江的機會鮮少。康熙八年（1669），將黃巖鎮總兵官，調駐平陽；康熙九年，調浙江寧海總兵官為黃巖鎮總兵官，康熙十五年裁黃巖鎮，十八年復設。[247]

---

[241] 《聖祖仁皇帝實錄》，卷67，康熙16年6月乙卯，頁862-2。

[242] （清）嵇曾筠，〔雍正〕《浙江通志》，卷97，〈海防〉3，頁24b。

[243] （清）趙爾巽，《清史稿》，〈志〉，卷117，頁3398。

[244] （清）崑岡，《大清會典事例‧光緒朝》，〈兵部〉，卷551，〈浙江綠營〉，順治8年，頁128-2。

[245] （清）崑岡，《大清會典事例‧光緒朝》，〈兵部〉，卷551，〈浙江綠營〉，順治5年，頁127-2。

[246] 《世祖章皇帝實錄》，卷111，順治14年8月丙申，頁871-2。

[247] （清）伊桑阿，《大清會典‧康熙朝》，卷91，頁4619。

表2-7　康熙22年以前浙江地區海防設置表

府治	地點	總兵	副將	參將	游擊	都司	守備	千總	把總	兵額	備考
嘉興府	嘉興協		1		3		1	2	4		順治5年設,順治11改游擊
	乍浦營						1				順治11年設
杭州府	錢塘水師營				2	1	1	2	4		順治5年設游擊,順治8年裁左營,順治10年改設守備。《大清會典·康熙朝》
	杭州城營		1			1		2	4		
紹興府	紹興協		1			2	1	2	4		順治5年設
寧波府	定海鎮	1			3		1	2	4		順治5年設
	寧波協		1			2	1	2	4		順治5年設
	舟山協		1		2						
台州府	海中營					1	1	2	4		順治5年設
	海左營					1	1	2	4		順治5年設
	海右營					1	1	2	4		順治5年設
	台州協		1			2	1	2	4		順治5年設
	黃巖鎮	1			3		3	6	12		原設右路總兵,康熙8年,改黃巖鎮
溫州府	溫州協		1			2	1	2	4		順治5年設
	溫州鎮	1			3						順治13年設
	里安營		1				3	6	8		初設參將,康熙10改
總計	16	3	8	0	16	13	17	34	68		

説明：溫州地區的水師為浙江省最晚設置之處。表格中深色內容,指為水師部隊,其他則為水陸駐防部隊。

資料來源：《聖祖仁皇帝實錄》、（清）伊桑阿《大清會典·康熙朝》。

(6)溫州府

　　明朝於浙江省設置最多的沿海衛所即為溫州府。順治五年
（1648），設溫州協副將及里安營副將，里安營副將駐防里安縣。順治
十三年，始設溫州鎮總兵，總兵駐溫州府。[248]設總兵之後裁溫州副將，
順治十八年再復設。[249]溫州雖設置總兵官，但卻是浙江地區設置最晚
者，這與明代有所不同。

2.福建省

　　清廷控有福建時間稍晚於浙江，但控有部分福建區域之後，福建依然
為鄭氏王朝的主要勢力範圍。順治七年（1650），定福建官兵經制，[250]
清代在福建地區的海防設置，亦是依循明朝的架構進行，（圖2-9）但有
別於浙省及粵省，針對閩省的海防設置，官員亦有較多的討論。

　　明代嘉靖以後的閩省海防，以五水寨及遊兵為主，亦鄭若曾所談及的
銅山、玄鍾、浯嶼、料羅、圍頭、福興、南日、湄州、小埕、海壇、連
盤、烽火門等處為主。[251]順治年間，福建地區情勢尚不穩定，清廷的水
師戰力有限，並未積極規劃福建海防。順治十三年，都察院左副都御史魏
裔介（1616-1686）說道，鄭氏家族在海上三十餘年，想要搗其巢穴，恐
怕目前水師人員少，訓練亦不足，無法將其殲滅，因此，應該加強沿海的
防禦，將其困之。[252]顯見，在順治朝的水師設置尚未完成，要以水師與
鄭氏相抗衡困難度高，因此只能被動的加強沿海防務，防止鄭氏入侵。

　　順治十八年（1661），安徽桐城縣生員周南對朝廷提出十項建議，
其中請善海防之策為內容之一，[253]此項建議受到朝廷的重視。因此，康

248 （清）崑岡，《大清會典事例・光緒朝》，〈兵部〉，卷551，〈兵部〉10，〈福建綠
　　營〉，順治13年，頁128-2。
249 （清）伊桑阿，《大清會典・康熙朝》，卷91，頁4630-4635。
250 《清朝文獻通考》（杭州：浙江古籍出版社，2000），卷186，〈兵〉8，頁6477-3。
251 （明）鄭若曾，《鄭開陽雜著》，卷1，頁39a-40a。
252 《世祖章皇帝實錄》，卷100，順治13年4月辛未，頁776-2。
253 《聖祖仁皇帝實錄》，卷2，順治18年3月甲子，頁54-2。

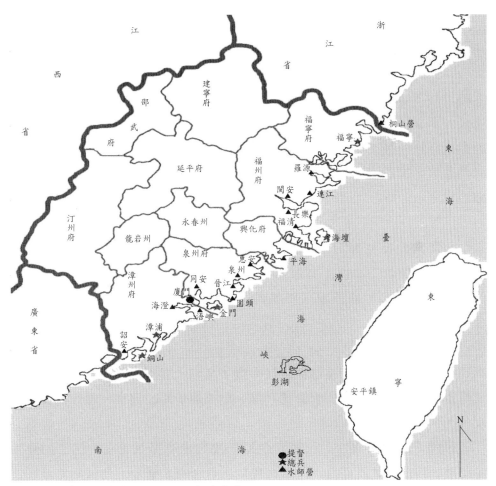

▲ 圖2-9　康熙福建海防設置圖。李其霖繪。

熙二年（1663），開始派兵防守沿海地區。[254]惟水師士兵在福建的調動
頻繁，容易讓奸民有機可乘。在群臣的商議之下，康熙六年，兵部回覆耿
繼茂的建議答覆：

　　靖南王耿繼茂奏稱：邊海防汛，請以水師官兵，每月更調。查一

---

254 （清）趙爾巽，《清史稿》，〈志〉，卷138，〈志〉113，頁4109。

月一調，恐有奸民私貨，乘機夾帶下海。應一年一調，便於盤查。得旨，依議。其雲霄、詔安等處防守官兵，著六月一換。[255]

水師士兵本一月一換防，但此種措施對海防毫無幫助，因為士兵熟悉海防之後，即調離原單位，這反而失去優勢。因此，在商議之後，水師士兵的調動由每月一次改為一年一次，部分地區則半年調動一次。對於此階段的海防部署，康熙十八年，岳州水師總兵官萬正色[256]（？-1691），有較明確的建言：

> 閩地負山枕海，賊蹤出沒無常，今宜擇官兵習於陸路者分佈要害，使賊不登岸，精於水戰者，率戰艦自萬安鎮諸處順流攻擊，直抵金門，塞海澄以斷其歸路，賊自廈門來援者，則從金門掩擊。[257]

萬正色提出的閩省海防重點應該在海澄、金門、廈門三處，這建議受到朝廷肯定，旋後由湖廣岳州水師總兵官，調福建水師總兵官，再升福建水師提督。[258]

康熙十八年（1679），萬正色擔任福建水師提督之後，為了加強水師防務，再度向朝廷建言：「新船雖竣，舊船尚在督修，且檄調諸路兵及碇手，猶未悉至。臣即以新船配官兵，先赴定海訓練。俟舟師轇集，定期水陸夾攻」。[259]萬正色瞭解，以當時福建的水師，無論在戰船及人員方

---

[255] 《聖祖仁皇帝實錄》，卷24，康熙6年12月乙亥，頁341-1。

[256] 萬正色，字惟高，福建晉江縣人，康熙3年擔任陝西興安游擊，約康熙17年擔任岳州水師總兵官，康熙18-20年擔任福建水師提督。萬正色擔任福建水師提督的原因為，當時要剿滅鄭氏家族，在用人之際，萬正色又為閩人，熟悉閩海狀況，遂調任福建水師總兵，之後陞福建水師提督。《聖祖仁皇帝實錄》，卷80，康熙18年4月戊辰，頁1024-2。

[257] 〈國史館本傳‧萬正色〉，收於李桓等編，《國朝耆獻類徵選編》（臺北：文海出版社，1985），頁547。

[258] 《聖祖仁皇帝實錄》，卷80，康熙18年4月戊辰，頁1024-1-1024-2。

[259] 《聖祖仁皇帝實錄》，卷87，康熙18年12月己巳，頁1100-1。

面，都尚未齊全，因此建議將福建水師士兵派往浙江訓練，俟閩省戰船修造完成之後，再將這些訓練完成的士兵派赴戰場，對付鄭氏。建議受到康熙肯定之後，上諭：「江南總督阿席熙（？-1681），速選善用礮者二千人，送該提督軍前。福建總督姚啟聖等，亦速遣士卒，修整舟艦」。[260]士兵接受訓練之後，亦需配有帶兵的將領，因此建議由相關人員來統禦水師：

> 臣標前、後二營已設官兵，尚餘新募水師萬餘人。請增置援剿左、右、前、後四鎮，各設總兵等官，即以投誠總兵林賢等補授，下議政王大臣等集議。議政王大臣等奏：宜如所請，得旨。林賢授為署守備，充福建援剿左鎮總兵官；陳龍仍以署參將，充福建援剿右鎮總兵官；黃鎬授為署守備，充福建援剿前鎮總兵官；楊嘉瑞仍以都司僉書，充福建援剿後鎮總兵官。[261]

有兵有將之後，要將他們部署在何處，亦是重要的課題，萬正色當然已有定見，遂於康熙十九年，上奏提出看法：

> 閩省之患，海甚於山，防守之宜，水重於陸。海澄、廈門、浯嶼、金門、圍頭、海壇、平海、定海、烽火門、日湖、獺窟、永寧、銅山、南澳等十四處，或孤懸海上，或濱海要衝。若以兵三萬人，設鎮分防，不時巡緝，則賊不能肆犯，我兵得以乘機滅寇矣。[262]

其建議深受康熙的認同，上諭：「海防設兵，所關最要。令兵部侍郎溫代

260《聖祖仁皇帝實錄》，卷87，康熙18年12月己巳，頁1100-1。
261《聖祖仁皇帝實錄》，卷87，康熙18年12月癸酉，頁1100-2-1101-1。
262《聖祖仁皇帝實錄》，卷89，康熙19年4月戊子，頁1132-2。

前往，會同尚書介山、侍郎吳努春、及總督、巡撫、提督、親詣諸處，詳閱定議」。[263]由此可見，康熙年間，閩省的海防部署，是在萬正色的建議之下完成。

統整閩省海防，可以瞭解到，康熙二十二年以前，福建地區的海防設置變動較大，福建師範大學歷史系教授盧建一，將此部分爲兩期，前期（康熙六年至十九年，即1667-1680）以撫爲主，戰場主要在大陸；後期（康熙二十年至二十二年，1681-1683）先攻後撫，戰場在海上及臺灣本島。[264]在三藩之亂前（康熙十二年至二十年，1673-1681），福建地區尚爲靖南王[265]耿氏家族控有部分水師軍隊。本處討論以清朝建置爲主，靖南王所屬部隊不分別討論。再者，三藩之亂期間，鄭經亦攻陷福建沿海多處據點，此時福建海防變化較大。

然而，要瞭解此時期的水師設置情況，以杜臻（1633-1703）的《粵閩巡視紀略》中，可掌握較多的第一手資料，當時，杜臻以工部尚書職銜，奉命巡視閩粵，其所見所聞之海防狀況，是爲領有臺灣之前、後的情況，這可做爲研究清朝前期設置海防地點的參考依據。（見表2-8）再依據《康熙福建通志》所載，可歸納出幾個水師設置地點

（一）海壇鎮中營水師總兵官。

（二）水師廈門鎮標中、左、右營。此三營皆設游擊，另有水師浯嶼營游擊。

（三）水師提標中、左、右、前、後五營，中營設參將，其他四營爲游擊。

---

[263] 《聖祖仁皇帝實錄》，卷89，康熙19年4月戊子，頁1132-2。

[264] 盧建一，《閩臺海防研究》（北京：方志出版社，2003），頁19。

[265] 靖南王：耿仲明（1604-1649），正藍旗漢軍。崇德元年4月，以來歸封懷順王。順治6年5月，以軍功改封靖南王，征廣東；11月自殺。加贈開國輔運推誠宣力武臣。

耿繼茂（？-1671），耿仲明子。順治8年4月襲爵。鎮廣西，後移鎮福建。康熙10年5月薨，諡忠敏。

耿精忠（？-1682），耿繼茂子。康熙10年5月襲爵，鎮守福建。康熙13年3月叛。康熙21年正月，伏誅。

見（清）趙爾巽，《清史稿》，〈表〉，卷168，頁5348。

（四）水師銅山鎮標中、左、右三營，皆設游擊。[266]

（五）金門水師總兵官。廈門水師總兵官。[267]

設置水師的地點，關城以明代遺留為主，如有毀損再增建。如水師提督府在泉州府，即明朝泉州衛，福寧鎮總兵府亦為福寧衛指揮使司衙門。[268]如此當可節省水師建置時間，極早進行水師防務。以下針對閩省各地確立的水師設置地點做概略敘述。

(1)福寧府

順治七年（1650），設置福寧協副將，順治十四年，裁副將改設福寧鎮總兵官，鎮標左、右二營，各設游擊以下將領八人，兵兩千人。[269]初期在福寧府的兵力設置薄弱，無法有效防衛當地。因此，康熙元年，增設桐山營游擊一人、守備一人，千總兩人、把總四人，兵一千人。[270]康熙十年，裁桐山營游擊；康熙十一年，改福寧鎮左營游擊為守備，復設桐山營游擊。[271]康熙二十三年（1684）以前，福寧府設置福寧鎮及桐山營兩個水師單位，但水師力量尚顯薄弱。

(2)福州府

福州為省城所在地，清廷在此處設有近萬人兵力鎮戍。[272]順治七年（1650），設閩安協、同安協等處副將，協標設左、右二營，各設游擊以下等官；長樂福清營、連江營、烽火門營，亦設游擊以下等官。[273]康熙元年，設羅源營游擊以下等官，又分長樂、福清為二營，各設游擊一

266 （清）金鋐，〔康熙〕《福建通志》，《北京圖書館古籍珍本叢刊》（北京：書目文獻出版社，1988），卷15，〈兵防〉，頁19b-23b。
267 （清）金鋐，〔康熙〕《福建通志》，卷18，〈職官〉，頁26a-26b。
268 （清）金鋐，〔康熙〕《福建通志》，卷16，〈公署〉，頁41a-42b。
269 《清朝文獻通考》，卷186，〈兵〉8，頁6477-3。
270 （清）杜臻，《閩粵巡視紀略》，卷4，頁6a。
271 （清）崑岡，《大清會典事例·光緒朝》，〈兵部〉，卷550，〈兵部〉9，〈福建綠營〉，康熙19年，頁119-2。
272 （清）杜臻，《粵閩巡視紀略》（臺北：文海出版社，1983），卷4，頁4a-7a。
273 （清）崑岡，《大清會典事例·光緒朝》，〈兵部〉，卷550，〈兵部〉9，〈福建綠營〉，順治7年，頁118-1-118-2。

人。[274]康熙十九年（1680），裁援勦左路總兵官，改設海壇鎮總兵官，鎮標中、左、右三營，各設游擊以下等官。[275]海壇一地在明朝初期，並未設重兵鎮戍，隆慶之後才在海壇設置遊兵把總。清以降，海壇的重要性明顯提高。陳倫烱認爲，海壇島位於福州東南方，此島一帶適合泊船，亦爲進入省城的主要水道之一，掌握此處的海防，即能保衛省城之安全。[276]

(3)興化府

興化府濱海幅員與其他福建沿海府治相比，則海岸線較短，明朝在南日島設有水寨，清朝於海壇設鎮之後，南日的地位即被取代。順治七年，興化地區設副將一員。康熙六年（1667），裁興化協副將改設興化鎮總兵官。[277]顯見興化地區的重要性提高，康熙二十年，爲了進攻臺灣，抽調部分鎮標上兵至漳州，因此，造成防守缺漏。福建總督姚啓聖（1623-1683）建議，將同安鎮標之士兵併入興化鎮標，內容載道：

> 興化一郡，濱海要衝，原設興化總兵一員，管轄中、左、右三營。今將中營兵一千名，改設水師銅山營（漳州）、左營兵一千名，改設水師平海營，止存右營兵一千名，未免汛廣兵單。……擬將同安鎮標中、左二營官兵二千員名，併入興化鎮標，湊足三千，就近彈壓。[278]

清廷將興化鎮標部分士兵調往漳州，如此一來，卻造成興化地區的防守出現兵源不足的情況，因此建議將同安地區可抽調之兵，調往興化，在補足

---

[274]（清）崑岡，《大清會典事例・光緒朝》，〈兵部〉，卷550，〈兵部〉9，〈福建綠營〉，康熙元年，頁119-1。

[275]（清）崑岡，《大清會典事例・光緒朝》，〈兵部〉，卷550，〈兵部〉9，〈福建綠營〉，康熙19年，頁119-2-120-1。

[276]（清）陳倫烱，《陳資齋天下沿海形勢錄》，頁3a-3b。

[277]《清朝文獻通考》，卷186，〈兵考〉8，頁6478-1。

[278]《聖祖仁皇帝實錄》，卷105，康熙21年10月丙戌，頁66-2。

人員之後方能於此彈壓。興化雖被裁軍，但部分兵源轉向於平海設營防衛，這顯示清廷的部署由陸地轉向濱海。

(4)泉州府

　　泉州爲鄭氏家族家鄉，因此清廷於泉州部署重兵防守，然而要防守泉州，金、廈二島則最爲重要，因爲泉州下接金、廈二島以達漳州，金門爲泉州之下臂，廈爲漳州之咽喉，[279]此二處地理位置重要。康熙元年，福建設水師提督一員，駐紮泉州，爾後又設廈門鎮總兵，康熙十九年，裁援勦右鎮總兵官後，改設金門鎮總兵官，[280]在泉州一地即設置一提督，二總兵官。此種設置即符合順治年間楊捷的建議，他認爲：「海澄一邑，現被賊踞，金、廈等島，逆黨猶繁。今一時舟師未備，難於剋期搗巢；在沿邊各汛要口，必須增設重兵，分佈堵禦，以固邊疆」。[281]爲了鞏固泉州防衛，設二總兵彈壓。康熙十三年，裁晉江營游擊、守備各一人；圍頭營游擊、守備各一人；浯嶼營游擊、守備各一人。[282]但對泉州的防守影響並不大。領有臺灣之後於康熙二十三年，裁廈門鎮總兵官。[283]

(5)漳州府

　　漳州地區與泉州地區，在鄭氏王朝時期都部署重兵防守。順治七年，設銅山總兵及海澄副將彈壓，[284]但這樣的編制尚無法防衛漳州地區。康熙元年，鄭成功將主力部隊由漳、泉移往臺灣之後。兵部議覆，准許福建總督李率泰所奏：「漳州爲全閩門戶、應添水師兵二千、副將一員、游擊

---

279 （清）陳倫炯，《海國聞見錄》，頁2。
280 （清）崑岡，《大清會典事例‧光緒朝》，〈兵部〉，卷550，〈兵部〉9，〈福建綠營〉，康熙19年，頁120-1。
281 （清）楊捷，〈微臣報國心切啟〉《平閩紀》（臺北：臺灣文獻委員會，1995），卷4，頁111。
282 （清）崑岡，《大清會典事例‧光緒朝》，〈兵部〉，卷550，〈兵部〉9，〈福建綠營〉，康熙13年，頁119-2。
283 （清）崑岡，《大清會典事例‧光緒朝》，〈兵部〉，卷550，〈兵部〉9，〈福建綠營〉，康熙23年，頁120-1。
284 《清朝文獻通考》，卷186，6477-3。

二員」。[285]康熙八年（1669），裁海澄副將。[286]康熙十七年（1678），
漳浦總兵官，改爲海澄公標下。[287]康熙二十年，移興化鎮中營兵一千名
至銅山鎮，這亦對鄭氏作戰前之準備。領有臺灣之後，即裁撤海澄營副將
以及漳州鎮總兵官。[288]

表2-8　康熙二十二年以前福建地區海防設置表

府治	地點	總兵	副將	參將	游擊	都司	守備	千總	把總	兵額	備考
福寧府	福寧營	1			3		3	6	12	3000	
	桐山營				1		1	2	4	1000	
福州府	蒜領營						1	1	2	200	
	福清營				1		1	2	4	1000	
	長樂營				1		1	2	4	1000	舊500人守福清，康熙元年併
	閩安陸營			1			1	2	4	2000	
	連江營				1		1	2	4	1000	舊500人守羅源
	羅源營				1		1	2	4	1000	
	海壇營	1			3		3	6	12	3000	
	閩安鎮		1		3		3	6	12	3000	
興化府	興化營	1			3		3	6	12	3000	
	興化城守營				1		1	2	4	1000	康熙8年設2000
	平海營				1		1	2	4	1000	

---

285 《聖祖仁皇帝實錄》，卷6，康熙元年2月己酉，頁105-1。
286 （清）崑岡，《大清會典事例‧光緒朝》，卷550，康熙8年，頁119-1。
287 《聖祖仁皇帝實錄》，卷75，康熙17年7月戊午，頁964-1。
288 （清）崑岡，《大清會典事例‧光緒朝》，卷550，康熙23年，頁120-1。

府治	地點	總兵	副將	參將	游擊	都司	守備	千總	把總	兵額	備考
泉州府	惠安營			1			1	2	4	800	
	泉州城守營			1			1	2	4	1000	
	泉州陸營			1	4		5	10	20	5000	
	同安營		1		2		2	4	8	2000	康熙8年因海上投誠兵1800，8年又加1000
	灌口龍江營			1			2	2	4	900	灌口屬同安，龍江屬漳州
	廈門海澄水師			1	4		5	10	20	5000	
	廈門	1			3		3	6	12	3000	
	金門	1			3		3	6	12	3000	
	浯嶼營				1		1	2	4	1000	
	晉江營				1		1	2	4	1000	
	圍頭				1		1	2	4	1000	
漳州府	詔安營				1		1	2	4	1000	初額
	雲宵營			1			1	2	4	1000	康熙8年駐總兵
	漳浦營	1			3		3	6	12	3000	
	漳浦城守營			1			1	2	4	1000	康熙8年係游擊
	海澄營		2		2		2	4	8	2000	
	漳州營	1			3		3	6	12	3000	初額
	漳州城守		1		3		3	6	12	2000	
	銅山營	1			3		3	6	12	3000	

府治	地點	總兵	副將	參將	游擊	都司	守備	千總	把總	兵額	備考
南澳	南澳鎮	1			1		1	2	4	961	資料取自《清朝通典》，卷７２，頁2564-3。
總計	33	9	5	8	54		64	123	250		

說明：表格中深色內容，指為水師部隊，其他則為水陸駐防部隊。
資料來源：（清）杜臻，《粵閩巡視紀略》（臺北：文海出版社，1983），卷4，頁4a-7a。

　　海澄一地，向有海澄公駐守，清廷設有海澄營副將、游擊兩名、守備兩人、千總四人、把總八人，兵兩千名協守。康熙元年，再調兵三千兵防守，其中移汀州鎮兵兩千再加一千，[289]康熙八年，再調陸營守海澄。[290]如此一來，海澄的防衛更加鞏固。

　　福建另一處海防重點則爲南澳，南澳位於閩粵交界處，屬於極衝地區，爲了加強南澳防務，康熙十八年（1679），設南澳鎮總兵官，[291]駐剳詔安縣，管轄福建銅山營、廣東澄海協、海門營、達濠營。[292]

3.廣東省

　　廣東地區的海防是在明朝的架構下繼續推行，並沒有多大改變。順治七年，特置平南王[293]鎮戍廣東，以重兵防海，[294]順治八年（1651），廣東始定兵制，設廣東提督；潮州、碣石、高州總兵；於惠州、雷州設副

289　（清）杜臻，《粵閩巡視紀略》，卷4，頁4b。
290　（清）杜臻，《粵閩巡視紀略》，卷4，頁5b。
291　（清）陳昌齊，〔道光〕《廣東通志》334卷（臺北：中華叢書編審委員會，1959），卷123，〈海防〉1，頁2371上。
292　（清）明亮、納蘇泰，《欽定中樞政考》72卷，《續修四庫全書》（上海：古籍出版社，1997），〈綠營〉卷1，〈營制〉，頁20b-21a。
293　平南王：尚可喜（1604-1676）。
　　順治6年5月，以軍功改封平南王。康熙14年正月，晉封平南親王；康熙15年2月，被其子尚之信所幽禁。10月，薨，諡曰敬。見（清）趙爾巽，《清史稿》，〈表〉，卷168，頁5349。
294　（清）杜臻，《粵閩巡視紀略》，卷1，頁9b-10a。

將；廉州設參將；各縣、衛、所設游擊、守備等官防守。[295]康熙元年，
鑲黃旗蒙古副都統，覺羅科爾坤[296]奉旨定海疆，「自閩界分水關，西抵
防城，並將明代所設之衛所及遊汛棄置，另設置防汛，五里一墩，十里一
臺，墩置五兵，臺置六兵，並禁止居民外出」。[297]此為廣東地區初期的
海防設置情況。（表2-9）

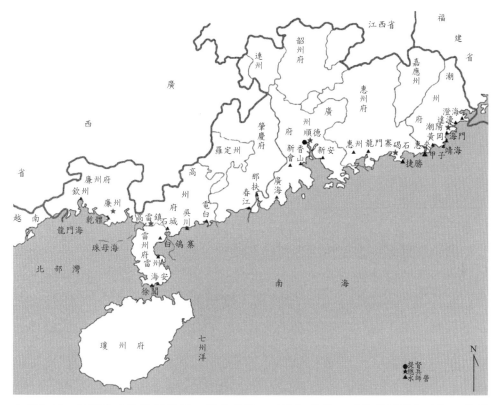

▲ 圖2-10　康熙廣東海防設置圖。圖片來源：（清）杜臻，《粵閩巡視紀略》、穆彰
阿，《大清一統志》。

---

295 （清）崑岡，《大清會典事例·光緒朝》，卷554，〈兵部〉13，〈廣東綠營〉，順治8
年，頁180-1。
296 覺羅科爾坤：生卒年不詳，活躍於康熙初年以前，歷任工部、兵部右侍郎，吏部、刑部
尚書，封三等男。整理自《清史稿》、《清代職官年表》、《八旗通志》、《舊典備
微》等。
297 （清）杜臻，《粵閩巡視紀略》，卷1，頁10a。

(1)潮州府

　　潮州鎮總兵設於順治八年（1651），駐紮潮州府，管轄海門、潮陽、達濠、澄海、惠來、黃岡營。潮陽副將於康熙元年設，康熙二十年（1681）改爲游擊。[298]康熙六年，設海門副將、康熙二十年，設達濠副將；康熙二十三年，裁達濠協副將改設游擊。[299]海門及潮陽兩地在明朝即爲海防重地，但達濠以前並不設水師，爾後，海寇邱鳳據此地，遂於此地設置副將，設兵三千名。[300]清廷在康熙二十年之後，在閩粵交界部署重兵，顯見其在爲攻臺做準備。

(2)惠州府

　　惠州地區的海防重要地點當以碣石最爲重要，順治年間設碣石鎮總兵官，康熙三年，裁碣石鎮總兵官。[301]康熙八年（1651），復設碣石鎮總兵官。[302]碣石鎮總兵官駐劄惠州府碣石衛。[303]由此可見，在康熙初年，對於是否設置碣石鎮總兵，朝廷反覆不定，無法定案。設置碣石鎮之後，轄下中營駐碣石衛，左營駐甲子所，都司右營駐捷勝所。[304]（圖2-10）

(3)廣州府

　　廣州府爲廣東地區水師設置最多之處。順治八年（1651），設水師總兵官一員，駐廣州府，水師士兵六千人。[305]此爲專設的水師將領，只管江、海營寨，陸路方面並不管轄。[306]康熙三年（1664），添設廣東水師提督一名，左、右兩路總兵官兩人。[307]康熙十二年，再設順德鎮總

298 （清）崑岡，《大清會典事例・光緒朝》，卷554，順治8年，頁183-1。
299 （清）周碩勳，〔乾隆〕《潮州府志》，卷32，頁53b。
300 （清）杜臻，《粵閩巡視紀略》，卷1，頁13a。
301 （清）崑岡，《大清會典事例・光緒朝》，卷554，康熙3年，頁182-1。
302 （清）崑岡，《大清會典事例・光緒朝》，卷554，康熙8年，頁182-1-182-2。
303 （清）明亮、納蘇泰《欽定中樞政考》72卷（上海：古籍出版社，1997），〈綠營〉卷1，〈營制〉，頁24b。收於《續修四庫全書》，第854冊。
304 （清）穆彰阿，《大清一統志》（臺北：臺灣商務印書館，1966），卷440，頁8802-8803。
305 《世祖章皇帝實錄》，卷58，順治8年7月丙戌，頁460-1。
306 《聖祖仁皇帝實錄》，卷7，康熙元年9月辛卯，頁122-1。
307 《聖祖仁皇帝實錄》，卷12，康熙3年6月癸丑，頁187-1。

兵，但於此之前，順德並不設兵，惟康熙二年，因周、李二寇犯城因而設置總兵，並巡緝沿海。[308]除了水師提督及總兵鎮戍廣州府外，在香山亦設參將，康熙三年，裁香山營參將，改設香山協副將。[309]呈現出香山地區的重要性提高，因此擴大編制。廣州府的其他水師鎮戍地點，尚有廣海、新會、順德、新安設置游擊等官，那扶營設守備。

(4)肇慶府

　　順治八年（1651），設肇慶鎮總兵官。[310]但此時總兵官為陸路總兵，並非水師總兵。順治十七年，裁陽江高明游擊，改設春江營游擊。[311]康熙三年（1664），裁春江營游擊，改設參將。[312]至康熙八年，再裁春江營參將，改設副將。[313]改設參將與副將時各加士兵五百名鎮戍。[314]

(5)高州府

　　順治八年（1651），高州地區定綠營兵制後，始設高州協副將，[315]順治十二年，裁高州協副將，改設高雷廉鎮總兵官。[316]康熙元年，又改高雷廉鎮總兵官，為高雷鎮總兵官。[317]在其他水師營方面，吳川營設於康熙三年，駐紮吳川縣、[318]電白營游擊駐電白縣。[319]

(6)瓊州府

　　順治八年，設瓊州鎮總兵官，駐劄瓊州府，標分為左、右二營，中軍

308 （清）杜臻，《粵閩巡視紀略》，卷1，頁12a。
309 （清）崑岡，《大清會典事例·光緒朝》，〈兵部〉，卷554，〈兵部〉13，〈廣東綠營〉，康熙3年，頁182-1。
310 （清）崑岡，《大清會典事例·光緒朝》，卷554，順治8年，頁180-1。
311 （清）崑岡，《大清會典事例·光緒朝》，卷554，順治17年，頁181-2。
312 （清）崑岡，《大清會典事例·光緒朝》，卷554，康熙3年，頁182-1。
313 （清）崑岡，《大清會典事例·光緒朝》，卷554，康熙8年，頁182-2。
314 （清）杜臻，《粵閩巡視紀略》，卷1，頁11b。
315 （清）崑岡，《大清會典事例·光緒朝》，卷554，順治8年，頁180-2。
316 （清）崑岡，《大清會典事例·光緒朝》，卷554，順治12年，頁181-1。
317 （清）崑岡，《大清會典事例·光緒朝》，卷554，康熙元年，頁181-2。
318 （清）崑岡，《大清會典事例·光緒朝》，卷554，康熙3年，頁182-1。
319 《大清會典則例·乾隆朝》，卷112，〈兵部〉，頁1722。

兼管左營游擊一人、中軍守備一人、千總兩人、把總四人；右營游擊一人，中軍守備一人，千總兩人、把總四人，鎮標旗鼓守備一人。[320]但杜臻巡視廣東時，並沒有將瓊州府相關水師設置記錄在內。

(7)雷州府

　　海寇在明朝雖然數度劫掠雷州地區，但雷州的水師設置卻在清廷領有臺灣之後始設。惟清廷雖未在雷州一帶設置水師，但在尚之信的建議之下，派副都統金榜選，駐防雷州府，並於康熙十七年，擊退劫掠高、雷、廉三府的海賊楊二等人。[321]至康熙二十三年（1684），始設雷州協副將以下等官，徐聞營守備以下等官、海安營游擊以下等官、白鴿營守備以下等官，皆隸屬高雷廉鎮統轄。[322]此時期的雷州、瓊州一帶的水師重要性不高，官兵變動不大。

(8)廉州府

　　明朝於廉州地區設置一衛、三所，清朝前期，廉州地區的海防並非部署的重點區域，因此設置的水師部隊規模不大。廉州府於順治朝設副將，康熙元年，裁廉州協副將，改設廉州鎮總兵官。[323]廉州鎮總兵管轄欽州營、廉州營及乾體營。

---

320 （清）崑岡，《大清會典事例‧光緒朝》卷554，順治8年，頁180-1。

321 《聖祖仁皇帝實錄》，卷76，康熙17年8月壬午，頁972-2。

322 （清）崑岡，《大清會典事例‧光緒朝》，卷554，康熙23年，頁183-1。

323 （清）崑岡，《大清會典事例‧光緒朝》，卷554，康熙元年，頁181-2。

表2-9　康熙22年以前廣東地區海防設置表

府治	地點	總兵	副將	游擊	都司	守備	千總	把總	兵額	備考
潮州府	潮州府	1	3			3	6	12	2,495	初額
	海門營					1	1	2	400	初額
	潮陽營		1			1	2	4	1,000	舊設副將
	達濠營		1		3	3	6	12	3,000	康熙19年設
	澄海營		1		2	2	4	8	1,600	
	惠來營			1			3	6	800	初額
	黃岡營		1		2	2	4	8	1,334	
惠州府	惠州府		1			2	4	8	1,500	初額
	碣石鎮	1	3			3	7	14	3,000	初額
廣州府	龍門寨		1		2	2		10	2,000	原設參將，兵1,000
	廣海營			1		1	2	4	906	舊設參將，兵1,400 康熙元年，兵2,000
	新會營			1		1	4	6	1,300	初額
	香山營		1		2	2	5	10	2,000	順治4年，兵500；康熙元年，設參將，兵1,000；康熙3年，兵2,000
	順德營	1	3				6	12	3,000	康熙2年設
	新安營			1		1	2	4	708	舊設守備，兵500；康熙3年，兵1,000
	那扶營					1	1	2	400	初額
肇慶府	春江營		1		1	2	4	8	1,600	順治9年設，康熙3、8年各加兵500
高州府	石城營					1	3	5	400	初額
	吳川營			2		1	2	4	840	初額
	高雷鎮	1	2			2	4	8	1,891	初額
	電白營			1		1	2	4	840	初額
瓊州府	瓊州鎮	1	2			2	4	8		《大清會典事例·光緒朝》載，設後再裁

府治	地點	總兵	副將	游擊	都司	守備	千總	把總	兵額	備考
雷州府	雷州府	1		2	2	5	8		1,400	初額
	徐聞營					1	1	2	300	初額
	海安營		1			1	2	4	1,000	初額
	白鴿寨					1	1	2	500	續設
廉州府	欽州營		1			1	3	6	1,030	初額
	廉州府	1		2		2	4	8	1,888	康熙元年，由參將改總兵
	乾體營		1			1	2	4	1,366	初額
總計		28	5	8	24	16	42	94	185	10,476	

説明：表格中深色內容，指為水師部隊，其他則為水陸駐防部隊。
資料來源：（清）杜臻，《粵閩巡視紀略》（臺北：文海出版社，1983），卷1，頁10b-13a。

小　結

　　海防設置地點的選擇可分成外在條件及內在條件來看。外在條件即自然環境，這方面包括港口水深、港道寬窄、沿岸地形狀況、洋流等；內在條件包括城市、交通、腹地、補給等。如果這兩個條件配合得宜，再依照海寇劫掠的歷史紀錄，此三項條件做一統籌規劃，這樣的海防設施地點最為適當。

　　明朝的海防設施，在前期，沿海地區設置了綿密的衛所，以衛統所，其設置的地點幾乎包含沿海各地。從明朝的海寇之亂中我們可以看出，沿海地區並不是每個地方都會有海寇的肆虐，但有些地方卻是屢見不鮮。當然這與地緣、當地經濟情況，海寇的發展有很大的關係。明朝的海防設置地點，以城市為中心，向其周邊延伸，成為一防護網，這樣的佈置固然無縫可穿，但兵力薄弱之處即讓敵人有機可乘。海寇皆大規模行動，以量取勝，如各地水師人數有限，將無法與海寇對抗，反而讓水師士兵身陷危機之中。

　　嘉靖以降的一連串海寇劫掠事件，幾乎是在檢驗明朝前期的海防設施。然而，結果是慘痛的，嘉靖的海寇事件讓明廷付出極大代價，從浙江、福建及廣東三省沿海地區，幾乎都受到海寇的肆虐。但在此次的海寇事件中，明廷吸取教訓，重新檢討海防措施。嘉靖以後的海防設置地點，雖然因地制宜設置，亦大量設置水寨、遊兵，這樣的海防設施一時間得到良好的效果，因為明廷依照之前所述之三項條件進行海防籌建，方能有效率的嚇阻海寇入侵沿海地區。此後，在明朝海防崩壞之前，這樣的設施尚能維繫沿海安全。

　　清代的海防設置，在康熙二十三年以前，是在明代的架構上，再重新整編設置，這階段使用的水師官弁，以明朝的降將及士兵為主。水師制度則為一臨時性、過渡性的設置，各地區的提督、總兵、副將等官時而裁，時而新設。此種情況是依照實際的戰略狀況進行調整，鄭軍進入福建時，在福建地區設立較多的水師進行防堵，鄭軍撤退時，再依實際狀況裁減兵員，或調往他處。

　　此階段設置海防的目的，主要是針對南明勢力，包括鄭氏家族，這之中又以鄭氏所擁有的龐大水師為主要敵人。鄭氏水師盤據的地點以福建地區為主，因此在福建的防務設置上較為健全，投入的人力、物力也較多。在漳、泉一帶就設置數個總兵官，康熙十八年，增設南澳總兵，為攻臺做準備。另外，浙江與廣東兩省雖亦受到兵災，但卻不比福建地區頻繁，因此在海防的設置上並非依據同一套標準設置，廣東地區在這階段並沒有設置較完整的水師，兵力大部分集中在閩、粵交界一帶，高、雷、瓊、廉等府，水師力量相當薄弱。

　　順治朝的水師設置，可以看出變動頻繁，尚未掌握各地狀況，這些變動是依照鄭氏及南明勢力的變化進行調整，此時期的水師設置，清廷屬於被動狀況。雖然處在被動，但卻能依狀況適時的改正，此種方式也讓南明勢力受到部分的壓制。因此，我們可以瞭解，康熙二十二年之前的海防部署，是在針對南明勢力下的一種權宜之策，當然得到良好的效果。領有臺

灣之後，清廷將海防回歸正常部署，此後也才能真正的瞭解清廷海防設置
的規劃。

第三章

綠營水師

前 言

　　水師依軍政系統分八旗水師與綠營水師，八旗水師主要以維護駐地安全，巡防為輔，不分內河及外海；綠營水師因統籌直省水師營務，部分地區分內河水師、長江水師及外海水師。清代設有綠營外海水師之處，北起遼東，南至瓊州，亦即整個海岸線皆有設置。本文討論範圍是綠營浙、閩、粵外海水師。

　　綠營水師隸屬「綠營」[1]系統。綠營兵是在明清之間的戰爭中發展起來的，除歸附和招降的明軍外，主要來自招募。[2]綠營的主要任務是鎮戍，其編制，皆據鎮戍需要制定，原則是「按道里之遠近，計水陸之衝緩，因地設官，因官設兵，既聯犄角之聲援，復資守御之策應」。[3]

　　清朝水師與明朝水師編制上不同，明朝無論在中央或地方，皆沒有一個專統水師的官員，這也成為水師是否得以發展的一個重要因素。Bruce Swanson認同此種看法。[4]John L.Rawlinson指出清朝的水師，有兩個系統，不相互管轄。[5]清朝在中央雖然沒有一專統官員，地方則有專職的「水師提督」[6]負責每個直省的指揮與管理。依規制：「提督負責統轄本標官兵及分防營汛，節制各鎮，閱軍實、修武備，課其殿最，以聽于總

1　綠營：因部隊所使用的旗幟為綠色，始稱綠營。（清）托津，《欽定大清會典事例·嘉慶朝》，卷35，頁5a載：「國初定八旗之色，以藍代黑、黃、白、紅、藍，各位於所勝之方，惟不備東方甲乙之色。及定鼎後，漢兵令皆用綠旗，是為綠營」。清代檔案、文書皆稱此軍事組織為「綠營」或「綠旗」。

2　中國軍事史編寫組，《中國歷代軍事制度》（北京：解放軍出版社，2006），頁491。

3　中國軍事史編寫組，《中國歷代軍事制度》，頁492。順治3年2月，淮揚總督王文奎〈建立江北綠營揭帖〉。

4　Bruce Swanson, *Eighth Voyage of the Dragon: A History of China's Quest for Seapower.*, Annapolis: Naval Institute Press, 1982. pp. 56-57.

5　John Lang Rawlinson, *China's struggle for naval development 1839-1895.*, Cambridge, Mass: Harvard University Press, 1967. p. 7.

6　按：水師提督全名為「水師提督軍務總兵官」，提督為直省綠營的最高長官，部分直省提督分陸路提督及水師提督。提督需受總督、將軍的節制。以明代來看，明代此階級官員為都指揮使司，都指揮使，晚期亦稱提督。見《最新清國文武官制表》，《續修四庫全書》（上海古籍出版社，1997，南京圖書館藏清末石印本），卷2，頁71a

督」。[7]提督成為一省中最高的綠營兵長官。

　　直省雖設有提督，但水師提督一職，並不是所有直省皆設立，即使設置之後，也有中止或中斷的情形。清朝只在浙江、福建、廣東三省設置水師提督。康熙元年（1662）設置浙江與福建水師提督，浙江水師提督於康熙十八年（1679）裁撤後即不再設置；廣東水師提督於康熙三年（1664）設置，康熙六年裁撤後，一直至嘉慶十五年（1810）才復設。

　　軍事制度的設置不外乎是針對敵人而設，有了敵人或假想敵，方能依照敵人狀況，設置一套可以嚇阻敵人的軍事系統。馬漢（A.T. Mahan）的看法可以呼應清朝的水師制度，他認為：若海疆要安全，要為國家建立一支海軍，這支海軍，即或不能到遠處去，至少也應能使自己的國家的一些航道保持暢通。[8]

　　嘉慶以前，清廷面對來自海洋的威脅主要為傳統的海盜，這些海盜的能力較為有限。清朝建立一支水師，主要是針對這些威脅，所以綠營水師可以把他看成是海岸巡防部隊，他們只負責維持海岸安全，不對外擴張，只要人力、武器配備優於對手即可掌控制海權。

7　（清）永瑢，《歷代職官表》（臺北：中華書局，1966），卷56，頁11a。
8　A.T. Mahan著；安常容、成忠勤譯，《海權對歷史的影響》（北京：解放軍出版社，2006年2版），頁111。

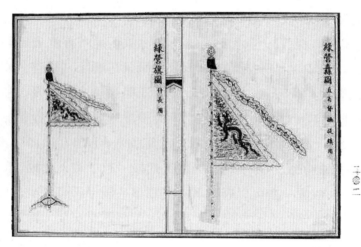

▲ 圖3-1　綠營旗圖。圖片來源：崑岡，《欽定大清會典圖》270卷，卷106，頁202。

一、水師的創立

《康熙會典》鎮戍載：「凡天下要害地方，皆設官兵鎮戍，其統馭官軍者，曰提督總兵官，其總鎮一方者，曰鎮守總兵官，其協守地方者，曰副將」。[9]綠營中的水師有內河、外海之分。清初，沿海各省水師，僅為防守海口、緝捕海盜之用，轄境雖在海疆，官制同於中國，至光緒間，南北洋鐵艦製成，始別設專官以統率之。[10]清廷入關後並未即刻在各直省設置專職的統領水師官員，亦即未設水師提督，一來則是長江以南之區域並未完全由清廷所掌握，二來女真族本以馬治天下，對於舟師的操控並不熟稔，在《滿文老檔》編者提到：

　　滿人於未入關前，在建州衛時本不善造船，太祖時最初所用的是

9　（清）伊桑阿，《大清會典・康熙朝》（臺北：文海出版社，1993），卷86，〈兵部〉，〈鎮戍〉，頁2a。
10　（清）趙爾巽，《清史稿》，卷135，〈志〉110，〈兵〉6，〈水師〉，頁3981。

獨木船，是於天命元年（1615）7月9日，命每一名牛彔，各派三
人，共計六百人，前往兀爾簡河（Ulgiyan）源的窩集，砍伐樹木
造船，始能造獨木船二百艘。[11]

這亦是女眞族在入關前所建立的第一支水師，如此的水師顯然不具威
脅性。

順治、康熙初年，清廷於福建的統治地位尚不平穩，水師尚未定制，
亦未積極建造戰船。因此，海上戰事俱向民間徵調趕繪船、艍船等來充
做戰船。[12]從陳錦奏摺中可了解，其提到：「我之戰艦未備，水師不多；
故遂養癰至今，莫可收拾耳」。[13]可見，順治朝初期，水師建置人員並不
多，只於福州設水師協副將，泉州設水師參將，漳州設水師參將，總兵力
不過四千人。廣東地區於順治七年（1650），「特置兩藩重兵駐守，防
海之籌，視前加密，省會設提督，潮州、碣石、高州各設總兵，惠州、雷
州各設副將，廉州設參將」。[14]此時期的水師力量，無法與鄭氏部隊相比
擬，更遑論主動出擊。順治八年（1651）開始積極水師的建置：「於沿
江沿海各省，循明代舊制，設提督、總兵、副將、游擊以下各武員，如陸
營之制。各省設造船廠，定水師船修造年限，三年小修，五年大修，十年
拆造」。[15]順治九年（1652）重新規定以順治三年（1646）所定之舊例，
以「收漁艇之稅，以修戰艦」。[16]此時清廷雖然已著手設置水師，設提督
彈壓，準備修造戰船，但並未開始派官就任，水師尚由陸師將領節制。康

---

[11] 中國第一歷史檔案館、中國社會科學院歷史研究所譯注，《滿文老檔》上冊，（北京：
中華書局，1990），頁47。
[12] 駐閩海軍軍事編纂室，《福建海防史》（福建：廈門大學出版社，1990），頁174。
[13] 〈密陳進勦機宜疏〉，《清奏疏選彙》（臺北：臺灣銀行經濟研究室，1968），欽差總
督浙江福建等處地方軍務兼理糧餉兵部右侍郎都察院右副都御史陳錦奏摺，順治7年，
頁1。
[14] （清）杜臻，《粵閩巡視紀略》，《近代中國史料叢刊續編》，卷1，頁9b-10a。
[15] （清）趙爾巽，《清史稿》，卷135，〈志〉110，〈兵〉6，〈水師〉，（臺北：臺灣商
務印書館，1965），頁3981。
[16] 《清代臺灣檔案史料全編》（北京：學苑出版社，1999），兵部左侍郎兼都察院右副都
御史周國佐奏摺，順治9年10月，頁30。

熙元年始於福建、浙江設置水師提督，各統領閩、浙兩省水師，水師官員
編制同於陸師。（表3-1）

表3-1　綠營水師官弁編制表

職稱	提督	總兵	副將	參將	游擊	都司
品級	從一品	正二品	從二品	正三品	從三品	正四品
補服	麒麟	獅子	獅子	豹	豹	虎
駐防區	標	標	協	營	營	營
職稱	守備	千總	把總	外委千總	外委把總	額外外委
品級	正五品	從六品	正七品	正八品	正九品	從九品
補服	熊	彪	犀牛	犀牛	海馬	海馬
駐防區	營	汛	汛	汛	汛	汛

資料來源：（清）明亮、納蘇泰，《欽定中樞政考》72卷，《續修四庫全書》（上海：古籍出
版社，2002），卷1，〈品級〉，頁2a-3b。

提督為從一品官，其權則為副將以下職缺可推薦任用，五品以下官員犯錯
可會同總督以軍法從事。[17]總督、巡撫、將軍、提督皆稱之為封疆大吏，
顯見其權力之大。

　　清朝的水師設置，是在明朝的框架上進行，因為滿洲人本身沒有建置
水師的經驗，初期的高階將領大部分都由明朝降將擔任，這些人來自鄭氏
麾下者為多。這新設水師制度尚未周全，與清廷未完全掌控東南沿海地區
有很大關係。當時，鄭氏控制了沿海地區資源，無論是水師人才、士兵、
工匠等等，他們都有一定的主導權。康熙初年，福建設立水師提督後，施
琅三度率領水師進攻臺灣，[18]最後以失敗收場，由此可了解當時清廷水師
的組成尚未健全，雖然施琅是遭遇颱風而敗，然而，以當時的實力是否可

---

[17] 〈浙江提督塞白理坐名敕書〉，中央研究院傅斯年圖書館藏，康熙8年10月5日。
[18] 王尊旺、方遙、劉婷玉編著，《清代林賢總兵與台海戰役研究》（廈門：廈門大學出版
社，2008），頁101。

以打敗鄭氏軍隊則需存疑。

清廷設置水師目的，初期是針對鄭氏，鄭氏覆滅之後首重海疆安全。在水師人員的建置上，此時無論在浙江或福建，其成立時的兵源相當有限，以浙江為例，浙江總督趙廷臣、水師提督張杰（？-1668）建議浙江水師必須擴大編制的提議，其認為：

> 水師提標，應設五營，中、左二營，各設水戰兵一千名。右、前、後三營各設水手八百。左、右二路鎮標各設四營。中營各設水戰兵一千名，前、左、右三營各設水手八百。應設各標將備，坐名題補，從之。[19]

重新整建後的浙江水師提督轄總兵兩人，共十三營，總兵額一萬一千兩百人，如此已稍具規模。

在戰船製造方面，依循：「順治初年定，戰船、哨船，以新造之年為始，三年小修，五年大修，十年拆造」。[20]順治與康熙朝的戰船修造制度改變不大，定十年為戰船拆造時間，此後戰船修造制度即依循此例。（戰船修造見第六章）在戰船人員的配制上，要如何編制，則是一項重要課題，各方看法迥異，也各有見解。乾隆十六年（1751），擔任福建水師提督的林君陞（？-1755）[21]認為：「古者舟師之制，首捕盜、次舵工，跪聽中軍發放畢，本船甲長、士兵，各聽捕盜發放，非以假其威，實以重其事也」。[22]林君陞出身行伍，經過多年磨練才於乾隆五十六年（1791）擔任水師提督一職，雖然擔任水師提督時間只有五個月，但憑藉他多年的

19 《聖祖仁皇帝實錄》，卷9，康熙2年8月丙申，頁153-2。
20 （清）崑岡，《大清會典事例·光緒朝》，〈兵部〉，卷712，〈軍器〉3，頁858-2。
21 林君陞，福建同安人，於乾隆16年（1751）擔任福建水師提督一年，雖然擔任福建水師提督時間不長，但其由行伍升任至提督期間，幾乎都在水師部隊效力，曾經擔任瑞安水師營副將、定海鎮總兵、碣石鎮總兵、金門鎮總兵、臺灣鎮總兵、廣東提督等職，資歷豐富，對水師人員的掌握最為明確。
22 （清）林君陞，《舟師繩墨》，頁8a。

經驗,在水師方面的閱歷相當豐富。他斬釘截鐵的說,設水師目的即是要捕盜,這盜當然是指海寇,海寇中的海盜雖指相關西方國家的海盜,但此時未把西方國家看成是盜的意向。

綠營水師主要設置於浙江、福建、廣東三省,是因爲這三省沿海地區往來船隻頻繁,海寇覬覦船貨伺機而盜,爲防衛海疆秩序,最需要設置水師。除了設有水師之外,也設置水師提督,擔任第一任提督者都是漢人,顯見在康熙時期的水師重要將領還是得倚賴漢將。水師制度的設置由順治年間至宣統三年(1911),達二百四十九年之久,惟宣統三年,只剩廣東尚設有提督。

觀察清朝水師狀況,可以了解的是,水師防務重點在維護沿海安全,因時制宜。然而,清朝的水師觀念過於保守,無法超越明代,反而有不及之現象。Bruce Swanson認爲:

> 中國海軍的發展還是不平衡的,中國人有相當的能力派遣海軍到東亞之外的海洋。有影響力的中國人,設法降低對發展海軍的重視,直到遠洋海軍實質消失。[23]

設計一套制度,執政者的態度是重要的,清朝二百多年的時間,無法延續中國的航海優勢,導致在海權興起的年代,被西方殖民者給淹沒了。

二、水師提督與總兵

(一)浙江水師

清朝入關初期,鄭芝龍勢力猶在,鄭氏家族的水師曾經控有江蘇及浙江的水域,駐守在京口的水師以及鎮江的陸軍暫時阻止了清軍渡江,這

---

[23] Bruce Swanson, *Eighth Voyage of the Dragon: A History of China's Quest for Seapower.* Annapolis: Naval Institute Press, 1982. p. 54.

些軍隊都是從閩、浙調來，[24]並非常態性駐守。鄭芝龍投降清朝之後，部隊隨之瓦解，分成數個集團。[25]清廷掌控浙江後，順治五年（1648）定官兵經制，初定兵額為四萬四千五百人。[26]順治五年九月，增設水師等五千人，順治十五年三月，增設海防兵額一萬名。[27]在水師駐防區域方面，順治初年，設置地點及駐防區域劃分不明顯，順治三年始設錢塘水師營，[28]順治八年（1651），以水師提標左營及定海鎮標水師左營，移紮舟山，改設舟山協副將一人，左、右二營，各設游擊以下等官，其提標水師右營，改為錢塘水師營。[29]

順治十年（1563），旋又裁錢塘水師營游擊。[30]順治十三年，裁舟山協副將一人，陸路中營游擊、水師左、右二營游擊等官。[31]順治十八年（1661），裁定海水師左、右二營游擊等官。[32]康熙元年，始設水師提督一人、總兵官二人。水師提督駐定海，提標設中、左、右、前、後五營；左、右二路鎮標，各設中、前、左、右四營。[33]康熙七年，裁水師提督、及標下中、左、右三營官。[34]康熙十八年（1679）水師提督裁撤，水師事務由陸路提督兼管。移右路總兵官駐平陽，改為平陽鎮；移左路總兵官駐定海，改為定海鎮。[35]

24　司徒琳（Lynn A. Struve），《南明史》（上海：上海書店出版社，2007），頁43。

25　鄭芝龍降清之後，其部屬部分跟隨降清、部分繼續抗清。追隨者編入綠營，抗清者投入鄭成功、鄭鴻逵、鄭彩、鄭聯等部。見（清）溫睿臨，《南疆逸史》56卷，《續修四庫全書》（上海：上海古籍出版社，1997，大興傳氏長恩閣鈔本），卷54，〈列傳〉50，頁6a。

26　陳鋒，《清代軍費研究》，頁94。《世祖章皇帝實錄》，卷37，順治5年3月癸亥，頁303-1。

27　陳鋒，《清代軍費研究》，頁94。

28　《世祖章皇帝實錄》，卷29，順治3年11月戊午，頁241-2。

29　（清）崑岡，《大清會典事例·光緒朝》，〈兵部〉，卷551，〈浙江綠營〉，順治8年，頁128-2。

30　（清）崑岡，《大清會典事例·光緒朝》，卷551，順治10年，頁128-2。

31　（清）崑岡，《大清會典事例·光緒朝》，卷551，順治13年，頁128-2。

32　（清）崑岡，《大清會典事例·光緒朝》，卷551，順治18年，頁129-1。

33　（清）崑岡，《大清會典事例·光緒朝》，卷551，康熙1年，頁129-1。

34　（清）崑岡，《大清會典事例·光緒朝》，卷551，康熙7年，頁129-1。

35　（清）崑岡，《大清會典事例·光緒朝》，卷551，康熙7年，頁129-1-129-2。

　　雍正二年（1724），設乍浦水師營游擊以下等官，撥太湖營守備一人、千總一人、把總二人、入江南太湖營，以游擊以下等官，專管浙江太湖營；瑞安營陸路副將爲水師副將、鎮海營陸路參將爲水師參將、磐石營陸路游擊爲水師參將、溫州鎮右營水師，則俱爲陸路。[36]雍正五年，改提標中營守備、右營游擊爲水師。雍正六年，以玉環營左營爲陸路、右營爲水師。雍正七年，改寧海營左營守備、把總各一人爲水師，分駐健跳汛。又改昌石營爲水師，改守備爲都司，歸象山協兼轄。[37]雍正八年，改象山協，昌國、石浦、二汛守備一人、千總一人、把總一人爲水師。[38]乾隆七年，改玉環左營陸路守備爲水師，兼管陸路，移玉環右營水師守備駐磐石。[39]乾隆十六年（1751），增設昌石營水師把總三人。[40]道光二十三年（1843），改浙江提標右營游擊爲外海水師，另派千總一人，駐霩𪁉。[41]浙江設置提督時間極短，顯見其重要性已不及福建、廣東。惟清廷尚保留原有的水師要塞及編制，水師部隊則以定海鎮、黃巖鎮及溫州鎮所轄各營爲主，巡洋及會哨即由這三鎮負責。

1.水師提督

　　康熙元年（1662），浙江設置水師提督，由張杰擔任第一任提督，[42]張杰擔任7年水師提督，死後旋裁。康熙十四年（1675）復設，由常進功[43]（？-1686）擔任水師提督，標下設中、左、右三營官。[44]康熙十八年（1679）常進功解職後，即裁撤，不再設置，浙江水師事務改由浙江陸路提督兼管。張杰與常進功爲明朝降將，籍貫皆爲遼東，浙江水師提督即由二人擔任。（表3-2）

36　（清）崑岡，《大清會典事例・光緒朝》，卷551，雍正2年，頁130-2。
37　（清）崑岡，《大清會典事例・光緒朝》，卷551，雍正7年，頁130-2。
38　（清）崑岡，《大清會典事例・光緒朝》，卷551，雍正8年，頁130-2。
39　（清）崑岡，《大清會典事例・光緒朝》，卷551，乾隆7年，頁131-1。
40　（清）崑岡，《大清會典事例・光緒朝》，卷551，乾隆16年，頁131-1。
41　（清）崑岡，《大清會典事例・光緒朝》，卷551，道光23年，頁132-1。
42　張杰擔任浙江水師提督7年（康熙元年至康熙7年），由江南京口左路水師總兵官轉任，但張杰死後浙江水師提督一職即裁撤。
43　常進功，明朝寧遠副將，降清後擔任廣東水師提督，爾後轉任浙江水師提督。
44　（清）崑岡，《大清會典事例・光緒朝》，卷551，康熙14年，頁129-2。

表3-2　浙江水師提督表

	姓名	就任時間	合計就任時間	籍貫	出身	原任	調任	備註
1	張杰（？-1668）	康熙元年至康熙7年	7年	遼東	副將	江南京口左路水師總兵	死，裁	
2	常進功（？-1686）	康熙14年至康熙18年	5年	遼東寧遠	副將	廣東水師提督	解，裁	

資料來源：《清史稿》、《清史列傳》、《清代職官年表》、《福建省通志》、《清實錄》、《清朝起居注》、《清代人物生卒年表》、《清國史館傳包》、《清史館傳稿》、《國史館本傳》。

2.總兵

浙江陸路提督駐寧波府，轄中、左、右、前、後五營。節制定海、黃巖、溫州、處州、衢州五鎮總兵。[45]定海、黃巖、溫州三鎮則設置水師部隊，此三鎮即屬水師鎮。清朝的總兵依其職責不同，與提督一樣，分水師總兵及陸路總兵，水師總兵又有外海及內河之差別。亦有兼具水師與陸路性質的總兵，在軍機處上諭檔及各種檔案中亦註有「水師兼陸路」、「陸師兼水師」等稱呼。[46]浙江各鎮總兵，分述如下：

(1)黃巖鎮總兵

康熙九年（1670），移台州鎮總兵官駐黃巖，改為黃巖鎮，止設台州協副將，中、左、右三營官。[47]康熙十五年（1676），裁黃巖鎮總兵官，康熙十八年復設。[48]黃巖鎮總兵駐劄黃巖縣，管轄本標三營、台州協、寧海營、太平營，聽閩浙總督、浙江提督節制。[49]總兵轄下設游擊三人，守備三人，千總六人，把總十二人，外委千總六人，外委把總二十人，額外外委二十人。同治十二年（1873），改黃巖鎮為海門鎮，總兵

45　（清）明亮、納蘇泰，《欽定中樞政考》72卷，《續修四庫全書》（上海：古籍出版社，1997），〈綠營〉卷1，〈營制〉，頁22a。

46　《乾隆朝上諭檔》（北京：檔案出版社，1991），第12冊，第2418件，頁933。

47　（清）崑岡，《大清會典事例‧光緒朝》，卷551，康熙9年，頁129-2。

48　（清）崑岡，《大清會典事例‧光緒朝》，卷551，康熙15年，頁129-2。

49　（清）明亮、納蘇泰，《欽定中樞政考》72卷，〈綠營〉卷1，〈營制〉，頁22a-22b。

官改駐海門。[50]無論是黃巖鎮或海門鎮，其所轄皆以陸師爲主，只有鎮標編制有水師部隊，其他則爲陸師。

(2)定海鎮總兵

康熙八年（1669），移水師左路總兵官駐定海，改爲定海鎮。[51]康熙二十七年，舟山改設定海縣，仍以舟山鎮爲定海鎮，左、右二營，各設游擊以下等官，又改定海城守營，爲鎮海水師營。[52]定海鎮總兵駐劄定海縣，管轄本標中、左、右三營、象山協、鎮海營、昌石汛，聽閩浙總督、浙江提督節制。[53]定海鎮總兵轄下三營，設游擊三人、守備三人、千總六人、把總十二人、外委千總六人、外委把總十四人、額外外委十人。統石浦水師營、鎮海水師營、瑞安營副將[54]。瑞安營於雍正二年（1724），由閩浙督臣覺羅滿保（1673-1725）題准，改爲水師營，歸溫州鎮管轄。[55]

(3)溫州鎮總兵

順治十三年（1656），設溫州鎮總兵官，鎮標中、左、右三營，各設游擊以下等官。裁原設溫州協副將、協標官。[56]溫州鎮總兵駐溫州府，轄本標三營、溫州城守營、樂清協、瑞清協、平陽協、大荊營、玉環營、磐石營，聽閩浙總督、浙江提督節制。[57]溫州總兵所轄，瑞安水師副將，駐劄縣城，原設參將，康熙十年（1671），改設副將，雍正二年（1724），題改陸路爲水師。[58]磐石營隸溫州鎮管轄，額設游擊一人、守備一人、千總二人、把總四人，雍正二年，爲請更閩浙等事，改爲水師營，將館頭汛、馬山撥、下沙撥、沙頭汛、沙頭墩臺裁，歸樂清營管轄，將溫州鎮標右營管轄之海汛，撥歸本營巡防，旋再改游擊爲參將。雍正六

50　（清）崑岡，《大清會典事例·光緒朝》，卷551，同治12年，頁132-2。
51　（清）崑岡，《大清會典事例·光緒朝》，卷551，康熙7年，頁129-1-129-2。
52　（清）崑岡，《大清會典事例·光緒朝》，卷551，康熙27年，頁130-1。
53　（清）明亮、納蘇泰，《欽定中樞政考》72卷，〈綠營〉卷1，〈營制〉，頁22a。
54　趙生瑞主編，《中國清代營房史料選輯》（北京：軍事科學，2006），頁56。
55　（清）嵆曾筠，〔雍正〕《浙江通志》，卷91，〈兵制〉2，頁24b。
56　（清）崑岡，《大清會典事例·光緒朝》，卷551，順治13年，頁128-2。
57　（清）明亮、納蘇泰，《欽定中樞政考》72卷（上海：古籍出版社，1997），頁22b。
58　（清）嵆曾筠，〔雍正〕《浙江通志》，卷32，〈公署下〉，頁21b。

年，仍改爲陸路，設本營參將一人、守備一人、千總一人、把總四人。[59]
並以玉環水師營取代磐石營。

（三）福建水師

　　福建於順治七年（1650），始定綠營官兵制，有兵三萬五千名，[60]
此時亦設置水師，福州水師協副將一人、泉州水師營參將一人、漳州水
師營參將一人。[61]至順治末年，爲了殲滅鄭氏及南明勢力，增加了水、陸
師兵員，有陸師七萬七千三百四十五人，水師二萬五千人，合計十萬兩
千三百四十五人。[62]康熙元年，設置水師提督，施琅爲首任水師提督。[63]
轄下有六水師總兵官，[64]稍後，裁海澄鎭總兵官，命福建水師提督帶兵
四千，駐劄海澄縣。左路水師總兵官帶兵三千駐劄閩安縣，右路水師總兵
官帶兵三千駐劄同安縣。[65]設漳州水師副將一人、游擊二人、改漳州水師
二營爲中、左、右三營，增設游擊一人。[66]康熙二年（1663），裁泉州水
師參將等官，裁漳州水師副將、及三營游擊等官。[67]

　　康熙七年，裁福建水師提督，翌年，設水師總兵官、及鎭標官。改水
師右路總兵官爲興化總兵官，管轄福州城守協，泉州、邵武、長樂、福
清、同安等營。復設連江營，復設汀州城守協副將、及標下中、左、右三
營，裁海澄營副將及中營游擊等官、水師左路總兵官。[68]

　　康熙十六年（1677），以海澄公管水師提督事務。[69]康熙十七年，裁
水師總兵官，改設水師提督。提標分中、左、右、前、後五營，中營設參

59　（清）嵇曾筠，〔雍正〕《浙江通志》，卷94，〈兵制〉5，頁7b。
60　陳鋒，《清代軍費研究》，頁94。《世祖章皇帝實錄》，卷50，順治7年8月甲午，頁397-2-398-1。
61　（清）崑岡，《大清會典事例·光緒朝》，卷550，順治7年，頁117-2-118-1。
62　陳鋒，《清代軍費研究》，頁94。
63　《聖祖仁皇帝實錄》，卷6，康熙元年7月戊戌，頁118-1。
64　此時期有左路、右路、海澄、福寧、海壇、南澳。
65　《聖祖仁皇帝實錄》，卷7，康熙元年8月丁卯，頁130-2。
66　（清）崑岡，《大清會典事例·光緒朝》，卷550，康熙元年，頁118-2。
67　（清）崑岡，《大清會典事例·光緒朝》，卷550，康熙2年，頁119-1。
68　（清）崑岡，《大清會典事例·光緒朝》，卷550，，康熙8年119-1-119-2。
69　（清）崑岡，《大清會典事例·光緒朝》，卷550，康熙15年，頁119-2。

將以下等官。左、右、前、後四營，各設游擊以下等官。又改海澄總兵官
爲漳州總兵官，標下仍設中、左、右三營官。又裁海澄公標下中、左、
右、前後四營官，設同安漳浦總兵官。[70]康熙二十六年（1687），設南
臺水師營參將以下等官。[71]雍正七年（1729），福州府設水師營漢軍，[72]
此水師營隸屬於八旗水師，爲福州將軍轄下，乾隆十九年（1754），改
駐紮八旗滿洲水師。[73]雍正八年，增設督標水師營，駐福州南臺。[74]雍正
十一年（1733），增設水師提標後營，移福州協左軍都司等官駐南臺，
改督標水師營游擊爲參將。[75]

　　至光緒朝止，水師提督轄下有水師總兵官二人、內兼水師陸路一人、
水師副將四人、參將五人、游擊九人、都司八人、守備十七人、千總
八十四人、把總一百七十九人、外委三百二十三人、額外外委二百二十二
人。[76]

1.福建水師提督

　　福建水師提督設置於康熙元年（1662）、康熙七年裁撤、康熙十六
年復設。水師提督駐同安縣廈門，管轄本標中、左、右、前、後五營，
康熙二十三年（1684）之後管轄金門、海壇、臺灣、南澳、福寧五鎮，
仍聽閩浙總督節制。[77]福建水師提督雖控有五鎮，但其中只有三鎮爲水師
鎮，福寧鎮左營、廣東南澳鎮左營因屬水師亦節制之，銅山水師營、湄
州水師營由其兼轄。[78]提標轄下設參將，中營游擊四人，左營駐石碼鎮，
右營駐廈門，前營駐後崎尾，後營駐內校場；守備五人，一駐本營，四分

70　（清）崑岡，《大清會典事例・光緒朝》，卷550，康熙17年，頁119-2。
71　（清）崑岡，《大清會典事例・光緒朝》，卷550，康熙26年，頁120-2。
72　（清）崑岡，《大清會典事例・光緒朝》，卷545，雍正5年，頁47-1。
73　（清）崑岡，《大清會典事例・光緒朝》，卷545，雍正5年，頁47-2。
74　（清）崑岡，《大清會典事例・光緒朝》，卷550，雍正8年，頁121-2-122-1。
75　（清）崑岡，《大清會典事例・光緒朝》，卷550，雍正11年，頁122-1。
76　（清）崑岡，《大清會典事例・光緒朝》，卷550，頁117-1。
77　（清）明亮、納蘇泰，《欽定中樞政考》72卷，〈綠營〉卷1，〈營制〉，頁20a。
78　（清）趙爾巽，《清史稿》，〈志〉，卷130，〈志〉106，〈兵〉2，〈綠營〉，〈統
　　轄〉，頁3913。

防浯嶼、霞溪、廈門港、局口各汛；千總十人，九駐本營，一防海門汛；
把總二十人，十七駐本營，三駐高崎、海澄、三叉河各汛；經制外委三十
人、額外外委二十人。[79]

　　清朝共有福建水師提督五十六任，（表3-3）扣除重複者四人，[80]共
五十二人。以籍貫觀之，二十三人來自福建，包括臺灣，佔42%，如再加
上沿海地區之浙、粵兩省十一人，則為三十四人，即佔65%。以調任情況
觀之，十八人卒於任，佔34%。以就任時間觀之（鴉片戰爭以前），施琅
任職兩任，共二十三年，為最長者；黃仕簡兩任，時間次之，共二十一
年；再次為吳英，任職十五年。[81]此後王郡亦擔任十四年，卒於任。有趣
的是，在水師提督中，除了大部分為漢人之外，亦有少數為滿人或蒙古
人，他們擔任福建水師提督的背景及用意，往後將另文闡述。

　　福建水師提督，[82]是清朝設置水師提督存續時間最長者，與浙江水師
提督於康熙元年同時設立。但其重要性凌駕於浙江水師提督以及廣東水師
提督之上。乾隆朝以前，施琅家族以及黃梧家族在水師提督任上，有相當
大的影響力。施琅與其子施世驃共擔任三十三年，兩人皆擔任至死方休；
黃芳世與黃仕簡共擔任二十三年。林爽文事件之後，施、黃兩家於福建水
師的影響力逐漸式微，此說明了福建水師一職已擺脫由明代降將之後裔所
主導。

79　（清）穆彰阿，《大清一統志》560卷，卷424，頁8336。
80　施琅、黃仕簡、李長庚、哈當阿，皆擔任2任福建水師提督。
81　施琅與吳英皆擔任至亡故始換他人，黃仕簡則因林爽文事件辦事不力遭革職。
82　福建水師提督狀況表亦可參閱王御風，《清代前期福建綠營水師研究》（1646-1795）
　　（臺中：東海大學碩士論文，1995），頁154-156。王御風將署理及護理部分亦製表成一
　　任，可參考之。

表3-3　福建水師提督表

	姓名	就任時間	合計就任時間	籍貫	出身	原任	調任	備註
1	施琅 （1621-1696）	康熙元年- 康熙7年	7年	福建 晉江	降將	同安鎮 總兵	內大臣	康熙元年 設，7年裁
2	黃芳世 （？-1679）	康熙16年- 康熙17年	2年	福建 平和	襲爵	海澄公	死	康熙17年5月 裁，11月復 設，父海澄 公黃梧
3	王之鼎 （1631-1683）	康熙17年- 康熙18年	2年	陝西 榆林	襲子爵	京口將 軍	四川提 督	
4	萬正色 （？-1691）	康熙18年- 康熙20年	2年	福建 晉江	行伍 （陝西興 安游擊）	岳州鎮 總兵	福建陸 路提督	
5	施琅 （1621-1696）	康熙20年- 康熙35年	16年	福建 晉江	降將	內大臣	死	共擔任23年
6	張旺	康熙35年- 康熙37年	3年	山西 太原	行伍	江南提 督	廣西提 督	
7	吳英 （1637-1712）	康熙37年- 康熙51年	15年	福建 莆田	降將 （守備）	福建 陸路提 督	死	
8	施世驃 （1667-1721）	康熙51年- 康熙60年	10年	福建 晉江	襲爵	廣東提 督	死	父施琅
9	姚堂 （？-1723）	康熙60年- 雍正元年	3年	福建 龍溪	行伍	廣東提 督	死	
10	藍廷珍 （1664-1729）	雍正元年- 雍正7年	7年	福建 漳浦	行伍（定 海鎮右營 把總）	臺灣鎮 總兵	死	
11	許良彬 （？-1733）	雍正7年- 雍正11年	5年	福建 海澄	副將	南澳鎮 總兵	死	建議停徵漁 稅
12	王郡 （？-1756）	雍正11年- 乾隆11年	14年	陝西 西安 乾州	行伍 （臺灣鎮 標把總）	福建 陸路提 督	死	

	姓名	就任時間	合計就任時間	籍貫	出身	原任	調任	備註
13	張天駿	乾隆11年-乾隆16年	6年	浙江杭州仁和	行伍	臺灣鎮總兵	解職	
14	林君陞（?-1755）	乾隆16年-乾隆16年	5個月	福建同安	行伍	廣東提督	廣東提督	親家胡貴
15	李有用	乾隆16年-乾隆22年	7年	陝西長安；四川	行伍	臺灣鎮總兵	都督僉事（署）	
16	胡貴（?-1760）	乾隆22年-乾隆22年		福建同安	行伍	廣東提督	廣東提督	
17	馬大用（?-1759）	乾隆22年-乾隆24年	3年	安徽安慶府懷寧	探花	潮州總兵	病免	
18	馬龍圖（?-1761）	乾隆24年-乾隆26年	3年	廣東潮陽潮州籍晉江	行伍	臺灣鎮總兵	革職	
19	甘國寶（?-1776）	乾隆26年	3年	福建古田	武進士	臺灣鎮總兵	降臺灣總兵	
20	黃仕簡（?-1789）	乾隆28年-乾隆29年	2年	福建平和	襲海澄公	廣東提督	廣東提督	曾祖父黃梧
21	吳必達	乾隆29年-乾隆37年	6年	福建同安	武進士	廣東提督	革職	
22	葉相德（?-1769）	乾隆34年	月-	浙江湖州歸安	武進士	臺灣鎮總兵	死	
23	黃仕簡（?-1789）	乾隆34年-乾隆52年	19年	福建平和	海澄公	福建陸路提督	革職	林爽文事件遭革職，共任21年
24	柴大紀（1732-1788）	乾隆52年-乾隆52年	2月	浙江江山	武進士	臺灣總兵	福建水師提督	

	姓名	就任時間	合計就任時間	籍貫	出身	原任	調任	備註
25	藍元枚 （1736-1787）	乾隆52年- 乾隆52年	月	福建漳浦	襲爵雲騎尉	福建陸路提督	死	祖父藍廷珍
26	蔡攀龍 （？-1798）	乾隆53年-	月	福建同安	行伍 （把總）	狼山鎮總兵	降狼山總兵	
27	（把岳忒） 哈當阿 （？-1799）	乾隆53年- 乾隆56年	4年	蒙古正黃旗	襲爵	陝西提督	福建陸路提督	
28	（富察氏） 奎林（-1792）	乾隆56年- 乾隆56年	月	滿州鑲黃旗	襲爵雲騎尉	伊犁將軍	駐藏大臣	署理提督 季父傅恆
29	哈當阿 （？-1799）	乾隆57年- 嘉慶4年	8年	蒙古正黃旗	襲爵	臺灣鎮總兵	死	共擔任12年
30	李南馨 （？-1801）	嘉慶4年- 嘉慶6年	3年	廣東嘉應廣東長樂	武進士	金門鎮總兵	死	
31	李長庚 （？-1807）	嘉慶6年- 嘉慶6年	月	福建同安	武進士	定海鎮總兵	浙江提督	
32	（苗）蒼保 （？-1802）	嘉慶6年	2年	（漢軍鑲白旗）	武生	浙江提督	死	
33	倪定得 （？-1806）	嘉慶7年- 嘉慶10年	4年	江南吳縣	武生	海壇鎮總兵	病免	
34	李長庚 （？-1807）	嘉慶10年- 嘉慶10年	月	福建同安	武進士	浙江提督	浙江提督	蔡牽之亂陣亡
35	許文謨 （？-1824）	嘉慶10年- 嘉慶11年	2年	四川成都	三等壯烈伯（武舉）	廣東提督	福建陸路	
36	張見陞 （？-1813）	嘉慶11年- 嘉慶13年	3年	廣東東莞	行伍 （千總）	福寧鎮總兵	革職	

	姓名	就任時間	合計就任時間	籍貫	出身	原任	調任	備註
37	王得祿（?-1842）	嘉慶13年-嘉慶25年	13年	臺灣嘉義	武生（行伍）	浙江提督	浙江提督	擔任13年
38	羅鳳山（?-1821）	嘉慶25年-道光元年	2年	浙江台州黃巖	外委（行伍）	南澳鎮總兵	死	
39	許松年（1767-1827）	道光元年-道光6年	6年	浙江瑞安	武舉人	廣東陸路提督	革職	
40	劉起龍（?-1830）	道光6年-道光10年	5年	廣東新安	千總	南澳鎮總兵	死	
41	陳化成（1776-1842）	道光10年-道光19年	10年	福建同安	額外外委（行伍）	金門鎮總兵	江南提督	
42	陳階平（1766-1844）	道光19年-道光21年	3年	江蘇淮安清河	額外外委（行伍）	江南提督	休	
43	竇振彪（1778-1850）	道光21年-道光30年	10年	廣東吳川縣	把總（行伍）	廣東水師提督	死	
44	鄭高祥	道光30年-咸豐3年	4年		游擊	黃巖鎮總兵	革職	
45	施得高（?-1854）	咸豐3年-咸豐3年	月	福建福清	把總（行伍）	金門鎮總兵	病免	
46	李廷鈺（1789-1861）	咸豐3年-咸豐3年	4年	福建同安	襲爵三等伯	浙江提督	召京	父李長庚
47	林建猷（?-1856）	咸豐6年-咸豐6年	月	福建安溪	千總	福寧鎮總兵	陛見	
48	鍾寶三	咸豐6年-咸豐8年	3年			海壇鎮總兵	革職	
49	楊載福（楊岳斌）（1822-1890）	咸豐8年-同治3年	5年	湖南長沙	外委	福建陸路提督	假	楊載福改名楊岳斌
50	吳鴻源（1822-?）	同治元年-同治2年	2年	福建同安	軍功	總兵簡用	革職	署理

	姓名	就任時間	合計就任時間	籍貫	出身	原任	調任	備註
51	林文察 （1828-1864）	同治2年- 同治2年	月	臺灣 彰化		福寧鎮 總兵	陣亡	署理臺灣霧峰林家
52	吳全美 （?-1884）	同治3年- 同治5年	3年	廣東 順德	團練 （行伍）	溫州鎮 總兵	病免	
53	李成謀 （?-1892）	同治5年- 同治11年	7年	湖南 浣江	千總 （行伍）	漳州鎮 總兵	長江水師提督	
54	彭楚漢	同治11年- 光緒18年	21年	湖南 長沙	武童	直隸大名鎮總兵		
55	楊岐珍 （1837-1903）	光緒18年- 光緒29年	12年	安徽 鳳陽	武童	浙江海門鎮總兵	死	
56	曹志忠 （1841-?）	光緒29年-	2年	湖南 長沙	武童	福寧鎮 總兵	湖南提督	裁

資料來源：《清史稿》、《清史列傳》、《清代職官年表》、《福建省通志》、《清實錄》、《清朝起居注》、《清代人物生卒年表》、《清國史館傳包》、《清史館傳稿》、《國史館本傳》。

2.總兵官

(1)金門鎮總兵官

金門鎮總兵官設於康熙十九年（1680），裁援勦右鎮總兵官後，改設金門鎮總兵官，[83]（現總兵衙署尚存）（圖3-2、圖3-3）聽閩浙總督、福建水師提督節制。[84]標下設中、左、右三營，兼轄銅山、楓嶺、雲霄、詔安、海澄五營。稍後，將銅山、楓嶺二營改歸福寧鎮管轄，雲霄、詔安、海澄三營改歸漳州鎮管轄。康熙二十七年（1688），裁去中營；嗣

---

[83] （清）崑岡，《大清會典事例·光緒朝》，卷550，康熙19年，頁120-1。
[84] （清）明亮、納蘇泰，《欽定中樞政考》72卷，〈綠營〉卷1，〈營制〉，頁20a。

又兼轄閩安、銅山。嘉慶間，閩安協改歸海壇鎮，銅山改歸南澳鎮，仍專轄左、右二營。[85]同治七年（1868），裁金門鎮總兵官，改設金門協副將。[86]顯見金門地區的水師重要性已不如以往，遂降低統兵官層級。第一任金門總兵官由陳龍擔任，最後一任則為郭定猷。[87]

　　總兵轄下設中軍游擊兼管左營事一人、守備一人，駐防後浦（康熙二十二年裁，二十七年復設）、千總二人、把總四人（原設三人，康熙五十七年增設一人）、外委千把總九人、額外外委四人。[88]金門鎮左營所轄水汛，南至晉江石圳，與本標右營水汛分界；北至香爐嶼，與海壇鎮湄洲水汛分界。[89]右營所轄所水汛，北自晉江石圳，與本標左營水汛分界；南至南椗以外，係本營所轄漳州地方。[90]同治六年（1867），閩浙總督左宗棠（1812-1885）奏請，裁兵加餉，新定水陸營制，移金門右營官兵駐湄洲，移廈門提標前營官兵駐崆口。所有金門前轄水汛，酌量分撥提標湄洲兼轄，並將金門總兵暨左營游擊、守備裁汰，改設副將、都司二人，其千總以下弁兵，亦裁去大半。[91]

　　金門因位於廈門外，控制水路要道，地理位置重要，遂設置總兵官彈壓，巡洋則是金門水師的重要任務，分別與海壇、南澳、提標、銅山營水師會哨，地位重要。[92]道光朝之後，清廷的水師重點佈局，由福建轉往廣

85　（清）林焜熿，《金門志》（南投：臺灣省文獻委員會，1993），卷5，〈兵防志〉，〈國朝原設營制〉，頁80-81。

86　（清）林焜熿，《金門志》，卷6，頁132。

87　（清）林焜熿，《金門志》，卷6，頁132-156。

88　（清）林焜熿，《金門志》，卷5，頁80。

89　（清）林焜熿，《金門志》，卷5，頁86。

90　（清）林焜熿，《金門志》，卷5，頁87。

91　（清）林焜熿，《金門志》，卷5，頁92。

92　每年總兵官於二月初一日，就兩營各汛撥出戰船六隻，配隨官各一員，出洋總巡。例於四月初一日，北至涵江，與海壇鎮會哨，督糧道到處監視；六月十五日南至銅山大澳，與南澳鎮會哨，汀漳龍道到處監視；八月初一日再往北洋，與海壇鎮會哨，興泉永道到處監視。九月三十日，撤回。十月、十一月，應左營游擊出洋總巡；十二月、正月，應右營游擊出洋總巡。左、右營游擊，每年二月起至五月止，帶戰船三隻出洋分巡；左、右營守備，六月起至九月止，帶戰船三隻出洋分巡。每月初六日駕赴圍頭，與水師提標會哨，石獅縣丞到處監視。十九日駕赴湄洲菜子嶼，與海壇鎮標會哨；二月起、五月止平海縣丞到處監視，六月起、九月止凌厝巡檢到處監視。其右營每月十九日係駕赴陸鰲

▲ 圖3-2　金門鎮總兵衙門。圖片來源：李其霖攝於2010年10月。

▲ 圖3-3　金門鎮總兵衙門議事堂。圖片來源：李其霖攝於2010年10月。

將軍澳，與銅山會哨，盤陀巡檢到處監視。每年十月至正月，左、右營將備照單、雙月輪班出洋巡哨，單月游擊、雙月守備。（清）林焜熿，《金門志》，卷5，頁88-89。

東，因此，金門的重要性已不如以往。

(2)海壇鎮總兵官

康熙十九年（1680），裁援勦左路總兵官，改設海壇鎮總兵官，鎮標中、左、右三營，各設游擊以下等官。[93]海壇鎮總兵官駐福清縣，管轄本標左、右二營，閩安協聽閩浙總督、福建水師提督節制。[94]海壇鎮左、右二營，設游擊二人，左營、右營並駐海壇；守備二人、千總四人，三駐本營、一防觀音澳汛；把總八人，六駐本營、二分防磁澳、南日澳二汛；經制外委十八人，額外外委九人。[95]

海壇鎮轄下閩安協水師副將駐閩安鎮，都司二人，左營駐定海、右營駐閩安鎮，舊俱爲游擊。乾隆十八年（1753）改設守備二人、千總二人，一駐本營、三分防定海所、北菱海、羅湖各汛；把總八人，三駐本營、五分防梅花、五虎門、黃岐、濂澳、東衝口各汛。經制外委十二人，額外外委八人。[96]

(2)臺灣鎮掛印總兵官

康熙二十三年（1684），設臺灣鎮總兵官，鎮標中、左、右三營各設游擊以下等官，設臺灣協副將、移漳州城守協副將駐澎湖。[97]臺灣鎮總兵官駐劄臺灣府，管轄本標三營、臺灣水師協、滬尾水師營，聽福州將軍、閩浙總督、福建水師提督節制。[98]康熙六十一年（1722），以移紮澎湖之臺灣鎮總兵官仍駐臺灣，其澎湖仍設水師副將。[99]雍正元年，

93　（清）崑岡，《大清會典事例・光緒朝》，卷550，康熙19年，頁119-2-120-1。

94　（清）明亮、納蘇泰，《欽定中樞政考》72卷，〈綠營〉卷1，〈營制〉，頁20b。

95　（清）穆彰阿，《大清一統志》，頁8336。

96　（清）穆彰阿，《大清一統志》，頁8338。

97　（清）崑岡，《大清會典事例・光緒朝》，卷550，〈兵部〉9，〈臺灣綠營〉，康熙23年，頁124-1。

98　（清）明亮、納蘇泰，《欽定中樞政考》72卷，〈綠營〉卷1，〈營制〉，頁20b。

99　（清）崑岡，《大清會典事例・光緒朝》，卷550，〈臺灣綠營〉，康熙61年，頁124-2。

按：朱一貴事件後，曾將臺灣鎮總兵衙門移往澎湖稱澎臺總兵，由陳策擔任，惟不到半年陳策死於任內，隔年再將衙門移駐臺南府城。見許雪姬，《清代臺灣的綠營》，（臺北：中央研究院近代史研究所，1987），頁147。

增設臺灣水師協右營守備一人；臺灣水師協中營千總一員駐鹽水港；水師副將及守備一人，駐安平鎮城內。[100]雍正十一年（1733），增設臺灣水師協左營千總、把總各一人、右營把總一人。[101]同年，臺灣鎮總兵授予「掛印」[102]之權，王命旗牌[103]由五副增至十副。（圖3-4）嘉慶十三年（1808），移水師千總一人駐小南門。將興化協左營守備，移防為艋舺營水師守備，駐滬尾礮臺。撥淡水營千總、把總十人，隸水師守備管轄。[104]光緒元年奏定，福建巡撫駐臺灣，臺灣總兵撤去掛印字樣，歸巡撫節制，又裁安平協副將。[105]

臺灣水師副將駐安平鎮，轄游擊二人，中營駐鹿耳門、左營舊駐安平鎮，乾隆五十三年（1788），移駐鹿仔港。都司右營駐安平鎮，舊為游擊，嘉慶十三年（1808）改設守備三人，二駐本營、一舊防鹿仔港；乾隆五十三年移防笨港汛，千總六人，二駐本營、二防鹿仔港、二分防打狗港、蚊港二汛；把總十一人，五駐本營、六分防鹿耳門、鹽水、笨港、新店海口、東港、大港各汛。經制外委十八人、額外外委八人。

澎湖水師協副將，駐澎湖媽宮市，游擊二人，左、右營俱駐內海娘媽宮，守備二人，分防八罩、西嶼二汛；千總四人，二駐本營、二防嵵裏大北山二汛；把總八人，五駐本營、三分防媽祖澳、八罩、西嶼各汛；經

---

[100] （清）崑岡，《大清會典事例・光緒朝》，卷550，雍正元年，頁124-2。

[101] （清）崑岡，《大清會典事例・光緒朝》，卷550，雍正11年，頁125-1。

[102] 明朝以公、侯、伯、都督掛印，充當各地總兵官，稱作掛印將軍，以後漸以流官充任，惟總兵若鎮戍畿外，不聽節制可掛印。清代共設宣化、大同；延綏、陝安、涼州、寧夏、西寧、肅州、臺灣、皖南，十鎮為掛印總兵官。但臺灣鎮總兵需接受閩浙總督、福建提督節制。
　掛印總兵權力：多五面王命旗牌；可理民事；可調派軍隊，不必稟告督、撫。見許雪姬，《清代臺灣的綠營》，頁156-159。

[103] 王命旗牌：順治初年定，總督掛印旗牌十二副，康熙7年，改十副；掛印總兵十副；巡撫、提督八副、總兵五副。（清）托津，《欽定大清會典事例・嘉慶朝》，卷685，頁19a-19b。王命旗牌最大功用，可直接審判犯人，並直接正法，不必稟報皇帝。《高宗純皇帝實錄》，卷414，乾隆17年5月癸酉，頁424-2。

[104] （清）崑岡，《大清會典事例・光緒朝》，卷550，〈臺灣綠營〉，雍正13年，頁125-1。

[105] （清）崑岡，《大清會典事例・光緒朝》，卷550，〈臺灣綠營〉，光緒元年，頁126-1。

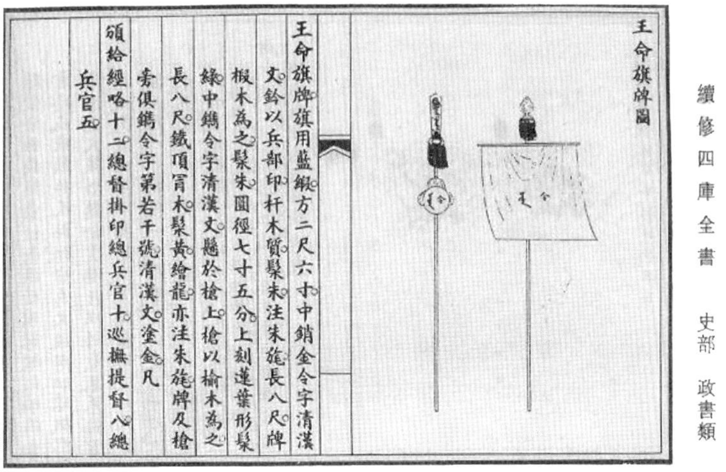

▲ 圖3-4　臺灣鎮總兵之王命旗牌圖。圖片來源：（清）崑岡，《欽定大清會典圖》270
卷（上海：上海古籍出版社，1997），卷107，頁204。

制外委十四人，額外外委六人。[106]光緒十二年（1886），澎湖副將與海
壇鎮總兵對調，將澎湖水師協副將改爲總兵，[107]駐紮澎湖媽宮汛，統轄
本標左、右二營，左營兼中軍外海水師游擊一人，中軍守備一人、千總一
人、把總四人、外委二人。右營外海水師都司一人、千總一人、把總二
人、外委二人。[108]

(4)南澳鎮總兵官（廣東水師提督可節制[109]）

康熙十八年（1679）設南澳總兵官，[110]南澳鎮總兵官駐紮福建詔安
縣，管轄本標左、右二營、福建銅山營、廣東澄海協、海門營、達濠營，

[106]（清）穆彰阿，《大清一統志》，卷424，頁8338。
[107] 連橫，《臺灣通史》（臺北：臺灣文獻委員會，1992），卷13，〈軍備志〉，頁336。
[108]（清）崑岡，《大清會典事例‧光緒朝》，卷593，〈綠旗營制〉4，〈澎湖鎮外海水師
　　總兵官〉，頁661-2。
[109] 南澳地區位於閩粵交界，明代以來皆由閩粵共管，設總兵之後，分左、右二營，分由
　　閩、粵水師提督節制。節制：可指揮作戰，調動軍隊。
[110]（清）陳昌齊，〔道光〕《廣東通志》334卷，卷123，〈海防〉1，頁2371上。

聽閩浙總督、兩廣總督、福建水師提督、廣東水師提督節制。[111]南澳右營專管廣東地界，設游擊、左營守備，千總二人，把總四人，一駐本營、三分防深澳口、祥林灣、雲澳各汛；經制外委九人，額外外委四人。[112]左營兼中軍外海水師游擊一人，駐紮詔安縣深澳汛、中軍守備一人、千總二人、把總二人、外委六人。[113]

每年二月至五月，左營游擊一人總巡本轄內外洋面，千總二人分巡本轄內外洋面，外委把總一人專巡三澎外洋海汛，額外外委一人協巡三澎外洋海汛，把總一人專巡洋林灣內洋海汛。正月至六月，右營守備一人總巡本轄洋面；千、把總二人分巡本轄洋面。七月至十二月，游擊一人總巡本轄洋面，千、把總二人分巡本轄洋面。六月至九月，總兵官帶領左、右營把總各一人、外委千、把總各二人總巡粵閩洋面。守備各一人分巡本轄內外洋面；左營千總一人專巡三澎外洋海汛；外委千把總一人協巡三澎外洋海汛；把總一人專巡洋林灣內洋海汛。十月至次年正月，總兵官、游擊、守備單雙月輪巡，十月，分總兵官總巡、守備分巡、千把總一人、外委千把總一人，專巡本轄內外洋面。十一月，分游擊總巡，千、把總一人分巡、把總一人、外委千把總一人專巡本轄內外洋面。十二月分總兵官總巡、守備分巡，千、把總一人，外委千、把總一人專巡。正月分游擊總巡，千、把總一人分巡、把總一人、外委千、把總一人專巡本轄內外洋面。總兵官六月十五日至銅山大澳與金門鎮會哨。[114]

(5)福寧鎮總兵官

福寧鎮總兵官駐劄福寧府，管轄本標中、左、右三營、烽火門、桐山營、連江營、羅源營，聽福州將軍、閩浙總督、福建水師提督、陸路提

111 （清）明亮、納蘇泰，《欽定中樞政考》72卷，〈綠營〉卷1，〈營制〉，頁20b-21a。
112 （清）穆彰阿，《大清一統志》，卷424，頁8337。
113 （清）崑岡，《大清會典事例・光緒朝》，卷593，〈綠旗營制〉4，〈閩粵南澳鎮外海水師總兵官〉，頁660-2。
114 （清）陳昌齊，〔道光〕《廣東通志》334卷，卷123，〈海防〉1，頁2373下。

督節制。[115]嘉慶七年（1802），將陸路水師總兵改爲水師總兵，移駐三沙，右營駐寧德縣；守備三人，二駐本營、一防福安縣汛；千總六人，三駐本營、三分防東衝礁臺、白石、張灣寨各汛；把總十二人，三駐本營；九分防火金堡、松山港、下滸堡、鹽田堡、領頭寨、黃土巖、東牆寨、河西寨、河東寨各汛；經制外委十五人，額外外委十一人。[116]改原駐福安縣城之福寧鎮左營游擊爲守備、及原防府城守備一人移紮三沙。並撥該營千總一人、把總二人、外委一人、額外外委一人，均改爲水師。[117]

（四）廣東水師

廣東於順治八年（1651）定綠營官兵制，初定額爲四萬六千兩百人，[118]順治末年，兵額達七萬六千八百二十人。[119]廣東省設置水師提督的時間稍晚於閩、浙兩省，康熙三年（1664）始設，康熙六年（1667）裁撤，此後至嘉慶十五年（1810）才復設，近一百四十三年未設置水師提督職。由此可見，廣東海防，在嘉慶十五年以前並非是重要的水師設置區域。

尙未設置水師提督之前，設廣州府水師總兵官，標分爲左、右二協，設副將二人。水師左協副將一人、中軍兼管左協左營都司一人、中軍守備一人、千總二人、把總四人、左協右營都司一人、中軍守備一人、千總二人、把總四人；水師右協副將一人、中軍兼管右協左營都司一人、中軍守備一人、千總二人、把總四人；右協右營都司一人、中軍守備一人、千總二人、把總四人；水師鎮標中軍兼管中營游擊一人、中軍守備一人、千總二人、把總四人；水師鎮標左、右營各設游擊一人、中軍守備一人、千總

---

115 （清）明亮、納蘇泰，《欽定中樞政考》72卷，〈綠營〉卷1，〈營制〉，頁21a。
116 （清）穆彰阿，《大清一統志》，卷424，頁8337。
117 （清）崑岡，《大清會典事例‧光緒朝》，卷550，〈福建綠營〉，乾隆59年，頁123-1。
118 陳鋒，《清代軍費研究》，頁94。《世祖章皇帝實錄》卷58，順治8年7月丙戌，頁460-1。
119 陳鋒，《清代軍費研究》，頁94。《聖祖仁皇帝實錄》卷46，康熙13年3月丙寅，頁607-1。

二人、把總四人、水師鎮標旗鼓守備一人。[120]

　　瓊州地區於順治十五年，以儋州營、萬州營、崖州營游擊以下等官、瓊州水師協副將以下等官，俱隸瓊州鎮統轄，又裁瓊州鎮標、潮州鎮標旗鼓守備各一人。[121]順治十七年，增設潮州水師營游擊一人、中軍守備一人、千總二人、把總四人。[122]康熙二年，裁廣海寨參將等官，改設副將，又裁珠場寨游擊，改設廉州水師營游擊。[123]設置提督前，已有廣州府水師總兵官、瓊州水師協副將、潮州水師營及廉州水師營游擊掌控廣東地區海疆。

　　康熙三年，設水師提督，駐順德縣，又改隨征總兵官、及標下中、左、右、前、後五營官為左路水師總兵官，駐新安縣。又改廣州水師總兵官及標下中、左、右三營官為右路水師總兵官，駐廣海衛。又裁碣石鎮總兵官、惠州協副將、高州水師營游擊一人、雷州水師游擊一人。[124]康熙六年，裁潮州鎮標水師營游擊、守備各一人。康熙七年，裁水師提督及標下左、右二營官。[125]設置廣東水師提督後，廣東的水師兵制並不因此而健全，新設、裁撤各水師部隊缺乏規劃，較無系統。

　　康熙八年（1669），裁海安水師副將，改設游擊。又裁左路水師總兵官、右路水師總兵官、海門水師營副將、瓊州水師營參將、肇慶水師營參將、守備各一人。[126]康熙九年，裁廉州水師營游擊，改設乾體營游

---

120 （清）崑岡，《大清會典事例·光緒朝》，卷554，〈廣東綠營〉，順治8年，頁179-2-180-1。
121 （清）崑岡，《大清會典事例·光緒朝》，卷554，〈廣東綠營〉，順治15年，頁181-2。
122 （清）崑岡，《大清會典事例·光緒朝》，卷554，〈廣東綠營〉，順治17年，頁181-2。
123 （清）崑岡，《大清會典事例·光緒朝》，卷554，〈廣東綠營〉，康熙2年，頁181-2-182-1。
124 （清）崑岡，《大清會典事例·光緒朝》，卷554，〈廣東綠營〉，康熙3年，頁182-1。
125 （清）崑岡，《大清會典事例·光緒朝》，卷554，〈廣東綠營〉，康熙5年，頁182-1。
126 （清）崑岡，《大清會典事例·光緒朝》，卷554，〈廣東綠營〉，康熙8年，頁182-1。

擊。[127]康熙十四年，設瓊州水師協副將。[128]康熙二十年（1681），裁潮陽協副將，改設游擊，兼轄海門水師營。又設海門水師營守備、千總、把總各一人。[129]康熙二十三年（1684），又裁潮州水師總兵官及標下左、右二營官。[130]康熙二十四年，改東莞營爲東莞水師營，仍設守備以下等官。[131]康熙五十七年，移龍門水師協副將以下等官，隸高雷廉鎮統轄。以瓊州水師副將，歸瓊州鎮總兵官管轄。[132]康熙五十八年（1719），設海門水師營把總二人。[133]

康熙五十八年以前，可以了解清廷對於廣東的水師防務，尚在摸索調整階段，每每設置水師單位後又裁撤，但此後漸趨穩定。從康熙五十八年（1719）至嘉慶十四年（1809）幾乎不再更動水師單位，此時期廣東地區的綠營官弁更換，則以陸師部隊爲主。

嘉慶十五年（1810），添設水師提督一人，駐虎門，管轄五營，改海口營參將移紮虎門，爲水師提標中軍參將並兼管中營。改左翼鎮左營游擊爲水師提標左營游擊，仍駐新安縣。改左翼鎮中營游擊爲水師提標右營游擊。改東莞營內河水師各官爲水師提標前營，仍駐東莞縣。改新塘營內河水師各官爲水師提標後營，仍駐新塘。改左翼鎮總兵官移紮陽江，爲陽江鎮水師總兵官；改春江協右營水師各官，爲陽江鎮左營官。改原駐白鴿寨之雷州右營水師守備等官，移紮東山，爲東山營守備。以吳川、硇洲、

---

[127] （清）崑岡，《大清會典事例・光緒朝》，卷554，〈廣東綠營〉，康熙9年，頁182-2。

[128] （清）崑岡，《大清會典事例・光緒朝》，卷554，〈廣東綠營〉，康熙15年，頁182-2。

[129] （清）崑岡，《大清會典事例・光緒朝》，卷554，〈廣東綠營〉，康熙20年，頁183-1。

[130] （清）崑岡，《大清會典事例・光緒朝》，卷554，〈廣東綠營〉，康熙23年，頁183-1-183-2。

[131] （清）崑岡，《大清會典事例・光緒朝》，卷554，〈廣東綠營〉，康熙24年，頁183-2。

[132] （清）崑岡，《大清會典事例・光緒朝》，卷554，〈廣東綠營〉，康熙57年，頁184-2。

[133] （清）崑岡，《大清會典事例・光緒朝》，卷554，〈廣東綠營〉，康熙58年，頁184-2。

龍門、海安、海口、東山營、廣海寨歸陽江鎮管轄。[134]復設水師提督之職後，將廣東海防體系重新整建，海防架構及指揮系統有別於康熙朝的混亂情況，水師體系已趨於完善。此後對於廣東水師，清廷並無大動作的裁調或增設情況。

　　道光十二年（1832）以後，廣東水師有小規模的變動，裁水師提標中營外委一人。[135]道光十三年，增設水師提標後營額外外委。[136]道光二十五年（1845），設水師提標右營千總一人、把總一人、外委一人、額外外委五人。[137]同治七年（1868），裁廣海寨游擊守備各一人，改設副將一人，駐赤溪，為赤溪協外海水師副將。[138]即使鴉片戰爭之後，廣東地區戰況不利，水師官弁損失慘重，但清廷對此並沒有改變先前的佈防狀況，太平天國期間，更無水師可言。

1.廣東水師提督

　　廣東水師提督設置於康熙三年（1664），康熙六年裁撤。嘉慶十五年復設水師提督，駐劄虎門寨，管轄本標中、左、右、前、後五營、香山協、大鵬營、順德協、新會營，節制陽江、瓊州、碣石、南澳四鎮，仍聽兩廣總督節制。[139]水師提督轄水師總兵官一人、兼水師陸路總兵官二人、外海水師副將三人、外海水師參將四人、外海水師游擊五人、外海水師都司八人、內外海水師守備二十人、千總一百六十八人、把總三百二十七人、外委四百九十一人、額外外委三百十五人，其中水陸兼有之。[140]

134　（清）崑岡，《大清會典事例‧光緒朝》，卷554，〈廣東綠營〉，嘉慶15年，頁186-2-187-1。

135　（清）崑岡，《大清會典事例‧光緒朝》，卷554，〈廣東綠營〉，道光12年，頁187-1。

136　（清）崑岡，《大清會典事例‧光緒朝》，卷554，〈廣東綠營〉，道光13年，頁187-1。

137　（清）崑岡，《大清會典事例‧光緒朝》，卷554，〈廣東綠營〉，道光25年，頁188-1。

138　（清）崑岡，《大清會典事例‧光緒朝》，卷554，〈廣東綠營〉，道光25年，頁188-1。

139　（清）明亮、納蘇泰，《欽定中樞政考》72卷，〈綠營〉卷1，〈營制〉，頁23b。

140　（清）崑岡，《大清會典事例‧光緒朝》，卷554，〈廣東綠營〉，頁179-1。

　　廣東水師提督共三十一任，（表3-4）扣除重複者三人[141]、九任，共二十五人。以籍貫觀之，來自福建六人、廣東七人、浙江一人。顯見來自沿海三省者超過50%，惟尚有六人查無籍貫，數據並不完全。以調任情況觀之，6人擔任至亡故，關天培則殉國，佔28%。以就任時間觀之，李增階擔任時間最長，共十二年、關天培、何長清各八年居次、擔任七年者則有賴恩爵、洪名香、方耀、鄭紹忠等四人。因病免職者亦多達六人。從相關數據分析，廣東地區的水師將領任用情況與福建地區完全不同。但廣東有一百四十三年沒設置水師提督職，其中包含太平天國期間有六年缺，這之中或許存在變數，有待再探討。

2.總兵官

(1)陽江鎮總兵官

　　順治八年（1651），設肇慶鎮總兵官，標下分為左、右二營，中軍兼管左營游擊一人、中軍守備一人、千總二人、把總四人、右營游擊一人、中軍守備一人、千總二人、把總四人、水師參將一人、中軍守備一人、千總二人、把總四人、鎮標旗鼓守備一人，旋裁。[142]此為陽江鎮總兵官的前身。

　　嘉慶十五年（1810），廣東省復設水師提督一人，鑄給印信。移原駐虎門之左翼鎮總兵駐陽江，作為陽江鎮水師總兵，將原設春江協中軍都司，改為游擊，作為陽江鎮中軍，兼管左營。春江協右營守備，改為陽江鎮左營。[143]陽江鎮總兵官駐劄陽江縣，管轄本標左、右二營、廣海寨、吳川營、硇洲營、東山營，聽兩廣總督、廣東水師提督節制。[144]轄下

[141] 李增階2任、吳長慶4任、薩鎮冰3任，三人皆擔任二任以上。
[142] （清）崑岡，《大清會典事例・光緒朝》，卷554，〈廣東綠營〉，順治8年，頁180-1。
[143] （清）崑岡，《大清會典事例・光緒朝》，卷569，〈題補〉2，嘉慶15年，頁391-2-392-1。
[144] （清）明亮、納蘇泰，《欽定中樞政考》72卷，〈綠營〉卷1，〈營制〉，頁24a。

表3-4　廣東水師提督表

	姓名	就任時間	合計就任時間	籍貫	出身	原任	調任	備註
1	常進功（?-1686）	康熙3年-康熙6年	4年	遼東寧遠	明代副將	浙江水路師左總兵		
2	塞白理	康熙6年	月			江南隨征左翼總兵		裁撤
3	童鎮陞	嘉慶15年-嘉慶21年	6年	浙江		廣東陸路提督	病免	
4	孫全謀（?-1816）	嘉慶21年-嘉慶21年	月	福建龍溪	行伍	陽江鎮總兵	死	
5	李光顯（?-1819）	嘉慶21年-嘉慶24年	4年	福建同安	行伍	定海鎮總兵	死	
6	沈烜	嘉慶24年-道光2年	4年			陽江鎮總兵	休	
7	李增階	道光2年-道光3年	2年	福建同安	千總	廣東陸路提督	憂免	
8	陳夢熊	道光3年-道光5年	2年			定海鎮總兵	休	
9	李增階	道光5年-道光14年	10年	福建同安	千總	服闋	革	
10	關天培（1780-1841）	道光14年-道光21年	8年	江蘇省-淮安府-山陽縣	行伍	蘇松鎮總兵	殉國	
11	竇振彪（1778-1850）	道光21年	月	廣東省-高州府-吳川縣	行伍	金門鎮總兵	福建水師提督	
12	吳建勳	道光21年-道光23年	3年			海壇鎮總兵	降副將	

	姓名	就任時間	合計就任時間	籍貫	出身	原任	調任	備註
13	賴恩爵	道光23年-道光29年	7年	廣東省-廣州府-新安縣	行伍	南澳鎮總兵	病免	
14	洪名香	道光29年-咸豐5年	7年	廣東-潮州府-南澳廳	副將	碣石鎮總兵	休	
15	吳元猷	咸豐5年-咸豐8年	4年			瓊州鎮總兵	革	咸豐9年至同治3年缺（太平天國）
16	溫賢	同治4年-同治5年	2年		副將		病免	
17	任星源	同治5年	月			陽江鎮總兵	病免	
18	翟國彥	同治7年-光緒6年			游擊	潮州鎮總兵	病免	
19	吳長慶（1829-1884）	光緒6年		安徽省-廬州府-廬江縣	文童	浙江提督		
	吳全美署（？-1884）			廣東省-順德縣	行伍（團練）			
20	吳長慶（1829-1884）吳全美	光緒7年		安徽省-廬州府-廬江縣	文童	浙江提督		
21	吳長慶（1829-1884）吳全美	光緒8年		安徽省-廬州府-廬江縣	文童	浙江提督		
22	吳長慶（1829-1884）	光緒9年-光緒10年	2年	安徽省-廬州府-廬江縣	文童		死	
23	曹克忠（？-1896）	光緒10年-光緒11年	2年	直隸天津	把總	甘肅提督	病免	

	姓名	就任時間	合計就任時間	籍貫	出身	原任	調任	備註
24	方耀 (1834-1891)	光緒11年-光緒17年	7年	廣東-潮州-普寧	外委把總	南韶連鎮總兵	死	
25	鄭紹忠 (1836-1896)	光緒17年-光緒23年	7年	廣東省-廣州府-三水縣	都司	湖南提督	死	
26	何長清	光緒23年-光緒30年	8年	廣東香山	武進士	鄖陽鎮總兵	革	同治2年武進士
27	葉祖珪 (1852-1905)	光緒30年-光緒31年	2年	福建省-福州府-侯官縣	同治9年船政學堂畢業後留學英國	溫州鎮總兵	死	光緒4年英國倫敦格林大書院畢業
28	薩鎮冰 (1859-1952)	光緒31年		福建閩縣	船政後學堂留學英國	南澳鎮總兵		船政後學堂駕駛專業第二屆
	李準署理 (1871-？)			四川鄰水縣	監生			
29	薩鎮冰、李準署理	光緒31年						併為水陸提督
30	薩鎮冰、李準署理	光緒32年-宣統1年						
31	李準	宣統1年-宣統3年				南澳鎮總兵		

資料來源：《清史稿》、《清史列傳》、《清代職官年表》、《福建省通志》、《清實錄》、《清朝起居注》、《清代人物生卒年表》、《清國史館傳包》、《清史館傳稿》、《國史館本傳》、《大清會典》。

游擊中軍兼左營駐陽江鎮，都司右營駐電白縣，守備二人駐本營；千總五人，一駐本營、四分防雙魚所、北津、山後、興平個汛；把總十人，一駐本營、九分防那龍、太平、石覺、海陵澳、北額舊礮臺、大澳、興安、蓮

頭、三橋各汛；經制外委十三人，額外外委八人。[145]

(2)瓊州鎮總兵官

順治八年（1651），設瓊州鎮總兵官，標分爲左、右二營，中軍兼管左營游擊一人、中軍守備一人、千總二人、把總四人、右營游擊一人、中軍守備一人、千總二人、把總四人、鎮標旗鼓守備一人。[146]瓊州鎮總兵官駐劄瓊州府，管轄本標二營、海口協、龍門協、崖州營、儋州營、萬州營、海安營，聽廣州將軍、兩廣總督、廣東水師提督、陸路提督節制。[147]瓊州鎮總兵官，舊爲雷瓊鎮，嘉慶十六年（1811）改今名，[148]其爲水陸總兵官。

(3)碣石鎮總兵官

康熙三年（1664），設總兵鎮守。[149]康熙八年，復設碣石鎮總兵官。[150]碣石鎮總兵官駐劄惠州府碣石衛，管轄本標中、左、右三營、平海營，聽兩廣總督、廣東水師提督節制。[151]轄下游擊二人，中軍兼中營駐碣石衛，左營駐甲子所，都司右營駐捷勝所；守備三人，中營駐本營、左、右營分防參將府、墩下寨二汛；千總六人，一駐本營，五分防淺澳、陸豐、湖東港、海豐、鮜門各汛；把總十二人，一駐本營，十一分防湖東西臺、金廂石、白沙湖、西甘澳、圭湖墩、參將府、五雲崗、鵝埠、長沙、汕尾、遮浪各汛；經制外委十八人，額外外委一人。[152]

---

145 （清）穆彰阿，《大清一統志》，卷440，頁8802。

146 （清）崑岡，《大清會典事例・光緒朝》，卷554，〈廣東綠營〉，順治8年，頁180-1。

147 （清）明亮、納蘇泰，《欽定中樞政考》72卷，〈綠營〉卷1，〈營制〉，頁24a-24b。

148 （清）穆彰阿，《大清一統志》，卷440，頁8802。

149 （清）陳昌齊，〔道光〕《廣東通志》334卷，卷123，〈海防〉1，頁2378下。

150 （清）崑岡，《大清會典事例・光緒朝》，卷554，〈廣東綠營〉，康熙8年，頁182-1-182-2。

151 （清）明亮、納蘇泰，《欽定中樞政考》72卷，〈綠營〉卷1，〈營制〉，頁24b。

152 （清）穆彰阿，《大清一統志》，卷440，頁8802-8803。

▲圖3-5　綠營兵勇圖。圖片來源：劉潞、吳芳思編譯，《帝國的掠影》（北京：中國
　　人民大學出版社，2006），〈中國軍事〉，頁12。

三、水師的職責

　　水師的主要職責，即維護海疆安全，包含巡洋會哨、維安、捕盜、緝
私、糧食的運送，以及戰船督造與看守等等。以下將分類說明如下：

（一）巡洋會哨

　　巡洋會哨是水師重要職責之一，目的是巡察匪類，維護漁船及商船安
全，以靖海疆。巡洋會哨目的在組織成網，以剝奪匪類的活動空間。清隨
明制，無論陸師、水師皆施行會哨制度。清廷入關後始定水師章程：

> 順治初年定沿海督、撫、提、鎮嚴飭官弁及中國所屬地方官，將
> 海盜立法擒拏務期淨盡，如果無海盜，令該管各官按季具結申詳
> 督、撫、提、鎮報部，儻出結之後此等海盜，經別汛拏獲，供出

從前潛匿所在，將供出之該管汛口地方官降二級調用。[153]

順治年間，水師制度尚未健全，此時巡洋目的以緝捕海盜爲主。按照水師布防的位置和力量劃分一定的海域爲其巡邏範圍，設定界標。再規定相鄰的兩支巡洋船隊按期相會，交換令箭等物，以防官兵退避不巡等弊端，確保海區的安全。[154]在乾隆朝，對巡哨定出規則：

> 會哨各營，凡交界毗連，一切遠近鄰汛，無分畛甸，惟按里數，概令多訂日期，分派將弁，各帶目兵，梭巡。會哨，每一會，必交旗爲據，每一旬，即飭通報查考。[155]

陸路及外洋的巡哨目的皆同，士兵藉著巡哨可防杜奸逆爲亂。巡哨路線各省皆有定制，哨與哨之間的會哨，則以交旗做爲憑證，藉以防止不依規定巡哨之官弁因循苟且。清代的巡哨制度至康熙二十八年（1689），方有較明確規定，議准：「水師總兵官俱應親身出洋，督率官兵巡哨，違者照規避例，革職」。[156]外洋巡哨是水師官兵的重要職責之一，總兵官是一鎮的最高指揮官，[157]由總兵官親自督率官兵巡哨更顯愼重。

　　水師的巡防會哨有總巡、分巡之分，總巡是指各鎮水師總兵官每年定

---

[153] （清）托津，《欽定大清會典事例·嘉慶朝》，〈兵部〉，卷509，〈綠營處分例〉，〈巡洋〉，頁1a。

[154] 王宏斌，《清代前期海防：思想與制度》（北京：社會科學文獻出版社，2002），頁73。

[155] 《高宗純皇帝實錄》，卷179，乾隆7年11月乙酉，福建汀州鎮總兵黃貴奏，頁318-2-319-1。

[156] （清）托津，《欽定大清會典事例·嘉慶朝》，〈兵部〉，卷510，〈綠營處分例〉，〈外海巡防〉，頁1a。

[157] 按：「總兵官」名稱的出現，最早始於宋朝，但歷朝總兵官功能及職權皆不同。清代的總兵制度承襲明代，但清代在未入關前，於天命5年（1620）即有總兵的稱號出現，惟此時只是頭銜，使用的對象亦即以滿人爲主。綠營成立之後，總兵官位階在提督之下，鎮守一方，擁兵數千人，至萬餘人不等。

期巡洋制度，分巡是指由都司、守備擔任的巡防任務。[158]無論是總巡或分巡都規定各級官弁必須親自執行。雍正以前，水師官兵巡哨區域以該直省為主，雖有越省巡哨，但實施時間不長。因此，士兵對他省水域完全不熟悉，如遇敵人，無法越界緝捕，這將讓敵人逃逸。有感於此，遂將巡哨範圍擴大，以便官弁在操帆駕駛時能更加熟稔附近海域。

雍正四年（1726）議定：「以福建水師常駐中國，不耐風浪，浙江水師尤甚，乃更改舊制，於本省洋面巡哨外，每年選派船弁，在閩、浙外洋更番巡歷會哨，以靖海氣」。[159]改變後的巡哨制度，使巡哨時間變長，距離變遠，雖然增加官兵的負擔，但對於經驗的累積則更有幫助。乾隆十五年以後，對各省的巡洋會哨又重新規定，兵部議奏：

> 各省海洋巡哨，向例止每年春秋二季，派撥官兵巡查，並未有指定地方，剋期會哨之例。前據閩浙總督喀爾吉善奏：令閩、浙兩省鎮臣，總巡洋面，定以兩月，與鄰省總巡官兵會哨一次。其分巡營員一月會哨一次等語。經臣部令該督，會同閩浙兩省水師提督妥商，并通行廣東、江南、山東、沿海各將軍、督、撫、提督議覆。[160]

海洋巡哨以春秋二季為主，由官弁巡查，但巡查地點尚未確立，對於巡查大員，雖規定不依法辦理者將重罰。但事實上，巡查大員，不親自巡洋，或藉故延誤、推辭或找人頂替，只要無人告發，官弁將不會受到處罰。為了杜絕此項歪風，乾隆以降，則有嚴格規範。規定總巡時必須由各鎮總兵官親自執行，並與鄰省進行會哨，如果不按規定辦理則會受到嚴格處分。

---

[158] 王宏斌，《清代前期海防：思想與制度》（北京：社會科學文獻出版社，2002），頁73。

[159] （清）趙爾巽，《清史稿》，〈志〉，卷135，〈志〉110，〈兵〉6，〈水師〉，頁3982。

[160] 《高宗純皇帝實錄》，卷418，乾隆17年7月壬戌，頁474-1。

　　乾隆五十四年（1789），溫州鎮總兵李定國巡洋會哨，因風大難行，停泊小門洋，自應據實報明，但他沒有呈報上級，亦未依規定到沙角山會哨，之後又捏造會哨印文想矇混過關，東窗事發之後，被發往伊犁充軍。[161]如此的處罰是藉機強調巡洋會哨的重要。

　　嘉慶五年（1800），在巡洋會哨的制度上，於總巡之上新增一統巡，並針對巡洋帶領者及職務代理者有更清楚的界定，《大清會典事例》載：

> 各營水師人員，按季巡洋，以總兵為統巡，親身出洋，督率將備巡哨，以副將參將游擊為總巡，都司守備為分巡，儻總兵遇有緊要事故，不能親身出洋，止准以副將代統巡。副將遇有事故，偶以參將代之，不得援以為常，其餘游擊都司，均不准代總兵為統巡。都司守備，不准代副參游擊為總巡。千總、把總，不准代都守為分巡。目兵不准代千把外委為專汛。派員出洋，責令統巡總兵專司其事，按季輪派，一面造冊送部，一面移送督撫提督查覈。如於造冊報部後，原派之員，遇有事故不能出洋，應行派員更換者，亦即隨時報明，出具印甘各結。[162]

嘉慶以後的巡洋，因增加一統巡，使得洋面的巡防時間更為綿密，這對海疆治安的維持有很大的幫助。另外，針對各巡防人員，以及職務代理人員的規定也更詳盡，已經沒有模糊空間能夠讓官弁藉機怠慢。為了讓巡洋法令更為確實，將相關規定通諭各地，並命令：「各督、撫等，務令水師各員親身出洋，梭織巡查，以期綏靖海洋，儻敢仍前代替，藉端推諉，一經部臣查出，或被科道糾參，則惟各該督撫等是問」。[163]通諭之後，京

161　（清）明亮、納蘇泰，《欽定中樞政考》72卷，〈綠營〉，卷22，〈巡洋〉，頁7a。

162　（清）托津，《欽定大清會典事例・嘉慶朝》，〈兵部〉，卷510，〈綠營處分例〉，〈外海巡防〉，頁12a-12b。

163　（清）崑岡，《大清會典事例・光緒朝》，卷632，〈綠營處分例〉19，〈外海巡防〉，

官、外官無不交換意見，旋即在官員的建議之下，准：

> 巡洋官員，由統巡總兵按季照例輪派，務於應屆出洋之前，先期
> 派定。並將職名一面具文造冊送部，一面移送督撫提督查覈，並
> 將具呈報部日期填明，春季不得逾正月，夏季不得逾四月，秋季
> 不得逾七月，冬季不得逾十月。如呈送遲延，違限十日以上者，
> 將總兵官罰俸一年。一月以上者，降一級留任。[164]

巡洋法規至嘉慶朝後，始有清楚規定，對於玩忽職守官員的處罰也依法
有據，封疆大吏如不按規定辦理，則處以連坐。這也顯示出嘉慶朝對海
疆防衛的重視態度更勝於前朝。嘉慶六年（1801），廣東提督孫全謀
（？-1816）違例派遣他人巡洋，被降級留任。[165]可見，官弁一旦不依規
定辦理巡洋會哨，即使貴為提督，仍將受到懲罰。

　　會哨制度形成之後，使得沿海洋面連成一條更為綿密的防衛網，這對
於靖海氛則更有幫助。據原任山東巡撫準泰奏：

> 山東省登州鎮水師營，分南北東三汛，派撥官兵出巡，向例不與
> 鄰省會哨。……兩廣總督阿里袞，會同廣東巡撫蘇昌，調任廣東
> 提督林君陞奏：粵東海道綿長，且與閩省連界，向未定有會哨之
> 法，請照閩浙兩省一例會哨，均應如所請。令各該督撫等，嚴飭
> 總巡各鎮，及分巡員弁，實力奉行，從之。[166]

　　嘉慶5年，頁1190-1-1190-2。

164 （清）崑岡，《大清會典事例‧光緒朝》，卷632，〈綠營處分例〉19，〈外海巡防〉，
　　嘉慶5年，頁1190-2。

165 〈題報廣東提督孫全謀違例派委末弁巡洋照例降級留任〉，文獻編號062050-001號，中
　　央研究院歷史語言研究所藏，兵部尚書豐伸濟倫等奏，嘉慶6年3月18日。

166 《高宗純皇帝實錄》，卷418，乾隆17年7月壬戌，頁474-1-474-2。

各地水師官弁，對於推行已久的巡洋制度都給予肯定，但各省的會哨制度，只有施行於閩浙總督所管轄的浙江與福建兩省，跨區域的會哨在他省則不復見，也因省與省之間無會哨制度，這容易造成巡洋漏洞，所以各水師將領才向乾隆建議，比照閩浙的會哨制度執行跨區會哨，這樣的建議也得到皇帝的首允。但早在康熙年間，江南與浙江即有跨省會哨制度，惟因季風、海流不順之故，施行不久後即取消。浙江總督梁鼐（1653-1713）奏言：

> 江、浙二省官兵，會哨海洋，必豫定日期，互相移會。若風力不順，則兩省哨船，不能如期而至，又須守候。請嗣後停止江浙會哨，但令該總兵官，各循邊汛分行，出洋巡哨，似屬有益。[167]

跨省的水師會哨有許多的益處，但各項配套措施尚未健全，因此推行起來較為困難。此種情況至道光年間才由御史達鏞提出：

> 各省綠營水師巡洋，向係大員各按季訂期巡哨。其屬弁各按月輪派分巡，總於各營毗連洋面，刻期會哨，從無隔省巡哨之例。蓋因洋面寬廓，分定界址，責有攸歸。若如該御史所奏，使水師各標，多派效力額外營弁，配兵駕船，指定隔省之海洋，期於遠到，不惟人地未宜。路徑不熟，道途窵遠，風波阻隔，必不能約期相會，且恐兵船遠出，該統轄大臣等，鞭長莫及，勢難遙制。該弁兵在外滋事，無從稽察，儻洋面失事，本汛弁兵，遊巡出境，不能責以專汛之疏防。而客汛遊兵，亦不能責令緝捕，轉恐互相推卸，以滋規避之弊。所有該御史請定綠營水師隔省巡哨之法，著無庸議。至所奏各省駐防旗營水師，請令撥配兵船，與綠

> 營一體出洋遠哨一節。盛京金州水師,旗營員弁,有旗界地方之
> 責。所管汛地洋面,巡哨章程,與綠營同。至浙江乍浦、廣州、
> 福州、各處駐防水師,專事操防,向無巡洋緝捕之責。若令該駐
> 防水師,一同出洋遠哨,亦屬有名無實,著仍照舊章辦理,所請
> 交該督撫、及駐防將軍等會議之處,亦著無庸議。**168**

雖然跨省巡洋造成官弁負擔沈重,為了解決此一問題,相關官員提出折衷
之法,希冀各地駐防八旗水師,可分擔巡洋會哨任務。這樣的建議,道光
皇帝並不認同,皇帝認為,八旗水師主要任務是操練及維護駐防地之安
全,如隨同綠營水師出洋巡汛,恐造成駐防地之空虛,所以此項建議無法
得到允肯,綠營水師會哨之例照舊章辦理。

在會哨地點的挑選方面,閩浙地區因為實行時間較長,對會哨地點的
確認亦是行之有年,閩浙總督喀爾吉善、福建水師提督李有用、原任浙江
提督吳進義奏:

> 海洋會哨,必擇安穩島澳,寄椗避風。今議於涵頭港、鎮下關、
> 銅山大澳、大洋山、九龍港、沙角山、等處令閩浙兩省鎮臣,會
> 集巡哨。但海洋風信靡常,不必限定兩月一次,遇會哨之期,先
> 遣標員前往指定處所等候,如兩鎮未能同時並集,即先後取具印
> 文繳送,總以上下兩鎮,必赴指定之地為準,違誤立參。至分巡
> 洋汛,相去本非甚遠,可一月會哨一次。**169**

會哨地點的確認,足以彰顯當地的重要性,持久下來亦會讓會哨官弁更了
解水域狀況。但是,會哨的時間,必須配合風信及潮汐,再考慮當時天候
因素,在種種無法由人為來掌控的因素之下,時常發生該水師官弁無法在

---

168 《宣宗成皇帝實錄》,卷172,道光10年8月己亥,頁674-2-675-1。
169 《高宗純皇帝實錄》,卷418,乾隆17年7月壬戌,頁474-2。

規定時間內，到達會哨地點。朝廷對此情況也了然於心，因此制定一套處理辦法，乾隆五十四年（1789）諭：

> 海洋會哨，立法綦嚴，該鎮將等訂期會巡洋面，本有一定章程，原不得因偶遇風信，觀望不進。但念巡洋會哨，非出兵打仗機不容緩者可比。若屆期遇有颶風陡發，該鎮將等因恐遲逾程限，身獲重譴，輒冒險放洋前進，使專閫之員及將弁兵嘗試於暴風巨浪之中，國家政體，亦不忍出此。嗣後各該鎮定期會哨，如實有風大難行，許其據實報明督、撫，並令該鎮等彼此先行知會，即或洋面風大，雖小船亦不能行走，不妨遣弁由陸路繞道札知。以便訂期展限，再行前往，該督撫等務須詳加查察，設有藉詞捏飾，即應嚴參治罪。若果係為風所阻，方准改展日期，以示體恤而崇實政。**170**

會哨制度確立之後，朝廷便嚴格執行，違例者處以重刑。在此種情況之下，各水師官弁不敢再抵觸法令，即使遇到險惡的風信，也必須完成會哨任務，但如此一來，水師官弁即會身陷危險之中，這對靖海氣氛非但沒有幫助，反而危及官弁安全。然而，朝廷也能體恤官弁的辛勞。如確有海象、風信等不利會哨之狀況，可依相關規定報請上級，再更改會哨時間。

　　水師巡防會哨的主要任務是維持海疆安全，讓奸民畏怯，此種情況與現今海巡署及警察單位一樣，有固定的時間及地點進行查哨，此措施多少有遏止奸民進行犯罪作用。雖然他們的任務是到定點簽到、換旗，惟途中遇盜寇犯罪情事亦需全力緝捕。乾隆以前，對於海寇劫掠事件，官弁的追捕並不積極，當然自有其因素，第一，如進行追捕可能會影響會哨時間；第二，巡洋的船隻數量有限，如遇大規模海寇，恐無力緝捕；第三，如緝

捕不力,恐按例處分。遂此,官弁自有衡量,惟此舉將造成海寇更爲囂張。如此狀況,朝廷當然不能坐視不管,乾隆二年(1737),覆准:

> 各省督撫、提鎮,飭行各營將弁,嚴飭塘兵,務於防汛晝夜巡邏,或遇搶奪劫掠,力行擒拿,倘有截劫,不行救護盜去不即尾追,甚至盜賊出沒,漫不知覺者,該管官知情徇隱,照徇隱例降三級調用,或失於覺察,照失於覺察例罰俸一年,至惡役與盜賊聲氣相通,明知某案係某人偷竊利賊餽獻抗不擒拿,應令各該督撫即令印捕各官嚴加訪察,如有前項不法情事,按律懲治,倘該管官知情故縱,照衙役犯贓知情故縱例革職,或失於覺察,照失察衙役犯贓例分別議處。[171]

抓拿盜賊是官弁之責,豈能有放縱之理,明知有盜寇而不進行緝捕,如何得民心,因此對於不盡力緝捕盜賊之官弁除了自身的處罰之外,亦採行連坐處分,如此才能避免官員間的相互包庇,海疆自然能安穩。然而,朝廷雖有律法約束,但時間一久,弊端自然逐漸呈現。道光年間,巡洋的防線已經出現嚴重的漏洞,以致讓夷人有機可乘,據御史周彥奏:

> 各省設立水師,原以巡歷洋面為重,將備、卒伍等,平日操防果能得力,自可遠涉波濤,認真巡哨,何至有外夷船隻乘風駛入內洋之事。如該御史所奏:各省提鎮,性耽安逸,並不親身赴洋,以致本年英咭唎夷船順風揚帆,毫無阻隔,水師廢弛,已可概見。嗣後該督撫提鎮等,務當嚴飭所屬,各按定期,巡洋會哨,並責成該管巡道,臨時查察,取結具報。儻各鎮不親赴會哨,立即據實揭參,如敢扶同捏飾,查出一併參辦。[172]

---

[171]《大清會典則例・乾隆朝》,180卷,卷26,〈吏部〉,頁337。
[172]《宣宗成皇帝實錄》,卷219,道光12年9月丁未,頁257-1-257-2。

道光時期的海防，無論在人員方面、武器方面都已經出現嚴重問題，官弁怠忽職守，武器老舊不堪，種種問題接踵而至，以至於讓英國船舶在沒有任何的阻撓之下順風揚帆，進入相關水域，這也代表著帝國的海防制度必須再重新思考了。

1.浙江

浙江與福建屬閩浙總督管轄，在戰略上同屬一體，因此，浙江與福建兩地的巡防會哨亦是各省之間最早實施者。然各省巡洋時間依風信狀況不同，時間亦不盡相同。浙江省定海、溫州、黃巖、三鎮出洋總巡，在康熙朝以前，每年訂於二月一日起至九月底止。[173]期間除了巡洋浙江海面之外，亦需與福建戰船會哨。乾隆十五年（1750），諭令：

> 以閩、浙海洋綿亙數千里，遠達異域，所有外海商船、內洋賈舶，藉水師為巡護，尤恃兩省總巡大員，督飭弁兵，保商靖盜，而舊法未盡周詳，自二月出巡，至九月撤巡，為時太久。乃令各鎮總兵官每閱兩月會哨一次，其會哨之月，上汛則先巡北洋，後巡南洋。下汛則先巡南洋，後巡北洋。定海、崇明、黃巖、溫州、海壇、金門、南澳各水師總兵官，南北會巡，指定地方，蟬遞相聯，後先上下，由督撫派員稽察。至臺澎水師，仍循舊例。[174]

以前巡防會哨，時間冗長，不切實際，遂修改章程，兩月會哨一次，分上汛及下汛進行。此後建構各單位會哨地點：

> 浙江省定海鎮，於三月十五日、九月十五日，與黃巖鎮會哨於健跳汛屬之九龍港。五月十五日，與江南崇明鎮會哨於大羊山，黃

---

173 （清）托津，《欽定大清會典事例·嘉慶朝》，卷510，〈綠營處分例〉，〈外海巡防〉，頁1a-1b。

174 （清）趙爾巽，《清史稿》，〈志〉，卷135，〈志〉110，〈兵〉6，〈水師〉，頁3985。

嚴鎮於三月初一日、九月初一日，與溫州鎮會哨於沙角山。三月十五日、九月十五日，與定海鎮會哨於九龍港。溫州鎮於三月初一日、九月初一日，與黃巖鎮會哨於沙角山。五月十五日，與福建省海壇鎮會哨於鎮下關。其會哨之期，總督豫遣標員前往，指定處所等候，及兩鎮出具印文繳送之處，均照福建之例行。[175]（見表3-5）

表3-5　福建及浙江水師會哨情形表

巡洋單位一	巡洋單位二	會哨地點	乾隆十七年會哨時間《欽定大清會典事例·嘉慶朝》	道光朝會哨時間《欽定中樞政考》
南澳鎮總兵（福建）	金門鎮總兵（福建）	銅山大澳	6月15日	
海壇鎮總兵（福建）	金門鎮總兵（福建）	涵頭港	3月1日 9月1日	乾隆54年改4月、8月
海壇鎮總兵（福建）	溫州鎮總兵（浙江）	鎮下關	5月15日	
海壇鎮總兵（福建）	福寧鎮總兵（福建）	北茭洋		6月15日
福寧鎮總兵（福建）	溫州鎮總兵（浙江）	鎮下關		5月15日
定海鎮總兵（浙江）	崇明鎮總兵（江南）	大洋山（大羊山）	5月15日	
定海鎮總兵（浙江）	黃巖鎮總兵（浙江）	九龍港	3月15日 9月15日	2月1日至9月底（康熙朝會哨時間）
黃巖鎮總兵（浙江）	溫州鎮總兵（浙江）	沙角山	3月初1日 9月初1日	2月初1至9月底（康熙朝會哨時間）

資料來源：（清）崑岡，《欽定大清會典事例·光緒朝》，卷632，〈外海巡防〉，頁1187-2。

---

[175]（清）崑岡，《大清會典事例·光緒朝》，卷632，〈外海巡防〉，乾隆17年，頁1187-2。

由表3-5可得知巡洋的地點遍及浙江海域，會哨地點則以海盜常出沒地區做為主要地點如鎮下關、大羊山、九龍港、沙角山。在這些地方嚴加察查，如此才能防範於未然。

　　巡哨的目的是嚇阻奸民亂事，但要達到效果，則必須確實執行，因此會哨雙方，必須以信物做為交換，方能證明完成會哨任務。但往往有不肖官員怠忽職守，因循苟且，挑戰公權力。黃巖鎮總兵劉文敏奏：

> 春汛巡洋會哨一摺，內稱前往南洋北洋會哨，至交界地方，緣溫州鎮、定海鎮兵船，尚未到汛，當經遵先到之例，備文呈報等語。水師會哨洋面，例應兩鎮總兵，各帶兵船，於交界地方，會同巡歷。今劉文敏在南北洋巡哨，何以溫州、定海兩鎮總兵，並未剋期到汛會哨，殊屬疏懈。著傳諭琅玕，即行查明溫州、定海兩鎮，因何遲誤，究於何日始行到汛之處，據實先行覆奏，勿得稍存迴護，並諭伍拉納知之。[176]

會哨是統兵大員重要的職責之一，各鎮總兵官需親自執行會哨任務，但不依照規定進行會哨者亦大有人在，但一經查核無誤，即受到應有的處罰。然而，各省水師戰船編制數量不同，人員亦多寡不一，因此水師巡洋，往往只有少數幾艘戰船進行巡洋任務，如遇到勢力龐大的海盜，將無法與其抗衡，浙江地區即有此現象發生。浙江巡撫福崧、提督陳杰奏：

> 浙省洋面，近年屢有盜匪拒捕。查，向來出洋巡緝，多係零星分股，自顧汛地，不能得力。臣等嚴飭各鎮將弁，連綜會哨協巡，並因上年添雇民船協緝後，洋面寧謐。現將應行更換船隻，捐雇派換，在溫州各洋面，常川協緝，所配士兵，亦令酌量輪換，以

---

176 《高宗純皇帝實錄》，卷1327，乾隆54年4月辛亥，頁970-2。

均勞逸。得旨，汝浙省水師，大不及閩省，勉力整飭，毋為虛言。**177**

浙江的水師戰船數量及官弁額數，本不及福建，但巡防的海域範圍相當，以致無法在巡洋過程中，適時追捕海盜。在添雇民船幫忙巡防之後，洋面肅清不少，民船的加入達到良好效果，因此，乾隆勉勵浙省官弁應加以整飭資源，以靖海疆。巡洋的時間至嘉慶六年（1801），重新進行調整。浙江省巡洋官兵，每年二月起至九月，以兩個月為一班，十月至次年正月，以一個月為一班。**178**

2.福建

福建綠營水師鎮包括南澳鎮共有五個水師總兵，福建亦為浙、閩、粵三地中，水師巡防區域最密集之處。（圖3-6）以金門鎮總兵所轄之各部隊的巡洋及會哨來看，可謂相當忙碌。

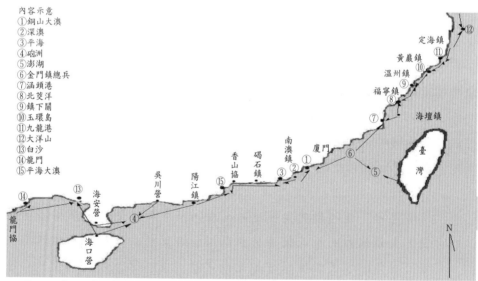

內容示意
①銅山大澳
②深澳
③平海
④硼洲
⑤澎湖
⑥金門鎮總兵
⑦涵頭港
⑧北茭洋
⑨鎮下關
⑩玉環島
⑪九龍港
⑫大洋山
⑬白沙
⑭龍門
⑮平海大澳

▲ 圖3-6　浙、閩、粵水師巡洋會哨圖。李其霖繪。

177 《高宗純皇帝實錄》，卷1375，乾隆56年3月甲辰，頁470-470-2。
178 （清）托津，《欽定大清會典事例·嘉慶朝》，卷510，〈綠營處分例〉，〈外海巡防〉，頁1a-1b。

每年總兵官於二月初一日，就兩營各汛撥出戰船六隻，配隨官各一員，出洋總巡。例於四月初一日，北至涵江，與海壇鎮會哨，督糧道到處監視；六月十五日南至銅山大澳，與南澳鎮會哨，汀漳龍道到處監視；八月初一日再往北洋，與海壇鎮會哨，興泉永道到處監視。九月三十日，撤回。十月、十一月，應左營游擊出洋總巡；十二月、正月，應右營游擊出洋總巡。左、右營游擊，每年二月起至五月止，帶戰船三隻出洋分巡；左、右營守備，六月起至九月止，帶戰船三隻出洋分巡。每月初六日駕赴圍頭，與水師提標會哨，石獅縣丞到處監視。十九日駕赴湄洲菜子嶼，與海壇鎮標會哨；二月起、五月止平海縣丞到處監視，六月起、九月止淩厝巡檢到處監視。其右營每月十九日係駕赴陸鰲將軍澳，與銅山會哨，盤陀巡檢到處監視。每年十月至正月，左、右營將備照單、雙月輪班出洋巡哨，單月游擊、雙月守備。**179**

從金門鎮巡洋及會哨的情況來看，每次總巡會哨，戰船為六艘，除了水師官弁負責巡洋之外，所轄各地縣、丞，亦需到該處監視，海、陸連成一氣，相互配合。

　　臺灣地區的巡洋及會哨危險性高，與其他各地不同，負責臺灣海峽區域之巡洋及會哨部隊為福建水師提標以及臺灣鎮。臺灣海峽區域的會哨規定，於康熙五十五年（1716）覆准：

福建省水師提標五營，澎湖水師二營，臺灣水師三營，分撥兵船，各書本營旗號，每月會哨一次，彼此交旗為驗。如由西路去者，提標哨至澎湖交旗，澎湖哨至臺灣交旗，皆送臺灣鎮查驗。由東路來者，臺灣哨至澎湖交旗，澎湖哨至廈門交旗，皆送督撫

---

179 （清）林焜熿，《金門志》，卷5，〈兵防志〉，〈國朝原設營制〉，〈哨期〉，（南投：臺灣省文獻委員會，1993），頁88-89。

查驗。如某月無旗交驗，遇有失事，照例題參。[180]

臺灣海域的會哨分成兩個階段，由西向東者為一路，廈門到澎湖，再由澎湖到臺灣。由東向西亦一路，路線反之。會哨後以旗幟做為完成會哨的查核物件。再者，臺灣、澎湖等處駐防水師，因地處福建洋面中央之處，因此常需配合其他各地之巡防，進行支援。康熙五十六年（1717）覆准：

> 福建省臺灣、澎湖兩協副將，歲率三船親身出洋，總巡各本管洋面，兩協、遊、守分巡各本汛洋面。海壇、金門二鎮，各分疆界為南北總巡，每歲提標撥出十船，以六船歸巡哨南洋總兵官調度，四船歸巡哨北洋總兵官調度，其臺、澎二協副將，金門、海壇總兵官，均於二月初一日起九月底止，期滿撤回，至各營分巡官兵，挨次更換，如遇失事，各照例題參。[181]

福建與浙江會哨地點及時間於道光年間稍作更改，增加了北茭洋一處，及增加於鎮下關會哨一次。

> 福建、浙江各鎮，總巡洋面，福建海壇鎮於四月初一日與金門鎮會哨於涵頭港，六月十五日與福寧鎮齊抵北茭洋面會哨，福寧鎮於五月十五日與浙江溫州鎮會哨於鎮下關。福建金門鎮於六月十五日與南澳鎮會哨於銅山大澳。浙江定海鎮於五月十五日與江南崇明鎮會哨於大洋山；三月十五日與九月十五日與黃巖鎮會哨於九龍港，黃巖鎮於三月初一日與九月初一日與溫州鎮會哨於沙

---

[180] （清）托津，《欽定大清會典事例·嘉慶朝》，卷509，〈綠營處分例〉，〈外海巡防〉，頁3a-3b。

[181] （清）托津，《欽定大清會典事例·嘉慶朝》，卷509，〈綠營處分例〉，〈外海巡防〉，頁3b-4a。

角山各嶼，會哨之期責成該管各巡道豫赴會哨處，取得具結。[182]

北茭洋位於閩江口外，鎮下關位於浙、閩交界處，道光以後，此附近海域的海盜明顯增加，遂於此加強會哨，以維護船隻航行安全。

　　會哨主要以時間及地點固定爲原則，但如此一來即容易讓奸民掌握資訊，他們即可利用會哨空窗期進行各種劫掠活動。當然，清廷也會有所因應，雍正年間即有不定時的巡洋任務。除了一般巡洋及會哨勤務人員之外，管轄的水師官弁，也會適時派員巡洋，閩浙總督高其倬奏：「……另派熟悉之員，帶領官兵，配給船隻，南風起時，令自閩省直巡到浙省盡頭。北風起時，復令自浙省回棹，直巡到閩省盡頭，並令俱經由外洋島澳，令本處巡船」。[183]

　　雍正八年（1730）議准：「福建、浙江、兩省巡哨官兵船，挨次兩月更換。如風潮不順，到汛愆期，統俟陸續到汛交代，具報該上司查覈，遇有參處之案，憑報文內職名揭參」。[184]輪哨制度至嘉慶六年則有更明確的規定。訂定了：「福建省巡洋官兵每年自二月起至五月止爲上班，六月起至九月止爲下班，十月起至次年正月，按雙單月輪班巡哨」。[185]巡洋會哨制度看似已相當健全，但是否能達到最大效果當然值得觀察。同年，清廷認爲，巡洋會哨不應只是海上戰船及士兵的任務，陸上的官弁如果可以相互配合，其效果似乎可增數倍。議准：

　　各省沿海營汛，原分水陸，水師惟在大洋游巡，其陸路濱海途岸，潮退膠淺，為水師巡船之所不到。其中各色小艇，隨潮飄

182 （清）明亮、納蘇泰，《欽定中樞政考》72卷，〈綠營〉卷22，〈巡洋〉，頁5b-6a。
183 （清）高其倬，〈操練水師疏〉，收於賀長齡，《清經世文編》，卷83，〈兵政〉14，〈海防上〉，雍正4年，頁49a。
184 （清）崑岡，《大清會典事例・光緒朝》，卷632，〈兵部〉91，〈外海巡防〉，雍正3年，頁1185-2。
185 （清）托津，《欽定大清會典事例・嘉慶朝》，卷510，〈綠營處分例〉，〈外海巡防〉，頁14a。

泊，或有暗載違禁貨物，甚至乘機偷劫，此等處所，設立小號巡船。[186]

巡洋會哨措施至此已相當完備，各有兼顧，也都能防範於未然。從雍正至乾隆晚期的海洋事故中，可以了解到，此時期的海盜行為只有零星事件，並沒有發生嚴重的劫掠問題，這也顯示巡洋會哨可達到一定的成效。

3.廣東

廣東地區因設置水師提督的時間稍晚，亦短暫，因此，從設官層級來看，明顯低於福建，所以負責巡洋會哨人員的層級相對較低。康熙四十三年（1704）覆准：「廣東沿海地方以千、把總會哨，副、參、游每月分巡，總兵官於每年春秋二季出洋總巡」。[187]雖然廣東地區水師層級明顯不高，但從巡洋會哨的次數、地點來看，其重要性顯而易見。（表3-6）

廣東的巡洋會哨悉照福建、浙江之例行之，除了固定的巡洋會哨時間之外，廣東地區洋面分成三路，分別為東路、中路及西路三大區域，各區域內由各水師官弁負責。（圖3-8）康熙五十七年覆准：

> 廣東省南澳屬閩粵交界，瓊州孤懸海外。南澳總兵官、及瓊州水師副將，各率營員專巡各本營洋面，自南澳以西，平海營以東，分為東路，以碣石鎮總兵官、澄海協副將，輪為總巡，率領鎮、協標員，及海門、達濠、平海、各營員為分巡。自大鵬營以西，廣海寨以東，分為中路，以虎門、香山、二協副將，輪為總巡，率領二協營員，及大鵬廣海各營員為分巡。自春江協以西，龍門協以東，分為西路，以春江、龍門、二協副將，輪為總巡，率領二協營員、及電白、吳川、海安、砲洲各營員為分巡，共分為三

---

[186] （清）崑岡，《大清會典事例‧光緒朝》，卷632，〈兵部〉91，〈外海巡防〉，雍正3年，頁1185-2-1186-1。
[187] （清）托津，《欽定大清會典事例‧嘉慶朝》，卷509，〈綠營處分例〉，〈巡洋〉，頁1a。

路，每年分為兩班巡察，如遇失事。照例題參。[188]

此三路巡洋會哨實施一段時間之後，屬於西路的會哨因負責區域過於遼闊，因此又將西路分上路及下路。乾隆元年（1736）覆准：

表3-6　廣東水師會哨情形表

巡洋單位一	巡洋單位二	會哨地點	乾隆二十九年《欽定大清會典事例·嘉慶朝》	道光朝會哨時間
碣石鎮總兵	南澳鎮總兵	深澳	3月10日	3月10日
左翼鎮	春江協副將	廣海大澳	3月10日	3月10日
海安營游擊	瓊州協副將	白沙	3月10日	
陽江鎮總兵	春江協副將	廣海大澳		3月10日
海安營游擊	海口營參將	白沙		3月10日
龍門	龍門協副將	會印	3月10日	3月10日
碣石鎮總兵	陽江鎮總兵	平海大星澳		5月10日
碣石鎮總兵	左翼鎮	平海大星澳	5月10日	
春江協副將	海安營游擊	砲洲	5月10日	5月10日
澄海協副將	香山協副將	平海大星澳	8月10日	8月10日
砲洲營都司	吳川營都司	廣州灣	8月10日	8月10日
南澳鎮總兵	澄海協副將	萊蕪	10月10日	10月10日
香山協副將	吳川營都司	廣海大澳	10月10日	10月10日
龍門協副將	海口營參將	白沙		10月10日
龍門協副將	瓊州協副將	白沙	10月10日	

資料來源：明亮、納蘇泰《欽定中樞政考》。

---

[188] （清）托津，《欽定大清會典事例·嘉慶朝》，卷509，〈綠營處分例〉，〈外海巡防〉，頁4a-4b。

廣東省西路洋面，分為上下二路，自春江至電白、吳川、砠洲、為
上路。上班以春江協副將為總巡，下班以吳川營游擊為總巡，率
領春江、電白、吳川、砠洲各營員為分巡，均於放雞洋面會巡至砠
洲一帶。自海安至龍門為下路，上班以海安營游擊為總巡，下班
以龍門協副將為總巡，率領海安、龍門、各營員為分巡，均於瓊
州洋面會巡所屬一帶，至上路之電白營游擊，上班隨巡，聽春江
協副將統領。電白營守備，下班隨巡，聽吳川營游擊統領，如遇
本營洋面失事，分別題參。**189**

在巡洋時間的分配上，依照水師官弁的建議，將粵東的巡洋時間分成兩
班，每班一個月，此建議得到乾隆的首肯。

粵東各路洋巡，分上下兩班，會哨二次。自海安至龍門為西下
路，每年下班，以龍門副將統巡，於七月初十日，與吳川游擊會
於砠洲洋面，九月初十日與瓊州副將會於白沙洋面。查龍門協、水
陸相兼，該副將至會哨往返三千數百里，實有顧此失彼之虞。請
改委州營都司就近代往，該副將往來龍門、海安各洋面巡查，從
之。**190**

廣東的巡洋會哨確立之後，唯獨水師官弁額數及戰船數量略顯不足，以致
官兵辛苦非常，遂此，兩廣總督李侍堯認為，希望駐守在虎門的水師亦能
加入巡洋會哨的任務，以分擔其他水師的辛勞，其建議：

粵省外海水師，如碣石、南澳、二鎮，每年按照班期，出洋會

---

189 （清）托津，《欽定大清會典事例·嘉慶朝》，卷509，〈綠營處分例〉，〈外海巡
防〉，頁5b-6a。
190 《高宗純皇帝實錄》，卷496，乾隆20年9月己卯，頁232-2-233-1。

哨。其虎門左翼總兵，惟駐海口，並不定期巡洋。查該總兵同係
外洋水師，自應照碣石、南澳、二鎮之例，一體巡洋。得旨，著
照所請行。**191**

雖然虎門左翼總兵防守省城要塞，但在平常之餘，任務並不繁忙，如不適
時出洋操舟，時間一久，亦可能荒廢武藝。除了虎門水師之外，至嘉慶六
年（1801），朝廷甚至下令，駐防於粵省的各直屬標兵也應該參加巡洋
任務。至此，廣東地區所有可出動的巡洋官弁，皆已派上用場，來巡防粵
海安全。

廣東的風信比起他省複雜，會哨之綿密亦凌駕於他省，但在會哨過程
中要如何選定雙方皆能配合的時間，進行會哨，這是各省會哨官弁必須嚴
加考量的。在各水師官弁奏明相關情形之後，也得到朝廷覆准：

> 廣東省水師各營總巡，指地定期會哨，如同時並集，聯銜具文通
> 報，儻因風信不便，先後參差，先到者即具文通報，巡回本路洋
> 面。後到者亦於到日具文通報，巡回本路洋面，至分巡各官，每
> 月與上下鄰境會哨一次，或先西後東，或先東後西，豫為酌定，
> 一經會合，即聯銜通報，如有懈怠捏飾，即令總巡官揭參。**192**

巡洋會哨的重點在於，總巡負責大範圍，看重要防汛地點、抽閱；分巡負
責小範圍，仔細察看各區域。巡洋會哨執行一段時間後，則因廣東外海風
信異常，因此不得不將時間做一調整，否則除了無統巡大員親自會哨之
外，雙方也難以在約定時間內會合。在廣東各水師官弁討論之後，將意見
送部定奪，之後議准所請。

---

191 《高宗純皇帝實錄》，卷611，乾隆25年4月甲午，頁866-2。
192 （清）托津，《欽定大清會典事例·嘉慶朝》，卷509，〈綠營處分例〉，〈外海巡
防〉，頁8b。

> 兩廣總督覺羅巴延三奏稱：粵省巡洋大員，向例每年自二月起、
> 至九月止，分上下兩班巡查，自十月至次年正月，因風信靡常，
> 未有統巡之員，難資彈壓，請嗣後將各鎮協營巡期，每年改定
> 六個月為一班。上班自正月初一起，至六月底止；下班自七月初
> 一起，至十二月底止，輪流更換。至統巡各員，例應會哨。上班
> 仍請照舊例以三月初十、五月初十為期。下班統巡各員，既改於
> 七月初一出海。而舊定會哨，係是月初十，為期太近，應改為八
> 月初十、十月初十，再分巡員弁，每月與上下鄰境舟師會哨。現
> 增添十月至次年正月巡期，亦應飭令按月增添哨期，均應如所
> 請。**193**

巡洋會哨時間稍作改變之後，使巡查洋面的時間更為緊密，對廣東海域的
匪類察查，更能發揮效果。

（二）安全查核、捕盜

清朝的水師雖屬軍事系統，但其功能兼具捕盜、緝私，屬於按察系統
（警察系統）管轄之情事。如以現在的體制看，清朝水師介於海軍及海巡
部隊之間，且同時擁有此兩種功能。

1.安全查核

水師防汛最主要目的是維護海上治安，清廷對於出海的民人都會發給
照單或腰牌，以此來認定是否合法出洋。因此在巡防時，即將照單及腰牌
當成是查詢的依據。如：「康熙五十三年（1714），以江蘇巡撫張伯行
言，編刻商船、漁船、巡哨船字號，並船戶人等，各給腰牌，以便巡哨官
兵稽查」。**194**如果無法證明是合法出洋，即會被水師士兵盤查逮捕。無
論是照單或腰牌都會載明出洋的人數，及買賣的貨物多寡，如人數、貨品
不符，雖然有通行證明，亦必須遭致處罰。士兵在盤查時理應確實，但士

---

193 《高宗純皇帝實錄》，卷1146，乾隆46年12月乙亥，頁363-2。
194 《清朝通志》（杭州：浙江古籍出版社，2000），卷93，〈食貨略〉13，〈市易〉，
〈互市市舶之制〉，頁7294-3。

兵收取規費其來有自，放鬆盤查標準亦時有耳聞。不過，因放鬆而導致治安敗壞，則會受到嚴格的處罰。爲了讓官兵固守本分不致軍紀敗壞，在康熙五十一年（1712）議准巡防的相關規則：

> 海洋巡哨官弁，盤獲形迹可疑之船，如人數與執照不符，並貨物與稅單不符者，限三日內稽查明白。如係賊船，交與地方官審究，果係商船，即速放行，申報該上司存案。如以賊船作爲商船釋放，或以商船作爲賊船，故意稽遲擾害者，皆革職。索取財物者，革職提問，該上司察出揭參者免議。如釋放賊船，該上司失察者，照失察諱盜例、議處。稽遲擾害商船，該上司失察者，照失察誣良爲盜例議處。[195]

雖然制定巡防規則，但官兵收取規費或者故意刁難百姓之事亦時有耳聞，如果沒有引起糾紛，大家相安無事，高層亦鮮少查辦，然而，收取規費是不被允許的。在維安的地區，除了沿海之外，外洋島嶼亦是水師巡防的重要處所，有些島嶼有百姓居住，有些島嶼則無人居住，這些無人居住的島嶼即成爲作奸犯科者的棲身場所，以浙江來看，沿海島嶼星羅棋布，難以巡查，浙江巡撫覺羅吉慶（？-1802）奏：

> 浙江沿海各島五百六十一處，除本無居民之四百十四島，現無建屋居民。其向有民人之蛇盤、深灣、及大小門山等各戶內，陸續遷回中國者，男婦五十餘名口，至鎮海縣之上下梅山。凡因農期移住者，均令於種作事畢，即回中國。各島居民，現在減無增，仍飭各鎮道等，於出洋會哨時，留心稽查。得旨，以實爲之，毋虛應故事。[196]

---

[195] （清）崑岡，《大清會典事例‧光緒朝》，卷632，〈綠營處分例〉19，〈外海巡防〉，康熙51年，頁1184-1-1184-2。

[196] 《高宗純皇帝實錄》，卷1475，乾隆60年3月庚辰，頁717-1。

清朝沿海島嶼居民應歸地方官管理，海岸線則由水師及地方官哨船巡防，外島的周邊海域則由水師負責。浙江地區的島嶼，大部分都是無人居住之島，即使有民人居住也是少數，有些百姓也只是到這些島嶼從事農業耕作，但如不在耕種期，即會回到中國。雖然這些島嶼無人居住，卻可能成為犯罪者的居住天堂，因此即要求水師官弁在巡防時，亦要到這些地方盤查，避免這些地方長期由不法之人盤據。有些較大的島嶼，如居住的居民達到一定數量，又兼具軍事功能時，亦有設置縣治的情況，玉環廳即在此情況下設置。[197]

2.捕盜

水師官兵除了巡防海疆維持治安之外，捕盜亦是重要職責，康熙五十年（1711）諭：

> 朕於水陸士兵，年久深悉其情事，船至海洋，必俟風候，若不候時不察風汛而欲強行，必至兵船同損。官兵皆係朕歷年養育之人，如遇有賊，自應效死，若無賊而徒以巡哨受傷，實為可惜，該總兵官須留意於此，大加謹慎。[198]

康熙認為水師官弁遇盜匪，與其爭鬥之後，即便傷亡亦是應盡的職務。這些盜匪大致可分為三個部分。第一部分即，沿海零星及偶發性的盜匪。這些零星盜匪，並未形成一組織，因此官弁比較容易處理這方面的情事。第二部分即，有組織的海寇。從康熙以降，各個時期皆有海寇，這些海寇也是官弁最需要去對付的。有的海寇甚至自立為王，這即會引起朝廷的注意，派遣大軍進勦，勢在必行。第三部分即，外國勢力。鴉片戰爭以前，外國勢力尚未對中國發動大規模戰爭，但走私及違法買賣亦是稀鬆平常，

---

[197] 有關玉環廳的海島政策可參閱，中島邦彥，〈清代の海島政策〉，《東方學》，（東京：東方學會第60輯，1980年7月31）。

[198] （清）崑岡，《大清會典事例·光緒朝》，卷632，〈綠營處分例〉19，〈外海巡防〉，康熙50年，頁1184-1。

因此對於這些外國人的違法情事，水師官兵更需加強盤查。盜匪掠奪的情況較不嚴重，一般以劫掠糧船及居民為主。糧船的武裝能力較不穩固，常成為盜匪劫掠的目標。但這些小型的海寇為何可以劫掠官船，究其原因不外乎官弁的人數不足，因此才屢屢發生：「中國水師各營，現因米船被劫等事，尤須巡緝洋面，每營除防汛外，不過存兵三百及數十名不等，實無可再調，今於陸路各營內湊兵一千名配渡前往」。[199]水師官弁人數不足的問題由來以久，但卻一直成為清廷的棘手問題，因為水師官弁招募不易，戰船數量又不足，因此才讓這些盜匪有機可乘，即使調陸路官弁前往，亦無濟於事，因為陸路官弁對於操舟捕盜並不熟稔，因此成效極為有限。

騷擾地方的小股亡命之徒，大部分是無業之民，或者是雍正朝以前的所謂「賤民」[200]階級。其中在廣東地區以蛋家賊（蛋戶）的危害最為嚴重，《廣東新語》載：

> 廣中之盜，患在散而不在聚。患在無巢穴者，而不在有巢穴者。有巢穴者之盜少，而無巢穴者之盜多，則蛋家其一類也。蛋家本鯨鯢之族，其性嗜殺，彼其大艟小艑出沒波濤。江海之水道多歧，而罟朋之分合不測，又與水陸諸兇渠，相為連結。[201]

---

[199] 《欽定平定臺灣紀略》70卷（臺北：臺灣銀行經濟研究室，1961），卷30，頁488。收於《臺灣文獻叢刊》，第102種。

[200] 賤民：包含的範圍極廣，山西、陝西的樂戶、兩浙的惰民、江蘇丐戶、寧國府世僕、徽州伴當、廣東蛋戶、福建棚民等皆屬賤民階級。
賤民制度在雍正朝被廢除：山西之樂戶、浙江之惰民，皆除其賤籍，使為良民，所以勵廉恥而廣風化也。近聞江南徽州府，則有伴儅；寧國府，則有世僕，本地呼為細民。幾與樂戶、惰民相同，又其甚者。如二姓丁戶、村莊相等，而此姓乃係彼姓伴儅世僕，凡彼姓有婚喪之事，此姓即往服役，稍有不合，加以箠楚。及訊其僕役起自何時，則皆茫然無考，非實有上下之分。不過相沿惡習耳，此朕得諸傳聞者。若果有之，應予開豁為良，俾得奮興向上，免至污賤終身，累及後裔。《世宗憲皇帝實錄》，卷56，雍正5年4月癸丑，頁863-2-864-1。

[201] （清）屈大均，《廣東新語》（北京：中華書局，2006），卷7，〈人語〉，〈蛋家賊〉，頁250。

蜑戶熟悉水性，亦擅操舟，然而，因長期受到歧視，在無法正常受到相同對待之下，入海爲盜，遂此，即成爲廣東地區官弁所要對付者。蜑戶雖然亂及地方，但亦只是各自爲盜，無法集結成一股龐大勢力，這對清廷的危害有限，充其量只是擾亂地方安寧。

　　除了這些小股海盜之外，在清朝前期尚有許多勢力較強大的海盜，清廷將這些海盜分成土盜及洋匪。[202]康熙晚期，鄭盡心[203]則是閩浙一帶最強的海盜。雍正、乾隆年間的海盜勢力則稍弱許多，但危亂的地方則有轉向南方的趨勢，由浙閩地區轉爲閩粵地區。此時期的洋匪以廣東、福建一帶最多，江南、浙江次之。其中又以潮州、惠安，江南的盡山；花鳥洋，浙江下八山、洋衢山，福建及廣東交接的南澳一帶最多。乾隆年間大部分的海盜以福建人爲最，甚至遠在東北地區被抓到的海盜有很多亦屬福建籍。乾隆晚期至嘉慶年間海盜問題又開始熾盛，此期間的海盜問題又更爲複雜，除了浙、閩、粵三處的海盜之外，由安南所支持的海盜亦聲勢壯大。在浙江、福建一帶海盜，已由土盜轉變爲洋匪，勢力更強，他們與安南西山政權合作，更肆無忌憚。此時期的海盜有數個集團，[204]但最終在

---

[202] 土盜：在沿海一帶搶劫的人員，其船隻屬較小的商、漁船，只能在沿海一帶遊走。
洋匪：擁有夷船，及可以航行於大洋的船隻，船上裝有火砲。
這兩種名稱常出現於清代檔案、官書之中。

[203] 鄭盡心：福建人，康熙年間騷擾渤海灣，以及閩浙一帶的海盜。康熙50年（1711），鄭盡心及其部下陳明隆企圖攻擊北臺灣，臺廈道陳璸命道標千總黃曾榮搜捕於淡水，無功而返。康熙50年5月6日，刑部等衙門奏報閩浙總督范時崇已緝捕到鄭盡心，並請解京質審。1712年聖祖再諭示，加派官兵於浙、閩、粵追捕鄭的黨羽。鄭盡心等被擒解京，按律須立即正法，但聖祖念其深諳水性又熟悉水戰，命九卿再議後，決定從寬發配至黑龍江寧古塔。而在當中又揀選善舞籐牌挑刀者（四）五人，送至熱河當差。見《清朝文獻通考》（杭州：浙江古籍出版社，2000），卷210，〈刑〉16，頁6740-2。有關鄭盡心海盜事件亦可參見，周宗賢、李其霖，〈由淡水至艋舺：清代臺灣北部水師的設置與轉變〉，《淡江史學》第二十三期，2011年9月，頁144-149。

[204] 根據張中訓的研究，閩浙地區的海盜從1794-1800年，共有14個集團；1800-1809年，有16個集團。期間勢力較大者則有7個集團。見張中訓，〈清嘉慶年間閩浙海盜組織研究〉收於《中國海洋發展史論文集》第二輯（臺北：中央研究院三民主義研究所，1986），頁161-198。
（1）安南總兵王貴利集團，擁船28艘。嘉慶5年（1800）被滅。
（2）安南總戎將軍黃勝長集團，擁船20多艘。嘉慶5年（1800）被滅。
（3）莊有美之鳳尾幫，擁船50-70多艘。嘉慶5年（1800）被滅。

嘉慶五年的颱風[205]襲捲之下，許多的海盜集團因此覆滅，這之中兩處受益最大，一爲朝廷、一爲蔡牽。朝廷節省了勦滅海盜的一切開銷，蔡牽則因流離散群海盜的投奔而壯大。另外廣東有鄭一、張保等組成的廣東旗幫。[206]

　　水師官弁除了緝捕海盜之外，一般的盜匪也是他們的責任範圍，如朱一貴（1690-1722）、黃教（？-1769）、林爽文（1756-1788）等事件亦都有浙、閩、粵水師官兵參與圍勦行動。再者，甚至他省以外的動亂亦會徵調水師官弁進行平亂，如乾隆三十四年（1769），貴州地區發生動亂，當地官弁不足，即從福建調集水師官弁兩千人赴滇平亂。[207]朝廷對於水師官弁緝捕海盜或至他處平定亂事，要求嚴謹，無論捕盜過程或事後

（4）江文武之箬黃幫，擁船12-20艘。嘉慶5年（1800）被滅。
（5）林亞孫之水澳幫，擁船50-70艘。嘉慶5年（1800）被滅。
（6）蔡牽幫，擁船30多艘。嘉慶14年（1809）被滅。
（7）朱濆幫，擁船25多艘。嘉慶13年（1808）被滅。

[205] 按：此颱風所引發集體海盜覆滅事件稱「神風蕩寇事件」，見焦循，〈神風蕩寇事件〉中央研究院傅斯年圖書館藏。蘇同炳，《海盜蔡牽始末》（南投：臺灣省文獻委員會，1974）。

[206] 嘉慶10年（1805）廣東海盜訂立盟約，組成七個旗幫海盜，編八項條款，參與訂立者有七個幫主，但鄭流唐訂約不久後即投降清廷，遂有六旗幫。劉平，〈論嘉慶年間廣東海盜的聯合與演變〉《江蘇教育學院學報》（社會科學版），1998年，第3期，頁106-107。
廣東六個旗幫海盜分別為：
紅旗幫：
鄭一（鄭耀一；鄭文顯1765-1807）廣東新安人，嘉慶11年被清軍擊斃。
鄭一嫂（石香姑1775-1844）。廣東新會人，嘉慶15年，招撫。
張保（張保仔、張寶1783-1822）廣東新會縣人，統船百餘隻，嘉慶15年，招撫。
黑旗幫：郭婆帶（郭學顯、阿婆帶），統船30多隻。
白旗幫：梁保（總兵保），嘉慶15年被清軍擊斃。
藍旗幫：麥有金（烏石二）、烏石大，統船60多隻，嘉慶15年被擒。
黃旗幫：吳智清（東海霸、東海八），統船30多隻，嘉慶15年，招撫。
綠旗幫：李相清（金祜養、金姑養）、老藍帶，統船20多隻，嘉慶12年，船難亡。
鄭流唐（鄭老同）：嘉慶10年，招撫。
見（清）盧坤，《廣東海防彙覽》42卷（北京：學苑出版社，2005），卷12，〈方略〉1，頁32b；（清）程含章，〈嶺南集·上百制軍籌辦海匪書〉《清經世文編》，卷85，〈兵政〉16，頁2247。Dian H Murray, Pirates of the South China coast, 1790-1810, Stanford, Calif. : Stanford University Press, 1987.

[207] 《軍機處檔摺件》，文獻編號010127號，赴滇水師兵催令趕緊前進摺，乾隆34年6月。

的審訊，皆應該認真查辦。嘉慶囑咐各官弁：

> 凡於捕獲案犯，必須詳細研鞫，以期罰當厥辜，設竟有妄拏邀功
> 之人，即當嚴參辦理，不可姑息，仍不得任伊等藉口因循，並真
> 盜亦不認真踹捕，經理方為得宜，其所議派員分設巡哨，挑用船
> 隻以及酌給捕盜口糧等項章程，均照該督等所請行，將此諭令知
> 之。[208]

在依規定執行任務之外，朝廷無時無刻的叮嚀，也讓他們不敢輕忽，只能隨時警惕自己，做好分內工作。惟道光之後，各種弊端逐漸呈現，[209]水師制度的改革必需認真思考，方能持續維護海疆安全。

另外在緝私方面，亦為水師職責之一。清廷對於海外貿易的商、漁民有嚴謹的規定，無論船隻大小、攜帶物品等都必須依規定辦理，[210]如攜帶違禁品，視同走私，水師官弁有權針對走私民人之船舶進行緝捕工作。道光以前水師緝私對象以沿海走私客為主，道光以後外國勢力開始猖獗於

---

[208] 《仁宗睿皇帝實錄》，卷233，嘉慶15年8月壬子，頁142-2。

[209] 從道光時期的一份奏報可看出清廷海防弊端的呈現。

諭軍機大臣等，光祿寺少卿慕維德奏：賊肆擾，請飭嚴拏一摺。據稱山東登州海面，賊船滋擾。七月十九日，黑山島有赴鼉磯島嫁女者，中途遇賊施放鳥槍，立斃居民二命。又有大杉船在大竹山島被賊搶劫，將柁工絞死，餘人牢禁艙內十餘日，經榮成縣拏獲賊匪十八人解府，竟以商船開釋，該船內有鳥槍、火礮、刀斧、藤牌各器械等語。賊匪肆行劫掠，擾害居民，已屬可恨，況船內夾帶違禁器械，難保不恃眾別滋事端。登州水師營舊有官船四隻，按季巡哨，若實力查拏，何至該匪等肆行無忌。既據榮成縣拏獲解府，刀牌等器，俱驗有血痕，何以釋放，是否係地方官諱匿不辦，抑係該弁役等通同一氣，得賄包庇，朦混開脫。著托渾布於到任後，嚴密訪查，徹底根究，務當實力整頓，以息盜風而安良善。至該少卿請將水師營船隻另造堅實，認真操練之處，著一併查明妥議具奏。原摺著鈔給閱看，將此諭令知之。尋奏：登州海面，查無嫁女斃命賄放盜船情事。惟洋面遼闊，水師單弱，戰船失修，現擬章程六條：（一）各汛要隘，添兵巡洋；（二）修造戰船，以資駕駛；（三）沿海礮臺，多備槍礮；（四）商漁船隻，准帶槍械；（五）海島薪水，派兵防守；（六）弁兵口糧，酌量加增。下軍機大臣議行。《宣宗成皇帝實錄》，卷326，道光19年9月庚子，頁1118-1-1118-2。

[210] 有關清廷對船隻出洋的管理政策，參見劉序楓，〈清政府對出洋船隻的管理政策（1684-1842）〉（臺北：中央研究院人文社會科學研究中心，2005），頁331-376。收於劉序楓主編，《中國海洋發展史論文集》，第九輯。

東南沿海，走私問題嚴重，甚至有官弁收取各種規費與盜匪合作情況，但該管長官卻不知所以然，反而將受賄官員陞官。道光六年，兩廣總督李鴻賓設巡船，之後巡船每月受規銀三萬六千兩放私入口，於是藩籬潰決，及道光十二年（1832），兩廣總督盧坤始裁巡船，奈水師積習不可挽，道光十七年（1837）總督盧坤、鄧廷楨復設巡船，而水師副將韓肇慶，專以護私漁利，與夷船約每萬箱許送數百箱與水師報功甚，或以水師船代運進口，[211]於是韓肇慶因緝私有功，還晉升總兵官並賞戴孔雀翎。

（三）戰船督造與看守

1.督造

　　戰船的督造與看守亦是水師官弁的職責之一，戰船是水師官弁生命之所繫，由他們來負責，最為合適。本處論述以戰船督造及看守為主，相關戰船製造問題，或拙著《清代臺灣軍工戰船廠與軍工匠》[212]。

　　康熙三十四年（1695）以前戰船修造並未成為定例，尚無章程。以後戰船修造由各州縣負責，臺灣地區則由臺灣道經營。[213]但並未設置督造人員。康熙三十九年覆准，「戰船，停其交與州縣官修理，該督撫遴選，委道、府等官，於各將軍、提、鎮左（附）近地方監修，如修造不堅，未至應修年分損壞者，該督、撫查參，責令賠修，仍交與該部嚴加議處」。[214]雖然規定如此，但提、鎮等官吏公務繁忙，根本無暇監督修造戰船之事，因此往往委由轄下官員代理監督。但因權責不清，常有爭議發生，乾隆初年，工部議准福建巡撫盧焯奏稱：

---

211 （清）清泉芍唐居士，《防海紀略》卷上，收於《清代軍政資料選粹》（七）（全國圖書館文獻縮微複製中心），頁456-457。

212 李其霖，《清代臺灣軍工戰船廠與軍工匠》收於《臺灣歷史文化研究輯刊》（臺北：花木蘭出版社，2013）。

213 《宮中檔雍正朝奏摺》，第21輯，頁203。巡視臺灣監察御史覺羅　修奏摺，〈奏報臺灣軍工船隻宜歸中國修造摺〉。

214 （清）允祿，《大清會典事例・雍正朝》（臺北：文海出版社，1992），卷209，頁13906。左近地方監修，嘉慶朝會典撰寫為「附近地方監修」，（清）托津，《欽定大清會典事例・嘉慶朝》，卷707，頁2a。

閩省泉廠分修金門左、右營、海壇右營戰船，向例於金門、海壇鎮標各游擊內，選派一員監督。其漳廠分修水師提標五營、南澳鎮標左營、銅山營戰船，即派水師提標中營參將監督。今水師提標中、左二營戰船，既經改歸廈廠，請將泉廠承修之船，就近歸於水師提標中營參將監督。漳廠承修之船，就近歸於水師提標左營游擊監督。從之。游擊。而是委由參將、游擊等高階軍官代理。[215]

由此觀之，監督戰船修造人員，決非提、鎮層級官員親自執行，而是委由參將、游擊之中、高階軍官代理。督造官員雖然不用親自修造，但必須妥善監督，否則戰船出現問題，督造官員必須賠補。據趙慎畛（1762-1826）奏：〈請勒限造補閩洋戰船〉摺中，載：

……准以奉文日起，再予限六箇月。將被害落水官兵花名履歷，船內軍械件數斤重，並賠造將備銜名，逐細查造冊結，申送該司詳辦。如有遲逾，即指名參奏，交部嚴議。嗣後儻有遭風被劫船隻，統以呈報到案之日起，勒限一年，詳辦完結，毋任再有延壓。此事因循已久，能如此整頓辦理，甚屬認真。……[216]

戰船一旦在有限期效內損壞，又非外力因素，修造及督造者都必須賠補。當然在修、督造人員的責任分配上必須有憑據。兵部議准：閩浙總督喀爾吉善之奏稱：「戰哨船為水師巡防最要，必桅篷等項齊全，方能利用。請照陸營例，歲底委員點驗，出結保題，如滲裂損失，參處賠補。從之」。[217]因此，除了修、督造人員之外，點驗人員也是負責之一員，同

---

215 《高宗純皇帝實錄》，卷72，乾隆3年7月辛酉，頁156-1-156-2。
216 《宣宗成皇帝實錄》，卷70，道光4年7月甲申，頁108-1。
217 《高宗純皇帝實錄》，卷339，乾隆14年4月甲午，頁675-2。

樣須列名具保。木質戰船的製造至鴉片戰爭以前，還是持續進行，但數量明顯減少許多。惟修造、督造及查驗人員還是需依規定辦理，御史尋步月奏：

> 沿海各省戰船，每屆修造年分，承辦各員通同舞弊，不能如式裝造。甚或以舊代新，又不勤加操駕，任擱沙灘，朽腐堪虞，破爛滋甚等語。各省設立戰船，原為巡哨洋面捍禦海疆之用，必須修造完固，操練精熟，方可有備無患，嗣後凡遇小修大修及拆造年分。該將軍、督撫、都統、提、鎮等，務當認真稽查，並嚴飭承辦各員覈實辦理。儻查有冒領中飽，及草率朦混等弊，即行據實嚴參，從重懲處，毋稍徇隱。至修造完竣，應派大員親往驗收，並督率所屬將備等官，勤加演習，務使駕駛得宜，技藝嫻熟。如敢奉行不力，日久視為具文，以致有名無實，將來別經發覺，定將該將軍、督撫等重處不貸，將此通諭知之。**218**

戰船製造章程發布百年以來，時有修訂、增減，律法亦漸趨成熟，惟執行人員的操守如何較不易掌握，因此對於管理者需有法令來約束。

2.看守

戰船不執行任務，停放於港口期間，必須委由當地官員及水師官弁負責看守。於停泊期間及修護期間，如果官員不謹慎看守以致損壞者，必須按其損壞隻數分別議處。**219**順治初年即對武職看守戰船做出處罰章程：

> 損壞二船者降二級留任；三、四船者降二級調用；五、六船者降四級調用；七船以上者革職。該督、撫、提、鎮仍不時委副、參等官巡查，其官兵所乘之船，若未戰以前，既戰以後，閒住之

---

218 《宣宗成皇帝實錄》，卷310，道光18年6月丁丑，頁842-2-843-1。
219 （清）明亮、納蘇泰，《欽定中樞政考》72卷，〈綠營〉卷21，〈議功〉，頁58a。

時，即交督戰官看守，統兵大員不時委員巡查，如有損壞，俟凱
旋日將看守官，亦照前例議處。[220]

看守戰船期間，戰船如損壞，將處以降級，最重者甚至被革職，因此看守
官員需認眞留意。於作戰或巡防期間，戰船即由該船長及統兵人員管理，
一旦船隻無故被盜，相關人員亦將接受懲處。康熙四十六年（1707）題
准：「江、浙、閩、廣，海洋行船被盜，無論內外洋面，將分巡、委巡、
兼轄官各降一級留任，總巡統轄官，各罰俸一年」。[221]戰船爲官署公
物，亦是官弁的重要武裝配備，戰船的修造成本高，如不妥善維護，將造
成國庫損失，清廷對於戰船非於作戰期間損壞，是不予寬恕的，對於玩忽
官弁，以降級、罰俸、革職來處罰亦是正常。

（四）其他臨時性任務

在臨時性任務中，主要以運糧爲主，清代的運糧方式以河運及海運爲
主，河運由漕運總督負責，海運由各省官弁負責，再由戰船及相關船隻
進行運送。水師人員除了平時任務之外，一有運糧需要，也必須參與其
中。糧食的運送除了以運往北方爲主之外，臺灣一地的運糧甚爲重要，
平時、災荒救濟時的運糧亦都委由水師負責。因爲糧食爲救急之用，事關
重大，往往封疆大吏皆親自擔任運糧工作，以保障米糧無缺。康熙四十九
年（1710），福建發生災荒，有米糧的需求，康熙令：「福建督、撫、
提、鎮，不拘一人，率領福建戰船，將運往狼山、乍浦三十萬漕米，轉運
至福建，賑濟被災人民，務期均沾實惠」。[222]雍正十年（1732），陳倫
炯於江南水師任內，亦親自運糧至福建。[223]由此顯見運糧工作的愼重，

---

[220] （清）托津，《欽定大清會典事例·嘉慶朝》，卷509，〈綠營處分例〉，〈巡洋〉，頁
1a-1b。

[221] （清）托津，《欽定大清會典事例·嘉慶朝》，卷509，〈綠營處分例〉，〈巡洋〉，頁
2a。

[222] 《聖祖仁皇帝實錄》，卷243，康熙49年8月乙亥，頁413-2。

[223] 〈國史館本傳·陳倫炯〉，收於李桓等編，《國朝耆獻類徵選編》，頁713。

都必須由統兵大吏親自執行。

　　康熙五十二年（1713），廣東地區米價高，將從江南地區運送糧食到廣東，但此任務緊要，因此，康熙下令，委由水師營戰船運送。[224]康熙認為，這種跨越他省運糧的任務，由水師擔任，除了可以保證運糧安全之外，也可以讓參與運糧的水師人員熟悉他省海域情況。

　　海上運輸航線大致有三大航路，運往北方的北洋航路，亦即是福建以北，東海、黃海、渤海三個區域。北洋航路於元朝，至元三十年（1293），已可確立從劉家港出外海順黑潮到天津只需約十天的時間。臺灣航線在鄭氏王朝時期即發展快速，清廷將臺灣納入版圖後，也開始積極發展臺灣航運。往南的西洋航線並不是清廷的發展重點，充其量只是將北方物資運往廣東各地，但商船已發展許多的西洋航線。在北洋航運的運輸上，因距離長因此運送時間亦長，但清廷對於米糧的運輸，似乎已能掌握，尤其是北洋航運，相關官弁認為：「水師巡哨備禦洋盜之策，立法甚周。海船畏淺不畏深，畏礁不畏風，惟元代新道最善，後估舶所行者是也。就沿海州縣測驗大洋，合計四千餘里，約分六段，自上海至崇明為一段」。[225]北洋航運經過數百年經營，對天候及水勢情況皆能大致掌握，在運輸米糧上已不成問題。臺灣航運雖然路程較短，但遠隔重洋，危險性高，在運送米糧過程中時有發生船難事件。

　　　　澎哨當運米之日，於乾隆二十二年十一月內，寧字十一號哨船赴
　　　　臺運米四百四十石，在洋遭風飄至廣東碣石地方，丟水糧米二百
　　　　石五斗；是年十二月內，綏字十三號哨船赴臺運米四百四十石，
　　　　全船飄沒無銛，米石軍器一盡沉失，淹斃士兵二十二名；二十三年
　　　　正月內，寧字十四號，哨船赴臺運米四百四十石，在大嶼洋面遭
　　　　風擊碎，米、石、軍器一盡沉失，後來補造戰船補運米石，恤賞

224　《聖祖仁皇帝實錄》，卷254，康熙52年3月庚子，頁513-1-513-2。
225　（清）徐珂，《清稗類鈔》，〈屯漕類〉，〈海運〉，頁550。

　　　　淹歿士兵，虛糜國帑七、八千金。[226]

　　在乾隆二十二年至二十三年間（1757-1758）即發生數起船難事件，無論人員、船隻、貨物皆損失慘重。朝廷議准給予撫卹，閩浙總督楊廷璋（1689-1772）疏稱：「福建澎湖水師左營戰船，往臺灣運載兵米，出洋飄沒，應免賠補，飄沒兵程廷宏等二十二名，照例給與祭葬銀。從之」。[227]由此可見，臺灣航運的危險性極高。雖然戰船參與運糧工作，但並非常態性任務，大部分參與運糧的船隻，還是以哨船載運爲主。

小　結

　　清廷設置水師目的，最主要是維護沿海安全，因此水師制度即在此框架下進行設置。從此架構中我們可以看出，清廷的水師制度之設計是保守的、因時、地的變化而制定的，並沒有長遠的規劃。

　　水師制度的設置，由順治朝的摸索當中，歷經康、雍、乾三朝，至嘉慶年間各項制度漸有雛型，但已歷時百年之久，耗力費時。初期的水師制度與其他武職制度相同，但往往因現實環境及人才的考量，時常不依法令行使，官弁有時無所依歸，容易造成政策推行上的困難。從水師制度的設置、官弁的任命、訓練、任務、賞罰、撫卹及俸薪等各方面，都可以了解水師制度的不確定性。

　　人才的培育是制度可否永續推行的必要條件。水師因職業特殊，技能最注重操舟。再者，惟熟悉水性的人員本就不多，優良人才大都從事商船業務以及漁民。所以水師人員的招募，無法吸收優良人員。雖然清廷試著運用許多優渥措施，期望人才的加入，但事與願違，歷朝往往因人員的不足，常爲任命及調動所苦。然而，清廷卻苦無應對之道，只能依舊推行。

---

[226] （清）胡建偉，《澎湖紀略》12卷（南投：臺灣省文獻委員會，1993），卷11，〈倉儲紀〉，頁234-235。

[227] 《高宗純皇帝實錄》，卷641，乾隆26年7月乙丑，頁163-2。

少了人才，制度再好，亦窒礙難行，時間一久，制度也就因而崩壞。

　　清朝的水師制度，框架雖然完整，各有兼顧。但相關政策的配套措施卻沒有施行，這勢必引發連鎖反應，拖垮制度，這之中有三大方向值得檢討。第一，沒有推行選才任官制度。第二，俸薪過低。第三，賞罰制度與八旗相比差距大。人才攸關制度推行，俸薪與賞罰維繫著官弁的向心力。制度的推行如果缺乏這些要項，則難以留住優秀人才，制度的執行也將出現問題。

　　清廷對水師的態度顯然是保守心態，並沒有積極改革。雖然這樣的建置對付海寇遊刃有餘，然而，一旦遭遇到實力強大的敵人，一時之間恐難以應付，道光年間的鴉片戰爭即是讓清廷水師崩盤的一個驗證。

第四章

水師制度

前　言

　　初期的水師組成主要以明代官弁兵為主，然老兵將逐漸凋零，是故招攬新進人員有其必要。然清廷卻沒有設計一套水師任官制度，官員的來源以陸師科舉考試為主，但考試內容並沒有加入海洋相關技能的測驗，只是在派任上以沿海省份擔任水師為多。士兵的招募亦以沿海居民為主，並徵求具體海洋經驗者為優先考量，招募地點以媽祖廟為主要選擇處所，因為媽祖是海神，媽祖廟聚集比較多從事海洋的居民，在此招募士兵，可以收到良好的成效。

　　綠營水師士兵的俸餉雖然高於大清帝國的平均所得，然而時下的水師戰船因為木質所造，穩固性較差，加以時人對海象、氣候環境的掌握亦不確實，即便只是駕船巡洋會哨等例行性的公務，卻可能遭遇海難之變，更不用說有更危險的剿滅海盜之任務了。故以工作環境來看，擔任水師的危險性確實較一般工作高出許多。在就業環境不佳的情況之下，自然無法吸引更多人願意從戎。

　　為了補足兵源，吸引人才從戎，勢必提高俸餉基點以為誘因，再配合良好的升遷制度，方能達其效益。遂此，水師士兵的俸餉如以最高的水戰兵為例，月支領餉銀二兩，[1]部分士兵支領一兩，如與時下勞工階級年薪五至十兩[2]相較，確實較多，最多可能多出一倍薪俸。但如果與沿海從事相關性質者，如捕魚或從商的百姓相比較，則薪俸相當。薪俸既然無法吸引人，就必需有其他配套措施，升遷管道則是另一個可以琢磨之處。

　　水師的晉升速度相對於陸師則較為快速，升遷條件也較不嚴苛，甚至可以不依據清廷所頒布的任官迴避制度進行，[3]即使綠營水師最高將領提督層級亦可不必回避本籍任用，如以康熙晚期以後來看，施世驃

---

[1]　（清）盧坤，《廣東海防彙覽》（石家庄：河北人民出版社，2009），卷10，〈財用〉1，〈俸餉〉，頁314。

[2]　張仲禮，《中國紳士的收入》（上海：上海科學院出版社，2002），頁10。

[3]　有關水師官員的相關迴避制度可參閱魏秀梅，《清代之迴避制度》（臺北：中央研究院近代史研究所，1992），頁20-25。

（1667-1721）[4]、黃仕簡（1722-1789）[5]、李長庚（1750-1807）[6]等人皆爲福建沿海出身，但卻都可擔任福建水師提督職。這樣的情況在領導統御上難免會因鄉誼而誤事。[7]即使官員們認爲封疆大吏應該回避本籍而具摺上奏，但皇帝卻有難色，無法依例，而只能破例了。如江南蘇松水師總兵王澄（?-1768）奏言，水師將備應該迴避本籍之例，才不會有弊端發生，但皇帝卻回答，「似屬紛更難行，姑儉之」。[8]皇帝考量水師員缺不多，如升遷再迴避本籍任官，將無法適才適用，也就更難吸引有志者爲水師效力了，所以也只能逆施而行。

　　朝廷雖然盡力提高水師的各項條件，但官、弁、士兵的不足顯而易見。故導致水師素質無法提升，常以爲討論，如閩浙總督高其倬（?-1738）就認爲，福建水師士兵內，頗有不諳水務之人，千、把總多係中等，將備亦然。[9]由此可知，清廷在水師的薪俸及考核制度上的各種優渥條件之推行，尚不足以吸引優秀人才從戎。因於此，本文將對清廷在水師的薪俸及升遷考核上剖析制度的設置原由，以了解清廷於制度的設計上是否缺漏。

一、招募與訓練

（一）官員的任用

1.任用制度與方式

　　綠營銓選制度，以出身說，則分世職、武科、蔭生、行伍四類；以授

---

[4] 中國第一歷史檔案館編，《康熙朝漢文硃批奏摺匯編》4（北京：檔案出版社，1984），康熙51年12月28日，頁602。

[5] 《宮中檔乾隆朝奏摺》，國立故宮博物院藏，文獻編號403016342，乾隆28年11月15日。

[6] 《宮中檔嘉慶朝奏摺》，國立故宮博物院藏，文獻編號404006474，嘉慶6年10月25日。

[7] 許毓良，《清代臺灣軍事與社會》（北京：九州出版社，2008），頁53。

[8] 《軍機處檔摺件》，國立故宮博物院藏，文獻編號005114，乾隆14年10月13日，江南蘇松水師總兵王澄奏摺。

[9] （清）高其倬，〈操練水師疏〉收於賀長齡，《清經世文編》（北京：中華書局，1992，思補樓重校影印），卷83，〈兵政〉14，〈海防上〉，頁48a。

官說，分開列、部推、題補、調補、輪缺、揀選。[10]水師人員的任用，雖按制度派放，但因特殊性較高，人員空缺無法補足，所以常有不依規定進行者。[11]這即水師的特殊性。

在綠營武職官員的銓選上，總兵以上為開列、都司以下則按缺調用、守備以下按班派用、千總以下則校拔。[12]但水師情況特殊，人員少是最主要的原因，再者，將領幾乎都來自於東南沿海地區各省為主，其中又以福建地區人員居多。從（表3-3）中可看出，擔任過福建水師提督者，大部分是福建人，即使清廷入關前，重要的軍職都由滿人擔任，惟水師一項則不然，因專長水師的滿人向來就不多，因此入關後皆倚重明朝降將來擔任水師要職，如施琅、黃梧兩大家族。清廷如此做法，也是為了拉攏鄭氏降將對付鄭氏。即使鄭氏王朝覆滅，施、黃兩家後人，亦時常擔任水師提督一職，雖然他們本籍都在福建，但卻不適用於迴避制度，可見清廷對他們的倚重。

然而，水師將領員缺不少，不可能全部由少數幾個家族把持，所以還是以武職選材任官制度為基礎，再稍加增補條規。再者，水師兵權長期掌控在幾個家族手上，也有一定的風險，清廷必需詳加考慮，未雨綢繆，培

---

10 羅爾綱，《綠營兵志》（北京：中華書局，1984），頁295。
11 以出身分：
　行伍：由士兵拔補把總以上官職者，未經由科舉、襲爵而擔任官職者稱之。
　世職：因世襲制度擔任公職者稱之。
　武科：經由科舉考試擔任公職者稱之。
　蔭生：經由爵位之恩蔭而擔任公職者。
　以授官分：
　開列：副將、總兵、提督皆由兵部開列，再由皇帝圈選任命。
　部推：由兵部推舉有資格之人，再由皇帝任命。
　題補：沿邊、沿海及省會等交通要道，令督、撫、提、鎮，簡選才技優者。
　調補：以該省熟悉相關事務，銜缺相當的人員調補。
　輪缺：副將、參將以下缺出，先補用旗員再補用綠營。
　揀選：守備以下人員奏派大臣揀選。
　資料來源：整理自，（清）托津，《欽定大清會典事例‧嘉慶朝》；（清）明亮、納蘇泰，《欽定中樞政考》。
12 許雪姬，《清代臺灣的綠營》，頁39；（清）托津，《欽定大清會典事例‧嘉慶朝》，卷47，〈漢員銓選〉，頁1a-1b。

養更多水師將領才行。但浙、閩、粵三省的將領，由科舉出身而擔任水師
要職者並不多。以福建來看，舉人以上有八人，廣東只有一人，大部分都
由行伍一路提拔者較多，任用方式並無定制。

　　清朝建國之初，於武職官員的任用上，尚未發展成一套完善的選材任
官制度。八旗為清廷最早成立的軍事體系，在入關前，八旗旗主[13]無不由
宗室及有功勳者擔任。即使入關之初，八旗於各地設立的駐防軍隊，亦是
大量派遣宗室親王等人駐守。[14]入關以後，接收了大量明代降兵降將，為
了穩定軍事力量及社會秩序，遂另外成立一枝由漢人所組成的部隊綠營。
為何成立綠營？依照羅爾綱的說法有三，八旗軍隊少，必須使用漢人；使
用以漢制漢政策來統治；用各地綠營力量鎮壓隨時爆發的事變。[15]然而，
如何安撫這些明朝降兵將，讓社會秩序穩定，也是清廷考慮的重點之一。

　　綠營成員，大部分由投降清朝的明朝軍隊組成，所以綠營制度大體上
在明朝的體制下繼續推行，有別於八旗制度。雖然沿用明朝制度，但卻無
法循著其模式，而發展新的任官制度。水師職務又與陸師不同，當然必須
另立一套制度，但清廷在這方面並沒有多加思考，還是將水、陸師一同舉
行科舉考試。對於清廷的科舉制度，在雍正元年十二月（1723），有較
完整的條規，上諭：

> 今科中式武進士，係元年所取狀元，授為一等侍衛；榜眼、探花
> 授為二等侍衛。二甲十三名授為三等侍衛，令戴孔雀翎。三甲記
> 名三十六人，俱授藍翎，餘照例揀選補用。……六月，兵部遵旨
> 議定，每科武進士前半，以營守備用，後半以衛守備用。今衛守
> 備之缺既令裁減，嗣後將以衛守備用之。武進士內再分十五名，

13　按：八旗制度由滿人的狩獵制度衍生而來，清初由四旗（黃、白、藍、紅四旗）漸發展
　　成八旗（在原四旗冠上鑲字，即鑲黃、鑲白、鑲藍、鑲紅），爾後陸續招募蒙古軍成立
　　蒙古八旗、漢軍，成立漢軍八旗，原來的八旗稱滿洲八旗。
14　定宜莊，《清代八旗駐防研究》（瀋陽：遼寧人民出版社，2003），頁117。
15　羅爾綱，《綠營兵志》（北京：中華書局，1984），頁1-2。

以營守備用。于雙月營守備各班之末，另立一班推補，守禦所千總裁減之，外存缺無幾，舊例糧船回空，隨幫千總以衛千總推用。[16]

這樣的條規在清代都繼續延用，但看不出有特別甄選水師人員的意向。

雍正年間清廷已留意到水師將領的額缺問題，「雍正二年三月，敕各省督、撫、提、鎮不準題留陞任官員，惟水師緊要員缺仍許題請」。[17]水師官職的任用有別於其他武職，因此尚需透過官員的題請，再由皇帝裁奪。由此可見，清廷對水師人員的求才若渴，但又無法制定一套規制專用於水師，因此只能隨時更改選才方式。同年，雍正諭令，希望對水師熟悉者，可由陸路轉水師。雍正二年（1724）議准：「廣東省陸路各官內，有情願效力水師者，於每年出洋巡哨時隨同演習，果能熟習水務，能發縱指使者，以水師員缺，或升或調，酌量題請」。[18]廣東地區因水師官員的缺乏，希冀在陸師中尋找相關人才，有意願者可隨軍演練，如達到要求即可由陸師轉為水師。然則，此項政策顯然效果不大，遂此，雍正希望各省督、撫，針對守備層級人員，只要熟悉水師者皆須註明。也即是列名造冊，如此即可掌握人才的動向。雍正七年正月（1729），上諭：

各省守備內有操守廉潔，漢仗去得，諳練營務，熟習水師，堪用游擊之員，飭兵部行文該提督出具考語，分別水師、陸路填寫年歲、籍貫、履歷，照保舉副將、參將，分定等第之例，開列一等者，咨部，俟降諭旨，再行調來引見。倘保舉之後有改易前轍，不思奮勵精進者，亦照副將、參將更換等第之例，咨部改定。[19]

---

16 《清朝通典》（杭州：浙江古籍出版社，2000），卷21，〈選舉〉4，頁2147-1。
17 《清朝通典》，卷21，〈選舉〉4，頁2147-2。
18 （清）崑岡，《大清會典事例·光緒朝》，卷570，〈調補〉，雍正2年，頁397-1-397-2。
19 《清朝通典》，卷21，〈選舉〉4，頁2147-3。

水師將弁的造冊資料於雍正年間完成，但能勝任水師將領者有限，足堪擔任中、高階軍職者，更少，所以無法依照原有體制選才派任。只能退而求其次，不再以進士來當成唯一的任官選擇，在舉人階段如果能發現足堪擔任者，可經由推薦，報部分發。

雍正七年七月，即開始著手進行武舉出任水師人員計劃：「敕武舉本省學習之後，該督撫等看其材技優嫻、曉習營伍者，送部考驗分發，別省遇有千總缺出，即行補授」。[20]由武舉人來擔任水師軍官，也不失為一項對策，舉人已屬於上層紳士階級，[21]無論是學識或地位都達一定水平，如果有水師技能者，經過推舉即可補千總缺，這對有心從事水師者也是莫大鼓勵。此後，更將標準降低，議定：「閩、廣二省武進士、舉人、監生、民人內，有熟悉水性願隨官兵出洋巡哨者，督、撫可以將這些人員列名造冊，如能立功，督、撫可題引」。[22]清廷顯然求才若渴，然而對水師官員的任用資格降低，員缺尚無法補足，甚至連總兵、副將層級亦出現空缺。逐此，嘉慶二十五年（1820），議准：

> 嗣後在部候選陸路武職，並現任陸路人員，有願改水師，覈其籍隸海濱，飭發水師總兵官，交與出巡外洋將備，帶赴外洋認真試驗，酌以半年為期。如果諳習水務，由巡洋將備，出具切實印結，該總兵官加具保結呈覆。凡部發人員，照例扣滿三年，輪缺補用。試驗期滿，儻不能諳習水務，將本員照蒙混具呈例議處。至世職雲騎尉，定例發標學習，三年期滿，恩騎尉五年期滿。武舉效力三年期滿。此等人員，多有期滿後呈改水師者，今於發標效力時，豫先呈明，分派外海各營，隨同出洋巡哨。扣滿三年，

---

20 《清朝通典》，卷21，〈選舉〉4，頁2147-3。
21 張仲禮認為在武科鄉試入第者稱武舉，這些人一旦獲得舉人的功名，即擠身于上層紳士，亦能融入整個官僚體系。見張仲禮，《中國紳士》（上海：上海社會科學院，2002），頁22。
22 （清）明亮、納蘇泰，《欽定中樞政考》72卷，〈綠營〉卷4，〈水師〉，頁30a。

如果明習水師，取具保結，分別送部引見，咨留輪缺補用，儻
於外海不宜，亦照蒙混具呈例議處。如不豫行呈明，既在陸營收
標，概不准復行呈改。直隸天津水師，照山東登州水師之例，設
有豫保，有願改水師者，與浙江、福建、廣東、山東有水師省
分，一體准其呈改。[23]

陸路的武職缺較多，當然候選者眾，如有候選武弁待補者，願意由陸師改
為水師，經各鎮水師總兵官的推薦，再至洋面實習半年，如符合要求，總
兵官具保，即可按缺錄用。如果只是因勢利導，胡亂推薦，該推薦總兵及
武弁皆會受到懲處。這種措施，可讓投機份子畏懼，不敢輕易嘗試，也讓
各鎮官員有所警惕，不致隨意推舉，免得遭到處罰。

　　各省海防一旦發生重大事故，該省水師提督又無法處理時，朝廷亦會
從他省徵調有經驗人員來彈壓，如嘉慶十年（1805）的海盜問題嚴重，
即招徠時任兩廣總督那彥成（1764-1833）至閩省彈壓。上諭：「今閩省
水師將領現在乏人，著那彥成等，即速飭杜魁光帶領所管舟師，前赴閩省
追勤艇匪，將此傳諭知之」。[24]嘉慶十年（1805）因蔡牽問題嚴重，騷亂
的地方包括浙、閩、粵三省，所以必須要有統一指揮系統，才能整合力量
共同對抗海盜。

　　制度施行一段時間之後，至道光年間，對水師人員的任用才有較清楚
的章程可依循：

諭內閣，前因耆英等奏：變通水師章程，並請將赴部之員先行閱看
鳥槍等語，當降旨著兵部妥議章程。茲據覈議具奏：嗣後水師將備
各官赴部時，著無須閱看馬、箭。如果練習水務，精熟槍礮，遇升

23　（清）崑岡，《大清會典事例‧光緒朝》，卷567，〈保舉〉，嘉慶25年，頁
　　361-2-362-1。
24　《仁宗睿皇帝實錄》，卷142，嘉慶10年4月己卯，頁951-2。

補時，令該督撫出具切實考語，將例應引見各員分作四季給咨，分限二、五、八、十一等月，按期赴部。該部即定於二、五、八、十一等月二十八日考驗。先期奏請，欽派御前侍衛，乾清門侍衛一、二員，會同該部堂官，閱看槍礮。其演槍步數，著定為四十弓，演礮以二出為度，均於城外酌擇寬闊地面演試。如不能合式，即將該員退回本任，勒限演習，並將原保督、撫、提、鎮分別議處。其中槍合式者，准其帶領引見，以示勸懲。惟水師駕舟出洋，施槍礮，與陸路情形不同，全在帶領巡哨各員平日加意講求，庶使該員弁等技藝精純，能於洋面施放有準。著江蘇、浙江、福建、廣東、山東各督、撫、提、鎮嚴飭所屬，勤加訓練。於考拔弁兵，題升將備時，即以此為去取，庶幾有志向上之員，認真演習，日就純熟，不至視為具文。**25**

清朝的水師官弁任用制度，機動性高、比較靈活，文官任用比較嚴肅，但武職必須有彈性才能得人才。選才制度至道光朝雖已漸趨完整，但是否能找到適合之人，則是一大疑問？從表3-2至3-4來看，似乎看不到改變，換言之，清朝對水師將領的選才條件，磨合了百年時間，結果還是回到原點。

2.迴避制度

任官迴避在籍制度，其目的是避免與熟識之人有所勾結，減少因人事牽扯做出不法行為。清廷運用各種方式來任用水師官員，但初期尚未形成定制，官員的任職，還是必須受到迴避制度的約束，這對水師人員的任用又是一項考驗。因為大部分的水師將領都出身於沿海各省，其中又以福建最多，由此看來，迴避制度似乎難以套用在水師任官上。

清代的迴避制度，武職與文職略有不同，在任官時有各種的迴避制

25　《宣宗成皇帝實錄》，卷387，道光22年12月庚子，頁957-1-957-2。

度，如本籍接壤迴避、師生迴避、揀選人員迴避。[26]本文針對本籍接壤迴避進行討論。乾隆間規定：

> 武職有與文職異者二事，文職皆避本省，武職則於乾隆十二年議定：副將、參將無論水師、陸路，均避本省，游擊、都司、守備准於五百里外及隔府別營題補，至千總末屬微員發往他省，不免俯仰拮据之慮，仍留本省題補，不必避。又河營參將員缺，如果無籍隸他省，熟諳河務之人，亦准於本省人員內保題補用。又議准，水師與陸路不同，若必盡用他省之人，恐一時不能熟練情形，轉於水師無益，嗣後水師副將毋庸避本省…。[27]

乾隆朝以前雖規定守備以上迴避五百里，避免在同籍處任官，但因水師狀況特殊，因而取消迴避。乾隆十二年（1747），規定無論水師或陸路之副將、參將均迴避本籍，但施行不到十個月，水師副、參將即毋需迴避，至乾隆二十五年（1760）對水師副、參將又復轉嚴，必須迴避本省。為了解決此一問題，嘉慶五年（1800），規定水師不准改調陸路，水師人員必須留在水師，不能因陸路一時需人而改調。[28]但執行後的效果有限，水師的員缺是官弁技能問題、沒有長期培養問題，即使規定陸師不能轉水師，但人員缺乏的問題還是無法解決。

　　嘉慶十年（1810），禁限又稍微放寬，水師參將缺出，如無別省人員可題，准以籍隸本省之隔府、別營人員題補。[29]旋後，又允許參將可不受迴避制度約束，但副將層級官弁亦需迴避。

---

26 相關迴避制度可參見魏秀梅，《清代之迴避制度》（臺北：中央研究院近代史研究所，1992）。；（清）崑岡，《大清會典事例‧光緒朝》，〈吏部〉，卷47，〈漢員銓選〉5，頁590-1-599-2。

27 （清）梁章鉅；陳鐵民點校，《浪跡叢談》（北京：中華書局，1981），卷4，〈武職回避〉，頁60。

28 （清）明亮、納蘇泰，《欽定中樞政考》72卷，〈綠營〉卷4，〈水師〉，頁13a。

29 魏秀梅，《清代之迴避制度》（臺北：中央研究院近代史研究所，1992），頁26。

向來副將、參將、均不得以本省之人，題補本省之缺。原以其所轄營分較大，密邇本籍，應杜其瞻徇情。即云：水師將領，有專轄外海之員，與陸路稍有區別，豈可不予以限制，嗣後水師參將缺出，如實無籍隸外省之員堪以擬補，尚可照該部所請，准其以籍隸本省人員，據實保奏外。至副將係二品大員，仍不准違例題補，又請將呈改水師之例，酌加推廣一款，外海水師追拏盜匪，衝涉波濤，其緝捕較為艱險，而其升途亦較徑捷。所有籍隸江、浙、閩、廣等省之陸路人員內，果有素習水性，願改舟師者，自可准其一體呈改。俾得留心學習，以期漸收得人之效。[30]

雖然迴避制度有一定章程，但現實情況尚需面對，在人才缺乏之際，連總兵層級亦可不受迴避制度的約束，如：

浙江黃巖鎮總兵缺出，鐵保所保之童鎮陞，籍隸浙江，例應迴避。曾降旨諭令，阿林保於福建水師總兵內揀員調補，茲據該督查明福建水師總兵內，現無合例可調之員，而前此定海鎮總兵羅江太，即係籍隸浙江補授本省總兵，所有黃巖鎮總兵員缺，一時不得其人，即著童鎮升暫行補授，俟將來有堪以對調之員，該督再行奏明調補。[31]

童鎮陞時任京口協副將，[32]在兩江總督鐵保（1752-1824）的推舉之下轉調浙江黃巖鎮總兵，但他隸籍浙江，理應迴避，惟迴避之後，恐無適合之員可擔任此職。在權宜之下，不依行迴避制度，童鎮陞調任黃巖鎮總兵。此種情況，也發生在定海鎮總兵官羅江太身上。由此觀之，因水師高級軍

30　《仁宗睿皇帝實錄》，卷144，嘉慶15年5月癸卯，頁965-2-966-1。
31　（清）崑岡，《大清會典事例·光緒朝》，卷572，〈迴避〉，嘉慶12年，頁421-2。
32　〈兵部為補授事〉，兵部移會，文獻編號144288-001號，中央研究院歷史語言研究所藏，嘉慶12年4月。

官的缺乏，遂無法依照體制內的規定進行調任，實際面還是遠勝於制度面。

　　水師武職的迴避，不止總兵層級毋需迴避，早在嘉慶六年（1801），甚至連提督層級，也毋需受到約束。如福建水師提督李南馨（？-1805）因病亡故，遺留的水師提督空缺，尚無人可擔任，在推舉結果嘉慶皇帝最後還是屬意李長庚接任，但閩浙總督玉德（？-1808）持反對態度，他認爲：

> 福建水師提督駐劄廈門，係泉州府同安縣所轄地方，李長庚即是泉州府同安縣人，係隸本籍，請提督統轄五營額兵四千五百餘名，大半均係泉州府屬同安、晉江等縣之人，其千、把、外委等官，籍隸同安者更復不少，其中即不免有李長庚親族熟識之人。[33]

玉德看法不無道理，認爲李長庚係同安人，如擔任福建水師提督又駐劄廈門，這非但沒依循迴避制度，反而有勾結熟識人員之慮，理應迴避。惟嘉慶最後還是讓李長庚接任，一年後再調浙江提督。雖然只是短短的一年，但顯示出迴避制度對水師來講，並非定制，會因時制宜進行調整。李若文認爲，玉德是一介武臣，不懂海事與軍事，嘉慶不是很信任他，也是因於此。[34]

　　嘉慶二十一年（1816），廣東水師提督員缺亦發生相同狀況，廣東水師提督童鎮陞因病無法繼續擔任提督職，兩廣總督蔣攸銛（1766-1830），查核閩浙地區相關總兵官，是否有足堪勝任廣東水師提

---

33 《宮中檔嘉慶朝奏摺》，第10輯，（臺北：故宮博物院藏，1994），頁766-767，閩浙總督玉德奏摺，嘉慶6年10月。

34 李若文，〈海盜與官兵的相生相剋關係（1800-1807）：蔡牽、玉德、李長庚之間互動的討論〉，（南港：中央研究院人文社會科學研究中心，2008），頁491。收於，湯熙勇主編，《中國海洋發展史論文集》，第十輯。

督一職，[35]再奏請皇帝開缺任用，但在這兩省的現任水師總兵官中，卻無法找到適合者。最後由廣東陽江鎮總兵孫全謀（？-1816）接任，幾個月後孫全謀卒，再調來浙江定海鎮總兵李光顯（？-1819）擔任廣東水師一職。[36]無論是浙江、福建及廣東都遭遇到相同的情況，那就是高階將領短缺的問題。因此迴避制度對水師來說，完全失去約束。當然，皇帝可以高於制度之上，只是依循制度較便宜統治。

3.官弁的挑選

在水師官弁選材短缺的情況之下，清廷在官弁職缺的任用上，已捉襟見肘。雖然如此，對官弁的挑選，還是多有挑剔。例如將領的挑選，也有籍貫的南北差異，大部分人認為，北方人不擅駕馭帆舡，亦不黯水性，南方人從事與海洋相關的職業較多，因此熟悉與海洋相關的技能，如操舟、游泳、對海域的了解等等，在客觀條件上即比北方人佔優勢。以福建地區來看（表3-3），擔任水師提督者幾近南方人，雖有北方各省人員，惟人數不多，地域觀念顯然已經呈現。另外從水師官員的調任上，也可看出大部分被徵詢的官員，同樣具有地域觀。雍正詢問李衛（？-1738）任用水師將領的意見，時任直隸總督李衛奏：

> 蒙皇上以江南副將李漣是否克勝溫州總兵之任，詢問及臣，臣遵查李漣老成勤謹，歷練營務，但係北方之人，未嫻水師，臣實未敢深信其人，查有陳倫烱世習水師，歷任有年，前因臺灣要地不便移動，今思水師總兵原難多得，若閩省欲求一好副將，轉移之間諒不至於乏人。[37]

---

35 《軍機處檔摺件》，文獻編號048867號，兩廣總督蔣攸銛，〈閩浙水師總兵人員皆不勝提督之臣〉，嘉慶21年8月。
36 錢實甫編，《清代職官年表》第三冊（北京：中華書局，1980），頁2534。
37 〈國史館本傳‧陳倫烱〉，收於李桓等編，《國朝耆獻類徵選編》（臺北：文海出版社，1985），頁710。

雍正本來屬意李漣調任溫州鎮總兵，並詢問李衛意見，但李衛的回答只因李漣是北方人，對水師較不熟悉，即而否定他，並推薦籍隸福建同安的陳倫炯來擔任此職。陳倫炯本為臺灣鎮總兵，因事被降為副將，惟李衛還是舉薦他，顯見李衛對於沿海地區的將領較有認同感。乾隆十三年（1748），福建水師提督懸缺，但閩浙總督喀爾吉善還是推薦在擔任浙江提督任內，因事被降級留用的陳倫炯擔任水師提督，[38]雖然提案最終乾隆沒採納，卻可看出水師將領人員的缺乏之迫切，以致剛被降級之將領也被列為舉薦人選。

嘉慶二十一年（1816），廣東水師提督出缺簡放，但廣東三位有資格擔任水師提督的水師總兵資歷尚淺，無法勝任，閩浙各鎮總兵情況，經兩廣總督蔣攸銛查閱後亦認為皆不適任，所以只好請皇帝裁示。[39]道光七年（1827），兩廣總督李鴻賓（1767-1845）提報轄下有一水師總兵官缺，但查核該省可陞遷的副將，卻無法遴選足堪擔任總兵官之官弁，因為其轄區副將不是生病就是年紀超過六十歲，無法找到適合人員。[40]水師官員的任用，挑選不易，困難度高。

水師提督貴為封疆大吏，理應從科舉中選補，但人材的短缺，不得不從行伍中提拔，有清一代，從行伍陞至水師提督者亦不在少數，[41]福建與廣東兩省皆在四成上下，比率極高，如再扣除，非舉人、進士者，其比率幾佔八成上下，顯見透過科舉一途而擔任水師提督者並不多。但歷朝皇帝對陞任水師提督者是否具有功名，則不以為意，只要表現良好，即可陞遷。從康熙與陳璸（1656-1718）的對話可更清楚的了解康熙的想法。

---

38 〈國史館本傳‧陳倫炯〉，收於李桓等編，《國朝耆獻類徵選編》，頁713-714。
39 《軍機處檔摺件》，文獻編號048867號，兩廣總督蔣攸銛，〈閩浙水師總兵人員皆不勝提督之臣〉，嘉慶21年8月。
40 《軍機處檔摺件》，文獻編號057868號，兩廣總督李鴻賓，〈廣東水師副將現無堪勝總兵人員摺〉，道光7年11月。
41 福建水師提督一共56任，扣除重覆者四人，共52人，由行伍晉升者有21人，佔40.3%。廣東水師提督一共31任，扣除重覆者2人4任，共27人，由行伍晉升者有7人，佔25.9%。（唯有7人尚未得知出身狀況，這7人出身行伍的機率高，如加入計算，即佔51.8%）由表3-3、3-4整理。

康熙問：「臺灣總兵姚堂何如」？奏：「做官甚好，約束士兵最嚴」。
上云：「漢仗好、弓馬好；他做古北口游擊時，朕知。他昨任滿，就要陞
他。因汝來了，地方無人彈壓，所以再留他」。奏：「聖鑒甚明，果然漢
仗好、弓馬好。臣與共事三年，深知道」。[42]從君臣間的對話中了解，康
熙對於該員的表現是重視其能力，而不是以其是否為正途出身，來做為任
官的考量。即使到了乾隆朝，乾隆重視的亦是官員的水師技藝，而不是注
重他們的出身。給軍機大臣的諭旨中載：

> 各省水師總兵，有巡查洋面，訓練舟師之責，必須熟諳海洋沙
> 線，通曉會哨巡防，方於水師營伍有益，不可不豫為甄錄，以備
> 擢用。江南京口協副將金彪、太湖協副將袁秉誠、福建閩安協副
> 將顏鳴皋、廣東龍門協副將藍元枚、俱係歷任水師之員。著傳諭
> 各該督，確覈各該副將年力才具若何？是否能於海疆諳習？如有
> 能堪水師總兵之任者，著即行出具切實考語、送部引見，或此外
> 有將來可備選用者，亦准保送。[43]

是否熟悉海疆即成為水師高級將領的任用標準，也成為皇帝選用人員的重
要考量。當然，除了熟悉海疆之外，官員的年紀也是審核重點。出洋巡
防不比陸地，所以年輕者體力好，機會自然高。然而，對不諳水師的武
弁，即強制他們轉調陸路。如乾隆十二年（1755），海壇鎮總兵袁政，
任官21年皆任職陸師及旗營，調任水師之後對風信、船務等項不熟稔，
甚至於對巡洋會哨有畏懼情況，因此閩浙總督喀爾吉善希冀將袁政調往陸
師。[44]此項建議也得到兵部及乾隆的認可。

---

[42] （清）丁宗洛，《陳清端公年譜》（臺北：臺灣銀行經濟研究室，1964），卷下，頁
86。

[43] 《高宗純皇帝實錄》，卷920，乾隆37年11月癸卯，頁333-2。

[44] 《軍機處檔摺件》，文獻編號000680號，閩浙總督喀爾吉善，〈閩海壇鎮水營總兵袁政
不諳水師請調陸路由〉，乾隆12年。

（二）士兵的招募

1.招募對象與方式

水師的性質不同於陸師，可招募的人員不比陸師多，選擇的對象更為局限。在招募時，是否要考慮行業問題？這些人員素質是否合乎要求？由誰負責招募？這是本節探討的重點。

在行業的選擇方面，浙江巡撫秦世禎（順治十一年任浙江巡撫）認為，招募水師人員以擅操舟的漁民為主要對象。從〈議招募水軍〉中可了解其看法：

> 職稽沿海衛所，每所置海艦十隻，每船軍百名，其注備載會典。
> 然戰士必用精勇客兵，駕船蹈海，鼓柁揚艣，非土著漁人熟識海
> 道者，不可以充水軍也。近年以來，浙省與蘇松造船無多，每用
> 營兵□舟，間有不識水道者，致多失利，關係匪細。此後造成大
> 小戰船，責成道將挑選本處漁人，凡慣習水性、不畏風濤、出入
> 海洋如履平地者，方准應募。倘仍因循誤用，罪有所歸，又當嚴
> 飭者也。伏候聖裁。**45**

秦世禎認為，選擇戰士應該找他省的兵，水師則應該找當地漁夫。漁民熟悉海道、擅操舟、習水性等條件，對海域的了解勝於他人，因此招募漁民任士兵則是重要的訣竅。另一位江寧巡撫土國寶（？-1651；順治二年至八年擔任）亦持相同的看法，他認為：

> 竊謂水䑸創於浙閩，江南原不多見，即諳於操舟者，亦不多得。
> 故必素識海道、熟演海舟之人，方能轉篷折戧。蓋因水䑸高大，
> 十倍沙船，若以中國水兵用之，船與人不相宜也。即以沙船水師

---

45 《南明史料》，頁365，浙江巡撫秦世禎揭帖；《明清史料》，己卷，第2冊，順治11年5月，頁180。

用之，風波一起，手足無措。小舟之行於邊海，與巨艦之行於大
洋，又不同也。[46]

　　王國寶也認為，水師人員必須具備擅操舟、熟水道的基本技能，但他更深
邃了解，航行於沿海或內河，與外洋是不同的，亦即是操作沙船[47]與操作
巨艦[48]不同，會操作沙船者不一定會操作巨艦。因為外海航行，還需了解
海象、氣候、洋流等狀況，決非內河航行可比。因此選擇水師，內河與外
海還是要有所區別。《兵法備遺》載：「水兵須擇，久習風濤、久近水，
漁人充之」。[49]因此，漁民即成為水師士兵招募的第一選擇。

　　對於如何辨別招募人員之優劣，浙閩總督高其倬（？-1738：雍正三
年至八年任）對招募水師的對象，有相當的經驗。奏摺載：

　　　福建水師士兵內，頗有不諳水務之人。千、把多係中等，將備亦
　　　然。浙江水師，與福建相仿，而本領更覺不及。臣細訪眾論，大
　　　概熟悉水師之人，內有三等。其最高者，不但本處海洋情形，無
　　　不熟知，即各處港口之寬狹，沙線之有無，何處外洋島澳是洋盜
　　　寄泊取水之所，何等日色雲氣是將作颶颶回瀾之候，因其熟極，
　　　故能生巧，實於巡防有益，此為第一等。其次或熟知數處情形，
　　　或熟知本處情形，此第二等。又其次者，於本處情形，亦知大
　　　概，在船不暈，能上下跳動，運使器械，此為第三等。其僅不甚
　　　暈吐，只坐艙內，不能上下跳動，運使器械者此種不過充備人數
　　　而已。現在閩浙水師將弁士兵之中，如第一等者，或一營之中竟
　　　無其人，或僅有二三人，而年近老邁，筋力就衰者居半，所有之

---

[46] 《南明史料》，頁143，江寧巡撫王國寶揭帖。
[47] 沙船為平底，只能航行於內河及沿海地區，分布地點為長江口岸以北區域。
[48] 這裡的巨艦指外海戰船，船底尖型，可航行於外海。惟外海戰船樣式眾多並非都是巨
　　艦，也不一定都比沙船高大，巨艦用詞有誤導之慮。
[49] 佚名，《兵法備遺》，頁466。

好者次好者，不過第二等第三等之人。**50**

高其倬將水師士兵分成三等，他認爲現在閩浙各營的水師，有第一等技藝
者，部分水師營甚至連一人都沒有，即使有也是年老之人。現今大部分的
水師官弁都是二、三等。可見在雍正朝時期，水師官弁即開始青黃不接，
這是用人方面的危機，因此，現在要招募的人是以第一等人員爲主。除了
缺乏第一等士兵之外，很多士兵甚至連水性都不熟悉，對操舟更毋遑論。

雍正四年（1726），福建巡撫毛文銓（雍正三年至四年擔任）對於
水師士兵的任用，亦提出看法：

> 凡武臣自水陸提督以及各鎮以下，多屬本地之人，其內外遠近之
> 親，自甲及乙，輾轉蔓延，不可勝數，倚草附木，羣相固結。臣
> 愚以閩省爲反側不常之地，防微杜漸，當在平時。臣請嗣後用武
> 臣，除水師固不能不取熟識水性者，不妨多用數員。其餘陸路，
> 宜揀選北五省之人補用，遏爭鬭之源而絕黨惡之患，皆寓於此，實
> 不僅遊手好閒者無所倚賴而已也，再如臺灣一府，與中國相爲表
> 裏，關係非輕。**51**

毛文銓認爲，官弁向來藉由地利、人和之便，上下其手者時有所聞，自當
防杜未然。然而，陸路官弁可以由他省官弁取代，水師官弁因礙於水師技
藝問題，無法實行此法，因此水師招募對象還是以當地人爲主。福建水
師提督林君陞認爲：「身爲水師士卒，若猶不熟水性，即是不思報答之
人」。**52**熟悉水性即是身爲水師將領的唯一標準，這個準則也就成爲他們

---

50 （清）高其倬，〈操練水師疏〉，收於賀長齡，《清經世文編》（北京：中華書局，
　　1992，思補樓重校影印），卷83，〈兵政〉14，〈海防上〉，雍正3年，頁48a-48b。
51 （清）毛文銓，〈福建水師積習疏〉，收於賀長齡，《清經世文編》，卷83，〈兵政〉
　　14，〈海防上〉，雍正4年，頁51b。
52 （清）林君陞，《舟師繩墨》，頁4b。

尋找士兵的重要依據。具有這些技藝之人，人部分都是沿海居民，這些居民與同樣來自沿海地區的將領，或多或少皆有熟識，自然會讓朝廷聯想到他們可能會相互謀利。但此事恐難避免，所以難以約束。

綠營水師的兵源，在清朝初期，主要以明朝降兵爲主，其中又以鄭氏集團人員最多。[53]但時間一久，老兵逐漸凋零，必須招募新人。招募後的綠營軍隊編制有三種，終身制、土著制、餘丁制。[54]惟陸師與水師不同，水師成員更局限於沿海地區，要招募足夠的兵源有其困難性。因此招募水師士兵的責任基本上都委由各地長官自行辦理。浙江巡撫阮元（1746-1849）在招募士兵過程中，一發現熟識水道者即著爲納用。如「任昭才，鄞人，善泅海，余撫浙治水師時，募用之。昭才入海底，能數時之久，行數十里之遠。……余命昭才入水師，食兵餉，擢爲武弁，以病卒於官」。[55]任昭才因熟悉水性，爲阮元所提拔之，並累積軍功，由士兵晉陞爲軍官。

2.招募地點

水師士兵的招募，在何處可以招募到需要的人才？這是負責招募官員必須認眞思考的事情。招募士兵最重要的法則，是以具備相關技能的人員爲主。招募地點以沿海地區爲優先，因爲沿海地區居民具備此才能的人相對較多。另外，招募水師的人員雖然以漁民爲優先，但並非是第一考量。如果漁民只是會駕船而不會使用武器與敵軍對陣，那招募這些人員的益處並不大，對巡洋、捕盜的幫助也有限，反而會讓他們身陷危機之中。明朝時期何汝賓對招募優良水師士兵也有獨特的看法，他認爲：

---

53 據《世祖章皇帝實錄》，卷32，順治4年6月己丑，載：鄭芝龍此間投降清廷人員，大小官291員、馬步兵110,000人。雖然文中載爲馬步兵，但可以了解的是鄭氏軍隊大部分具備水師技能，因爲這些士兵幾乎來自於福建沿海，熟悉海洋。

54 終身制：士兵一經入伍，即編入兵籍，成爲職業軍人，終身不能更動。
土著制：綠營士兵一律招募本地人充任，不得由外來無固定籍貫的人充當。
餘丁制：士兵的升級，按守兵升步兵，步兵升馬兵，馬兵升額外外委把總。
參閱中國軍事史編寫組，《中國歷代軍事制度》，頁499-500。

55 （清）阮元，〈記任昭才〉，收於賀長齡編，《清經世文編》，卷83，〈兵政〉14，〈海防上〉，光緒12年，頁75a-75b。

平日選水兵，必于海洋，大風浪中試，其不吐浪，而年又精壯，力能提三百勁鐵者方收。補水兵固以慣習風濤為能充，尤以善攻戰為要，諸色軍火器械技藝皆當訓熟，無致臨敵周章。自捕盜而下有隊長，束兵，合以第一隊專習鳥銃，二隊專習佛狼機、百子銃、大發熕，三隊專習火箭、火磚、噴筒等項，四隊專習長鎗、鉤鐮，五隊專習藤牌、弓矢等器，其船小者，以次遞減，務要各司一器。演習、比試，生疏者革退，捕隊哨官連坐細打。[56]

何汝賓的要求更加專業，他認為每位水師士兵必需專司其職，並將自己該具備的技能訓練妥當，如此分工，才能在兩軍對陣時發揮最大效能。羅郎丘也認為，水師人員的挑選也並不完全以熟識水性者為佳，反而要各方兼顧，其云：

水師宜兼練陸兵也，吳淞新募水營三千名，原係本地人民，雖能操舟制舵，實非勁勇。經行陣者，緩急難以衝鋒。若臨敵時方調陸兵登舟，則兩不相習，非萬全之道。臣謂：凡一戰船用新募水兵什之三，即宜兼用舊伍陸兵什之六。其陸兵應於各營挑選精銳、技勇，久歷行陣者，總屬水師將官管領，一同在船，常川演練，則破浪衝鋒兼有其長，而滅賊不難矣。[57]

羅郎丘認為招募當地人擔任水師士兵，雖能操舟，但他們卻不是優秀的戰士，因此，無論招募地點或對象上，各個官員都有他們不同的看法，甚至有些轉任水師提督的將領，即就近從其原任處攜兵前往，這樣的情況於明朝戚繼光時期即已施行。

---

56 （明）何汝賓，《兵錄》14卷，卷10，頁3a-3b，中國科學院圖書館藏，明崇禎刻本。
57 〈戶部書交羅郎丘等題本〉，《鄭氏史料續編》（南投：臺灣省文獻委員會，1995），頁361。

　　雖然何汝賓及羅郎丘皆認為，招募水師的條件應著重在技能方面，但有這樣條件的人是否願意擔任水師，那可不一定了。因此，與其找尋有技能之人，倒不如募集沿海人員再行訓練，如此將更符合實際。因此清初的水師招募都於沿海地區實施。

　　康熙初年，福建沿海各地招募水兵，當時，漳州府詔安人何國舉，接受招募擔任水兵，此後因平臺有功，累計功績封左都督，[58]可見由沿海的人來擔任水師，還是最重要的選項。這可從相關清朝將領或軍事家之中，看到相同的論述。薛傳源認為沿海居民最為合適：「土著最為有濟，調遣客兵每易騷擾，備詳其說於訓練門，故不另綴」。[59]如從他省找來士兵，會產生多種問題。[60]

　　除了招募之外，清朝的相關將領與戚繼光持同樣的想法，帶領原任官弁直接就任。王之鼎提出從他處直接帶赴就任的建議，他認為，自己所帶領的人，都是熟識者，只要他們願意學習，在訓練之後即可擔任水師，因此跟朝廷報備：「京口兵有願移福建效力者，請以一千名支給銀糧隨征」。[61]其提出之建議得到部議，從之。接替王之鼎接任福建水師提督的萬正色，在調任時，亦率其嶽州的士兵至福建任職。[62]康熙五十一年間（1712），擔任福建水師提督施世驃（1667-1721），在招募水師人才時說到，他在擔任定海總兵、廣東提督期間，除了帶領部分士兵赴任之外，

58　《明清史料》，戊卷，第1冊，頁100。福建布政使德舒，〈詔安縣冊報部單有名拖沙喇哈番世職何國舉〉，乾隆18年1月。

59　（清）薛傳源，《防海備覽》10卷，〈凡例〉，嘉慶16年，頁2b。

60　招募他省的士兵會產生多種問題，第一，駕船技術的訓練：如果士兵不是從事漁業，那對駕船來講一定是非常陌生，必須花很多時間教導他們熟悉船舶的各種操作。第二，是否可以克服海上風浪：每個人的體質不同，並不是人人都可以長期待在海上，如是新手，也必須有一段很長的時間適應，況且是否達到要求，則有待商榷。第三，語言的問題：水師將領及士兵基本上都是來自沿海各省，大部分士兵皆來自下層階級，目不識丁，溝通的方式更以當地方言為主，如招募他省人員，則溝通更為不易，勢必花更多的時間培養默契。

61　王之鼎，原任京口將軍，康熙17年，調任福建水師提督。〈國史館本傳‧王之鼎〉，收於李桓等編，《國朝耆獻類徵選編》（臺北：文海出版社，1985），頁338。

62　〈國史館本傳‧萬正色〉，收於李桓等編，《國朝耆獻類徵選編》，頁548。

在招募水師士兵時，他都選擇回到福建招募水師士兵。[63]康熙皇帝對其招募情況亦表認同。

　　除了可以在福建招募、以及將領自己所屬士兵之外，嚴如熤認為，相關沿海地區人員的素質亦佳，如招募崇明、上海、太倉之沙民；寶山、南匯、象山、鄞縣之亭民、漁戶，淮海各場之私販；廣東東莞烏槽船子弟；潮州之鄉夫等。[64]因此，東南沿海一帶，即為水師招募的主要地點。即使遠在盛京地區水師營，也委託廣東官員，代其招募水師士兵。[65]道光年間，水師士兵的招募的地點還是以福建為首選，陳文說：

> ……添僱鄉勇，陸路則本地之人可用，若水路用舡，似宜閩人較為
> 得力，閩舡水手抽撥之外，尚恐不敷，查上海縣城外，天后宮西，
> 皆閩人所居，其中不乏材勇及善于摻舟之人，似可選用……。[66]

閩人聚居天后宮之西，因為他們航海來，進而定居。他們未必商、未必漁，但陳文等人深信只要是閩人，便容易訓練成適海的人。

　　在沿海地區雖然可以找到適合操舟之人擔任水師，但在戰爭時期，人手不夠之際，地方官弁即找來漁、商船水手臨時充當。乾隆年間，就有沿海口岸的水路巡防任務，雇請民船、招募民夫晝夜巡防的情形。[67]即然可以雇請他人操船，亦得到認可，旋即部分水師官弁建議，水師操船的工作可委由居民充任。但這樣一來，水師士兵即只管作戰，不懂操船，這將呈

---

63 《宮中檔康熙朝奏摺》，第4輯，福建水師提督施世驃奏，〈奏陳添補閩省水師各士兵〉，康熙51年12月28日，頁108。

64 （清）嚴如熤，〈沿海團練說〉，收於賀長齡編，《清經世文編》（北京：中華書局，1992），卷83，〈兵政〉14，〈海防上〉，頁32b-33a。

65 〈戶部為遵旨會議奉天洋面防捕事宜〉，戶部，移會，第195000-001號。中央研究院歷史語言研究所傅斯年圖書館藏。

66 （清）陳文，〈江蘇防夷管見四條〉《夷匪犯境聞見錄》，《和刻本明清資料集》（東京：汲古書院，昭和49年）卷1，頁34b。陳文，道光22年，任安徽繁昌縣知縣。

67 《明清史料》，戊卷，第5冊，頁457。閩浙總督覺羅伍拉納題奏，〈閩浙總督為遵駁刪除軍需用銀事〉，乾隆60年3月22日。

現很大的疏漏。嘉慶引用乾隆的想法告戒臣子：

> 出海巡哨，又何須別資舵工，乃近來該弁兵等，於操駕事宜，全
> 不熟習，遇放洋之時，仍係另行雇募，此等舵工，技藝高下迥
> 殊，其雇值亦貴賤懸絕。向來各省商船，俱不惜重價雇募。能致
> 得力舵工，至士兵等出貲轉雇，價值有限，往往合該士兵等數名
> 分例，亦僅得次等舵工，是名為舟師，實不諳習水務，又豈能責
> 其上緊緝捕乎。若水師不能操舟，即如馬兵不能乘騎，豈非笑
> 談。戰船出沒風濤，呼吸之間，一船生命所繫，若非操駕得力，
> 有恃無恐，焉能追馼如意。此於水師捕務，關繫不淺，嗣後著沿
> 海各督撫均作通飭所管舟師，勒期訓練，務令弁兵等於轉帆捩舵
> 折戲駕駛，及泅水出沒各技藝，人人嫻習，擇其最優者派令充當
> 舵工，專管操駕，如果超眾出力，以一兵而收數兵之效，念其所
> 得分例有限，又何妨即以把總超拔，優給糧餉。儻能屢次出洋，
> 加倍勤奮，於本船緝捕有效，並著該督撫據實奏聞，自必隨時施
> 恩升擢。如此明示獎勵，則水師弁兵，豈不人人踴躍，奮勉爭
> 先，更可收得人之效。該督撫等務當實力奉行，酌量妥辦具奏，
> 以期水師營伍日有起色，綏靖海洋，將此各傳諭知之。[68]

水師聘請舵工操駕戰船時來有至，但水師士兵本身也必需要具備相關的操
舟技藝才行，水師戰船的操駕不能一直依賴民工。乾隆知道許多福建沿海
居民皆以擔任商船舵工為業，不從事水師，如果要讓這些人加入水師，勢
必要給予更多的誘因。否則，即使轉任者，亦非上上人選。況且，商船的
舵工薪資高於水師士兵，而水師士兵的工作危險性高，因此想轉任者並不
多。乾隆了解箇中原因，並傳諭執行，但事實上結果並不如乾隆所想。
　　由此可見，各官弁對於水師人員的任用及徵才地點各有見解，但最終

68　《仁宗睿皇帝實錄》，卷162，嘉慶11年6月己卯，頁96-2-97-1。

目標還是一致，然而，朝廷在這方面也給予官弁很大的權限，各官弁可以
自行評估選才任用，只要達成應盡義務，朝廷對此都採取寬鬆態度，也因
為如此，清朝在水師官弁選才上，一直無法創設一套培養官弁的規則，提
供水師人才。

（三）水師的訓練

  兵不在眾而在精，熟稔的技藝得以一人抵擋數十人。清朝籌設水師
學堂是於光緒六年（1880）由李鴻章奏准，設置於天津。李鴻章知悉：
「外洋本為敵國，專以兵力強弱角勝，彼之軍械強於我、技藝精於我，
即暫勝必終敗，敵從海道內犯，自須亟練水師，惟各國皆係島夷，以水為
家，船礮精練已久，非中國水師所能驟」。[69]清朝的水師已經落後外國一
大截，如不急起直追恐將更難超越，這也是當時李鴻章的看法。

  水師學堂尚未設立之前，清廷並沒有專設培養水師人員的機構，即使
是科舉考試，亦沒有專門測試水師技藝的術科考試。在中央的人才培育尚
未建置的情況之下，人員的任用上就只能由各地主官自行挑選報部任用。
惟此種方式是否能夠招募熟悉水師事務之人，尚有待討論。再者，在挑選
過程中是依照何種方式進行，也是一個很重要的課題，因為士兵的素質如
果良莠不齊，會直接影響到水師的戰力。如果這方面的條件都無法達成的
情況下，就必須將招募的水師進行妥善訓練。如何訓練？訓練的方式內容
為何？訓練過後他們必須執行何種任務？為本節討論的重點。

  水師訓練著重在操舟、戰鬥、團隊合作、武器的保養。這四種訓練，
尤以操舟為要，禦敵次之。何汝賓認為，惟善操舟然後能禦敵也，如有
戰技而無操舟之力，又如何能禦敵。[70]學會操舟是水師的首要訓練，船舶
尤如陸師戰馬，不熟稔操舟，即如陸師不會騎馬一般。船舶上舵工各司
職掌，這些人員是控制船隻的靈魂所在，誠如林君陞所言：「……舵、

---

69 （清）丁日昌，〈覆奏海防條議〉，《海防要覽》，《中國兵書集成》卷下，光緒10
 年，頁1a-1b。
70 （明）何汝賓，《兵錄》14卷，卷10，〈水攻總說〉，頁1b。

綹、門、椇，千金之戰艦所繫，一船之身命所關[71]……」。他認爲操舟不精練，將會危及船員生命安全，因爲船在大洋航行，波浪險峻，不比陸上，需謹愼小心。如果舵工不能操舟，更不用說遇到敵人後的爭戰了。然而，只會操舟而不會戰技，那將會爲自己帶來災難，猶如漁、商船遇到海寇，毫無抵抗能力一樣。最好的方式，是三方並重，因爲：「水師訓練，兵卒事多且精，使之升桅則如猱之捷，使之泅水則如鳧之安，使之操礮、演槍，則必如由基之射，一繩一索考據精詳，一樌一帆體用明習，此水陸兵卒技能之不同也」。[72]這三項訓練課程是缺一不可的，一定要多管齊下，方爲一完整課程。雖然清廷體認到水師技藝的重要性，但浙、閩、粵三省官兵技藝還是參差不齊，雍正六年（1728）：「因浙江水師技藝生疏，乃於福建水師中，擇精練之兵，赴浙江教練」。[73]石雲倬在〈教習水師疏〉中載：

> 竊查浙省陸路士兵，既不若陝西之精銳，其水師士卒，又不如福建之純熟。故水陸各營，未嘗無兵，而不得其用。我皇上洞悉情形，曾降諭旨，令陝西督臣岳鍾琪，就陝省各標，挑選弓馬嫻熟之兵一百名，發至浙省，俾臣分發各營教習。自上年十月，派往各營去後，不數月間，陸路士兵，人人學習馬步騎射，漸次可觀，是浙省陸路之兵，已不患無起色矣。但水師士卒，仍舊生真，爲今之計，應請照上年派發西兵教習陸營之例，就閩省揀選熟悉洋面之水兵五十名，於浙江水師十二營內，每營分發三四名。[74]

---

[71]　（清）林君陞，《舟師繩墨》，頁2a。
[72]　（清）馬建忠，《適可齋記言記行》，《續修四庫全書》（上海：上海古籍出版社，1995），〈記言〉，卷3，頁8b。
[73]　（清）趙爾巽，《清史稿》，〈志〉，卷135，〈志〉110，〈兵〉6，〈水師〉，頁3983。
[74]　（清）石雲倬，〈教習水師疏〉，收於賀長齡編，《清經世文編》，卷83，〈兵政〉14，〈海防上〉，頁50a。

清廷從他省調派精兵，至營弁戰技較弱之處教習技藝行之有年，初期以陸師爲主，此後水師部隊亦效法。

浙江設置水師提督時間只有十二年（見表3-2），長期無水師將領督促，難免武弁荒廢，以至於在這三省中，浙江的水師人員技藝較不熟稔，因此才經由福建地區挑選水師技藝精良者赴浙江教習。有熟稔的水師技藝，除了保家衛國之外，在戰陣之中，也是保護自己的最佳防護。林君陞認爲：「水師技藝不是答應官府的公事，係爾官兵保身立功，自己貼肉的勾當。你若舵、繚、鬥、椗，平日學習十分，到不測時用得五分，亦可保全；若用得八分，已可萬全無患」。[75]只要技藝精湛，即能保護國家跟自己。然而，除了浙江招募的士兵技藝不熟稔之外，吳淞地區新招募的士兵也出現相同的情況，只能操舟，而無法作戰。[76]吳淞地區問題的嚴重性，似乎不亞於浙江地區，水師士兵雖然會操舟但卻不會作戰，一旦遭遇到敵人之後，便無法與敵軍對陣，如此水師軍容，豈不可笑。

水師士兵招募後，所需要訓練的課程，內容包含舵、繚、鬥、椗，及一切桿棋的操作使用，但平時戰船都在巡洋，因此無法提供戰船供水師進行訓練之用，因此林君陞就找來腳船（三板船）做爲訓練之用。但此船沒有桅桿，無法訓練調戲，所以在此三板船上加裝桅桿進行訓練，在訓練過程中如表現良好，士兵及官員皆可因而得到陞官的機會。[77]

除了自身的技藝之外，團隊操演也是重要的項目。其目的則是考驗指揮者的指揮能力，以及官弁對戰術下達的執行力，與團結合作能力是否能達到要求。自身技藝的精良，目的在保全自身，但團隊合作是否配合的宜，則關係勝敗與否，山東登州鎮總兵寶璸奏：

> 臣前往水師東南二汛考驗水操，官兵駕駛戰船，對陣迎敵，俱屬

---

[75] （清）林君陞，《舟師繩墨》，頁3a-3b。

[76] 《南明史料》，卷4，〈江南常鎮兵備道胡亶奏本〉，頁445。

[77] 《軍機處檔摺件》，文獻編號008289號，廣東提督林君陞奏，〈操練水師之法則〉，乾隆17年3月28日。

如法。惟東汛六號戰船，旋轉稍遲，南汛船中，鎗礮賒慢。當將
配船弁兵，嚴加訓飭。至誠驗火箭、火罐、噴筒，均各合式，著
有成效，其軍裝器械，亦俱完固。伏思水師一營，全以通習水性
為要，臣昨歲五月內，閱看北汛及南東二汛時，令各屬員弁，教
演士兵學習。茲閱看船操後，考驗水操技藝。已據北汛練有三十
名、東汛十八、南汛十六，俱能於深水中，對舞刀牌，施放火
器，隨俱各獎賞，并令演練，毋致疏懈得旨覽奏俱悉。[78]

水師最重操舟與船上武器操練，操舟與武器操練是否熟稔關係到戰陣勝
敗，水師的訓練平時就包含這些課程，但為了掌握水師技藝是否達到要
求，平時亦會安排實際操作，以驗收成效，再針對缺點進行改正。如廣東
地區的洋面操練，在提督童鎮陞的帶領之下，完成操練任務。[79]

　　福建地區的操演與山東地區相同，喀爾吉善的奏摺中有詳細記載。訓
練的科目有、大小戰船必需分股交叉往來、折戧俱覺整齊、將備的指揮
與舵手的收放是否一致，有無其他戰船無法依照操練科目進行，另外，
士兵的各項操船技藝，包括爬桅、調戧等，以及武器的演放，是否達到
要求。[80]在操練時，各封疆大員必需輪流派遣人員進行，「廣州將軍、
總督、巡撫、提督各標，每標備哨船十隻，按季輪派官兵，併於附近水
師內酌派舵手教習，配船游巡，遇有失事，游巡官照地方失事專汛例辦
理」。[81]

　　即便是八旗水師，也都必需學習相關的水師陣式技巧，[82]綠營水師與
八旗水師組成的人員雖不同，但戰術一致，則不致可否。即便是，在京水

---

[78] 《高宗純皇帝實錄》，卷911，乾隆37年6月癸巳，頁210-1-210-2。

[79] 《宮中檔嘉慶朝奏摺》，文獻編號，404017273，嘉慶19年12月18日。

[80] 《宮中檔乾隆朝奏摺》，第6輯，頁660。閩浙總督喀爾吉善，〈奏報巡閱水師操演情形
摺〉，乾隆18年11月05日。

[81] （清）托津，《欽定大清會典事例・嘉慶朝》，卷510，〈綠營處分例〉，〈外海巡
防〉，頁18a-18b。

[82] 《高宗純皇帝實錄》，卷826，乾隆34年1月辛卯，頁6-1-6-2。

師旗營的訓練課程亦都相同，唯一不同的只是訓練時間。如：

> 八旗水師操防之暑，練習於四時，其出洋信侯，直省不同，每歲春
> 秋季月或夏秋之季，遇潮平風正日，乘戰艦列陣，張騶馭風，鳴
> 角發礮，具如軍律。將軍、都統、副都統親臨校視，綠旗水師訓練
> 亦如之，駐防將軍、都統、副都統，訓練八旗弁卒及演礮，如京營
> 之制。[83]

各地風信、洋流不同，在京八旗水師訓練時間自然異於直省。操練時候，
高階將領理當親自督察，驗收成果。無論是綠營水師、八旗水師、內河水
師，甚至是在京水師，他們訓練戰術情況皆大同小異。

在裝備的保養方面，也是平時訓練的重要課程之一。武器必須隨時檢
驗，妥善保存，戰時方能使用。何汝賓認為：

> 水兵平日必須檢點在舡器具，各照，派定武藝，每日一次，看驗
> 損否。火藥遇天晴，五日一曬，收藏乾燥避火之處。如臨敵并放
> 銃，尤須加謹防火星爆入舟中，貽患匪細。倘有失誤，管藥兵夫
> 軍法施行。其鎗、刀、鐵器半月一磨，遮蔽風雨，收磨不如法，
> 頭目連坐。至於斧口石、大擂石，每舡務足若干，八分放在舡底，
> 二分放在舡面，用過即補，不補者究治。[84]

武器是軍人的第二生命，有鋒利的武器設備，才能與敵人相互抗衡，因此
武器的操作與保養絲毫馬虎不得，必需要依規定辦理，方能克敵制勝。

---

[83] （清）來保，《欽定大清通禮》《景印文淵閣四庫全書》，（臺北：臺灣商務印書館，
1983），卷39，〈軍禮〉，頁16a。

[84] （明）何汝賓，《兵錄》14卷，卷10，頁3b-4a。

二、俸餉與津貼

（一）軍官正俸

　　俸餉是政府發給之銀、米，包括正俸、恩俸、養廉、津貼等項。俸餉制度確立於順治、康熙朝，至乾隆中葉才漸趨完備。[85]清軍的水師軍餉制度基本上與陸師並無太大差別，八旗水師官兵的整體待遇高於同階級的綠營水師官兵。[86]

　　綠營官兵俸餉由戶部專管，各直省綠營官員應支俸、薪、馬乾、心紅紙張、蔬菜、米、豆、草折等銀，以及士兵糧餉及官兵本色米豆，並經各巡撫每年確估後再咨呈戶部。[87]綠營軍官的俸餉細目多，分爲俸銀、薪銀、蔬菜燭炭銀、心紅與紙張銀四種。[88]惟乾隆十八年（1753）以前，因各官加銜複雜，俸餉遂多有不同（見表4-1），此後刪除武職加銜後，改以品級支俸，隨俸支領俸銀、薪銀、蔬菜燭炭銀、心紅紙張銀。[89]（見表4-2）從武官俸餉來看，同一品級官員在乾隆十八年以後的俸餉明顯要比之前少，以提督層級爲例即短少一百一十四兩。然而，乾隆朝以前，提督的俸餉雖已達六百兩以上，但這樣的俸餉要支付日常生活的開銷還是稍嫌不足的，因此才會增加俸餉以外的各種細目。

---

[85] 邱心田、孔德騏著，《清代前期軍事史》收於《中國軍事通史》第16卷（北京：軍事科學出版社，1998），頁339。

[86] 張鐵牛、高曉星，《中國古代海軍史》（北京：解放軍出版社，2006年修定版），頁323。

[87] 羅爾綱，《綠營兵志》（北京：中華書局，1984），頁368。（清）伊桑阿，《大清會典・康熙朝》（臺北：文海出版社，1993），卷36。

[88] 俸銀是正祿，現稱本俸或底薪，因以年計，也稱年俸。
　　薪銀、蔬菜燭炭銀，現稱補助金或生活費。
　　心紅與紙張銀也就是特別津貼。

[89] （清）崑岡，《大清會典事例・光緒朝》（臺北：臺灣商務印書館，1966。），卷251，〈俸餉〉4，〈文武外官俸銀〉1，順治4年，頁959-2。

表4-1　順治至乾隆初綠營將領俸餉歲額　　　　單位：兩

官銜	品級	俸銀	薪銀	蔬菜燭炭銀	心紅紙張銀	案衣什物銀	合計
提督加左右都督銜	正一品	95.812	144	180	200	100	719.812
總兵加左右都督銜	正一品	95.812	144	140	160	60	599.812
總兵加都督同知銜	從一品	86.693	144	140	160	60	585.693
總兵加都督僉事銜	正二品	67.575	144	140	160	60	571.575
副將	從二品	53.457	144	72	108	50	427.457
參將	正三品	39.339	120	48	36	24	267.339
游擊	從三品	39.339	120	36	36	24	255.339
都司	從三品	39.339	120	18	24	16	217.339
守備	從四品	27.393	72	12	12	8	131.393
千總	從六品	14.964	33.036	無	無	無	48
把總	正七品	12.471	23.527	無	無	無	36

參考資料：陳鋒，《清代軍費研究》（湖北：武漢大學出版社，1992），頁102。羅爾綱，《綠營兵志》，頁342。

表4-2　乾隆以後綠營將領俸餉歲額　　　　單位：兩

官名	品級	俸銀	薪銀	蔬菜燭炭銀	心紅紙張銀	合計
提督	從一品	81.694	144	180	200	605.694
總兵	正二品	67.576	144	140	160	211.576
副將	從二品	53.458	144	72	108	377.458
參將	正三品	39.34	120	48	36	243.34
游擊	從三品	39.34	120	36	36	231.34
都司	正四品	27.394	72	18	24	141.394
守備	正五品	18.76	48	12	12	90.76
千總	從六品	14.965	33.035	無	無	48
把總	正七品	12.471	23.529	無	無	36

參考資料：陳鋒，《清代軍費研究》，頁103；明亮、納蘇泰，《欽定中樞政考》72卷（上海：上海古籍出版社，1997），〈綠營〉卷14，〈俸餉〉，頁6a-6b。

從表中可看出把總以上軍官皆可支領俸銀及薪銀，但六品千總以下的軍官則無法支領蔬菜燭炭銀及心紅紙張銀七品把總以下的的官弁可支領的薪餉更是少之又少。故朝廷爲了體恤下層幹部，增加了軍餉的支領。乾隆四十八年（1783），上諭：

> 廣東外委一項，向例陸路食馬糧一分、步糧一分：水師食步糧二分，今全行裁扣，每年賞給銀十八兩，作爲養廉未免稍形拮据，從前造報時，未將實在情形詳晰聲敘，殊屬疏忽，請將陸路外委原食馬糧一分，水師外委原食步糧一分，仍準支食。[90]

朝廷給予最基層官弁的俸餉確是微薄，即使已有增添，但仍是杯水車薪，很難吸引人才投入水師陣營。薪餉不足，官、弁、士兵生活難以接濟，因此，各種規費的收取即難以避免，各種弊端乃因應而生。

（二）士兵正俸

綠營士兵的薪水稱作餉，如以月計，亦稱月餉。綠營士兵因任務性質不同有多種級別分法，再依據他們級別支領薪餉。其薪餉的分類大致如下：第一類有馬兵、戰兵、守兵三種；第二類有馬兵、步兵、守兵三種；第三類有馬兵、戰兵、守兵、步兵四種。其區別在於馬兵有馬戰兵、戰兵無馬戰兵；守兵又分馬兵與步兵。[91]水師雖不騎馬，但同樣有馬、步、守軍之分，其中以馬兵的地位最高，步兵次之，守兵最低，遇有缺額，亦按此順序拔補。[92]不過，水師士兵應分水戰兵及水守兵，戰船上的水師士兵則爲水戰兵，防守城池、礮臺的水師士兵則爲水守兵。

順治十三年（1656），規定水師營內正舵捕盜，月給餉銀一兩八

---

90 （清）陳昌齊，〔道光〕《廣東通志》334卷（臺北：華文書局出版，1968，道光2年刻本），卷2，〈訓典〉2，頁76下。
91 陳鋒，《清代軍費研究》，頁109-110。
92 邱心田、孔德騏著，《清代前期軍事史》第16卷，頁339。

錢，水守兵一兩。[93]這與其他直省綠營兵餉按級別給餉大致相當。馬兵月給銀二兩，步兵一兩五錢，守兵一兩，皆月支米三斗，馬兵每人給馬一匹，春冬月支豆九斗，夏秋六斗草均三十束。[94]水師士兵薪餉並未特別優渥。朝廷除了支給月餉之外，亦會發給士兵紅白銀兩，此外，總督、巡撫、提督、總兵每年用過之數目必需造冊送戶部查覈。[95]士兵月餉支領由文職官員會同該管武將發放，其鎮、將駐劄之地方，就近責成道、府，會同監放，至於分防各州、縣、鄉，偏僻汛兵餉銀則令各汛弁會同各州、縣按冊散給。[96]

即便水師士兵有相關津貼，但生活仍是抓襟見肘，士兵端靠這些低薄的糧餉來維持家庭生活，還是相當辛苦。因此康熙五十二年（1713），朝廷下令：「山東水師營兵，千二百名每名月給銀一兩難以度日，今遴選五百名每月給銀一兩五錢」。[97]士兵糧餉雖有提高，但並不是每個士兵都享有如此待遇。另外，對於派駐在浙江地區的福建水師士兵由於具備專才，朝廷乃令其教導八旗水師士兵各種操船技術，並增加這些士兵的糧餉。雍正八年（1730）諭云：「浙江乍浦，新設水師兵所領錢糧，已每月加賞五錢，其內有綠旗兵，既令於滿營教習操練捕盜舵工等人，尤屬効力勤勞，每月應一例加賞餉銀五錢」。[98]增加的糧餉雖然不多，但也不無小補。比較特別的是臺灣地區的士兵，因屬外洋，所以有外洋加給，乾隆五十五年（1790）議准：「福建省臺灣、澎湖各營戍守士兵，於應得錢糧外，每名每月，加給餉銀四錢」。[99]此現象與現行兵役制度中的外島加

93 《大清會典則例・乾隆朝》180卷，卷52，〈戶部〉，頁827。（清）林焜熿，《金門志》（南投：臺灣省文獻委員會，1993）載：步戰兵、新戰兵，每名支銀1兩5錢。守兵每名支銀1兩，頁83。
94 《大清會典則例・乾隆朝》180卷（臺北：臺灣商務印書館，1983），〈戶部〉，卷52，頁826。
95 （清）明亮、納蘇泰，《欽定中樞政考》72卷，〈綠營〉卷14，〈俸餉〉，頁26a。
96 （清）明亮、納蘇泰，《欽定中樞政考》72卷，〈綠營〉卷14，〈俸餉〉，頁19a。
97 《大清會典則例・乾隆朝》180卷，卷52，〈戶部〉，頁830。
98 《大清會典則例・乾隆朝》180卷，卷52，〈戶部〉，頁834。
99 （清）崑岡，《大清會典事例・光緒朝》，卷256，〈俸餉〉9，〈各省兵餉〉2，乾隆55年，頁1030-1。

給有若異曲同工之妙。

　　士兵的另一收入即是糧，朝廷會按月發放糧食給士兵，產糧地區則給糧，不產糧或缺糧地區，則給折色銀。如浙江省乍浦、澉浦、海甯三營，添設水師兵一千兩百一十人，內除乍浦滿營移撥兵兩百人，仍食原支兵米外，其餘一千零一十人，每年所需要的米石，則由浙江省糧倉支付。**100** 就金門水師士兵而言，不論戰、守新兵，每人月支米折銀一錢五分、本色米一斗五升。惟左營撥防崇武、祥芝、深滬、黃崎等汛之兵二〇八人，月支本色米三斗；右營撥防圍頭汛兵三十五人，共月支本色米亦三斗。**101** 由此可見，即使任職於同一總兵麾下，但獲分配的米糧額數仍多寡不一，未成定制。

　　然而，有些地方物價高，士兵生活還是入不敷出，生活窮困。廣東地區對此則給予較優渥的條件，因為外海水師有巡查洋面之責，士兵歲支本色兵米不及一成，生計難免拮据，因此將化州、石城二處的穀石、碾米撥給水師，應如何支領，則交由該督、撫協調辦理。**102** 惟如此的措施，依然無法改善士兵生活，於是至雍正四年（1726）奏准：

> 廣東邊海之南澳鎮右營、澄海、海門、達濠等營，貯穀五千二百石，潮州鎮標三營、黃岡協、潮陽營共貯穀五千三百石，碣石鎮標三營、惠來、平海、大鵬等營貯穀六千二百石，提標五營貯穀五千石，督標並水師六營、肇慶城守營共貯穀七千石，計每兵一名存穀一石以備借貸，秋收免息徵還，其買穀動支羨餘銀，造倉運貯盤察交代均取結報部，侵那虧闕指名題參。**103**

---

100 （清）崑岡，《大清會典事例‧光緒朝》，卷258，〈俸餉〉11，〈各省兵餉〉4，道光25年，頁1049-1。

101 （清）林焜熿，《金門志》，卷5，頁83。

102 （清）陳昌齊，〔道光〕《廣東通志》334卷，卷2，〈訓典〉2，頁73下-74上。

103 《大清會典則例‧乾隆朝》180卷，卷40，〈戶部〉，頁578。

士兵所能獲得的米糧仍然不足，因此廣東地區採取了一個變通的方式，讓士兵可以借貸米糧，若能於秋天繳還，即可免收利息，如此士兵的生活得以稍解舒緩。此方式於乾隆二年（1737）奏准：「京口水師營戰船出洋巡哨，並無陸地兵可以抽撥，所有舵工應於建曠銀米[104]內撥給行糧，造入兵馬奏銷冊內彙報」。[105]士兵的糧餉非常有限，大部分的士兵都無法自給自足。相較於明朝軍隊，明朝的衛所軍月給米八斗，折算為銀則月四錢，有出海及守煙墩者，月給米一石，銀則月五錢。[106]清朝的士兵糧餉雖高於明朝，但差距不大，再者，因物價結構不同，發放糧餉的情況也不同，所以較難分析給與糧餉之多寡。惟明朝沿海地方軍費，部分由商稅支應，因此在貿易熱絡時，糧餉的供應較為充足。如漳南沿海一帶，守汛兵眾數千，年費糧賞五萬八千有奇，內二萬則取足於商稅。[107]商稅大抵為三分之一，倘若沒有向商賈徵收，或徵收額減少，勢必造成軍需缺乏。因此沿海貿易熱絡時，商稅收取足以支應汛兵糧餉，反之，則需依賴朝廷撥給。

雖然朝廷提高了水師糧餉，但大部分的綠營士兵都必須身兼他職以養家糊口，根據羅爾綱的研究，許多綠營士兵，到處兼職，荒廢營伍。[108]或者收取規費，縱放偷帶違禁物及偷渡過水者時有所聞，乃至朝廷諭令嚴加查緝。[109]另外，官弁與百姓勾結私賣柴、米等物者更是不勝枚舉。[110]如此種種收賄行為，無非是要增加收入，但這些行為也是導致綠營瓦解的一個重要因素。

---

[104] 建曠銀指扣建和截曠。
　　扣建：凡小建月（未滿30天稱之）官兵自動扣餉一日，抵補閏月經費之用。
　　截曠：將空缺官兵的俸薪截止支給。
[105] 《大清會典則例‧乾隆朝》180卷，卷52，〈戶部〉，頁837。
[106] （明）何喬遠，《閩書》（福州：福建人民出版社，1994），卷40，〈捍圉志〉，頁998。
[107] （明）許孚遠，〈疏通海禁疏〉《敬和堂集》，收於陳子龍等編，《明經世文編》（北京：中華書局，1987），卷400，頁4333。
[108] 羅爾綱，《綠營兵志》，頁345-348。
[109] 《高宗純皇帝實錄》，卷263，乾隆11年閏3月己未，頁409-1。
[110] （清）盧坤，《廣東海防彙覽》，卷35，〈方略〉24，〈禁奸〉2，頁883-884。

　　有鑑於此，清廷對士兵生活的疾苦亦點滴在心，遂對於立有功績的士兵得補授職官，收入督、撫、提、鎮等標效力者，給予糧餉，倘有老病不能差遣者給與一半糧餉，但不扣小建朋銀[111]，月支餉銀五錢。[112]清廷了解士兵糧餉過少，但又不能全部加餉，因此只能運用各種名目，來增加他們的收入，減輕生活負擔，惟這種治標不治本的作法，讓實質獲益者有限，難以達到良好的效果。

（三）養廉銀

　　養廉銀是支給官員正俸以外的俸餉，清代官員本俸低，雖有各種名目可增加官員收入，但這些名目並不合情理，況且依職位不同，可支領的款項迥異，甚至有些名目即成為官員貪污的最佳方式。養廉銀的來源，即不把地方官自由徵收的租稅以外之耗羨留在原地，而姑且全部送到布政司的倉庫（藩庫）。[113]如此做法一則增加官員俸餉，一則根絕不合理的斂財陋規。雍正二年（1724）山西巡撫諾岷（？-1734）首先施行耗羨歸公，[114]將耗羨後所得之錢糧，部分做為官員的養廉銀。惟此時耗羨銀的使用只支付在文官體系，武官尚無養廉銀。

　　從清初至乾隆四十六年（1781），武官雖不發放養廉銀，但實際上行之已久的親丁名糧，[115]（表4-3）則成為變相的養廉銀。親丁名糧為俸

---

[111] 小建朋銀，即小建月不足三十日時，即須扣除一日，只發給二十九日糧餉。

[112] （清）明亮、納蘇泰，《欽定中樞政考》72卷，〈綠營〉卷14，〈俸餉〉，頁23a。

[113] 佐伯富著、鄭樑生譯，《清雍正朝的養廉銀研究》（臺北：臺灣商務印書館，1996年，2版），頁8。

[114] 耗羨：人民納稅多寡不一，銀多畸零散碎負責征收賦稅的州、縣官員，為便於統計及運送，均將這些碎散銀兩鎔鑄成重量與形式一定之物，叫作錠。銷鎔成錠的時候，不免有所折耗，所以州縣征收錢糧，也就要在正額以外加征一點，以補折耗之額，這種附加征收部分，便稱為耗羨，或為火耗。見王業鍵，《清代經濟史論文集（一）》（臺北：稻鄉出版社，2003），頁323。

[115] 親丁名糧：為武官中的一種陋規，因武官俸薪少，為補武官俸薪之不足，因此武官常借士兵員缺，將這些實際上無人的缺額報部照領俸薪，如此各地兵源勢必短缺，但實際上朝廷需支付這些俸薪。換句話說，有一部隊編制二百名，但實際上只有一百五十名，但朝廷一樣支付二百名士兵俸薪，這多出的五十名幽靈士兵之俸薪，即由該部隊官員朋分。各級官在親丁名糧上分配有不同的額數，此種詐領俸薪即親丁名糧，但確為朝廷所接受。以提督等級看，其親丁名糧可支領之費用每年約1440兩。

餉之外的收入，所得的銀兩比正俸要高出許多。但此種措施不但使兵源短缺，對軍政管理並無好處，因此才將此陋規廢除，改設與文官相同的養廉銀制度。親丁名糧廢除之後，兵源即能完全符合建制。

表4-3　綠營將領親丁名糧定例

職稱	名糧數額（人）	馬、步比例	年支銀兩（兩）
提督	80	馬步各半	1,440
總兵	60	馬步各半	1,080
副將	30	馬步各半	540
參將	20	馬步各半	360
游擊	15	馬七步八	264
都司	10	馬步各半	180
守備	8	馬步各半	144
千總	5	馬一步四	72
把總	4	馬一步三	60
外委千把總	1	步	12

資料來源：陳鋒，《清代軍費研究》，頁106。《大清會典則例·乾隆朝》，卷52，〈戶部〉頁826。

　　親丁名糧設置之始，本不包括外委之基層軍官，但雍正皇帝體恤該官弁收入微薄，因此准予外委可支領親丁名糧。雍正認為武弁一年所得俸餉，不敷使用，自提督以下至把總等官，給予親丁名糧，以資養贍。現在各省又添設外委千、把總等官，他們所做的事情與千、把總相同，但待遇卻不同，因此，諭令各省添設外委千、把總每員給與步糧一分，以資養廉。[116]雍正朝改革之後，綠營水師中品級最低的外委千總與把總每年亦可支領十二兩。親丁名糧制度廢除後，並不是完全不再施行，還是有一些

---

[116] 《世宗憲皇帝實錄》（北京：中華書局，1986），卷97，雍正8年8月癸丑，頁295-1-295-2。

地區仍然實施親丁名糧，但這樣的現象並不多見。[117]

武官養廉銀制度取代親兵名糧後，即讓武職官弁得以領取較多的俸餉，這對武職官員生活的改善有重要意義，亦是一舉數得的一項政策。（表4-4）武職支領養廉銀，以提督職務來看，在領親丁名糧時，每年可領一千四百四十兩，但養廉銀卻可支領二千兩，增加了五百六十兩，這對該提督來說，此部分實際上增加38%的收入；最基層的外委把總亦可支領十八兩，增加50%收入，這樣的措施比起武職所支領的親丁名糧則更爲優渥。

另外，爲了體恤外島主官，給予外島加給，乾隆四十六年（1781）議准：「臺灣地區遠隔重洋，與他處不同，臺灣總兵於養廉銀外每員各加賞銀二百兩」。[118]臺灣最高武將臺灣鎮總兵，因防守地點偏遠，因此加恩，另再給銀兩百兩。

（四）特殊津貼

綠營官弁除領有正俸、養廉銀、撫卹津貼等平時一般收入外。在官弁出征前，亦給予俸賞、行裝銀兩等其他津貼，[119]（表4-5）其目的是做爲安家之用，此舉有提升士氣及穩定軍心的效果。

---

[117] 陳鋒，《清代軍費研究》，頁109。

[118]（清）崑岡，《大清會典事例‧光緒朝》，卷262，〈俸餉〉15，〈外官養廉〉2，頁1106-2-1107-1。

[119] 俸賞：給予出征人員的銀兩，按層級不同給銀。
　　行裝：出征時需軍裝武器，官弁可先行借支。

表4-4　綠營武職養廉銀額　　　　　　　　　　　單位：兩

職稱	直省給銀
提督	2000
總兵	1500
副將	800
參將	500
游擊	400
都司	260
守備	200
千總	120
把總	90
外委千總	18
外委把總	18

資料來源：陳鋒，《清代軍費研究》，頁108。（清）明亮、納蘇泰，《欽定中樞政考》72卷，〈綠營〉卷14，〈俸餉〉，頁4a-4b。

表4-5　綠營官兵出征行裝銀定例　　　　　　　　單位：兩

職稱	出征賞銀額	出征借銀額（行裝）
提督	163.386	500
總兵	135.15	400
副將	106.914	300
參將	78.678	250
游擊	78.678	200
都司	54.786	150
守備	37.41	100
千總	29.928	50
把總	24.942	50
外委	15	30
馬兵	10	10
步兵	6	6

資料來源：陳鋒，《清代軍費研究》，頁118。

　　綠營官弁出征前除了可以支領俸賞銀及預支行裝銀之外，朝廷每月會再給予鹽菜銀（表4-6）。除了官弁本身可支領外，隨征人員[120]亦可支領。這部分費用則是按月、按日撥給。另外值得一提的是，臺灣班兵因遠渡重洋，因此撥給特殊津貼，如眷銀、盤費、車腳費，但表面看來臺灣士兵待遇比中國營兵為高，但臺地物價貴，因此資助極為有限。[121]

表4-6　綠營官兵出征鹽菜銀定例　　　　　　　　　　單位：兩

職稱	月支鹽菜銀	跟役人數（人）	跟役月支鹽菜銀
提督	12	24	不支
總兵	9	16	不支
副將	7.2	12	不支
參將	4.2	10	不支
游擊	2.4	8	不支
都司	——	——	——
守備	2.4	6	不支
千總	2	3	不支
把總	1.5	3	不支
外委	1.5	2	不支
馬兵	0.9	0.3	不支
步兵	0.9	0.3	0.15

資料來源：陳鋒，《清代軍費研究》，頁121。

---

[120] 包含官弁家丁、鄉勇、從事雜物等臨時組成之相關人員。
[121] 綠營特殊津貼部分，許雪姬已有詳細論述，可提供參閱。許雪姬，《清代臺灣的綠營》（臺北：中央研究院近代史研究所，1987），頁350-356。

三、升遷與考核

（一）獎賞

清廷入關初期對水師的獎賞同於其他綠營兵種。惟水師的職務相較於其他兵種而言，風險的確較高。若水師想要留住人才，勢必提升其獎勵制度，否則，不僅無法募得更多人才，反而會出現空缺。這種現象在順治年間即受到關注，兵部奏言：

> 陸路將領，俸滿三年以上者，即照資俸功薦，挨次陞遷。獨水師各官，年久不陞，人才未免淹抑。嗣後水師將領，俸滿應陞者，應與各官一體陞轉。如有熟識水性，不宜他轉者，聽該督撫特疏題請，加銜留任，庶水陸將領陞轉畫一矣，從之。[122]

順治朝水師的地位的確不受重視，更進一步說，此階段幾無可征戰的水師，這些水師皆是明代投降官弁，清廷無法完全節制這些兵力。因爲清廷有充分理由懷疑某些投降者在政治上是否可靠，這種投降又復叛的情況太多，劉澤清即是如此。[123]然而水師人員的辛勞，亦非一般陸師可比。清廷體恤水師官弁在緝捕海寇時，洋面瞬息萬變，海難經常發生，危險性較高。乃於乾隆六年（1741）奏准，在洋面巡查之官員，於能力範圍下緝捕海盜，雖只拏獲半數海盜，可免接受處分，倘若拏獲盜首，則依陸路獎勵規定，分別議敘。[124]

在官員的獎賞上，水師與陸師大同小異，並無差別，朝廷給予的獎賞，不外乎給予，大、小荷包、水果、蟒袍等相關禮物，或是看戲，加級、記功、賞戴花翎、陞官、加銜、封爵等獎勵。如王得祿在勦滅蔡牽之

---

[122] 《世祖章皇帝實錄》，卷141，順治17年10月甲午，頁1086-1。
[123] 〔美〕魏斐德（Frederic Evans Wakeman, Jr.）著，陳蘇鎮、薄小瑩等譯，《洪業：清朝開國史》（南京：江蘇人民出版社，2003），頁312。
[124] （清）托津，《欽定大清會典事例·嘉慶朝》（臺北：文海出版社，1991），卷509，〈綠營處分例〉，〈巡洋〉，頁4b。

後加恩晉封子爵，並賞戴雙眼花翎；邱良功受封男爵。[125]這些獎賞由皇帝裁定，依照軍功，給予不同的賞賜。

　　士兵的獎賞則以賞銀及晉升弁員最為普遍，與官弁不同。士兵的獎賞雖然不及官員名目眾多，但依其功績大小給予應有的賞賜亦屬當然，清廷對於士兵的獎賞係以職務升遷及發放賞銀為主。水師戰船在作戰時，為了鼓勵官兵衝鋒陷陣，遂訂定獎賞制度，此制度的實施細則是以登入敵船的順序來作為發放依據。清廷將敵船分成三等，登入一等船的官兵可領賞銀一百兩，大約是士兵俸餉的五-八倍。其他各等賞賜如表4-7。除了賞銀之外，議功獎賞也是重要一環，《大清會典事例》載：

> 順治十四年（1657）題准：登跳頭等船。為首者，授拜他喇布勒哈番。其次者，授拕沙喇哈番。第三第四第五者，註冊。登跳二等船，為首者，授拕沙喇哈番。第二、第三、第四者，註冊。登跳三等船，第一、第二、第三者，俱註冊。俟後得功積至三箇頭等者，准授官職。如追退空船、小船、及敗走之船者，不在此例。其委在船頭目，率領攻戰官員，各照所跳船隻，與第二人同。其餘官及前鋒、校護、軍校、驍騎校，與第三人同。[126]

適當的給有功官弁封贈及註冊記錄，或予以升遷，這可以提升軍隊士氣，也能讓官兵在作戰時更能奮勇與敵軍搏鬥。以八旗而言，奪舟者、議敘授官；遇敵水戰奪一等舟，敘五人；第一先登者授騎都尉，其次；授雲騎尉，第三、四、五俱註冊；奪二等舟，敘四人，第一先登者授雲騎尉，第二、三、四俱註冊，奪三等舟，敘三人：均註冊，在戰船上督戰的官弁各照所奪之舟與第二人同，其餘官弁與第三人同。[127]

---

[125]《兵部造送邱良功履歷冊》，文獻編號，故傳009858，國立故宮博物院藏。
[126]（清）崑岡，《大清會典事例・光緒朝》，〈吏部〉，卷142，〈吏部〉126，〈世爵〉，〈水戰議敘〉，頁814-2。
[127]（清）明亮、納蘇泰，《欽定中樞政考》72卷，卷20，〈議功〉，頁8a。

表4-7　綠營水戰登船獎賞表

獎賞銀 獎賞資格	一等船賞銀	二等船賞銀	三等船賞銀
登船第一人	100兩	80兩	60兩
登船第二人	80兩	60兩	40兩
登船第三人	60兩	40兩	——
登船第四人	40兩	——	——

資料來源：托津，《欽定大清會典事例·嘉慶朝》，卷480-482，〈兵部〉，〈軍功議敘〉。
《清朝文獻通考》，卷179，〈兵〉1。

對於有軍功之士兵，其議敘規則，於乾隆五年（1740）奏准確立：「凡
軍功議敘，由兵部覈定等第，移咨到部，由部題請授爵」。[128]通常軍功
議敘，由兵部覈定後再提請皇帝授爵已成定制，亦皆會通過。

　　有清一代，在戰事中無論是士兵或是臨時人員，只要有戰功，尚存者
升官加爵，陣亡者亦給予贈爵。例如許多參與殲滅海盜蔡牽的官弁多獲得
擢升。當然，並不是只有在戰爭時才有升遷機會，只要平常表現出色，注
重自己的技藝，一旦能駕輕就熟，受到肯定，還是能獲得升遷。針對八旗
水師及綠營水師部隊都有此此項條例，在八旗方面：

> 乍浦滿洲水師，捕盜士兵舵工內有實心效力諳練船務者，令該將
> 軍等分別揀選四名，五年期滿題請議敘，如係捕盜士兵准作外委
> 千總，如係舵工准作外委把總，仍留伊等效力五年，如果勤慎無
> 誤，俱給與把總職銜劄付，再歷五年期滿無過，准以把總即用。[129]

在綠營方面：

> 令該管留意出巡外洋的各兵弁，如有熟識水師技藝，可身兼數職
> 者，可將這些兵弁補授千總、外委等官，遇有升遷亦一體考驗各
> 項技藝，如所報虛假，則報請者與該兵弁皆需接受處罰。[130]

　　無論八旗或綠營，只要士兵熟稔船務，並得到長官的青睞，即有機會擢升
爲弁，這也是士兵升遷的另一種管道。當然如果虛報或做假，一旦被發
現，該官弁都將遭受嚴懲，以避免私相授授的情況發生。

（二）處罰

　　明、清兩代對於官員的懲處分爲公罪及私罪，之中包含貪贓受賄罪、
欺隱侵奪罪、官司出入人罪，[131]官員一旦觸犯其一，則受到律法的處
罰。清代將官員、將領的過失懲處分成罰俸、降級和革職三項。[132]惟軍
方懲處官弁的標準高於文官，即使在當代，軍法亦嚴於一般民間法律。因
此，同樣的過失，因身份的不同，存在著不同的處理方式。水師屬於軍方
系統，當然受到軍事律令的規範。然而，水師與陸師雖同屬軍方，但陸師
及水師在升遷上略有不同，水師官弁一有戰功，其升遷速度高於陸師，但
一旦違法亂紀，其所受到懲處亦同於陸師。

　　水師官弁依其管理職務，可分成三大項，一爲外海巡防，二爲軍政，
三爲修造。因此，其處罰的規定也與這三項職務相呼應。

1.外海巡防失職的處罰

　　水師的任務甚多，以維持沿海安全爲論，凡與外海巡防相關情事稱
之。另外，水師通常也扮演一個類似警察的角色。[133]巡防既然成爲水師

---

130 （清）明亮、納蘇泰，《欽定中樞政考》72卷，卷4，〈水師〉，頁28a-28b。
131 鄭海峰，《中國古代官制研究》（天津：人民出版社，2007），頁300-302。依照鄭海
　　峰的看法，明清兩代的公罪、私罪是一個較籠統的概念，劃分標準也較模糊。（清）三
　　泰，《大清律例》（北京：法律出版社，1999），卷4〈職官有犯〉，頁89載：文武官犯
　　罪，凡一應不系私己而因公事得罪者曰公罪；凡不因公家，己所自犯皆爲私罪。雖然律
　　例對公私有明確規範，但公私間的拿捏則屬不易。
132 王宏斌，《清代前期海防：思想與制度》（北京：社會科學文獻出版社，2002），頁
　　77。
133 Bruce Swanson, *Eighth Voyage of the Dragon: A History of China's Quest for Seapower*, p. 59.

第一要務，當然相關的規定即多，如違反規定者當然受到應有的處罰。會哨為外海巡防的重要項目，清廷對於水師會哨有一套標準規則，如違反規則，將依例懲處。關於會哨失職的處罰，舉乾隆五十四年（1789），陳標及李定國之例：

> 定海鎮總兵陳標，於會哨屆期，因奏准陛見，即行交卸，以致署任不及前往，擬以降三級調用一本。陳標雖經奏准陛見，並非迫不及待，自應遵例先往會哨，俟事竣再行起程，乃輒臨期交卸，實屬錯謬。除會哨之署總兵李定國，因風勢不順，並未親身出洋，業經革職外。陳標著照部議，降三級調用。至外省巡洋，該鎮等每多視為具文，飾詞捏報，洋面重地，查察綦嚴。向例於每年三、九等月，兩鎮定期會哨，不容稍有懈怠。即或訂期之後，遇有風阻，斷無經旬累月，尚不能止息之理，自應各報該督撫，改展日期，必相會面而後返，方為無負職守。若一遇風信。即有意觀望不前，輒以風大難行，藉口捏飾，直以巡洋為虛應故事，殊非慎重海防之道。再聞閩省海面，每遇九月，颶風較多，商船俱不敢放洋，何以向例第二次會哨日期，轉定於是月，令其冒險出巡。或江南、浙江、廣東海洋九月內風信，大小不一，未必盡如閩省，亦不可知，殊難懸揣。著該督撫按照各處洋面風信平順之期，另行會商，酌定月分。不必拘定三、九兩月。總以颶風不作，平穩時訂期會哨。庶各該鎮等，不得藉詞風阻遲誤，而於海疆巡哨，更昭慎重。俟各督撫酌改月分，咨送到部，將如何改展日期，另定章程，悉心妥議具奏。[134]

陳標及李定國違反會哨規則，李定國革職查辦、陳標降三級調任。究責之

---

[134] 《高宗純皇帝實錄》，卷1332，乾隆54年6月己巳，頁1039-1-1039-2。

因，陳標雖因奏請陛見，但亦需執行會哨勤務之後再陛見。李定國無故不親自會哨，處罰較重。此後對於李定國的案例，制定處罰條例與執行原則，並對會哨時間設定緩衝時間，不拘泥於形勢。

> 乾隆五十四年諭：海洋會哨，立法綦嚴，該鎮將等，訂期會巡洋面，本有一定章程。原不得因偶遇風信，觀望不進，前因護溫州鎮李定國，巡洋會哨，因風大難行，停泊小門洋，自應據實報明，乃既未經前往沙角山會哨，復捏敘會哨印文，繞道齎投，朦混捏飾，是以發往伊犁，以示懲儆。……嗣後各該鎮定期會哨，如實有風大難行，許其據實報明督撫，並令該鎮等，彼此先行知會，即或洋面風大，雖小船亦不能行走，不妨遣弁由陸路繞道札知，以便訂期展限，再行前往。但該督撫等，務須詳加查察，設有藉詞捏飾，即應嚴參治罪。若果係為風所阻，方准改展日期，以示體恤而崇實政。前聞閩省海面，每遇九月。颱風較多，而江南、浙江、廣東海洋風信，大略相同。曾經降旨，令該督撫按照各處洋面風信平順之期，另行會商，酌定月分，不必拘定三月、九月會哨。旋據伍拉納等覆奏，海壇、金門二鎮，每年三、九兩月，於涵頭港會哨之期，因其時風信靡常，並多海霧，改為四、八兩月，已如議准行，嗣後自必遵照定期，不致冒險。今復格外加恩，若該鎮將等，恃有此恩旨，遂爾任意託故遲延，或藉詞躭逸，致誤巡洋要務，一經查出，必照李定國之例治罪。若該督撫並不留心察訪，輒據該鎮等捏詞稟報，扶同徇隱，亦必一併治罪，斷不能稍為寬貸也，將此通諭知之。[135]

由此可看出，會哨延誤，負責的官弁，將遭到革職並發配充軍，處罰極其

135 《高宗純皇帝實錄》，卷1341，乾隆54年10月丁丑，頁1186-1-1187-1。

嚴厲。對於福建的巡防會哨，經討論後重新制定會哨時間，將三、九月改為四、八月。

會哨最主要功能是嚇阻奸民亂事，一旦查有奸民，則水師必須認真追捕，追捕不力，當然要有所處分。康熙五十三年（1714），覆准：

> 官弁駕船巡哨，如船被賊焚劫者，革職提問，船仍著落賠補。若實係遭風擊碎，該管上司查明出結，詳報該督撫提鎮保題，免其賠補，動支錢糧修造，儻有捏報情弊，將該官弁革職提問，濫行出結之該上司革職，保題之督撫提鎮，降一級留任。[136]

康熙五十五年才放寬懲處條件。議准：「海洋緝盜較陸地倍難，無論內外洋面，但能獲一半者，各官皆免議處」。[137]對水師的要求確實較為嚴格，亦可了解其重要性。雍正十三年（1735）議准：

> 海洋接緝盜案之官，如係兩月三月一輪巡哨者，初次巡期不獲，記過圖功，下次輪巡仍不獲，罰俸三月，係三月一輪巡哨者，初次巡期不獲，亦記過圖功，下次輪巡仍不獲，罰俸六月，在洋巡緝半年者，回哨無獲罰俸六月，一年在洋偵捕者，限滿不獲，罰俸一年，盜犯皆照案緝拏。[138]

對於巡哨人員，清廷甚至規定，查緝盜案，如無法捕獲盜賊，依次數多寡不同將給予不同的懲處。另外，有隱匿不報之違法情事，亦須受到處置。乾隆三十九年（1774）奏准：「巡哨官員，將拏獲在洋違禁貨物，隱匿不報者，革職提問」。[139]查獲贓物隱匿不報，處罰最重則為革職，顯見

---

136 （清）崑岡，《大清會典事例·光緒朝》，卷632，康熙53年，頁1184-2。
137 （清）托津，《欽定大清會典事例·嘉慶朝》，卷509，頁2b。
138 （清）托津，《欽定大清會典事例·嘉慶朝》，卷509，頁4a。
139 （清）崑岡，《大清會典事例·光緒朝》，卷632，乾隆39年，頁1188-1。

對於官弁的處罰相當嚴格。乾隆五十九年（1794），對於捕盜則制定新
的條規，奏准：

> 水師各營配兵出洋，務須慎選明幹弁兵，實力巡哨。並將原派將
> 備銜名，先報督撫存案，儻該弁兵等在洋遇有匪船，或退縮不
> 前，或轉被盜劫，該督撫等查明，即將本船弁兵嚴行治罪。原派
> 之將備參奏革職，仍令自備資斧，在於洋面效力三年，方准回
> 籍，該總巡總兵降三級調用。**140**

水師巡哨注重是否認真巡查匪船，無論退縮或被盜劫，皆需接受處分。

巡哨期間不盡力捕盜，當然依情節大小予以處罰。巡哨回防後，該船
是否有損傷，或在泊船期間是否遭到損害，該官弁都必須負擔責任。嘉慶
六年（1801）奏准：

> 巡船回哨，停泊海口，揀派官兵加意防範。即遇暴風，非駕船出
> 洋人力難施者可比。儻有因碰壞船隻，斷纜漂失，該將軍、督、
> 撫、提、鎮委官確驗各海口，被風情形相同，實係風力猛勇，
> 難以收泊，並非看守不慎者，船隻仍免其賠補。若所報之日，各
> 海口船隻均未被風，或船內並無官兵受困，或止士兵受困，官員
> 並未在船，顯係捏報情形，看守之官員革職，士兵革退，嚴審治
> 罪，捏報之員一併革職。**141**

若擔任各巡查長官，不依時巡查，亦沒依規定委請代理人巡查，地方大吏
由總督至總兵官層級依情況進行處罰。嘉慶六年奏准：

---

140 （清）崑岡，《大清會典事例‧光緒朝》，卷632，乾隆59年，頁1189-1-1189-2。
141 （清）崑岡，《大清會典事例‧光緒朝》，卷632，嘉慶6年，頁1191-1。

> 水師鎮弁俱各按期出洋巡哨，如總兵官不能親身出洋監督官兵巡
> 哨，該總督題參革職，副將以下等官，不親身出洋巡哨者，經總
> 兵揭報革職，總督、提、鎮不據實揭參，均照徇庇例，降三級調
> 用。[142]

再者，於巡查時，除了認真緝捕匪民之外，各官弁亦需謹守分寸，不應與
賊稱兄道弟，否則，亦不免遭受處分。

> 許廷進以水師將領，捕盜是其專責，且曾任總兵大員，獲咎後棄
> 瑕錄用，復賞戴花翎，擢至都司兼護游擊。乃不認真緝捕，私寫
> 札諭，招致洋匪吳屬投首，並聽營書之詞，札內稱盜匪為兄，卑
> 鄙無恥已極。汪志伊等擬以杖一百流三千里，甚屬疏縱，不足蔽
> 辜。許廷進，著在閩省枷號三箇月，滿日責處三十板，發往黑龍
> 江充當苦差，以示懲儆。[143]

許廷進的例子說明了水師懲處的獎賞分明，即使官員犯錯，朝廷亦給予機
會功過相抵，重新出發。但如重蹈覆轍，則將從重量刑。

2.軍政

對於軍政方面的處罰，本小節針對遇賊不捕、廢弛營伍、謊報軍情、
捕盜不力等進行論述，並兼論臺灣地區律法的特殊性。

歷代對於軍政的處罰向來嚴厲，清朝亦然。清朝水師設置較晚，成員
因來自招募，素質良莠不齊，時有官弁在巡視時，遇見盜賊但卻不追捕。
為了嚇阻歪風，康熙十二年（1673）題准：「在洋行走之盜船，經過地
方各官，並買貨物之地方各官，知船經過，縱其行走者革職，不知者免

---

[142] （清）崑岡，《大清會典事例‧光緒朝》，卷632，嘉慶6年，頁1191-1。
[143] 《仁宗睿皇帝實錄》，卷269，嘉慶18年5月己巳，頁642-2。

議」。[144]清代的水師巡防制度本有不足之處，官弁遇賊不抓，這之中有許多可探討之處，其中遭遇到海寇時，寇眾兵寡，寇船巨大，兵船弱小，一旦追捕即如以卵擊石。但對於荒廢營伍官弁，則處以重罰。雍正七年（1729）議准：「每年沿海各汛，出巡之後，督撫不時密加體訪。儻遇洋面失事，文武官弁，如有恐嚇賄囑不行通報情弊，該督、撫訪實題參，照諱盜例議處」。[145]如此一來，處罰即有連坐的效果。

　　乾隆以後，對於違法亂紀的官員，更予以重懲。在乾隆二十四年（1759）的一則戰船失風案件中，可清楚的了解處罰之重。漕運總督楊錫紱（1701-1768）參奏：

> 捏報戰船失風之都司宋國正等，請旨革審，得旨。這所參宋國正等，捏報戰船失風一案。該督僅請革職審擬，辦理甚屬不合。從前吳士勝奏報，登州戰船被風擊碎，朕即疑其有捏飾情事，旋經降旨飭查，果屬欺罔。隨將欺朦之吳士勝革職，捏報之駱萬春，按律究治，該督豈不聞乎。此案外委張大才、把總王元，以並未出洋之船，謊報失風。且將現存桅舵等物藏匿，捏稱飄淌，而都司宋國正，漫無覺察，扶同捏飾。其情罪較之吳士勝一案，尤為可惡。宋國正、張大才、王元、俱著革職，拏交刑部，嚴審定擬具奏。[146]

宋國正等人因謊報戰船失風，並將相關物證藏匿，罪屬重大，但其直屬長官只革職查辦，乾隆認為處罰太輕，即委由刑部重新審理。刑部奏：

> 都司宋國正，捏報戰船在洋失風，遵旨嚴審屬實，應擬斬立決。

---

[144] （清）崑岡，《大清會典事例・光緒朝》，卷120，〈處分例〉43，〈海防〉，康熙12年，頁560-1。

[145] 同前註，卷120，雍正7年，頁563-1。

[146] 《高宗純皇帝實錄》，卷598，乾隆24年10月癸未，頁679-1-679-2。

得旨，都司宋國正捏報戰船失風一案。刑部按律擬斬，奏請即行正法，覈其情罪實屬可惡，但較之軍行失律者，究屬有間。宋國正，著從寬改為應斬監候，秋後處決。[147]

　　另一起發生於乾隆三十四年（1769）的捏報事件也同樣受到嚴懲。臺灣鎮總兵王巍（？-1769），在處理賊匪黃教一案，處置乖張，畏懼退縮，且心存諱飾，屢次捏報，遂被革職。[148]乾隆四十年（1775）以後，則對廢弛營伍的該管長官更處以連坐懲罰，覆准：「各省營伍經欽派督撫大臣查閱之時，有以廢弛參奏者，係提、鎮本標所管將備，將該提、鎮降二級留任。係督、撫本標所轄將備，將該督撫降一級留任」。[149]律法越來越嚴格之後，即便只是在查辦事情中稍有怠忽，也可能受到嚴懲。乾隆五十四年（1789），金門鎮總兵羅英笈，在查辦游擊徐璋捏報戰船失風一案，並不認真，遭致革職的命運。[150]由這些事件可知道，清廷對水師事務的重視程度，官員如想乘機竄改事實，或不認真查辦，包庇下屬，遭到揭發，其處罰之重，孰難想像。

　　水師方面的軍政管理在臺灣有其特殊性，許多任務都委由水師官弁進行處理。這方面的名目繁多，其中以載運糧餉、查緝偷渡人員最為重要。雍正七年（1729）議准：

　　拏獲偷渡過臺人犯，問明從何處開船。將失察水汛及本地文武各官，照失察姦船出入海口例，罰俸一年。如文武衙門隱匿不報者，或被告發，或被上司查參，將該管之兼專文武各官，皆照諱盜例，分別議處。[151]

---

[147] 《高宗純皇帝實錄》，卷600，乾隆24年11月庚辛，頁732-2。
[148] 《高宗純皇帝實錄》，卷826，乾隆34年1月辛卯，頁6-1。
[149] （清）崑岡，《大清會典事例·光緒朝》，卷117，乾隆40年，頁512-1。
[150] 《高宗純皇帝實錄》，卷1328，乾隆54年5月己亥，頁987-1-987-2。
[151] （清）崑岡，《大清會典事例·光緒朝》，卷120，雍正7年，頁563-1。

如有偷渡人員被抓，尋問口供之後，再依循犯人偷渡之時間地點，以犯人
來追查官弁荒廢營伍之事。查出之後，依律懲處。在發放軍餉的任務方
面，亦相當嚴謹，乾隆五十九年（1794）奏准：

> 臺灣兵餉，令臺灣鎮官，於每年十一月內，覈明次年應抵、應領
> 銀數造冊，委員限十二月內到省，藩司立時確覈，於開印後發文
> 差員，限二月初旬，運至廈門。其接餉船隻，亦限正月底，二月
> 初到廈，三月到臺，如有延緩，查明何員遲延，照遲延兵餉例參
> 處。[152]

兵餉的發放如果延誤，其影響之大，非地方官可控制，所以在發放兵餉的
時間上，必須審慎的安排，否則一旦延誤，勢將遭到朝廷之查問、懲處。
　　在軍務的管理上，招募水師官弁是重要任務，但這任務卻不易達成朝
廷的要求。因此每每發生許多缺失，引發的效應非一日之寒。主要是官員
的任命上，水師迴避本籍制度寬鬆，水師官員不必迴避即可在本籍任官，
而士兵又以當地人員居多，遂可能引發任用私人的情況發生，這也是朝廷
擔心之處，但要設計一套完整規制，恐有困難性。因此官弁缺額的補授，
時常發生冒名頂替，以及不符合規定但任用者，此現象由來已久，至道光
年間越顯嚴重，朝廷此時不得不進行處理。道光二年（1822）奏准：

> 士兵缺出，該管武職不秉公速補，及冒充之人，不嚴查斥逐，准
> 地方文員據實揭報。如州、縣官不行揭報，降二級留任；府、州
> 降一級留任；道員罰俸一年；督撫不行題參，罰俸六月。[153]

兵源的缺乏是軍政中的一大缺失，影響廣大，但不能遇缺濫補，如此對軍

---

[152] （清）崑岡，《大清會典事例·光緒朝》，卷117，乾隆59年，頁513-1-513-2。
[153] （清）崑岡，《大清會典事例·光緒朝》，卷117，道光2年，頁516-1。

政毫無益處，反而容易使制度崩解。因此，在官員的任用及選才上，察看其人是否符合要求則是重要的。這方面必須未雨綢繆，即使篩選確實，難保疏漏一、二，所以制定法令是必須的，官弁一旦不依法行政，即予以降級或罰俸。

各主官管如怠忽職守需受到懲處之外，對不勇於任事官員，亦將給予處罰，其直屬長官一併連坐處分。護理閩浙總督琅玕（？-1802）奏：寧海縣所屬內洋地方三船同時被刼，殺傷事主，請將疏防不職之縣官張鑄革職。然而，琅玕處罰了該管知縣，但卻沒有認真查緝事故原由。而朝廷也認為此事件決非知縣一人可當待，乃致護理福建巡撫顧學潮（1721-？）一并受到懲處。

> ……前據伍拉納奏：葉加玉等漁船三隻，在海面被刼，殺斃多命一案。該撫置若罔聞，並未查明具奏，業經傳旨嚴行申飭。今始據琅玕奏到，殊屬遲延，可見該撫於地方事務，全不認真辦理，又以營伍為總督專轄，遂爾意存推諉。至此二案，皆係顧學潮護理撫篆時之事，此等緊要事件，顧學潮既護撫篆，亦應據實陳奏，乃復存劣幕惡習，因巡撫不久回任，可以交代，即置之不辦，實屬非是。[154]

此記錄雖未載明顧學潮應接受何種處罰，但可以了解的是，清廷的確施行了連坐懲處。即使只是代理職務者，一旦管內有人犯法，將依法處理。

在捕盜的軍務上，亦屬要事，也是水師重要的職責之一，如無法維持社會安全，則水師的聲譽將蕩然無存。康熙十一年（1672），對於海盜襲擊沿海情況有清楚的定制，題准：

---

[154] 《高宗純皇帝實錄》，卷1330，乾隆54年閏5月辛卯，頁1106-2-1107-1。

海盜侵犯城池，殺傷兵民，專汛兼轄各官皆革職，鎮守總兵官降
二級調用，提督降二級，戴罪圖功。焚燬鄉村刦擄男婦殺傷兵民
者，專汛官革職兼轄官降二級調用，鎮守總兵官降二級，提督降
一級，皆戴罪圖功。若兼轄官各官聞報退縮，不前往緝拏者，革
職。提、鎮聞報不即領兵會勦者，降二級調用。盜船飄突奪擄，
同往追緝官，不相救援，率師徑返，以致官兵損傷者，革職提
問，專汛官降二級、兼轄官降一級，皆戴罪圖功，提、鎮罰俸一
年。海盜乘夜入城殺傷兵民，專汛官擊盜受傷，盜即退遁者，專
汛官仍降二級，兼轄統轄官，仍各降一級，皆戴罪圖功。**155**

水師成立，最主要是對付海盜，及維護沿海安全。在清代，歷朝皆有海盜
襲擊事件，其中以蔡牽（1761-1809）最為重要。在蔡牽事件中，即有相
關人員因不認真查辦，遂被處分之例：

諭軍機大臣等，李長庚、愛新泰、慶保奏：許松年、王得祿，在
柴頭港口勦賊。臺郡文武，派兵協助，將盜夥殲獲多名，得有勝
仗。但蔡逆本係積年洋盜，設或官兵勦急，復竄重洋，辦理殊為
棘手。今朕明諭李長庚，蔡逆一犯，全責成該提督擒捕，儻能擒
獲該犯，即公、侯、伯崇封，朕所不靳。設蔡逆竟於海口遁逃，
伊自思當得何罪，恐不止革職拏問已也。至蔡逆謀為不軌，總由
玉德在閩有年，營伍廢弛，巡哨緝捕，視為具文，以致如此，是
玉德養癰貽患之罪，已無可辭。此時該逆滋擾數月，計先後調赴
臺灣官兵，不過三、四千名，豈能勦滅二萬有餘之賊。閩省水陸
官兵，不下七萬餘名，即調用萬餘名，中國守禦，亦不虞空虛。
現據愛新泰等奏稱，郡城被圍日久，有不可支持之勢。玉德接到

155 （清）托津，《欽定大清會典事例・嘉慶朝》，卷509，頁1b-2a。

> 該處文稟，即應熟為籌辦，乃竟任意延玩，視為泛常，負恩曠
> 職，莫此為甚。玉德著降為二品頂帶，拔去花翎，先示薄懲，以
> 觀後效。[156]

對於不認真查辦之官弁，亦需接受應有的處罰，玉德一事即為例證。

　　清朝對於士兵違反軍紀，給予的處罰是相當重的，清代各朝大都有水師士兵違反軍紀事件發生。較頻繁時期則在道光以後，陳鈺祥引那彥成、怡良等人奏摺，提出清代水師敗壞的原因，舉出士兵違反軍紀的情況數則。[157]然而這些違反軍紀的原因，在嘉慶朝以前，亦有所見。道光朝以後，廣東地區違反軍紀事件略有增加，這與嘉慶朝復設廣東水師提督後，清廷大量增加廣東水師人員有很大關係，再者，這段時間所增防的部隊大部分由他處轉調，部分招募。無論將領或士兵都非上選，加以官弁人數瞬間增加繁多，違反軍紀事件的增加可想而知。但是否因軍紀問題增加，即成為水師疲弱癥結，則有待針對各朝軍紀問題做出統計。

3.修造戰船

　　水師官弁的主要配備即是戰船，戰船的修造及維護當然由水師負責、地方官員配合，一旦戰船出現問題，該管水師官弁將受到懲處。康熙十四年（1675），對戰船的維護制定規程，題准：

> 凡戰船官兵未坐者，係交與地方官看守。看守之官，不行謹慎看
> 守，損壞一號二號者。將該看守之官，降二級留任。損壞三、四
> 號者，降二級調用。損壞五、六號者，降四級調用。壞至七號以
> 上者，革職。各該督、撫、提督、總兵官等，仍委道、府、副、
> 參等官，不時巡查。其官兵所坐之船，若殺賊以先，或敗賊以

---

[156] 《仁宗睿皇帝實錄》，卷157，嘉慶11年2月甲辰，頁28-1-28-2。
[157] 陳鈺祥，〈清代粵洋與越南的海盜問題研究〉（臺中：東海大學歷史研究所碩士論文，2005），頁160-163。

後，閒住之時，交與各該督戰各官，謹慎看守，不致損壞。大將
軍、將軍等，並參贊大臣。仍委參領、總兵官等，不時巡查，如
若損壞，將坐船督戰大小各官回兵之日，嚴加議處。今改為照地
方官例，議處。[158]

戰船泊港不行駛時，由地方官看守，與留守的水師官弁一同照料戰船，但
船一旦出現問題，該相關人員皆需受到懲處。在各地的軍工戰船廠未興建
之前，修造戰船制度並未成為定例，營員易利用法律漏洞上下其手。康熙
五十八年（1719）覆准：「水師修造戰船，如有不肖營員，希圖射利包
修者。將承修官與該營將官皆革職，督修官照徇庇例，降三級調用，督、
撫降一級調用」。[159]想利用修造戰船的職務之便而乘機斂財者，經查證
屬實，修造官及督造官一并受到懲處。

　　雍正三年（1725），福建地區正式設置軍工戰船廠，修造戰船制度
確立，此後對修造戰船等相關措施有更完善的規定。雍正六年議准：

凡修造戰船，不能堅固，未至應修年限損壞者。著落承修官賠修
六分，督修官賠修四分，仍將承修官革職，督修官降二級調用。
至修造戰船，應於定限之外稍寬限期。小修，勒限四月完工；大
修拆造，勒限六月完工。廣東、福建、浙江、江南、江西、湖廣
等省，凡屆修造年分，各該協、營於修期兩月之前，豫先估計，
造冊申報督撫，一面具題，一面檄行監修官，豫先撥銀，即行辦
料。惟廣東之瓊州、福建之臺灣，遠隔重洋，於修期四月之前，
領銀備辦。山東天津，所用物料，產自浙江，由海駕運，於修期
八月之前，領銀購買，則承修之官，得以從容辦理。儻仍有違誤
船工，違限未及一月，承修官，罰俸一年；督修官，罰俸六月；

---

158 （清）崑岡，《大清會典事例‧光緒朝》，卷117，康熙14年，頁507-2。
159 （清）崑岡，《大清會典事例‧光緒朝》，卷136，康熙58年，頁749-2。

督撫，罰俸三月。違限一月以上，承修官，降一級調用；督修官，罰俸一年。督撫，罰俸六月。違限二月以上，承修官，降二級調用；督修官，降一級留任。督撫，罰俸一年。違限三月以上，承修官，降三級調用；督修官，降一級調用。督撫，降一級留任。違限四月以上，承修官，降四級調用，督修官降二級調用，督撫降二級留任。違限五月以上，承修官，革職；督修官，降三級調用；督撫，降三級留任。如承修官玩視船工，將應領之帑，延挨請領者，照遲延豫備軍需例降一級調用。儻該上司等故意抑勒、以致遲延者，將承修之官，免議。其抑勒之該上司，照抑勒不收漕運例，降二級調用。如承修官將未經修完之船，捏以完工轉報，承修官，革職；督修官、降二級調用；督撫、降一級調用。如承修官申報未完，督修官作完申報者，督修官，革職；承修官，照限議處。如承修、督修官，申報未完，督撫捏報完工者，督撫，革職；承修、督修官，照限議處。**160**

有了完整的修造戰船規則，修造及督造者即有法律做為依據，依照法律內容行使職權，如不依規定辦理，即受到議處。哨船的修造至乾隆三年也完成定制，比照修造戰船之例，量為減輕，內容載：

承修官逾違不及一月者，免其議處；一月以上者，罰俸六月；兩月以上者，罰俸一年；三月以上者，罰俸二年；四月以上者，降一級留任；五月以上者，降一級調用。督修官違限一月以上者，罰俸三月；兩月以上者，罰俸六月；三月以上者，罰俸一年；四月以上者，罰俸二年；五月以上者，降一級留任。督撫違限一月以上者，免議；違限兩月以上者，罰俸三月；三月以上者，罰俸

六月；四月以上者，罰俸九月；五月以上者，罰俸一年。[161]

哨船的重要性或許比不上戰船，因此在處罰上亦輕微許多。至道光年間，戰船修造問題越顯嚴重，不按時修造、因故拖延之事不斷發生，因此對違反戰船修造規定者，再予以從重處罰，即便是傳訊人員亦一并懲處。道光二年（1822）議定：「將不應修理船隻，限前率請修理者，府州縣官，降二級調用；轉詳之道員，降一級調用。由府州轉詳者，府州照道員例；藩司，降一級留任，具題之督撫，罰俸一年」。[162]如戰船已毀損，但各管官員知情不報，依延宕時間多寡，予以懲處。道光九年（1829）奏准：

> 巡船遭風擊碎，水師巡洋官員，呈報遲延，一月以上者，降一級留任；三月以上者，降一級調用；六月以上者，降二級調用；九月以上者，降三級調用；一年以上者革職。至總督巡撫一聞稟報，即速差員覆勘明確，出具保結題請修補，以一年為限，均於題報本內聲明有無逾限，如總督巡撫具題遲延，移咨吏部議處。[163]

戰船修造制度從雍正三年（1725）設置之後，至道光年間，幾近百年，各種問題頻頻，遂需更明確的法律方能改正弊病。

　　礮臺與烽墩的修造與維護亦屬水師士兵職責，這些防禦設施維繫著沿海安全，如不加以維護，一遇有戰事，豈能應付。康熙十五年（1676）議准：「官員修造礮臺、邊界烽墩，不速行修造完結者，降一級留任。修完之日，仍還其所降之級，不行催之上司，罰俸一年」。[164]修造礮臺、烽

---

161 （清）崑岡，《大清會典事例‧光緒朝》，卷117，乾隆3年，頁511-1。
162 （清）崑岡，《大清會典事例‧光緒朝》，卷117，道光2年，頁516-1-516-2。
163 （清）崑岡，《大清會典事例‧光緒朝》，卷632，道光9年，頁1191-1-119-2。
164 （清）崑岡，《大清會典事例‧光緒朝》，卷136，康熙15年，頁749-2。

墩，不按時完成，即降級罰俸。遇設施損壞，需適時查明，如屬實需依規定修復，不依規定者將議處。乾隆三十年（1765）奏准：「沿海礮臺邊界烽墩等項，如遇損壞，該營員查明，移報州縣親往查勘，報明督撫興修。如違限不完，該督撫查參，仍照前例議處。其僻在內港礮臺，如有坍塌處所，即隨時修理，仍按季造報」。[165]戰船、礮臺與烽墩皆是水師人員使用的設施，必需要妥善保護。如果沒有按時製造，保養妥善，將依照違規程度不同予以懲處。

（三）撫卹

1.陣亡撫卹

　　官弁的撫卹，八旗與綠營各有不同，官與兵待遇各迥異。八旗的撫卹制度於順治初年間即有明確的規定，綠營則在順治十年（1653）以前對官弁撫卹的定例尚且不一，時而更改。官弁的撫恤分陣亡撫卹與陣傷撫卹，順治十年規定千總以上無撫卹金，只有加級和蔭子的待遇。康熙十三年（1674）題准撫卹制度。（表4-8）對於陣亡官兵皆發放撫卹金。康熙十七年，題准：「鄉勇助戰陣亡，照步兵例減半給賞」，[166]亦即可支領25兩。但對於臺灣地區的士兵，如在載運過程中因故死亡，則可比照陣亡士兵撫恤。

　　撫卹制度確立之後，官弁領到應有的撫卹金，這對官弁家庭生活改善有極大幫助。但於清初投誠的明代將弁，清廷給予更為優渥的撫卹，如海澄公黃梧（1618-1674）等家族，為了表彰他們的功績，甚至破格封贈，實錄載：「海澄公黃芳度闔門殉節，忠藎可嘉，業經准襲公爵十二次，以酬義烈。因思綠旗世職，向無承襲罔替之條，但如黃芳度之捐軀授命，大義炳然，自應破格施恩，賞延於世，以昭襃忠盛典」。[167]黃梧於順治朝投誠之後封海澄公，死後其子黃芳度（1651-1675）承襲

---

165 （清）崑岡，《大清會典事例·光緒朝》，卷136，乾隆30年，頁752-2。
166 （清）托津，《欽定大清會典事例·嘉慶朝》，卷518，頁1a-1b。
167 （清）崑岡，《大清會典事例·光緒朝》，卷142，頁822-2-823-1。

海澄公爵位，爾後，鄭經（1642-1681）進攻漳州，黃芳度投井死亡。
爲表彰功績，清廷准予依照八旗制度，承襲罔替。清廷爲了拉攏漢人勢
力，鞏固政權，對於控有沿海勢力的黃梧家族及施琅家族皆給予豐厚的
破格優賞。其後綠營的襲廕制度，於雍正十二年（1734），方議准綠營
三品以上廕以守備，四品至把總均廕以衛千總，子弟一人依品級給官錄
用。[168]此外，對登記在冊的舵工、水手，如因作戰身亡，皆照軍功頭等
例撫卹，並給其祭葬銀，如僱募之舵工、水手照軍功二等例予卹，被擊
沉之船免賠補。[169]至此，只要是水師人員，皆給予層級不等的撫卹。

表4-8　綠營官兵陣亡恤賞銀額（出洋巡哨遭風飄沒身故）

職稱	卹銀	類別	卹銀
提督	800	守備	300
總兵	700	千總	150
副將	600	把總	100
參將	500	外委	100
游擊	400	馬兵	70
都司	350	步兵	50

資料來源：陳鋒，《清代軍費研究》，頁128。（清）托津，《欽定大清會典事例·嘉慶
朝》，卷517，頁2a-2b。

　　然而，水師官兵執行公務身亡情況時有所聞，如每每上奏，曠日費
時，造成不便。爲了讓官弁在處理後事更爲迅速，乾隆十五年（1750）
議准：「水師並河營省分，嗣後因公淹斃士兵，如僅止一二名，不必專
案題請，先行動項卹賞，咨部存案，年底彙題請銷」。[170]乾隆四十九
年（1784），對於綠營官弁的恩廕制度，有較明確的規定，撫卹比照八
旗：

---

[168] （清）托津，《欽定大清會典事例·嘉慶朝》，卷517，頁2b。
[169] （清）托津，《欽定大清會典事例·嘉慶朝》，卷518，頁1b-2b。
[170] （清）托津，《欽定大清會典事例·嘉慶朝》，卷518，頁3b。

向來綠營員弁陣亡議卹之例，止得難廕一次，非奉特旨照旗員加恩予卹，不能得有世職。而其子孫年未及歲者，亦不能予襲，蓋因綠營人員，隨征打仗，本不如旗人奮勇出力。而綠營所得俸餉、養廉等項，較多於旗人，其軍功議敘及賞賚一切，固不能一律，亦所當然。至效命疆場，則同一抒忠死事，朕不忍稍存歧視。嗣後綠營員弁，除軍功議敘卹賞，仍照舊例辦理外，若陣亡人員，無論漢人及旗人之用於綠營者，總應與旗人一體給予世職，即襲次已完，亦應照例酌給恩騎尉，俾賞延於世。以示朕獎勵戎行，一視同仁至意，其應如何酌定章程之處，該部詳細妥議具奏。[171]

對於水師官弁，雖依照綠營撫卹規定施行，惟水師在平常巡防即比陸師危險許多，並不能予以同論。爾後又議准：「凡陣亡議給世職應行承襲人員，令該督撫查明年歲，照依旗員例，年已十八歲者，送部引見承襲，發標學習，准食全俸。其未及歲者，先將宗圖冊結察覈，具題請襲，奉旨後，給予半俸，俟及歲時，補行引見，照例辦理」，[172]這對於遺孤的照顧則更為妥善了。

嘉慶六年（1801），准出洋巡哨的官兵，如遭風漂沒身故者，馬兵給銀七十兩，步兵給銀五十兩，舵工、水手食名糧者，照步兵例給賞，如是僱募之丁，給銀二十五兩，如無妻子親屬收受者，該督撫委官致祭。[173]嘉慶七年，議定官員在作戰期間，如損毀公家設備本應理賠，如

---

[171] 此後議定，綠營陣亡人員，提督，照參贊、都統例，議給騎都尉、兼一雲騎尉。總兵，照副都統例，議給騎都尉。副將以下，把總經制外委以上，照參領以下及有頂戴官員以上例，俱議給雲騎尉。文職一品官，照參贊都統例，議給騎都尉兼一雲騎尉。二品、三品官，照副都統例，議給騎都尉。四品官以下、未入流以上，照參領以下有頂戴官員以上例，議給雲騎尉。見（清）崑岡，《大清會典事例·光緒朝》，卷142，乾隆49年，頁823-2。

[172] （清）崑岡，《大清會典事例·光緒朝》，卷142，乾隆49年，頁824-1。

[173] （清）托津，《欽定大清會典事例·嘉慶朝》，卷518，頁8b-9a。

當事人已經身故，則毋需分賠或代賠，可豁免。[174]撫卹措施雖然越來越
完善，陣亡的官弁家屬已可以領到一筆優渥的撫卹金，但對於陣亡該員並
無法留名千古，實為憾事，遂依阮元（1764-1849）所奏，恩准將牌位存
放昭忠祠：

> 把總鄭金、柯介錫、士兵楊兆進等，或跟隨大幫兵船，或帶領巡
> 哨小船，捕盜傷斃，或中礮落海，或押犯遭風，均屬歿於王事，情
> 殊可憫，俱著加恩照例賜卹，其有應入昭忠祠者，並於浙省所建
> 昭忠祠內添設牌位，嗣後該省緝捕洋匪，如有傷斃溺斃弁兵，該
> 撫即當覈實查明，照例咨部議卹，以慰忠魂而示鼓勵，無庸專摺
> 請旨。[175]

清廷對於陣亡官弁家屬給予良好的照料之外，對於官弁本身亦肯定其行
為，可將其牌位入祀昭忠祠，供後人瞻仰。

　　嘉慶十二年（1807）對於陣亡撫卹有更多之規定。對於署理員缺
者，亦給予優渥的撫卹。按其現在品級議給撫卹，未給職，亦未奏明署理
員缺者，各按原衛照陣亡例減半議卹。[176]官弁出洋捕盜被賊戕害，與帶
兵打戰陣亡者相同，給予陣亡撫恤。[177]出洋捕盜、巡洋如遭風漂沒下落
不明，則由地方官印結送部，依漂沒身故例，減半議卹。[178]官弁的撫卹
情況至嘉慶年間已對傷亡官弁有更好的保障。

　　再者，跟役子弟或者是家丁從征，本無撫卹，爾後照八旗之例斟酌卹
賞，始定減半議卹。[179]至此，朝廷能夠體會水師出洋捕盜，與陸師抓拿

---

174 （清）托津，《欽定大清會典事例・嘉慶朝》，卷517，頁17a。
175 《仁宗睿皇帝實錄》，卷113，嘉慶8年5月己未，頁508-2。
176 （清）托津，《欽定大清會典事例・嘉慶朝》，卷517，頁13b。
177 （清）托津，《欽定大清會典事例・嘉慶朝》，卷517，頁20b-21a。
178 （清）托津，《欽定大清會典事例・嘉慶朝》，卷517，頁21a-21b。
179 （清）托津，《欽定大清會典事例・嘉慶朝》，卷518，頁11b-12a。

匪徒論，面對的敵人及武器是完全不同的，如再加以天候因素，則相對危險。捕抓海寇雖不是打戰，但危險性高，因此水師官弁可比照陣亡官弁規格進行撫卹。而這陣亡撫卹制度確立後，當年年底，浙江提督李長庚即因在剿滅蔡牽的過程中[180]遭到蔡牽手下陳狗擊斃，因此符合陣亡撫卹條例，得以適用。

2.受傷卹賞

陣亡官弁可以得到撫卹之外，對於受傷者當然必須給予妥善照料。乾隆四十一年（1776），對於受傷官弁亦給予撫卹，諭各營士兵有受傷遣回，難痊癒者，曾降旨令各督、提查明，仍給守糧一分以資贍養；隔年，對病故官員無依之家屬給予半餉，俟其子成丁之日即行住支。[181]在這之前，受傷官弁分五等例賞，惟對五等規定例賞之時間懸殊，各等之間差距大，難以拿捏，遂從新議定，頭等傷例限半年照舊制[182]，二等傷五箇月、三等傷四箇月，四、五等則刪除，於例賞間亡故，再依亡故撫卹。[183]（表4-9）

表4-9　官兵受傷之撫卹金

時間 ＼ 傷別	頭等傷	二等傷	三等傷	四等傷	五等傷
順治10年	2兩	8兩	7兩	6兩	5兩
康熙3年	25兩	20兩	15兩	10兩	5兩
康熙13年	30兩	25兩	20兩	15兩	10兩

資料來源：托津，《欽定大清會典事例·嘉慶朝》，卷518，〈兵部〉，〈卹賞〉，頁15a。

---

[180] 中國第一歷史檔案館編，《嘉慶朝上諭檔》（桂林：廣西師範大學出版社，2000）第十三冊，嘉慶13年正月21日，頁26。
[181] （清）托津，《欽定大清會典事例·嘉慶朝》，卷517，頁6b-7a。
[182] 舊制：頭等傷例賞半年；二、三等傷70日；四、五等傷40日。
[183] （清）托津，《欽定大清會典事例·嘉慶朝》，卷517，頁7a-8a。

由此可見，乾隆晚期對於受傷官弁的例賞趨向對重疾官弁給予更優渥的照料，輕傷者，則減少賞例，但還是較具彈性，輕傷者在呈報之後，再依實際情況給予賞例期限。對於因出征而受傷，告病在家修養者亦給俸，受傷三處以上勒休官給與半俸，但如果出征受傷但無功績則不給俸祿。[184]再者，參加作戰受傷的鄉勇亦減半給賞。[185]對於委任人員，亦採取相同措施，按照八旗人員之例，按委署品級議給世職，候補人員，即照實任官階議給世職，有先受世爵後陣亡者，均照旗員例辦理。[186]

除了給予應有的撫卹之外，記錄該官弁功績，做為以後考核之依據，亦屬必要措施，遂議定：

> 外省海疆地方官員，出洋巡哨，擒捕盜匪，與帶兵打仗無異。其被戕者，既照陣亡例賜卹，遇有奮勉出力之員，自應一體優加甄敘。嗣後閩粵等省官員，有在外海捕盜，著有勞績，特旨交部議敘者，該部覈議時，均著給與軍功加級紀錄，以示獎勵。[187]

清廷對於巡防海疆有功的官員，給予加級記錄，這是肯定官弁的作為，如此官弁才願意身先士卒，為國立功。除了官弁享受該有的撫卹之外，該官弁家屬亦可得到適當的照顧。受傷官兵眷口請給養贍，營、縣加具印結。[188]再由該營及在籍縣令列冊照顧，並針對有軍功而告休人員，准另子弟一人入伍食糧，殘廢年老士兵亦可給其子弟食糧。[189]嘉慶六年（1801），對受傷官弁的撫卹重新議定：

184 （清）明亮、納蘇泰，《欽定中樞政考》72卷，〈綠營〉卷14，〈俸餉〉，頁29a-32a。
185 （清）托津，《欽定大清會典事例‧嘉慶朝》，卷518，頁1b。
186 （清）崑岡，《大清會典事例‧光緒朝》，卷142，乾隆49年，頁823-2。
187 《仁宗睿皇帝實錄》，卷148，嘉慶10年8月己丑，頁1032-1。
188 （清）明亮、納蘇泰，《欽定中樞政考》72卷，〈綠營〉卷14，〈俸餉〉，頁34a-35a。
189 （清）明亮、納蘇泰，《欽定中樞政考》72卷，〈綠營〉卷14，〈俸餉〉，頁36a-37a。

> 對於巡洋官兵如有遭風受困，浮水登岸，扶板遇救，幸獲生全
> 者，官准軍功加一級，士兵及舵工、水手俱照軍功頭等傷例，給
> 銀三十兩，至內洋、內河因公差委，及停泊海口島嶼等處修造船
> 隻，遭風受困，幸獲生全者，官准軍功記錄二次，士兵人等照軍
> 功二等傷例，減半給銀十二兩五錢。[190]

受傷人員的撫卹，與陣亡人員的撫卹範圍大致契合，只要是參加作戰或巡
洋人員，一有事故發生，無論是傷是亡，皆可得到應有的撫卹，這對官弁
來講亦不失為一項德政。

小結

　　水師人員的組成，缺乏有系統的規劃。在科舉制度上的考試內容，沒
有專門為水師設置的術科。導致許多水師將領缺乏海洋經驗，無法駕駛船
舶，更遑論指揮調度與作戰了。雖然朝廷內外大臣每每針對人才選用制度
上討論，但卻無法形成定制，人才的缺乏，即成為水師素質無法提升的原
因之一了。

　　水師俸餉雖然比陸師稍多，但如依照危險加給的情況來看，顯然不合
乎比例原則。於此情況之下，願意投入水師者極為有限，即使投入，亦不
會太多，想必素質亦無法提高。因為大部分的人寧願當漁民、商人，也不
願屈就水師。雖然清廷力求改善，但考量整體軍事經費的運用，及國家財
政問題，也只能循序漸進，逐年提高相關的福利措施。

　　因為俸餉有限，故提高水師人員的升遷速度，亦不失為一項權宜之
策。因此，水師的升遷比起陸師更為快速，雖然如此，也必需依據考核良
莠進行評審，並非隨意給予升遷。這種變相加薪的方式，多少緩和了水師
人員心中不滿之心態，補償俸餉不足之處。但想要達到升遷之標準，增加

---

[190] （清）托津，《欽定大清會典事例·嘉慶朝》，卷518，頁16b-17a。

收入，亦要付出極大代價，方能晉升，這也並非人人皆可。

　　既然水師俸餉無法再增加，亦只能針對其他福利措施予以回饋。所以水師人員陣亡或受傷之後的撫卹，則相對優於陸師。這種優渥條件，多少能夠激勵水師人員奮勇作戰。如完成使命即可加官進爵，不幸身亡者，家屬亦可得到妥善照料。雖然如此，但大部分的人並不會因為這點杯水車薪就投入水師。

　　在人員的考核上，清廷律法一視同仁，並不會因為水師時常執行較危險之工作，對於水師人員之犯錯即給予寬鬆之對待。反而認為，水師防守海疆，承擔沿海百姓生命財產安全，因此更要遵循條規，如有怠忽職守，將處更嚴厲之刑法。制度設置的完整，需多方面之考量，清朝水師俸餉及考核雖有極多改進空間，但清廷也力求改善，盡量達到期待，這方面也是值得肯定的。

第五章

沿海防衛系統的組成

前　言

　　清朝在沿海防衛系統上可分為兩個部分，第一部分為設施，包括水師城寨、砲臺、烽堠；第二部分則是水師人員。水師城寨是水師人員的防守據點，砲臺是抑制敵人入侵的主要武器，烽堠則是在傳遞沿海訊息。

　　水師城寨、砲臺及烽堠為相互支援的陸上海防設施，明朝時期，此三種設施相互支援、配合，相輔相成，使沿海防衛設施形成一道海上長城。清代以後，水師城寨、砲臺的重要性比明代更加提高，反而烽堠的重要性不再。雖然清朝前期對烽堠的重視尚且存在，但康熙二十三年（1684）之後，可以看出清廷已鮮少興建烽堠。另一方面，清代的水師城寨及砲臺是在明代的架構下繼續使用，但值得注意的是，在鴉片戰爭期間，砲臺的重要性似乎取代水師城寨。但此時，水師城寨與砲臺亦結合成一防衛體系，形成合而為一的情況。

　　清廷入關初期對陸上海防設施極為重視，那是因為清軍雖擁有水師，但兵力不足，當時所設置的海防設施主要是防海上的鄭氏勢力。[1]因此，在康熙二十三年以前，雖制定各省綠營兵制，但許多部隊是因為防衛上的需要才臨時設置，迨清朝領有臺灣之後，清廷再依照各地區之需要，重新規劃海防設施，並派遣杜臻、席柱等人至各處勘查，了解狀況，開始規劃出完整的海防設施的建構。

　　在兵力的部署上，鴉片戰爭以前，除了部分地區增防、換防士兵之外，即使在海寇劫掠的幾個時間點，如鄭盡心、蔡牽、朱濆、鄭一、張保等期間，清廷並沒有因為他們的劫掠，而在劫掠頻繁的地區部署重兵，清廷採取的策略則是從他處調兵增援，等到事件平息之後，再將部隊調回原鎮戍單位，並沒有因為移防當地，即長久駐紮於該地。

---

[1] 邱心田、孔德騏，《中國軍事通史》，第16卷，清代前期軍事史（北京：軍事科學出版社，1998），頁682。

一、水師城寨的設置

（一）水師城寨的興建

　　水師城寨是保護居民及防止敵人入侵的防禦堡壘。如果城牆和護城河維修良好、器械和兵器準備充足、人口少而穀物供應多、上下級互相愛護、賞罰嚴格及優渥，這樣的水師城寨即很難攻破，當然，如果再擁有更佳的地理位置，則更完善。[2]

　　沿海水師城寨，即是鎮戍官兵駐紮之地點，設置沿海水師城寨目的，主要是防備海盜，有了水師城寨之後，尚需派遣相關人員防守，方有功效。[3]唐朝開元二十四年（736），即在廣東沿海設置屯門鎮。[4]至宋朝慶曆二年（1042），置刀魚巡檢（今蓬萊水城），築水寨，派兵三百名守沙門島（山東長工島縣西北廟島），[5]此為最早的海防水師城寨。明初，更是大量設置沿海衛、所水師城寨，這些水師城寨遍及整個海岸線。清代裁廢衛、所制度之後，則設置綠營水師，水師官弁的駐紮處，如鎮、協、營，亦興建水師城寨。這些水師城寨，做為專一之軍事使用者稱關隘（臺城），如水師官兵駐紮地點在府、縣城，則與當地府、縣城共同使用。[6]水師城寨內包含了水師鎮戍之關隘，關隘則以軍事用途為主。

　　明朝的水師城寨，因所處位置和作用不同，分為警戒線築城、海島築城、海岸築城以及海口築城。[7]這些水師城寨陸續於洪武年間興建，浙江

---

[2] Joseph Needham著，《中國科學技術史》（北京：科學出版社，2002），第五卷，〈化學及相關技術〉，第六分冊，〈軍事技術〉，頁204。

[3] 楊一凡、徐立志主編，《歷代判例判牘》（北京：中國社會科學出版社，2005）第五冊，頁289。原載《莆陽讞牘》，祁彪佳（1602-1645）撰。

[4] 蕭國健，《關城與砲台》（香港：香港市政局，1997），頁14。

[5] 工程兵工程學院，《中國築城史研究》（北京：軍事誼文出版社，1999），頁198-199。

[6] 水師城寨亦稱關城與關隘（臺城）皆為官兵鎮戍之地，在一般的情況下，水師城寨規模較大，關隘規模較小。本文為了敘述流暢，皆將此類官兵鎮戍之地，稱之為水師城寨。

[7] 警戒線築城：由烽墩、墩臺、塘捕和巡檢司組成。
　　海島築城：依島嶼大小和地形特點築城。
　　海岸築城：根據防區任務，結合海岸地形，在敵人時常登陸處，設置城池及各種障礙物。
　　海口築城：在江河的入海口岸，構築有城池、營堡、砲臺、墩臺、烽墩等設施。

地區設置於洪武十七年（1384），由信國公湯和建議設置。[8]福建地區新建的水師城寨大部分設置於洪武二十年（1387），如永寧衛、福全千戶所、金門千戶所、崇武千戶所等。[9]廣東地區的沿海衛城設置時間，則晚於浙江及福建兩地，設置時間於洪武二十七年（1394）間，如廣海衛、東莞守禦千戶所、大鵬守禦千戶所等。[10]從其設置的先後順序，可以了解到明代控制各地的時間是由北而南陸續掌握。

　　清朝承襲了明朝沿海水師城寨的防衛體系，無論海防及江防，大致是在明末衛所城寨的基礎上，經過改建及擴建而成。[11]除保留原有堪用的衛所城之外，其後所設置的沿海水師城寨時間順序與明朝相同，依序為浙江、福建、廣東；臺灣設置的時間最晚。

　　明朝的水師城寨，多倚山傍水興建，亦有握交通要道，以衛沿海地域。城牆多用土石磚塊碟砌，外加壕溝，出入孔道建有城門，有拱形或方形。門外間建有甕城，亦稱月城或子城，呈半月形，出口偏側另開城門，對關城（水師城寨）起保護作用。城內除軍隊駐守外，亦有居民。平時城門大開，居民可自由出入、城內設有街市，居民可自由買賣。戰時緊閉城門，派兵至城牆守衛，固若金湯。[12]清朝入關之後，百廢待舉，在沿海水師城寨的設置，初期以明朝堪用者繼續留用，如未設置水師城寨之海防防衛地區，則設置簡單之防禦工事防衛。

　　　凡沿海地方，大小賊船，可容灣泊登岸口子，各該督、撫、鎮，
　　　俱嚴飭防守，各官相度形勢，設法攔阻。或築土壩、或樹木柵，

見工程兵工程學院，《中國築城史研究》（北京：軍事誼文出版社，1999），頁203-205。

8　（明）鄭若曾，《籌海圖編》，卷5，〈浙江兵防考〉，頁393。

9　（明）黃仲昭，《八閩通志》87卷（北京：書目文獻出版社，1988，明弘治刻本），卷13，〈地理〉，頁231。

10　山根幸夫、長澤規矩也編，《和刻本大明一統志》90卷（東京：汲古書院，1978），卷79，頁11a。

11　王兆春，《中國科學技術史‧軍事技術卷》（北京：科學出版社，1998），頁294。

12　蕭國健，《關城與砲台》，頁26。

處處嚴防，不許片帆入口。一賊登岸，如仍前防守怠玩，致有疏
虞，其專汛各官，即以軍法從事，該督、撫、鎮一并議罪，爾等
即遵諭力行。[13]

順治十三年（1656），清廷尚未掌握各地狀況，浙、閩、粵部分地區尚
有南明勢力，此時期對海岸防衛則是設置簡要之阻擋設施，如築土壩、栽
種樹木、興建木柵等。康熙朝以後，清廷控制大部分沿海地區，開始對海
岸防衛設施，進行妥善的規劃。康熙二年，「於沿海立椿界，增設墩墥、
臺寨，駐兵警備」。[14]於此，清廷的沿海防衛設施便積極的興建中，尤其
是把水師城寨的興建看成為第一要務。依據明代的經驗，海寇犯境之地，
大部分以無城堡處受毒最深，因此興建城堡則不可省略。[15]在這樣的經驗
下，清廷的水師城寨興建，取長補短，多有增補。
　　臺灣的水師城寨設置時間在沿海各省當中，則屬最晚。清代以前，
臺灣尚存有赤嵌及安平兩座城寨，安平可視為沿海水師城寨，但這兩
座城規制甚小，名城而實非城。[16]澎湖地區之暗澳城，於明嘉靖間，因
為俞大猷征海寇林道乾，留部分軍隊防守，並築城於此。[17]另一處瓦硐
港城，則於明朝天啓二年（1622），荷蘭佔據澎湖期間所興建。[18]康熙
二十三年（1684），清廷領有臺灣之後，並未在臺灣建城，無論是文職
所處之關城，或設於安平及澎湖的水師營寨，皆未重新整建。[19]朱一貴
事件（1721）以後，臺灣各地始築城，雍正元年（1723），臺灣知縣周
鍾瑄築臺灣府城，以木柵築之；在水師城寨方面，澎湖於康熙五十六年

13　《世祖章皇帝實錄》，卷102，順治13年6月癸巳，頁789-2。
14　（清）趙爾巽，《清史稿》，〈志〉，卷138，〈志〉113，頁4109。
15　（清）薛傳源，《防海備覽》10卷，〈凡例〉，頁2b，嘉慶16年，望山堂刻本。
16　（清）高拱乾，《臺灣府志》，卷1，頁5。
17　（清）唐贊袞，《臺陽見聞錄》2卷，（臺北：臺灣文獻委員會，1996），卷下，〈防務〉，頁134。
18　（清）唐贊袞，《臺陽見聞錄》》2卷，卷下，〈防務〉，頁134。
19　（清）高拱乾，《臺灣府志》，卷2，頁27-28。

（1717）興建，臺灣鎮則於乾隆五年（1740）興建。[20]由此顯見，在臺澎一鎮，雖有水、陸十六營，額兵一萬四千六百五十六人，[21]爲沿海各鎮官弁設置最多者，但水師城寨，卻是沿海地區最晚設置。

沿海水師城寨設置之後，至道光年間，各地增設或裁撤兵員的情況，隨著水師的移防略有增減，但改變並不大。鴉片戰爭（1840-1842）之前，沿海戰事一觸即發，尤以廣東地區最爲顯著。爲了加強沿海防務，陸續增設部分兵源，以鞏固海疆。如大鵬營於道光十一年（1831），增設左、右二營，各設守備；[22]海口營副將則於道光十二年，移駐崖州，稱崖州協；[23]鴉片戰爭前，廣東地區加強了水師城寨的鞏固工作，戰爭期間，浙江、福建亦增設了不少的水師城寨，如裕謙（1793-1841）奏：「浙省沿海口岸，加築土城、礮臺，安設礮位，已極周密。」[24]這之中以定海土城及廈門石壁最爲重要。鴉片戰爭爆發之後，英軍首先進攻浙江，定海縣城陷落，此後在欽差大臣裕謙重新整建防務之下，修築定海土城，但英軍攻擊定海不到一天時間，定海再度被攻陷。[25]顯見鴉片戰爭以前，中國的沿海水師城寨只能夠抵擋海寇的攻擊。在清代期間，海寇攻陷水師城寨的情況無見，這樣的水師城寨防禦，用於對抗海寇的襲擊，已綽綽有餘。但面對西方國家，則是不堪一擊。

（二）浙閩粵水師城寨分布

水師鎮戍地點，並非各地皆設有水師城寨，有些水師部隊駐紮於府、縣城內，共用府、縣城池。以下就浙江、福建、廣東三省，對其設有水師城寨之地點進行敘述，了解其設立地點以及興建情況。

---

20 （清）范咸，《重修臺灣府志》，卷2，頁57-58。

21 （清）姚瑩，《東槎紀略》5卷（臺北：臺灣銀行經濟研究室，1957），卷4，〈臺灣班兵議上〉，頁93。

22 （清）盧坤，《廣東海防彙覽》42卷，卷7，〈職司2‧武員〉頁27a。

23 （清）盧坤，《廣東海防彙覽》42卷，卷7，〈職司2‧武員〉頁33a。

24 《宣宗成皇帝實錄》，卷354，道光21年7月己卯，頁395-1。

25 茅海建，《天朝的崩潰－鴉片戰爭再研究》（北京：三聯書局，2005，2版），頁359-361。

1.浙江

明末在浙江尚有水師城寨四十二座，[26]至康熙年間，以象山縣爲例，此處有昌國衛城、石浦所城、錢倉所城、爵谿所城、南堡城、遊仙寨、陳山司、趙嶴司、石浦關[27]等九座水師城寨。其中南堡城、遊仙寨、陳山司、趙嶴司，於清代以後設置。雖然增設不少水師城寨，但經過百年的海風侵蝕，亦多有毀損，因此，乾隆十年（1745），閩浙總督馬爾泰（？-1748）等人建議修整城寨，兵部覆准其奏：

> 查明浙屬，除向無城垣，及現在堅固，並尚可緩修者，無容置議外。其沿海、近海之平湖、鄞縣、慈谿、奉化、鎮海、象山、山陰、會稽、臨海、寧海、太平、等十一縣。城垣緊要，應即修理。[28]

這些地方所屬的城池部分爲沿海水師水師城寨駐防之地，但卻年久失修，因此爲了海疆安全，必須進行整修工作。這樣的建議也得到朝廷的允諾。

浙江的海防設置地點，與明代位於相同地點者，此部分水師城寨得以繼續保存，如只是明代之衛、所城，並非與一般文職官署共用，此類城寨隨著時間久遠，慢慢毀壞中。其中寧波府、鎮海、定海、玉環、大荊，皆於清代重修或新建。（表5-1）其中玉環島地區，在遷界之前，居民撤離，但遷界令撤除之後，居民陸續移往居住，因爲這裡土地肥沃平

---

26 沿海共42衛所，分別爲：海寧衛、乍浦所、澉浦所、直隸都司、海寧所、紹興衛、三江所、臨山衛、瀝海所、三山所、觀海衛、龍山所、定海衛、舟山中中、中左二所、穿山後所、霩衢所、大嵩所、昌國衛、錢倉所、爵谿所、石浦前後二所、海門衛、桃渚所、健跳所、海門前所、新河所、松門衛、隘頑所、楚門所、盤石衛、蒲岐所、盤石後所、寧村所、溫州衛、海安所、瑞安所、平陽所、金鄉衛、沙園所、蒲門壯士所。王鳴鶴，《登壇必究》40卷，卷10，〈兩直各省事宜‧浙江〉，頁8b-9a。

27 （清）胡祚遠修，姚廷傑纂，〔康熙〕《象山縣志》16卷，《稀見方志叢刊》（北京：北京圖書館出版社，2007，據康熙37年刻本影印），頁282-283。

28 《高宗純皇帝實錄》，卷255，乾隆10年12月丁巳，頁304-1。

坦，適合耕種。[29]康熙五十年（1711），海寇鄭盡心肆虐玉環之後，更讓其成爲重要的海防據點。雍正年間在浙江巡撫李衛的建議之下，於雍正六年（1728）設玉環廳，除了納入附近小島之外，樂清縣的部分地區亦歸其管轄，並設同知一人。[30]同年，爲了增加防務，裁磐石營參將，兵550名，改設玉環營參將一人，[31]玉環增設參將之後，此區域的防務得以穩固。

然而，乾隆以後，浙江的水師陸續減少中，至鴉片戰爭前只剩三千多人。定海城更在鴉片戰爭期間，爲英國人視爲具有重要戰略地位的水師城寨，英軍佔領定海目的，是爲遠途作戰部隊建立一前進基地，再者，此區域鄰近江南地區，可直接深入華東，進入長江中國。[32]隨著戰略地點的轉變，清廷在浙江地區亦因地制宜，興建水師城寨來鞏固海防。從結果論，成效雖然不大，惟具有整建的態度，當具肯定。

表5-1　浙江省水師鎮戍城寨表

府治	所屬部隊	水師城寨名稱	設置時間	頁碼
嘉興府	乍浦營參將 杭州副都統	乍浦鎮	明洪武35年，清順治17年設守備，雍正2年設游擊，雍正9年設參將。	5581
寧波府	定海鎮總兵	寧波府	清雍正、乾隆中屢修。	5698
		慈谿縣城	明嘉靖35年築，清順治年間修，乾隆年間增修。	5698
	鎮海協副將	鎮海縣城	順治康熙、雍正、乾隆中屢修。	5698
	象山協副將	象山縣城	明嘉靖31年築，清順治、康熙中屢修，乾隆中重建。	5699

29 中道邦彥，〈清代の海島政策－浙江省玉環山の場合〉《東方學》（日本東方學會編，1980，7月31日），第六十輯，頁120。
30 中道邦彥，〈清代の海島政策－浙江省玉環山の場合〉《東方學》第六十輯，頁120-121。
31 《世宗憲皇帝實錄》，卷67，雍正6年3月甲戌，頁1027-1。
32 茅海建，《天朝的崩潰－鴉片戰爭再研究》（北京：三聯書局，2005，2版），頁157。

府治	所屬部隊	水師城寨名稱	設置時間	頁碼
	定海城參將	定海縣城	清康熙28年，因昌國城故址重築，乾隆中修。	5699
	昌國衛都司	昌國衛城	明洪武12年設，清順治17年裁，康熙23年重築，康熙26年設守備。	5712
	大嵩營守備	大嵩所	明洪武20年設。	5712
	石浦營守備	石浦所	明洪武20年設，後移，清乾隆59年重設。	5712
	錢倉營守備	錢倉所	明洪武20年設。	5712
紹興府	紹興協副將	紹興府城	清順治、雍正年間屢加修葺，乾隆31年重修。	5759
	臨山營守備	臨山衛	明洪武20年設。	
台州府	台州協副將	台州府城	宋大中祥符間重築，清順治、康熙中修。	5889
	黃巖鎮總兵	黃巖縣城	明嘉靖中築，清順治15年修，乾隆27年重修。	5890
	台州營守備	台州衛	明洪武5年建。	5905
	海門營游擊	海門衛	明洪武20年建，清順治18年綠營鎮戍。	5905
	松門營守備	松門衛	明洪武20年建，清順治17年綠營鎮戍。	5905
	健跳營守備	健跳所	明洪武20年建，清順治18年綠營鎮戍。	5905
	桃渚營守備	桃渚所	明洪武30年建，清順治18年裁，康熙11年復設。	5905
溫州府	溫州鎮總兵 溫州協副將	溫州府城	明洪武元年建，順治、康熙中屢修，雍正7年重修。	6059
	瑞安協副將	瑞安縣城		6059
	玉環營游擊	玉環廳城	雍正8年建。	6126
	磐石營守備	磐石營	明洪武20年建。	6069
	大荊營都司	大荊營	順治築城，雍正2年改設參將，今為都司。	6070
	金鄉營都司	金鄉營	明洪武20年建。	

說明：表格中屬深色者，為清朝時期興建之水師城寨。
資料來源：（清）穆彰阿，〔嘉慶〕《大清一統志》。

由表中可看出，浙江地區的水師城寨，幾乎都在明朝時期興建，惟鎮海、定海、玉環及大荊營於清朝始築城，是屬於清代所建之城，從這四座城池的興建，亦可了解這四個區域的海防之重要性。

2.福建

明代水師城寨有十七處，[33]地點遍及福建沿海各地，明初設置的水寨，於部隊移防或裁撤之後，漸已廢棄。如福清縣本設有多處水寨，但此後有十處皆已廢棄不用，[34]到了清代康熙初期，福清設有營寨八處，分別為宏路寨、鎮東寨、杞店寨、九龍山後寨、漁溪寨、蘇溪寨、蒜嶺寨、峰頭寨，[35]其中鎮東寨，系福清營汛地，駐閩安鎮右營游擊，統兵四百五十名，另漁溪寨、蒜嶺寨、峰頭寨等三寨，亦屬水師營寨，此處（鎮東寨）營寨高一丈八尺，圍一千十丈。

福建所設置的水師城寨，大部分於明代即已設置，清代以降，改變並不大，其新設的水師城寨以臺灣府最多，如澎湖、臺灣等處。（表5-2）但臺灣地區築城卻非從康熙二十三年（1684）開始，朱一貴事件之後，清廷才重視到築城的重要，但真正的築城則至雍正以後才有動作，但此時水師城寨以木柵為主。雍正十一年（1733），上諭：

> 從前鄂彌達條奏：臺灣地方僻處海中，向無城池；宜建築城垣、礮臺，以資保障；經大學士等議覆，令福建督、撫妥議具奏。今據郝玉麟等奏稱：臺灣建城，工費浩繁，臣等再四思維，或可因地制宜，先於見定城基之外，買備刺竹，栽植數層，根深蟠結，可資捍衛；再於刺竹圍內，建造城垣，工作亦易興舉等語。朕覽

---

33 沿海衛所：福寧衛、大金所、定海所、鎮江衛、梅花所、萬安所、平海衛、莆禧所、永寧衛、崇武所、福全所、金門所、高浦所、中左所鎮海衛、六鰲所、銅山所、元鍾所。（明）王鳴鶴，《登壇必究》40卷，卷10，〈兩直各省事宜·福建〉，頁9a。

34 分別為牛頭寨、澤朗寨、壁頭寨、峰頭寨、松下寨、白鶴寨、大垣寨、沙塢寨、連盤寨、長沙寨。

35 （清）李傳甲修，郭文祥纂，〔康熙〕《福清縣志》12卷，《清代孤本方志選》（北京：線裝書局，2001，據康熙11年刻本影印），卷2，頁25a-25b。

　　郝玉麟等所奏，不過慮其地濱大海，土疏沙淤，工費浩繁，城工非易，故有茨竹藩籬之議，殊不知城垣之設，所以防外患，如必當建城，雖重費何惜？[36]

中央與地方的想法完全不同，在中央，無論是內閣，乃至雍正皇帝，皆贊同興建水師城寨，雍正甚至認為，花費巨資，在所不惜。但身為地方大吏的福建巡撫郝玉麟，雖然認為有建城必要，但修造水師城寨則是工程浩大，材料不易找尋，因此建議使用木柵來做為城牆的想法。這樣的態度當然顯得有些卸責，但最後郝玉麟的建議付諸實行。此後臺灣建城，皆以木柵為牆，即使如臺灣鎮總兵駐紮之臺灣鎮城，也是屬於柵欄城，於乾隆五年（1740）才由總兵何勉興建，[37]這顯示清廷在臺灣的施政上與中國不同。

表5-2　福建省水師鎮戌城寨表

府治	所屬部隊	水師城寨名稱	設置時間	頁碼
福寧府	福寧鎮總兵	福寧府城	明洪武4年建，清順治18年修，乾隆12年、15年、24年重修。	8712
福州府	長樂營游擊	長樂縣城	明嘉靖31年建。清乾隆2年修，25年重修。	8354
	福清營游擊	福清縣城	明正德8年建。明萬曆22年，拓北城於山嶺。清雍正11年修，乾隆15年重修。	8354
	羅源營游擊	羅源縣城	明明弘治中，土築。明萬曆7年甃石。清康熙40年修，雍正10年、乾隆24年重修。	8354
興化府	平海營游擊	興化府城	宋太平興國8年建。明洪武12年、明萬曆9年先後拓建。清雍正8年修，嘉慶4年重修。	8419

---

[36]（清）余文儀，《續修臺灣府志》（南投：臺灣省文獻委員會，1993），頁61。
[37]（清）余文儀，《續修臺灣府志》，頁60。

府治	所屬部隊	水師城寨名稱	設置時間	頁碼
泉州府	金門鎮總兵	金門鎮	明洪武21年建。清順治14年設總兵。	8475
	水師提督	廈門	明洪武27年建。	8475
臺灣府	臺灣鎮總兵	臺灣府	雍正3年柵欄城。	8741
	澎湖協副將	澎湖廳	康熙56年。	8471
	游擊	鹿耳門		8752
漳州府	海澄營副將	海澄縣	明嘉靖36建。清雍正7年修，乾隆12年重修。	8514
	銅山營參將	銅山營	明洪武20年建。	8529

說明：表格中屬深色者，為清朝時期興建之水師城寨。
資料來源：（清）穆彰阿，〔嘉慶〕《大清一統志》。

由表5-2可以得知，福建地區的沿海防務在清初屬於重要防衛區域，但此處的水師城寨設置是在明代的架構下延續。除了臺灣地區的城池為清代以後興建之外，清廷並沒有特別在福建其他地區設置新的水師城寨，從這之中可了解到，清代時期的海寇劫掠之地點，與明代時期相同，因此繼續承襲明代水師城寨，在其他地區，因無事件發生，當然也沒有必要興建新的防務據點。

3.廣東

明朝時期在廣東的海寇之亂雖然不及浙江、福建嚴重，但廣東地區海岸線為三省之中最長者，防守不易，因此亦興建許多的水師城寨。明朝於廣東地區設置的衛所城有四十一處，[38]次於海寇為亂最嚴重的浙江省。清代以後，廣東地區的防務同浙江、福建一般，改變並不大，新設的水師城

---

[38] 廣州衛所分別為潮州衛、大城所、蓬州所、海門所、靖海所、碣石衛、甲子門所、捷勝所、海豐所、平海所、南海衛、大鵬所、東莞所、廣海衛、香山所、新會所、海朗所、肇慶衛、新興所、陽江所、神電衛、陽春所、雙魚所、寧川所、雷州衛、石城後所、錦囊所、海安所、海康所、樂民所、廉州衛、永安所、靈山所、欽州所、海南衛、儋州所、萬州所、崖州所、清瀾所、昌化所、南山所。見（明）王鳴鶴，《登壇必究》40卷，卷10，〈兩直各省事宜‧廣東〉，頁8b-9b。

寨有虎門、那扶營及乾體營。（表5-3）

　　康熙元年（1662），於肇慶設那扶營寨，廉州設乾體營，加強這兩區域之海防，但廣東的海防重點還是以廣州為主。十七世紀以後的廣州地區之發展，更勝於以往，來往此處的船舶有商船、漁船、海盜船之外，西方帆船亦以廣州一帶，做為主要遊弋區域。廣州成為貿易興盛地區之後，清朝加強了珠江三角洲一帶的水師城寨整建工作。康熙三年（1644），於澳門設香山協副將府，並使用左營都司衙門，康熙五十六年（1717）建土城，周圍達四百七十五丈。[39]領有臺灣之後，在廣東設置海關收稅，《清史稿》載：康熙二十三年（1684）

> 開江、浙、閩、廣海禁，於雲山、寧波、漳州、澳門設四海關，關設監督，滿、漢各一筆帖式，期年而代，定海稅則例，免海口內橋津地方抽稅，分設西新、龍江二關課稅專官。[40]

設置海關之後，廣州的海關稅收為四海關之最。在貿易如此熱絡之下，清廷加強在廣州一帶水師城寨的整修是有其必要性。乾隆二十二年至道光二十二年之間（1757-1842），廣州更成了獨口通商，這是清王朝針對外國勢力制定的政策。[41]在此情況下，廣州即成為廣東地區的海防重心。

---

[39] （清）印任光、任鸞昌等，《澳門紀略》，形勢篇，頁1b。
[40] （清）趙爾巽，《清史稿》，〈志〉，卷125，〈志〉100，〈食貨〉6，〈征榷〉，頁3675。
[41] 王日根，《明清海疆政策與中國社會發展》（福州：福建人民出版社，2006），頁373。

表5-3　廣東省水師鎮戍城寨表

府治	鎮戍官員	水師城寨名稱	設置時間	頁碼
廣州府	水師提督、中營參將、中營守備、右營游擊、右營守備	虎門寨城	順治4年建，康熙9年修，乾隆8、12、16年，嘉慶5、12年重修。頁8831	1125
	提標大鵬營參將	大鵬守禦所	明洪武27年建。頁8862	1128
	提標香山協副將	前山寨城	乾隆8年設。頁8863	1134
	陽江鎮中營游擊、中營守備	廣海寨城	明洪武27年建。頁8862	1131
惠州府	碣石鎮平海營參將	平海所城	明洪武27年。頁8971	1146
	碣石右營都司	捷勝所城	明洪武27年。頁8971	1148
	碣石右營守備	𥐮下寨城	明崇禎10年。頁8972	1148
	碣石總兵、中營游擊	碣石衛城	康熙3年設。頁8971	1150
	碣石左營游擊	甲子城所	明洪武27年。頁8971	1150
潮州府	南澳鎮總兵	南澳城	明萬曆4年。頁9007	1205
	南澳海門營參將	海門所城	明洪武27年。頁9007	1157
	南澳達濠營守備	達濠城	康熙20年。頁9007	1157
	南澳海門營中軍守備	靖海所城	明洪武27年。頁9008	1161
	南澳澄海協標中軍都司	蓬州所城	明洪武2年。頁9008	1162
	南澳澄海協標右營千總	南洋寨城		1163
	南澳澄海協標右營守備	樟林寨城		1163
	潮州鎮副將	黃岡鎮	明嘉靖26年	9007
肇慶府	陽江鎮都司	那扶營寨	康熙元年建	8863
	陽江鎮廣海水師游擊	廣海寨城	明洪武間建	廣東圖說，頁12a
	陽江鎮標右營千總	雙魚所城	明洪武27年。頁9062	1169
	陽江鎮標左營千總	北津城	明萬曆4年。頁9066	1169
	陽江鎮標右營把總	太平驛城		1169

府 治	鎮戍官員	水師城寨名稱	設置時間	頁碼
廉州府	瓊州鎮龍門協右營把總	白龍寨城	明洪武中建。頁9128	1181
	瓊州鎮龍門協右營守備	永安城	明洪武初建。頁9127	1181
	高廉鎮游擊	乾體營	康熙元年	9127
雷州府	東山水師營	白鴿寨城	明崇禎5年。頁9144	1186
	瓊州鎮海安營游擊、海安營守備	海安所城	明洪武27年。頁9143	1187
	瓊州協副將、右營守備	海口城	明洪武中建。頁9179	1188

說明：表格中屬深色者，為清朝時期興建之水師城寨。
資料來源：（清）陳昌齊，〔道光〕《廣東通志》，頁1125-1188。（清）穆彰阿，〔嘉慶〕
《大清一統志》，頁8831-9179。

廣東地區的水師城寨，大部分亦於明朝時期興建，清朝以降，依這些水師城寨的維護狀況進行修整。除此之外，清廷因地制宜，在海防問題較易發生之處，興建新的水師城寨，如虎門城寨、前山寨城、那扶營寨、乾體營等四處地區。

（三）建築結構

水師城寨至今保存完整處並不多，如位於廣東地區的大埔水師城寨、大鵬水師城寨；福建的崇武城、大京所城等，[42]尚有較完整的形貌。明、清水師城寨結構爲一承襲系統，改變不大，清季時期如水師城寨損壞，即予以整修，完全拆造改建者幾乎沒有，因此中國水師城寨的改變情況與歐洲不同。歐洲水師城寨的發展是在火器威力增強之後，開始受到重視，義大利建築歷史學家Leon Battista Alberti在十五世紀中期，即指出將防禦工事修成鋸齒波浪型，將更有效。[43]雖然此種想法短時間沒得到認同，但義大利於十五世紀晚期，部分水師城寨已有大角度的稜堡出現。但同時間的

---

[42] 張馭寰，《中國城池史》（天津：百花文藝出版社，2003），頁507-527。
[43] Geoffrey Parker著，傅景川等譯，《劍橋戰爭史》（長春：吉林人民出版社，2001），頁182。

中國，卻還是停留在傳統的水師城寨結構中，一般是以正方形或長方形爲主。[44]建築材料以天然山石爲基，再用磚石砌築，臺頂外沿有檔牆，火砲安置在檔牆後面。[45]以下針對幾個明、清兩代所保留之水師城寨結構做敘述。

1.明代崇武城

於洪武年間興建的水師城寨，至嘉靖以後因海寇劫掠嚴重，沿海衛所城，多有損壞，明廷遂整修水師城寨，以防海寇。明代水師城寨的建築結構，大都以礐石建造，如南澳廳城、湖山城等。[46]至今保存較完整處爲崇武所城。

崇武城（圖5-1、5-2）設置於宋太平興國六年（981），置惠安縣東南四十里，[47]名曰：崇武鄉守節里，設巡檢及監稅務員，設小艽城，建營房三十六間，以土軍三百一十人防守。明洪武二十年（1387），設崇武千戶所城，周圍七百三十七丈，軍房九百八十七間。[48]顯見由宋代至明代，駐防此處的士兵有明顯增加。嘉靖三十七年（1558），因兵禍毀壞。順治八年（1651），鄭成功攻破崇武城，順治十四年裁，[49]順治十八年（1661），因實施沿海遷界令，遂將城廢。康熙十九年（1679），由姚啓聖等人建議之下重新整修。[50]至道光年間，崇武城因年久失修，毀壞情況嚴重，迨至道光二十一年（1841），在當地士紳捐助之下重新整建完成。[51]

在結構方面，分爲門樓、月城、城門、窩鋪、敵臺、水涵、城濠、公署、鋪舍、館驛、鐵局、兵馬司、中軍臺、倉廠、迎思亭、軍營房、

44　Joseph Needham著，《中國科學技術史》，第五卷，第六分冊，〈軍事技術〉，頁206。
45　王兆春，《中國科學技術史·軍事技術卷》（北京：科學出版社，1998），頁294。
46　（清）盧坤，《廣東海防彙覽》42卷，卷30，〈方略〉19，頁2b-3a。
47　（清）穆彰阿，〔嘉慶〕《大清一統志》，頁8473。
48　（明）陳敬法等增補，《崇武所城志》，（福州：福建人民出版社，1987），頁5-6。
49　（清）穆彰阿，〔嘉慶〕《大清一統志》，頁8473。
50　（明）陳敬法等增補，《崇武所城志》，頁6。
51　（明）陳敬法等增補，《崇武所城志》，頁7。

演武場、墩臺等。崇武城雖然只是一個千戶所，但城內各種設施卻相當
齊全。城門厚一丈五尺，城牆外甃以石，內壓土。[52]門樓，分東、西、
南、北四座。西路爲往來之衝，四座城樓皆陸續於毀損後整修數次。[53]月
城：築有東、西、北三面月城，南方只設亭，東、西月城，築於永樂十五
年（1417），爾後陸續倒廢，萬曆二十九年（1601）再重新整修。[54]城
門：四個內門，每扇高九尺五寸，闊三尺八寸，用鐵板包釘。該鐵板併重
一百四十六斤，以生鐵兩斤，煉熟成一片板，門厚難壞，用之鐵釘，必擦
桐油，方耐海霧。門前有附板函，如遇警急狀況，則下板重閘，使門更爲
堅固。外門每扇高七尺七寸，俱使用鐵釘並擦桐油。[55]

▲ 圖5-1　崇武城城門。圖片來源：林稚珩攝於2011年2月。

52　（明）陳敬法等增補，《崇武所城志》，頁6。
53　（明）陳敬法等增補，《崇武所城志》，頁7-8。
54　（明）陳敬法等增補，《崇武所城志》，頁8-9。
55　（明）陳敬法等增補，《崇武所城志》，頁9。

▲ 圖5-2　崇武城城牆。圖片來源：林稚珩攝於2011年2月。

2.清代大鵬城

　　清朝承接明朝水師城寨之後，再進行整修，改造，大部分在原有的架構之下修整，但如此一來，即難以了解明清兩代在水師城寨上的異同之處。本處將以大鵬所（圖5-3），做為敘述主軸，以進一步了解其設置結構狀況。

　　大鵬水師城寨，明代稱大鵬守禦千戶所，位於深圳市大鵬半島頸部，後枕大鵬嶺，東邊近海，鄰近烏涌村。[56]大鵬所在新安縣東一百二十里大鵬嶺南，明洪武二十七年（1394）設置，南面大海，東至海岸一里，城周三二五丈六尺，設有三門，城外設有濠溝環繞。[57]

　　清代以後，整修的城池，城周長七五一‧二五公尺，牆高五‧九九

56　蕭國健，《關城與砲台》，頁36。
57　濠周圍長398丈。（清）盧坤，《廣東海防彙覽》42卷，卷30，〈方略〉19，頁11b。

公尺、闊四‧六六公尺、頂闊兩公尺，內外砌以磚石，中為沙泥，有東、南、西、北四門，上置城樓。城外東、南、西三面環水，濠溝長一三二五‧三四公尺、闊五公尺、深三‧三三公尺。[58]

　　順治十三年（1656）設守備駐防，康熙四年（1665）裁，康熙九年復設，雍正四年（1726）增設參將[59]。在大鵬營的管轄範圍，設有九龍砲臺、九龍海口砲臺、大嶼山砲臺、東涌砲臺、紅香爐砲臺。[60]乾隆八年（1743）復設縣丞（新安縣丞）駐此。[61]道光十一年（1813），大鵬改設協，由副將駐守，分左、右二營，左營駐城內，右營駐大嶼山北岸之東涌寨城。道光二十年，將大鵬協移往九龍，此後大鵬城即失去軍事地位。[62]

　　大鵬水師城寨除了駐有參將之外，城內因設有縣丞，因此成為一政治、軍事中心。城內的設施則有，縣丞署、參將署、守備署、軍裝局、火藥局、大鵬所屯倉、天后廟、關帝廟、趙公祠、華光廟、城隍廟、伯公廟。[63]因為城內有許多重要設施，又是沿海水師城寨，因此清代以後，大鵬水師城寨於康熙十年（1671）、乾隆十六年（1751）、嘉慶十九年（1814），歷經三次整修。[64]

58　蕭國健，《關城與砲台》，頁36。

59　（清）穆彰阿，〔嘉慶〕《大清一統志》，將大鵬營設參將時間著錄為雍正3年，但《大清會典》及《廣東海防彙覽》記錄時間則為雍正4年，雍正3年，設游擊駐守。

60　Adam Yuen-chung Lui chief ed. *Fort and Pirate: A History of Hong Kong*. Hong Kong: Hong Kong History Society, 1990. P. 15.

61　穆彰阿，〔嘉慶〕《大清一統志》，頁8862。

62　蕭國健，《關城與砲台》，頁38。

63　蕭國健，《關城與砲台》，頁38。

64　（清）盧坤，《廣東海防彙覽》42卷，卷30，〈方略〉19，頁12a。

▲ 圖5-3　大鵬水師城寨形勢圖。圖片來源：盧坤，《廣東海防彙覽》，卷1，頁
　　15b-16a。

（四）維護情狀

　　海防設施，興建於海濱，在海風的侵蝕之下，設施本身比起其他地方
更容易損壞，時常修護在所難免。水師城寨的維護，在官兵鎮戍期間，
則將有較好的保養及修繕，官兵如移防他處，除非水師城寨與其他衙署共
用，否則大部分水師城寨皆遭到棄置。海防設施的修護期限約為十年，
在浙江巡撫劉彬士（1770-1838）的奏摺中可看出，地方官吏通常在十年
過後才會向上反應。[65]但早在康熙五十八年（1719），在兩廣總督楊琳
（？-1724）的建議之下，規定沿海防衛設施的維護，責成州、縣官不時
查看，一有損壞立即修整。[66]在平常時期，如果水師城寨、墩臺、砲臺等
海防設施有損壞，可由地方知縣及駐地官兵向上反應，再委由相關人員至

---

[65] 《軍機處檔摺件》（臺北：國立故宮博物院藏），文獻編號061064號，浙江巡撫劉彬
　　士，《奏報估修外海營房砲臺情形》，道光8年7月。
[66] 《聖祖仁皇帝實錄》，卷284，康熙58年5月丙戌，頁774-1。

該地查看，確為屬實之後，由地方大吏奏報。乾隆三十四年（1769）十月八日，閩浙總督崔應階（？-1780），奏報閩安鎮水師城寨、砲臺、汛臺多處已毀壞，汛兵已無法在該處棲留，在查明記錄之後，將確估工料呈報上級，再撥款修護。[67]所以水師城寨的維護，並不只是武將的責任，設置於當地的州、縣官，亦有責任進行維護。

清代對於水師城寨的修護並沒有確切的時間表，修護時間基本上是由該地主管之文武官員負責，修護的財政來源，需呈報奉准後始能興建，[68]維護水師城寨、墩臺時間，大致都在戰爭結束之後，如在康熙年間，遷界以前所興建的防衛設施，損壞嚴重，有些規模太小，必須駐防較大規模的軍隊，因此有擴建的必要，或新建新的水師城寨、墩臺。[69]

水師城寨的維護以平常的保養，及戰爭後的損壞之修護為主。其中，戰爭後的修護最為困難，這與使用火器攻擊城寨，使城寨受到嚴重毀損有很大關係。與海寇作戰，水師城寨的損壞較不嚴重，因為海寇的武力有限，對於水師城寨的損害較低。但與西方國家作戰，則損壞較大，這除了攻城的時間縮短之外，損害更是嚴重。這是因為：「在大砲的威力及射程未達到一定程度時，過去那些能在任何敵人的圍攻之下堅持一年的關城，現在一個月內就會被攻陷」。[70]但實際上，清代的水師城寨，最堅固者，甚至不到一天就被攻陷，如定海鎮城於一八四一年十月一日，英軍於早晨進攻，下午兩點結束戰鬥，此役陣亡了三位總兵，英軍陣亡兩人，[71]時間不到一天。同一時期的歐洲水師城寨，在火器快速發展之後，他們的水師

---

[67] 《軍機處檔摺件》，文獻編號010972號，閩浙總督崔應階，〈奏為請修砲臺〉，乾隆34年10月。

[68] 虎門城寨在奉准之後，始能動支興建。（清）盧坤，《廣東海防彙覽》42卷，卷30，〈方略〉19，頁12b。

[69] （清）盧坤，《廣東海防彙覽》42卷，卷31，〈方略〉20，頁4a-4b。

[70] Geoffrey Parker著，傅景川等譯，《劍橋戰爭史》，頁180。

[71] 三位總兵分別為，定海鎮水師總兵葛雲飛、處州總兵鄭國鴻、安徽壽春總兵王錫朋。見茅海建，《天朝的崩潰—鴉片戰爭再研究》（北京：三聯書局，2005，2版），頁356-361。

Edward H. Cree, Michael Levien., *Naval surgeon: the Voyages of Dr. Edward H. Cree*, Royal Navy, as related in his private journals, 1837-1856, New York: E.P. Dutton, 1982, pp.91-93.

城寨結構也適時的發展起來，在中國則一直維持傳統城寨樣式。

二、砲臺的設置

（一）砲臺建置

1.砲臺的興建

　　砲臺的設置，其功能最主要是以強大的火力來壓制入侵的敵人。砲臺即是一個海防要塞，清代砲臺式要塞有，海島要塞、海口要塞、海岸要塞、江防要塞等幾種。[72]沿海砲臺的興建始於明朝，清代以後繼續承繼使用。康熙認為：「沿海礮臺，足資防守，明代即有之，應令各地方設立」。[73]火砲的使用至康熙時期，已成為不可缺乏的武器之一。劫掠沿海的船隻，無論是海寇或西方強權，在他們的船隻上，都配備有強大的火砲，因此有必要在沿海重要關口處設置砲臺扼阻敵人入侵。

　　清代砲臺，大量興建期間，有五個時間點，第一，康熙元年（1662），為了防範鄭氏家族，沿海一帶設置了新的砲臺；[74]第二，康熙二十三年（1684），在杜臻巡視閩、粵之後，在其建議之下亦興建砲臺；[75]第三，康熙五十五年（1716）上下，在各地督、撫的建議之下，除了修護毀損的砲臺之外，亦新建砲臺。康熙五十五年，兵部議覆福建浙江總督覺羅滿保的建議，在福建地區興建砲臺：

　　　　閩、浙兩省皆屬沿海要區，各處礮臺、城寨逼臨海口，鹽潮蒸

---

[72] 中國軍事史編寫組編，《中國歷代軍事工程》（北京：解放軍出版社，2005，2版），頁346。
　　海島要塞：固守海島，掩護海口及海岸安全。如舟山、澎湖。
　　海口要塞：扼制海口，保障海灣、海港安全。如虎門、溫州、鎮海。
　　海岸要塞：鞏固海岸，海灣及海港安全，掩護水師支援海島作戰。如廈門、乍浦、潮州。
　　江防要塞：保衛沿江要地，扼制航道，防止敵船深入中國。如馬尾、鎮江。
[73] 《聖祖仁皇帝實錄》，卷270，康熙55年10月壬子，頁650-1。
[74] （清）盧坤，《廣東海防彙覽》42卷，卷31，〈方略〉20，頁1b。
[75] （清）盧坤，《廣東海防彙覽》42卷，卷31，〈方略〉20，頁2a。

濕，木植易致朽蠹，原與中國不同。嗣後閩浙兩省沿海礮臺、城
寨及營房、水哨船隻，應令道、府，督率各州縣官員，不時查看
修整，遇新舊交代如有損壞勒令修葺。該營將領，督率汛防弁
員，加謹看管，應如所請，從之。[76]

康熙五十七年，在浙江地區，興建砲臺，當時在一些重要口岸，亦即是極
衝及次衝地區興建。

> 浙江海洋，極衝、次衝地方，有原無礮臺者；有舊有礮臺、城寨傾
> 倒塌者；有原設汛防兵數，應酌量增添者。臣等相度衝要之地，
> 修築礮臺、城寨。分別極衝、次衝。如平湖之乍浦等五十處，安
> 設礮四百六十位，添造營房，派撥弁兵，分防巡守，以固海疆，
> 俱應如所請，從之。[77]

康熙五十六年，在廣東巡撫楊琳（ ？-1724）的建議之下，於康熙五十八
年，亦興建砲臺、城垣、汛地，共一百一十六處。[78]此次的大量興建砲
臺，主要是在鄭盡心事件之後，加強沿海防務。第四，在蔡牽等海寇劫掠
沿海時期，東南各省亦設置砲臺。嘉慶十年（1805），兩廣總督那彥成
（1764-1833），在地方士紳的捐助之下，興建甲子城所一帶砲臺。[79]嘉
慶十四年（1809），爲了扼止海寇入侵，在兩廣總督百齡（ ？-1816）的
建議之下，於廣東地區建築水師城寨及砲臺。[80]另外也加強舊砲臺的防衛
功能，加築女牆，增加砲臺圍牆高度，[81]避免讓敵軍翻牆進入。第五，鴉

76　《聖祖仁皇帝實錄》，卷282，康熙57年12月乙丑，頁758-2。
77　《聖祖仁皇帝實錄》，卷277，康熙57年2月甲申，頁715-2-716-1。
78　（清）盧坤，《廣東海防彙覽》42卷，卷31，〈方略〉20，頁2b。
79　《仁宗睿皇帝實錄》，卷153，嘉慶10年11月己卯，頁1113-1。
80　《仁宗睿皇帝實錄》，卷214，嘉慶14年6月己巳，頁864-2。
81　《仁宗睿皇帝實錄》，卷207，嘉慶14年2月丙辰，頁779-1。

片戰爭前後之時間，浙、閩、粵各地亦設置砲臺。英軍攻擊定海之後，清廷加強杭州灣一帶的砲臺防務，道光二十一年（1841），築南灣礮臺一所。道光二十二年，築靖安礮臺，置180磅阿姆斯脫郎前膛礮一尊、土礮四尊，兵二十四名；東面老礮臺，置土礮三尊，兵五十名。觀山麓，保安礮臺一所，土礮十二尊，兵五十名。[82]當然除了這五個時點之外，各朝亦在沿海各地，亦有增設砲臺情況。

在砲臺的興建樣式上，多有改變，主要是安裝不同火砲，因此砲臺結構及樣式各有不同。嘉慶年間開始在沿海、沿江的設防中，逐漸採取砲臺式要塞體系，即以分散配置，降低城牆的高度，增加其厚度來加強防護力，城牆、角樓、戰棚等都被低矮的砲臺所代替。[83]鴉片戰爭前，道光皇帝督促做好虎門一帶的海防設施：

> 沿海各處礮臺，尤當力加整頓，不可有名無實。著該督於校閱營伍時，親往虎門一帶，逐加查勘，如有應行更定事宜，務當悉心妥議，總期有備無患，實在得力，方足以壯聲威而資防禦。其營務海防一切章程，著俟新任提督關天培到粵後，該督等會同籌商，設法整飭。[84]

關天培（1781-1841）就任廣東水師提督後，便積極建設了虎門要塞防衛，結合了水道、水師城寨及砲臺的防衛體系。[85]這改變了中國舊有的水師城寨與砲臺的興建思維。在戰略上雖然有所突破，但武器的老舊卻無法與新式防衛體系相輔相成。

---

[82] （清）朱正元輯，《浙江省沿海圖說》，（臺北：成文出版社，1974，光緒25年刊本），頁2a。
[83] 中國軍事史編寫組編，《中國歷代軍事工程》（北京：解放軍出版社，2005，2版），頁345。
[84] 《宣宗成皇帝實錄》，卷256，道光14年9月癸酉，頁909-1-909-2。
[85] （清）關天培，《籌海初集》4卷（臺北：文海出版社，1969），卷1，頁26a-34b。

　　臺灣地區情況與中國不同，因此興建砲臺的情況亦異。在臺灣地區興建的砲臺，如淡水砲臺位於淡水河北岸，荷蘭時期建造，鄭氏期間再重新整修。雍正二年（1724），同知王汧重修，設東、西大門，南、北小門。[86]此砲臺即爲現今所稱之淡水紅毛，[87]紅毛城列爲國定一級古蹟，園區內有嘉慶十七年（1812）鑄造的的水師火礮。在同治十三年（1874）以前，臺灣與澎湖的水師，都在海口建有砲臺、煙墩等工事，但因年久失修，不復以往，代之而起的是在北路協中營及噶瑪蘭營設砲臺。[88]

　　鴉片戰爭期間的砲臺設置較多，以珠江口一帶，廈門一帶、定海一帶最多。道光十年（1830），廣東大鵬所，轄大嶼山及尖沙嘴洋面，成爲西洋人泊船之所，遂擇要建砲臺兩座。[89]在鴉片戰爭前，廈門一帶設置的砲臺有限，根據茅海建的研究，當時在廈門島南岸有一座大砲臺，守兵二十五人，西北部有高崎砲臺，守兵三十人，東南部砲臺僅有一人。在第一次廈門戰役之後，增設廈門南岸、鼓浪嶼、嶼仔尾砲臺。[90]此後，閩浙總督顏伯燾（？-1855）防務廈門期間，用花崗岩興建了石壁砲臺陣地，石壁外側再護以泥土，石壁後面，亦建有兵房。[91]但這樣的防衛措施，對於英軍的火砲來說，是不堪一擊的，最後顏伯燾花費巨資興建的廈門防衛設施付之一炬。

2.砲臺的數量

　　清代前期的浙、閩、粵三省砲臺數量，缺乏了一完整資料，無法敘述同一個時間點之狀況。因此在這方面的探討有其侷限性，筆者試圖從各種同時期的地方志內容拼湊，但資料殘缺不全，無法做出統計。但對於

86　（清）余文儀，《續修臺灣府志》（南投：臺灣文獻委員會，1993），頁60。
87　周宗賢，《淡水輝煌的歲月》（臺北：臺灣商務印書館，2007），頁8。
88　許毓良，《清代臺灣的海防》（北京：社會科學文獻，2003），頁74。
89　（清）趙爾巽，《清史稿》，〈志〉，卷135，〈志〉110，頁3988。
90　茅海建，《天朝的崩潰－鴉片戰爭再研究》（北京：三聯書局，2005，2版），頁355。
91　（清）文慶，《籌辦夷務始末》道光朝（臺北：文海出版社，1970），頁448-449。

砲臺的統計各省還是有資料可參考，這之中以廣東省資料最爲齊全。康熙五十八年（1719），兩廣總督楊琳奏，該管地區修造礮臺城垣汛地共一百二十六處，安礮八百零七人。[92]陶道強依據《廣東省例新纂》統計，鴉片戰爭前，廣東沿海一帶的砲臺有一百零一座，砲位六百九十六人。[93]成書於嘉慶年間的《水師輯要》統計，有砲臺四十一座，大砲三百一十二人。[94]根據蕭國健的統計，康熙、雍正年間，廣東沿海共建砲臺四十一座，多位於北部鄰接福建沿海，嘉慶年間，共設砲臺一百二十餘座，道光以後增至一百六十餘座。[95]這些數字代表不同的時間，及不同的數量，但可以看出，廣東的砲臺及砲位數量有逐漸增加中。

在浙江地區，設置砲位最多的時間爲康熙五十七年，共安設礮位四百六十，[96]雍正七年（1729），浙江總督李衛（？-1738），建議添設浙江台州府所轄地，海門、前所、家子、三江口、新亭、章安、道頭、江口汛等處礮臺。[97]乾隆十九年（1754），浙江省原有砲位二千一百四十九，應再添二百九十八人，俱在各營餘砲內撥補，如不敷使用再改造新砲位。[98]此後浙江地區至鴉片戰爭前，才有較多的砲臺陸續興建。

福建地區的砲臺設置，康熙年間，在閩浙總督覺羅滿保（1673-1725）的籌設下，有水師二十營，大小官弁共一百五十二人、兵一萬九千三百一十二人，築造礮臺七十七處，安礮七百一十八人，戰船三百一十二隻。[99]乾隆十九年，議覆，閩省原存砲位二千零四十八人，現應再添一百九十六人。[100]這些砲臺設施興建一段時間之後，多有毀壞。

---

92 《聖祖仁皇帝實錄》，卷284，康熙58年5月丙戌，頁774-1。
93 （清）黃恩彤，《粵東省例新纂》，卷6，道光藩署藏版。轉引自陶道強，《清代前期廣東海防研究》，廣州：暨南大學碩士論文，2003年，頁37-38
94 （清）陳良弼，《水師輯要》（上海：上海古籍出版社，1997，清抄本），頁363。收於《續修四庫全書》，第860冊。
95 蕭國健，《關城與砲台》，頁18。
96 《聖祖仁皇帝實錄》，卷277，康熙57年2月甲申，頁716-1。
97 《世宗憲皇帝實錄》，卷82，雍正7年6月乙亥，頁81-1。
98 清國史館編，《皇朝兵志》276卷，253冊，〈兵志〉1，頁7b。
99 《清初海疆圖說》（南投：臺灣省文獻委員會，1996），頁37。
100 清國史館編，《皇朝兵志》276卷，（臺北：國立故宮博物院藏，清內務府朱絲欄本），

乾隆三十四年（1769），在閩浙總督崔應階（？-1780）的奏報之下修繕了閩浙地區的砲臺。[101]此時期在福建沿海的砲臺設置數量明顯增加，但鴉片戰爭前，陸續設置新的砲臺。

　　臺灣地區的砲臺數量，在康熙五十七年時，設置在極衝口岸九處，應修築礟臺十一座，內如中路之鹿耳門，爲全臺咽喉出入要口，安平鎮爲臺灣水師三營駐劄之所。舊有紅毛城一座，現在補築城垣，其餘等處，亦現在修葺。有次衝口岸十五處，應修築礟臺十八座。澎湖地方有極衝口岸四處，內如媽祖澳，原有新城一座，現在修葺。其餘等處，應築礟臺七座，有次衝口岸五處應築礟臺3座。[102]

　　雍正十三年（1735），閩浙總督郝玉麟建議，在臺灣府城南水門、小北門二處，各建大礟臺1座，竝添設敵臺、城門、城樓、礟架、望樓等項。南路之茄藤港、北路之蚊港等處，各設礟臺一座。府城西南一帶礟臺空隙處，各設木柵，以資捍禦，應如所請。[103]此後，礟臺陸續毀損，嘉慶十七年（1812），閩浙總督汪志伊（？-1818），建議在鹿耳門、淡水等處建礟臺三座，每座設兵房二十六間。[104]清朝領有臺灣之後，福建地區的礟臺興建，以臺灣地區最爲頻繁。道光二年（1822），內閣才將汪志伊（？-1818）奏摺，移付至工部查覈後興建。[105]但遲至道光四年，淡水及鹿耳門兩地的礟臺才興建。[106]由此可見，砲臺新設到興建完成，可能耗時十三年之久。

　　廣東地區的砲臺雖然設置越來越多，但新建的砲臺，最早始於雍正年

　　253冊，〈兵志〉1，頁7b。
101《軍機處檔摺件》，文獻編號010972號，閩浙總督崔應階，〈奏爲請修砲臺〉，乾隆34年10月。
102《聖祖仁皇帝實錄》，卷279，康熙57年5月己未，頁732-2。
103《世宗憲皇帝實錄》，卷153，雍正13年3月戊寅，頁879-1。
104《仁宗睿皇帝實錄》，卷261，嘉慶17年9月丁丑，頁536-1。
105〈漢纂修處爲移付查覈事〉（臺北：中央研究院歷史語言研究所藏），文獻編號222445-001號，內閣大庫檔案。
106《宣宗成皇帝實錄》，卷67，道光4年4月辛丑，頁58-2。

間，當時，廣東沿海一帶即開始設置砲臺，如大嶼山、佛堂門等等。[107]
嘉慶二年（1797），在兩廣總督蔣攸銛（1766-1830）的建議之下，廣東
海口地區亦添設部分砲臺，嘉慶皇帝認同了興建砲臺的建議。[108]鴉片戰
爭前，在兩廣總督盧坤與廣東水師提督關天培的經營之下，廣東一帶砲臺
除了汰舊換新之外，亦增加不少砲位：

> 盧坤於查閱營伍時，親往查勘，並將營務海防各事宜，會同關天
> 培籌議整飭。茲據該督等奏稱，遵赴虎門一帶，逐加查勘，並於
> 潮汐長落時，演試礮位，請添鑄六千斤以上大礮四十位，酌派各臺
> 應用。並將南山礮臺前面餘地，添築石基，建設月臺，移置礮位。
> 橫檔背面山麓，及對岸蘆灣山腳，各添建礮臺一座。其沙角、大
> 角兩處，為瞭望報信之臺。其南山礮臺起，至大虎礮臺，分作三
> 段，遇有應行防堵之時，一聞信礮，即將較準上、中、下三路礮
> 位，齊發轟擊，所議周妥之至，著照所請辦理。[109]

在盧坤、關天培的籌設下，廣東地區除了增加砲臺之外，也修建了部分砲臺
防護措施。廣東的砲臺及砲位數，在鴉片戰爭前已達到歷年最多。（表5-4）

表5-4　道光年間廣東砲臺設置情況表

海路	水師鎮	砲臺名稱	數量	備考
東路	南澳鎮 黃岡協	虎仔嶼砲臺、獵嶼上砲臺、獵嶼下砲臺、雞母砲臺、隆澳砲臺、長山尾下砲臺、大萊蕪砲臺	7	
	達濠營	放雞砲臺、蓮澳砲臺、溪東砲臺、沙汕頭砲臺、宮雞石砲臺、溪東口砲臺、廣澳砲臺、河渡砲臺	8	

---

[107] Adam Yuen-chung Lui chief ed, *Fort and Pirate: History of Hong Kong.* Hong Kong: Hong Kong History Society, 1990. P.14.

[108] 《軍機處檔摺件》，文獻編號050917號，兩廣總督蔣攸銛，〈奏報會籌粵東海口添設砲臺情形〉，嘉慶22年10月。

[109] 《宣宗成皇帝實錄》，卷265，道光15年4月癸卯，頁64-1-64-2。

海路	水師鎮	砲臺名稱	數量	備考
東路	潮陽、海門	青嶼砲臺、北砲臺、南砲臺、門關砲臺、石井砲臺、海門南砲臺、錢澳砲臺、石牌砲臺、靖海港砲臺、澳腳砲臺、赤澳砲臺、神泉砲臺	12	
	碣石鎮	蘇公砲臺、西甘砲臺、淺澳砲臺、烏墩砲臺、	4	
	捷勝營	石獅頭砲臺、遮浪砲臺、南山砲臺、牛腳川砲臺、麻瘋砲臺、白沙灣砲臺、長沙砲臺、鮜門港砲臺	8	
	平海	盤沿東砲臺、盤沿西砲臺、東繒頭砲臺、大星砲臺、吉頭砲臺	5	
中路	大鵬營	沱濘砲臺、九龍砲臺、大嶼山砲臺、赤灣左砲臺、赤灣右砲臺、南頭大砲臺	6	
	虎門	新涌口砲臺、老萬山東砲臺、老萬山西砲臺、沙角山砲臺、大角山砲臺、南山鎮遠砲臺、南山砲臺、南山威遠砲臺	8	
	香山	橫檔大砲臺、橫檔小砲臺、橫檔西永安砲臺、大虎山砲臺、蘆灣山鞏固砲臺、蕉門砲臺、磨刀砲臺、大托砲臺、三竈砲臺、涌口砲臺、虎跳門東砲臺、虎跳門西砲臺、崖門東砲臺、崖門西砲臺	14	
	廣海	長沙砲臺、烽火角砲臺、橫山砲臺、石角砲臺、陡門砲臺、澳灣砲臺、南灣砲臺	7	
西路	陽江	北津砲臺、海陵砲臺、北額舊砲臺、北額新砲臺、山後砲臺、河口砲臺、蓮頭砲臺、興平砲臺、博賀砲臺、興甯砲臺、赤水砲臺	11	
	吳川	限門東砲臺、限門西砲臺、麻斜砲臺、北港砲臺、海頭砲臺	5	
	東山營	庫竹砲臺、津前砲臺、淡水砲臺、通明砲臺	4	
	海安營	雙溪砲臺、白沙砲臺、鋪前港砲臺、博漲砲臺、三墩砲臺、青桐砲臺、流沙砲臺	7	
	海口營	海口東砲臺、海口西砲臺、青瀾港砲臺、潭門砲臺、東水砲臺、石礦砲臺、桐棲港砲臺、保平砲臺、馬裊港砲臺、石牌砲臺、榆林砲臺、三丫砲臺、大蛋砲臺、望樓砲臺、博頓港砲臺、南砲臺、北砲臺	17	
	龍門協	龍頭沙砲臺、暗鋪砲臺、八字山砲臺、冠頭嶺砲臺、大冠東砲臺、大冠西砲臺、烏雷砲臺、石龜嶺砲臺、牙山砲臺	9	

說明：本表依據《廣東海防彙覽》圖目中所載砲臺名稱，記錄整理而成，廣東共設132處砲臺。
資料來源：盧坤，《廣東海防彙覽》，卷一〈圖目〉，頁1a-46b。

▲ 圖5-4　香港大嶼山東涌砲臺城門。東涌砲臺興建於道光12年，設置目的是控制大嶼山北路海域。圖片來源：李其霖攝於2012年2月。

▲ 圖5-5　香港大嶼山東涌砲臺城門上砲座。東涌砲臺目前放置嘉慶及道光年間鑄造之火砲六門。圖片來源：李其霖攝於2012年2月。

（二）砲臺結構

清初的砲臺要塞，多位於視野廣闊、射擊便利及居高臨下之險要地點，砲位部分爲一高臺，作做爲長方形，亦有作圓形，爲岩石疊砌，中爲灰沙土，增厚堅固。砲臺部分與營盤部份連接，營盤作長方形，亦有作梯形，依地勢而定。小型砲臺內有營房、火藥庫、操練場等。[110]砲位較多之砲臺，其相關設施則較多，如砲臺、望樓、營房、火藥庫、演武廳、圍牆、塹壕、障礙物等組成。[111]在砲臺的設計上，砲的安置與雉堞的設計有密切關係，城防礮一般都不太大，安在較低的木礮車上，射擊以平射或向下發射爲主，因此雉堞採用大開口設計。[112]以下針對兩個砲臺結構敘述之。砲臺的安放的位置，丁拱辰有較詳細的說明。

1.獵嶼銃城

獵嶼銃城位於南澳島，因獵嶼山而得名，其山高百餘丈、長20里，由南澳副總兵管轄。[113]明朝天啓三年，於此地建銃城，新建目的是要防止西洋諸國入侵，設置時設有一碑刻：

> 獵嶼銃城，備紅夷也。上座高一丈二尺，長圍十八丈二尺。為銃門者五，下座高八尺，長圍十六丈，為銃門者十。中築屋一座三間，以居城守兵士。敵樓一座，以壯形勢。旁為屋三間，以貯軍實。城外為屋三間，以充廚窖。下城為屋三間，以便看守。又於山頂築臺瞭望，高三丈，周圍六丈，外環以牆，高八丈，長十二丈。[114]

110 蕭國健，《關城與砲台》，頁56。
111 中國軍事史編寫組編，《中國歷代軍事工程》，頁347。
112 楊仁江，《臺灣地區現存古礮之調查研究》（臺北：內政部出版，1993），頁54。
113 （清）顧炎武，《肇域志》殘卷，《續修四庫全書》（上海：上海古籍出版社），1997，〈福建二〉，頁45a。
114 譚棣華等編，《廣東碑刻集》（廣州：廣東高等教育出版社，2001），〈獵嶼銃城碑記〉，天啟3年，頁310。

入清以後則繼續使用銃城，至康熙五十六年（1717）重建，兵二十人，
營房十八間，設砲八位，[115] 由南澳鎮總兵管轄，隸屬於南澳鎮右營，在
營北，上至閩屬本標左營石獅頭水程二十里。[116]

　　此後，分獵嶼上礮臺、獵嶼下礮臺，兩砲臺共設兵五十二人，[117]據
《乾隆潮州府志》載：臘嶼上砲臺，在澳城北四里，東至東虎嶼水路五
里，西至走馬埔汛水路十里，南至深澳口水路二里，北至大小金門水路
四十里；下砲臺一座營房四間，設砲十二人，設兵三十人。[118]

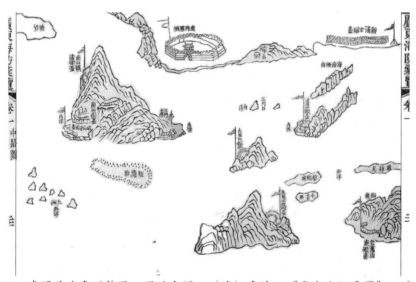

▲ 圖5-6　虎門外砲臺形勢圖。圖片來源：（清）盧坤，《廣東海防彙覽》，卷1，頁
　　20b-21a。

115　（清）周碩勳，〔乾隆〕《潮州府志》42卷（臺北：成文出版社，1967，清光緒19年重
　　刊本），卷36，頁42a。
116　（清）盧坤，《廣東海防彙覽》（石家莊：河北人民出版社，2009），卷32，〈方略〉
　　21，〈砲臺〉2，頁816-817。
117　（清）毛鳴賓，《廣東圖說》（臺北：成文出版社，1967，同治朝刊本），卷41，頁
　　7a-8a。
118　（清）周碩勳，〔乾隆〕《潮州府志》，卷36，頁42a。

2.崖門砲臺

　　崖門砲臺位於廣東新會市南部，踞潭江、西江支流出口處，北為銀洲湖。清初於崖門水道交接兩邊設砲臺，位於東岸為東砲臺，周長一四三‧一九公尺、高四‧三三，位於西岸者為西砲臺，周長一二三‧五四公尺、高四‧三三公尺。嘉慶十四年（1809），總督百齡以崖門海口舊有之砲臺距海稍遠，未能有效剿防洋匪，故移建今存崖門砲臺處，稱崖門新東砲臺。道光十三年重修，咸豐六年增建子砲臺。[119]崖門砲臺隸屬於新會水師營參將管轄，東西兩砲臺汛防兵五十名，[120]由駐防於新東砲臺的千總兼領，負責統領崖門兩個砲臺。[121]

　　砲臺背山面海，呈弧形，周長一百八十公尺，寬三‧五公尺、高五‧五公尺，以石為基，上砌沙土磚塊。砲臺分上下兩層，下層有砲位二十二座，門洞兩個，砲眼四周以石砌築，高一‧五公尺、闊一‧四及一‧一五公尺。門分中、側門。中門高三‧五公尺、闊一‧五五公尺，門上刻有「鎮崖臺」，側面主牆左邊，高二‧一公尺、闊一‧五公尺。砲位門有間牆，上有燈窗，共十七個，供放砲時點火用。上層以麻石條舖砌路面，闊兩公尺，牆上有城垛四十四個。臺內尚有道光二十二年（1842）鑄造之四千觔大砲三門。[122]

　　沿海的水師城寨與砲臺，因長期受到海風侵蝕，容易朽壞，其保存本屬不易，但至今尚有許多清代砲臺保存下來，誠屬可貴，這對研究砲臺的細部結構及興建工法有很大的幫助。[123]除了中國沿海存留下來不少砲臺之外，臺灣亦有數量不少的砲臺保存下來。根據調查統計資料，在甲午戰

[119] 蕭國健，《關城與砲台》，頁60。
[120] （清）毛鳴賓，《廣東圖說》（臺北：成文出版社，1967，同治朝刊本），卷8，頁14b-17a。
[121] （清）陳昌齊，〔道光〕《廣東通志》334卷，卷43，頁715下。（清）盧坤，《廣東海防彙覽》，卷32，〈方略〉21，〈砲臺〉2，頁838。
[122] 蕭國健，《關城與砲台》，頁60。
[123] 中國沿海尚有許多清代砲臺保存下來，王朝彬歷時多年，走遍60餘處砲臺，並拍照及概略敘述，保留了砲臺樣貌，值得肯定。王朝彬，《中國海疆炮臺圖志》（濟南：山東畫報出版社，2008）。

爭前，有15座砲臺尚在使用，並安裝有各種火砲。[124]但道光以前保存完好的砲臺已不多見，目前保存較完整的砲臺皆為道光以後所興建。

▲ 圖5-7　崖門砲臺形勢圖。圖片來源：（清）盧坤，《廣東海防彙覽》，卷1，頁23b-24a。

（三）火砲的使用與種類

1.火砲的使用

要談論火砲種類之前，先就火藥的發明稍作說明。火藥，現今稱為「黑火藥」或「褐色火藥」。火藥由中國人發明，最初是煉丹家用硝石和硫磺，在制丹煉藥時所發現。[125]中國的煉丹技術約於東周時期即已展開，這時期大部分尚在煉丹階段，對火藥的組合配方了解有限。然而在這些煉丹家中，最早觸及爆炸物試驗的是東晉的葛洪（284-363），他的煉

---

[124] 楊仁江，《臺灣地區現存古礮調查研究》，頁113-114。
[125] 王兆春，《中國火器史》（北京：軍事科學出版社，1991），頁5。

丹活動對火藥的發明，有著重要作用。[126]雖然此時期已了解相關的元素可製造火藥，但對於配方的運用方式尚不成熟。一般認為火藥的製作，可能早在唐朝末年，約西元九世紀就在中國被發現。[127]宋仁宗時期，即有火藥名稱的出現。[128]十二世紀時，宋代軍隊已使用金屬砲以及槍榴彈，這些科技於十四世紀才西傳至歐洲。[129]

　　有了火藥之後，如果沒有推進器，那火藥的威力有限，因此裝火藥的推進器之使用就更為重要了。礮則有推進效果，礮是兵器的一種，晉武帝期間已有「礮」字出現，礮為一種拋擲石彈用的戰具，相當於歐洲人攻城時所用的拋石機。[130]火藥用在礮上，即成為火砲。[131]然而，一般來說火砲除了指發射器發射的燃燒物或爆裂物之外，發射火砲的器具亦可稱為火砲。[132]火砲出現以後，長期以來都使用實心彈，彈丸射出後並沒有第二次的爆炸，殺傷力有限。嘉靖三十年（1551），火礮才開始進入開花彈時期。[133]

　　明清時期的火砲製造技術，可分為打造法及鑄造法兩種，如與當時的西方國家比較，中國的方法則較為簡便。[134]雖然火藥由中國發明，但中國在這方面的技術提升有限。清代的火器使用，與明代相比，在清中葉以前處於承襲與停滯狀態，清代的火器名目較明代為多，威力卻較前代未有太大進步，與西方火砲技術發展差距極大。[135]清朝未入關之前，即開始

[126] 王兆春，《中國火器史》，頁6。
[127] Joseph Needham, *Science and Civilization in China*, Vol. 5: Chemistry and Chemical Technology, pt. 7: Military Technology: the Gunpowder Epic, Cambridge University Press, 1986, p.1。
[128] 劉旭，《中國古代火藥火器史》（鄭州：大象出版社，2004），頁1。
[129] Geoffrey Parker著，傅景川等譯，《劍橋戰爭史》，頁175。
[130] 楊仁江，《臺灣地區現存古砲之調查研究》，頁17。
[131] 為了說明之一貫性，礮及炮字，皆以砲字更替。
[132] 松井等，〈支那の砲と拋石〉《說林》，第1卷，頁401。
[133] 楊仁江，《臺灣地區現存古礮之調查研究》，頁35。
[134] 劉旭，《中國古代火藥火器史》，頁224-229。
[135] 周子峰，〈鴉片戰爭前之福建海防簡論〉，收於林啟彥、朱益宜編著，《鴉片戰爭的再認識》（香港：中文大學出版社，2003），頁140。

鑄造火砲，砲身長八尺五寸，重三千八百斤，用藥五斤，鐵子十斤，並設有砲車。[136]順治初年，定八旗礮廠，並規定各省需用銃、礮、火甎、火箭、噴筒、火毬、鐵彈、鉛子等項，由各督撫奏請，准其造備，再將用過工料銀報部察覈。[137]此後歷朝皆不斷製造各種名目之火砲，種類繁多，[138]這樣的制度延用至清末，但嘉慶以後，中央製造的越來越少，各省則逐漸增加。[139]這些火砲的威力程度為何，端看清廷每年進行火砲之演放即可得知，以廣東為例：「每年正及九月，委就近文職，會同該官弁，每砲演放十餘次，具報總督察覈」。[140]但這只是一般的演習。至鴉片戰爭時才是真正驗證東、西兩方火砲威力的最佳時機，事實證明，清代的火砲技術不如西方。

清代在鴉片戰爭一役慘敗的原因，除了人為因素之外，武器不夠精良，亦是失敗的重點之一，無論在火砲射程及爆炸威力，當時清軍所用的配備，都無法與英軍相比，最後導致失敗，也並不冤枉。[141]因為英軍的火砲經過百年的改良，清軍的火砲，還在使用舊有的裝備。舊有的武器為十七世紀生產的紅夷砲，發射速度不快，每分鐘可能達到一至二發，但砲管無法持續射擊，需冷卻之後再使用，因此每小時平均只可發射八發，每天通常不超過一百發，且鐵砲在射擊約六百發，銅砲約一千發後，就已不堪使用。[142]

---

[136] （清）托津，《欽定大清會典事例・嘉慶朝》，卷686，〈工部〉，頁1a。
崇德七年，命梅勒章京馬光輝、孟喬芳率劉之源旗下楊名高；祖澤潤旗下李茂；佟國賴旗下佟國蔭；石廷柱旗下金玉和；吳守進旗下孫德隆；金礪旗下柯永盛；巴顏旗下高拱極、墨爾根；侍御李國翰旗下楊文魁及鑄礮牛彔章京金世昌、王天相等，往錦州鑄「神威大將軍礮」。見《清朝文獻通考》（杭州：浙江古籍出版社，2000），卷194，〈兵〉16，頁6587-3。
[137] （清）托津，《欽定大清會典事例・嘉慶朝》，卷687，〈工部〉，頁1a-3a。
[138] （清）托津，《欽定大清會典事例・嘉慶朝》，卷686，〈工部〉，頁1a-5b。
[139] 劉旭，《中國古代火藥火器史》（鄭州：大象出版社，2004），頁153。
[140] 清國史館編，《皇朝兵志》276卷，第248卷，〈兵志〉6，〈軍器〉4，頁4b。
[141] 茅海建，《天朝的崩潰─鴉片戰爭再研究》，頁33-37。
[142] B. S. Hale, *Weapons and Warfare in Renaissance Europe*, Baltimore: The Johns Hopkins University Press, 1997, pp. 153-154.轉引自黃一農，〈紅夷大炮與皇太極創立的八旗漢軍〉《歷史研究》，2004年，第四期，頁76。

　　值的注意的是，鴉片戰爭期間，丁拱辰（1800-1875）開始致力於火砲的改進與鑄造，並整理成《演礮圖說輯要》一書，道光二十二年（1842），藉由福建同安人陳榮試，將此書由兩廣總督祁墳（1777-1844）和靖逆將軍愛新覺羅奕山（？-1878），轉呈給道光皇帝，獲賞六品軍功頂戴。[143]其在此書中，對於火砲的使用與操練有詳細的說明：

> 凡訓練礮法，宜在平時留心講究，古語云，兵可千日而不用，不
> 可一日而不備，故兵法之行，不在於臨陣，而在於平時之操演，
> 若至有警，始欲講求，則臨時失措，宜在平時訓練熟手，則臨事
> 有濟，其演練礮法，首先勿惜火藥諸費，各省水口重地，立礮局，
> 酌選精壯，朝夕訓練傳習，擇其優等者，厚其秩祿，劣等者降
> 之，則人人皆知用心，久而不廢也。[144]

　　清廷在鴉片戰爭一役，遭到重創，但也讓中央、地方了解到西方科技的進步情況，此後的各種裝備、器物的改革，雖然緩不濟急，但也讓中國警覺到技術精進的重要。此後魏源（1794-1857）提出「師夷長技以制夷」的理論，長技之一爲戰艦，二爲火器，三爲養兵練兵之法。[145]此後，掀起了自強運動（1861-1897）的序幕，也開啓了中國現代化的進程。

2.火砲種類

　　火藥雖然由中國發明，但中國對於火砲的改良精進，明顯不如西方國家。明朝以後，大致仿照西方火砲進行量產。西方佛郎機銃傳入中國時間，可能在正德十二年（1517）以前，即由寧王朱宸濠私自製造。[146]換

---

[143] 王兆春，《中國科學技術史·軍事技術卷》，頁307。
[144] （清）丁拱辰，《演礮圖說輯要》，〈凡例〉，頁2a，咸豐元年校刻本。
[145] （清）魏源，《海國圖志》100卷（上海：上海古籍出版社，1997，北京大學圖書館藏，清光緒2年，魏光燾平慶涇固道署刻本），卷2，〈籌海編三·議戰〉，頁5a。收於《續修四庫全書》，第743-744冊。
[146] 周維強，〈佛郎機銃與宸濠之叛〉，《東吳歷史學報》，第8期，頁93-127。

言之，中國的火砲使用大抵在西方火砲的基礎上進行改造使用。

清代的火砲製造，分中央及地方兩個部分。中央由工部負責，地方則由各直省佐理，經督、撫上奏，由兵部核定之後方能自己製造。[147]但此時期在地方製造火砲的情況並不多見，大多由中央統一製造，再發給直省。

> 凡軍器，造自工部，部掌其政，制度有定式，給發有定數，簡閱有定期，年久朽損或出征殘闕者，准如數修補。官兵新舊接代，令交明軍器，自製者給直，營伍贏餘軍器，令官兵典守以備用，有損敝者毀之，私賣私典者論。[148]

依據這套軍器制度，做為軍器使用的準則。為了加強掌控武器的保存及使用狀況，規定由各營相關人員負責管理武器。

> 各營軍器，以都司、守備為專管官，副將、參將、游擊為兼管官。其營中軍火甲械，有無故缺額者，經總督、巡撫、提督、總兵題參，將專管官罰俸一年，私罪兼管官罰俸六個月，公罪照數分賠，如兼管官查出揭報者，將專管官罰俸一年，私罪獨賠俱限六個月。[149]

軍器如果毀壞或遺失，無論公罪或私罪，依情節大小，專管官及兼管官都需論罪處罰。雖然規定嚴格，但在此期間，亦可發現為數不少的官弁，因違反軍器管理條例，而受到處罰者，時有所聞。

---

[147] 邱心田、孔德騏，《中國軍事通史》，第16卷，清代前期軍事史（北京：軍事科學出版社，1998），頁367。

[148] （清）允祿，《大清會典事例・雍正朝》，卷67，〈兵部〉，頁292。

[149] （清）伯麟，《兵部處分則例》76卷（上海：上海古籍出版社，1997，道光刻本），〈綠營〉卷29，〈軍器缺額〉，頁1a。收於《續修四庫全書》，第856冊。

天聰五年（1631），清廷開始鑄造大砲，欽定名號「天佑助威大將軍」，崇德七年（1642），再派遣官員至錦州監造大砲，名爲「神威大將軍」，[150]此爲清朝未入關前，最早製造火砲的記載，當時的火砲種類則相對較少。至乾隆以後，在火砲的種類方面，名目繁多，依據乾隆二十一年《欽定工部則例》中載，有各式火砲八十五種。（表5-5）同時期的歐洲，在十六、十七世紀，歐洲各國所使用的火砲形制頗爲混亂，共有大鴆銃（Cannon）、半鴆銃（Demi-cannon）、大蛇銃（Culverin）、半蛇銃（Demi- Culverin）等十餘種，每一種以其倍徑相同做爲主要特徵。[151]有關於火砲種類的介紹，以及火砲結構的細部說明，可參閱劉旭，《中國古代火藥火器史》。[152]

表5-5　欽定工部則例造火器式　　　　　　　　　　乾隆二十一年

母子礮、威遠礮、靖氛礮、決勝礮、得勝礮、行營礮、靖平礮、提行礮、鐵行礮、靖海礮、靖蠻礮、滅逆礮、神威礮、蕩寇礮、紅衣礮、西洋礮、發貢礮、貢礮、帶子貢礮、霸王鞭礮、、趙公鞭礮、百子鞭礮、鞭礮、百子礮、班機礮、過山鳥礮、又名鳥機礮、佛郎機礮、劈山礮（又名開山礮）、信礮、號礮、河塘礮、威風礮、湧珠礮、連珠礮、轉輪礮（又名腰邊礮）、獨彈礮、車礮喊礮、響礮、地雷礮、通關礮、扳槽礮、鸞尾礮、斗頭礮、肆把連礮、大將軍礮、二將軍礮、將軍礮、磨盤礮、漆礮、西瓜礮、千里馬礮、定更礮、獨子砂礮、砂礮、豆底礮、碗口礮、坐地礮、九籥礮、竹節礮、無名大礮、無名中礮、無名小礮、虎威礮、追風礮、追風獨眼礮、虎尾礮、虎蹲礮、馬蹄礮、馬腿礮、馬卵礮、牛蹄礮、牛腿礮、牛尾礮、雞腳礮、替子礮、筆管礮、靜街礮、銅沙礮、銅百子礮、大小銅礮、銅貢礮、銅馬卵礮、千里馬銃、扳槽銃

資料來源：《清朝文獻通考》，卷194，〈兵〉16，頁6589-6590。

關於火砲的規格，在嘉慶以前，大抵製造千觔以內爲主，如臺灣地區所轄之水師營火砲，（圖5-8、5-9）都在兩千觔以下。這些砲臺在乾隆以前，用來對付海寇尚遊刃有餘，但至嘉慶以後，在海寇武力已提升之下，

---

150 （清）托津，《欽定大清會典事例·嘉慶朝》，卷686，〈工部〉，頁1a。
151 黃一農，〈紅夷大砲與明清戰爭—以火砲測準技術之演變爲例〉《清華學報》（新竹：清華大學，1996），第26卷，第1期，頁46。
152 劉旭，《中國古代火藥火器史》（鄭州：大象出版社，2004），頁169-179。

清廷所鑄造之舊砲，已經無法應付海寇了。吳熊光（1750-1833）即認爲：

> 舊設礮臺，多不得力，與其以有用之兵施於無用之地，不如徹去礮
> 臺、士兵，多備船隻，又米艇在外洋不能得力，祇可留於內洋守
> 禦，須另造戰船，以資外洋緝捕。[153]

雖然情況如此，但清廷在此時，並未建造規格較大的火砲。除了虎門一帶
防務及相關重要關口，經由專案報部建造之外，其餘各地的火砲規模，大
抵維持原狀。如臺灣在鴉片戰爭前，因無專案製造火砲，因此可以看出此
時期的火砲規模，超過兩千觔者寥寥無幾。[154]

▲ 圖5-8　嘉義市中山公園內之水師火砲。

▲ 圖5-9　嘉慶年間臺灣水師左營鑄造之
　　　　　一千觔火砲。

嘉義市中山公園存放的火砲為嘉慶十二年，由閩浙總督所鑄，屬於臺灣水師協左營使
用，重一千觔。圖片來源：李其霖攝於2007年5月。

---

[153] 《仁宗睿皇帝實錄》，卷177，嘉慶12年4月癸未，頁330-1。
[154] 姚瑩，〈臺灣十七口設防圖說狀〉《中復堂選集》，頁74-84。

三、烽堠的設置

（一）烽堠的功能

　　烽堠亦稱爲墩堠、煙墩、墩臺，設於高處，觀察敵人動態，有危機時，即放煙警訊及通知守軍。烽堠的出現，可追溯到商周時期，最有名的是封神榜中的故事，「烽火戲諸侯」。當時的設置情況較爲簡便，主要是傳遞軍情爲主。但普遍設置的時間於三國時期，當時設置的目的主要是防止北方遊牧民族的入侵。[155]此後歷代各朝皆將烽堠當成預警設備。明朝以前烽堠的設置地點以內陸地區爲主，明以降，除了九邊地區繼續設有烽堠之外，在沿海地區亦設置許多烽堠。浙江地區的沿海烽堠約有二百六十九個；[156]福建沿海有二百四十個烽堠，[157]廣東沿海一百七十六個烽堠。[158]從各省設置的數量上可以看出，極其綿密。

　　戚繼光在《練兵實紀》一書中談及，戰陣之中，做爲預警的工具有斥堠及烽火，如北邊的險要之區以烽火爲主要。[159]清承明代，清代墩臺的設置，始於天聰年間，設立目的亦以偵察爲主要，遇有緊急，舉煙爲號。[160]此時期設置的地點爲環長城一帶邊界。順治朝海禁之後，將沿海內徙衛所，巡司之墩臺、烽堠、寨堡、關隘皆改設於外，與明朝制度相同。[161]清代以後，爲了防範鄭氏，清廷除了實行禁海跟遷界之外，亦依照江寧巡撫朱國治的建言，於順治十七年（1660），諭令：「凡海邊江口，多設烽堠、礮臺，使賊勢困援絕，眾心必變，乘間攻之，自能擒渠獻馘」。[162]順治朝的海防問題較多，因此必須藉烽堠來作爲警戒。

---

[155] （三國）諸葛亮，《心書》1卷，〈北狄第五十〉。

[156] （明）王鳴鶴，《登壇必究》40卷，卷10〈兩直各省事宜·浙江〉，頁9a-12a。

[157] （明）王鳴鶴，《登壇必究》40卷，卷10〈兩直各省事宜·福建〉，頁9a-10b。

[158] （明）王鳴鶴，《登壇必究》40卷，卷10〈兩直各省事宜·廣東〉，頁9b-10b。

[159] （明）戚繼光，《練兵實紀》9卷（北京：解放軍出版社，1993），卷6，頁134。

[160] （清）允祿，《大清會典·雍正朝》（臺北：文海出版社，1994），卷137，頁8631。

[161] （清）姜宸英，《海防總論》（臺北：廣文書局，1969），頁2b。收於河海叢書《海防輯要》。

[162] 《世祖章皇帝實錄》，卷140，順治17年9月戊午，頁1079-2。

　　康熙以後，鄭氏由福建沿海一帶轉往臺灣，因此墩臺的設置有其必要。康熙七年（1668）題准，各省孔道，俱設置墩臺戍夫看守，如有緊急軍情，接遞馳報。[163]康熙十三年（1674）宜於沿江要害，多築墩臺，環列火礮，令諸軍更番汛守，以固省會。[164]康熙五十六年（1717），覆准，閩省山城等要地，添設墩臺，舊有城寨設立砲臺。[165]沿海的墩臺漸由砲臺取代，墩臺的重要性遠不及明朝時期。乾隆三年（1738），將設於塘下的煙墩、瞭臺改設於塘上，[166]煙墩的型式即由警戒轉而有防守之功能。但有些地方的煙墩因經費不足，疏於保養，乃至毀壞不堪使用者多。道光五年（1825），清廷方加強對沿海墩臺損壞者，進行估修，以備海防。[167]對於墩臺的功能，朱璐有較完整的陳述：

> 有猝至之敵，無猝應之方，非守也。蓋敵方乘我之不知，而猝然以至，若我早已擐甲執兵，援枹列陣以待，敵雖強，氣先淚矣。然必預知其將至，庶能措之裕如，乃風馳電掣之勢，非兩翼所能傳，非捷足所及報，善守者將操何術哉，是非烽堠不可。[168]

烽堠的功能主要以警戒為主，為一傳遞訊息之建置，並無強大的武裝能力。因為烽堠做為傳遞訊息之用，所以必須有更高規格的隱密效果。遂此，凡烽號隱密，不令人解者，惟烽帥、烽副自知，烽子亦不得知原委。[169]雖然烽堠不是戰鬥單位，但重要性高，如一旦被敵人知道相關情事，那就可能讓敵人乘機而入。

---

[163] （清）允祿，《大清會典・雍正朝》（臺北：文海出版社，1994），卷137，頁8631。

[164] 《聖祖仁皇帝實錄》，卷50，康熙13年10月丁未，頁654-2。

[165] （清）允祿，《大清會典・雍正朝》，卷137，頁8632。

[166] 《高宗純皇帝實錄》，卷82，乾隆3年12月癸未，頁291-2。

[167] （清）崑岡，《大清會典事例・光緒朝》，〈戶部〉，卷211，〈海運〉2，頁469-1。

[168] （清）朱璐，《防守集成》（北京：北京出版社，1997，鳧山又一村活字本），卷6，咸豐3年，頁1a。

[169] （清）朱璐，《防守集成》，卷6，頁6a。

（二）烽堠的使用

興建烽臺必置於高山，四顧險絕之處，每三十里置一烽，若有山崗隔絕，地形不便，則不限里數，烽烽相望，若無山崗，即置於孤迴平地亦可，如臨邊界，則烽堠外周築城，障下築牛馬牆，常以三、五爲堆，臺高五丈，下闊兩丈、上闊一丈，形貌爲圓行狀，最上方則建圓屋覆蓋，屋徑闊一丈六尺。[170]在興建烽堠時，必須注意方位，若烽筒面向東，則筒口西開，若向西應筒口東開，南北兩方依此爲準則。[171]因此，烽堠如興建較高地方，則可以遙望遠處，亦可讓他處地區知悉本處烽堠的狀況。

烽堠的設置，則爲每烽設有土筒四口，筒間火臺四具，臺上插概木疑，安放火炬，各相去二十五步，如山險地狹可減少距離，但取用時應該分明，不須限遠近。煙筒的設計，高一丈五尺，四面各闊一丈二尺，向上則漸銳狹。在造筒時先用泥裏，之後再使用泥覆蓋表面，使煙筒不漏煙，如果筒山著無底，再使用丸盆蓋之，勿讓煙從他處流出。煙筒下有設置有鳥爐竈口，去地三尺，縱向、橫向各一尺五寸。著門開閉，其竈門用木爲骨，以厚泥塗之，但不能使用火焰燒，其烽筒之外，皆作深塹環繞。[172]做爲保護烽堠的防衛措施。

對於烽堠的使用，如此規定，使用的火炬長八尺，概上火炬長五尺，並兩尺闊，葦上用乾草，用厚的木板將乾草綁緊，每一墩則要準備二十具以上，需保持乾燥。[173]烽堠爲一個警戒措施，所以平常的測試是必要的，每天早晨及夜晚，平安時舉一火；察有警訊時舉二火，但必須形成煙塵狀況；舉三火，見賊，舉四火、並燒柴籠，則表示賊已逼近。如果在每夜平安時，但看不見火苗，則代表駐守烽堠的烽子爲賊所抓，駐守此烽堠旁邊的烽堠人員必須至該烽堠查看情況，[174]再依據狀況進行回報。

---

170 （清）朱璐，《防守集成》，卷6，頁1b。
171 （清）朱璐，《防守集成》，卷6，頁4a。
172 （清）朱璐，《防守集成》，卷6，頁3a-3b。
173 （清）朱璐，《防守集成》，卷6，頁4a。
174 （清）朱璐，《防守集成》，卷6，頁2a。

　　因為烽堠是傳遞訊息的重要工具，因此，這些傳遞人員，都委由駐防在旁邊的馬鋪人員代勞，進行傳遞資訊任務。然而，他們雖然只是擔任傳遞訊息的工作，但是，任用標準則是嚴格的，在選才標準上，必須選任老練有經驗之人，擅騎馬，亦為守口如瓶者為佳。[175]一旦入選擔任烽堠駐守人員，都必須熟記口訣，方能準確的操作。

> 一砲青旗敵在東，南方連砲旗色紅，白旗三砲賊西至，四砲元旗北路逢。放砲舉燈口訣：一燈一砲敵從東，雙燈雙砲看南風，三燈三砲防西面，四燈四砲北方攻。[176]

雖然烽堠不屬於戰鬥單位的軍事設施，但卻可以制敵於先，因此重要性高。明代為大量使用烽堠的朝代，清朝初期繼續延用，但清朝以後，烽堠的重要性漸漸式微，清朝也鮮少再興建新的烽堠。如明朝於福清縣設有煙墩二十七處[177]，但至康熙年間皆以廢棄。

（三）烽堠的結構

　　烽堠的結構以磚及木建造而成，外部再以石灰表裏，旁邊設有放置木材之處所，以及流火繩三條，屋子四周造有壁孔。[178]烽堠的外部形貌類似於燈塔，建築物本身並沒有多大的活動空間。以明代烽堠設置來看，每墩臺有小房一間，但隔為二半間、炕各座、米一石、鍋礶各一口、水缸一個、碗五個、碟五個、糞便五擔、鹽菜之類不拘、大銃五個、三眼銃一把、白旗三面、燈籠三盞、大木梆二架、旗桿三根、發火草六十個、火池、火繩五條、火鐮、火石一副、旗桿三根、扯旗繩五副。[179]雖然烽堠

---

175 （清）朱璐，《防守集成》，卷6，頁2a-2b。
176 放砲舉旗、舉燈口訣，最早記錄見，（明）周鑒，《金湯借箸》，卷8，〈方略部〉，頁81，吳壽格鈔本。（清）朱璐，《防守集成》，卷6，頁15b。
177 （清）李傳甲修，郭文祥纂，〔康熙〕《福清縣志》12卷（北京：線裝書局出版社，2001，據康熙11年刻本影印），卷2，頁24b。收於《清代孤本方志選》。
178 （清）朱璐，《防守集成》，卷6，頁1b-2a。
179 （明）戚繼光，《練兵實紀》，卷6，頁134-135。

內部爲一個小空間，還是可以存放相當多的配備，這些配備則各有用處。除了點用烽堠必須使用的材料配備之外，亦存放糧食引用，另外，亦配備有手銃等火器。

　　一般的烽堠大部分爲空心墩，（圖5-10、5-11）空心墩的結構爲，在各邊築實土臺，一面懸吊軟梯，墩軍上下最爲不便。若敵軍猝至，不能上下，致誤烽燧由此故也。大部分看到的邊墩中，有淘洞者、有磚包、石砌、空心者大都耗費工力萬難完竣。製墩良法，須先堅杵地基，量其地，看能夠容納多少人，其底厚一丈或八、九尺。墩上開一小門，內高一丈三尺，周圍豎有柱子，上爲棚用木板或石土墊厚，再製木梯於上。第二層一丈二尺，四面各開小門，挖薄兩旁開二方口，外掛懸板，頂上蓋小房一間，晝夜瞭望。多堆積滾木、檑石等物。如敵人進攻烽堠，則人畜盡入墩內。下層、中層銃石並打，敵人難以靠近。[180]

　　至於烽堠人員的編制，因烽堠屬於警戒單位，因此並沒有配設較多的人力及武力，一處烽堠則設帥一人、副帥一人，每個烽堠設置烽子六人，並選用謹言愼行，有家口者充副帥。往來檢校，則由烽子五人負責，依時間進行望視，一人掌送符牒。一旦擔任烽堠人員，以二年爲一代，如要離開必須教新人通解操作方式，始得離去。如邊境用兵時，爲了加強防守，增加士兵五名，兼守烽城，如果缺乏兵源，則選鄉丁武健者充任。[181]康熙初間，清朝水師編制不多，因此設置烽堠做爲警戒，但因鄭氏時常襲擊邊境，唯恐固守墩臺的兵力不足。康親王傑淑（書）（1645-1697）建議閩中濱海要汛、及墩臺營寨，亦留八旗兵防守，勿全數撤還。[182]康熙二十二年（1683），清、鄭隨時爆發戰爭，因此這些負責的烽子相當忙碌，在沿海地區，也常常可以看到烽煙示警的狀況。[183]此後，烽堠的重要性已不如砲臺，清廷並不將烽堠看成是重要的軍事設施。道光以後，對

---

[180] （清）朱璐，《防守集成》，卷6，頁13a-14a。
[181] （清）朱璐，《防守集成》，卷6，頁2b-3a。
[182] 《聖祖仁皇帝實錄》，卷81，康熙18年6月乙丑，頁1041-1-1041-2。
[183] 《聖祖仁皇帝實錄》，卷112，康熙22年9月戊寅，頁149-2。

烽堠做部分整修，因此在鴉片戰爭的定海一役中，可以看到英軍描述定海沿海一帶的烽堠設置情況。（圖5-12）

▲ 圖5-10、5-11　空心墩及烽堠圖。圖片來源：朱璐，《防守集成》。

▲ 圖5-12　定海烽堠。鴉片戰爭期間，英軍進攻定海時，繪製定海地區的烽堠圖。圖片來源：Edward H. Cree, Michael Levien., *Naval Surgeon: the Voyages of Dr. Edward H. Cree, Royal Navy, as related in his private journals, 1837-1856.*, New York: E. P. Dutton, 1982, p. 94.

▲ 圖5-13　天津烽墩。乾隆58年（1793），馬戛爾尼使節團，行經天津附近白河、運
　　河與海河交匯之三叉河處之烽墩。圖片來源：劉潞、吳芳思編譯，《帝國的掠影》
　　（北京：中國人民大學出版社，2006），頁11。

四、兵力的部署

　　清朝的水師防務以康熙二十三年（1684）為一分界點，以前的防務
設置主要針對南明勢力，此後海疆穩定之後，清朝始規劃海防設施。這時
期規劃的海防措施所面對的假想敵人則以海寇為主，西方國家尚未在規劃
之內。因此，清廷即針對海寇進行沿海防務設施的建置。

　　順治年間，南明勢力尚掌握浙、閩、粵三省的部分地區，在這個時
期，清廷的水師人員配置以福建最多，浙江次之，廣東最少，這與鄭氏勢
力尚掌握福建地區有很大的關係。康熙以後，鄭成功將主力撤往臺灣，福
建沿海漸為清廷所控制。攻臺期間，清廷更將沿海大部分水師調往福建地
區，準備渡海攻臺。領有臺灣之後，重新規劃海防，杜臻即負起重建海防
的重任。清代的海防即回歸正常，依各地需要設置水師設施。

　　康熙五十年（1711），因海寇鄭盡心劫掠閩浙一帶，為了因應此等海
寇，水師做了部分的調動，此後漸趨穩定。乾隆朝五十二年（1787）以

後，水師產生了一些弊端，無論水師設備或水師人員，都有重新檢討的必要，方能維持海防安全。閩浙總督李侍堯（？-1788）奏：

> 海洋劫案繁多，皆由各營弁兵，不能實力巡緝所致。臣於沿海各
> 營，每營派兵四百，配載繒、艍各船，分作兩班，飭令備弁，輪流
> 帶領出巡。如有失事，按照所轄之洋，所輪之日，嚴參治罪，得
> 旨。一切勉力實為之，仍在汝不時詳察也。[184]

乾隆晚期，因水師在巡防時不能盡力，遂讓海寇有機可乘，導致沿海地區發生許多劫掠事件。清廷為了要扼阻這些劫掠事件的發生，從乾隆晚期至嘉慶中期，再度規劃海防設施，因此水師部隊有較大的調動。但值得注意的是，清朝資料所載之士兵額數，並不是實際人數，必須扣除親丁名糧人數，方為正確數字。乾隆四十七年（1782），武職實施養廉制度之後，親丁名糧亦廢止，改招募實兵，此時期的士兵額數正確性較高。當年廣東添兵五千五百七十四人、福建四千七百五十六人、浙江三千零三十九人。[185]從數字中雖然看不出增補多少水師名額，但這對水師防務來說，亦增加不少助力。

　　嘉慶中期，海寇問題漸漸平息，水師人員的調動亦回歸正常。雖然海寇漸息，但緊接著西方國家，對打開中國的貿易之門動作頻頻，為了應付這西方國家的衝擊，清廷也開始提早做相關的防衛措施。鴉片戰爭前，清廷再一次大規模的調動水師，但這次調動的重點區域不是閩浙地區，而是廣東地區。惟部署完成的水師部隊，卻在鴉片戰爭中遭到嚴重打擊，徹底瓦解。

---

[184] 《高宗純皇帝實錄》，卷1287，乾隆52年8月甲子，頁265-2。
[185] （清）托津，《欽定大清會典事例・嘉慶朝》，卷577，〈兵部〉，頁11b-12a。

（一）浙江兵力的裁減

浙江水師人員的設置，由康熙年間的一萬一千二百人至鴉片戰爭前人數已經減至三千四百零二人，其中步兵一千零五十三人、守兵二千三百四十九人。（表5-6）多人的水師，必須要防守浙江沿海，實有不足，再將這三千多人分散在各地，可想而知，這些水師是起不了任何作用的。如遇到較大的海寇集團，水師將無法緝捕，反而容易產生危險，因此水師在巡洋時遭遇到海寇，大部分的官弁都無法接戰，只能望寇興嘆，無法有所作為。

浙江地區的水師人員部署，在康熙二十三年（1684）以前，因鄭氏勢力尚威脅浙江，因此浙江地區部署較多的水師，並一度設置水師提督彈壓。此後，浙江水師人員逐漸裁減，這與海防回歸常制，以及浙江地區的海寇劫掠事件漸趨穩定有很大關係。康熙四十九年（1710），海寇鄭盡心集團劫掠浙江盡山、花鳥、台州等地。[186]清廷派遣狼山總兵施而寬、黃巖鎮總兵王文煜、定海鎮總兵吳郡、臺灣鎮總兵崔相國等四位總兵進行緝捕。[187]鄭盡心被擒獲之後，在康熙的寬恕之下，並沒有被處死，而是發配到熱河。[188]鄭盡心事件，雖然危亂數省，但此次清廷只對水師部隊做一機動性調動，事件結束之後，各部隊返回駐地，並沒有因而在浙江地區增防或擴編水師。

在省城杭州方面，康熙五十七年（1718），為了加強杭州灣北部的防務，除了在乍浦分設八旗[189]及綠營水師之外，亦將浙江嘉興府同知，

---

[186] 花鳥、盡山，位於舟山群島最北端，屬江蘇省，因位於江、浙邊界，島嶼羅列，又為南北航線重要孔道。康熙28年，因海寇闖入江、浙洋面，因此江、浙兩省分汛洋面，以洋山、馬蹟山為界，馬蹟山腳以南，洋島屬浙省管轄，大洋山腳以北，洋島屬南省管轄；自西至東洋面，山、島俱以兩山為準，勒碑小洋山為定制焉，今崇邑所轄洋中，諸山每出匯頭，先至大七、小七二山，次東行至馬蹟山，又東至花鳥山，又東至陳錢山而止，餘皆浙界。見（清）趙宏恩修，〔乾隆〕《江南通志》，卷96，〈武備志〉，頁1858。
[187] 《康熙朝漢文硃批奏摺彙編》（北京：檔案出版社，1984），第三冊，頁191；213。
[188] 《聖祖仁皇帝實錄》，卷246，康熙50年5月己酉，頁443-1。
[189] 清廷設滿洲右翼副都統一員，綠旗水手共400，但是這些兵員都是從他處徵調而來，如定海鎮抽兵154名、黃巖鎮抽兵66名、溫州鎮抽兵50名、瑞安營抽兵28名、鎮海營抽兵42名、乍浦營抽兵60名撥歸滿營教習。見（清）嵇曾筠，〔雍正〕《浙江通志》，卷91，

改駐乍浦，[190]增加了防衛能力。因爲乍浦是漕運的出海口，地位重要，由浙江往南的米糧運送都在乍浦裝箱。康熙六十年，朱一貴事件期間，福建、臺灣缺米嚴重，即自江南地區準備米糧三萬石，由乍浦海運至廈門收貯。[191]可見，乍浦地區因漕運而成爲海防的重要地區。除了綠營水師鎮戍之外，浙江八旗水師副督統亦駐防乍浦，這更增強防衛。

在其他水師各鎮方面，除了鎮標守兵超過百人之外，其餘各協、營，守兵都不足百人。在步兵方面，鎮標以下，亦都不滿百人。另外，值得注意的是，玉環營在雍正以後的重要性提高之後，無論在步兵或守兵皆超過百人，但總數也不過四百七十五人。這與福建、廣東各營相比，差別極大。由此可看出，浙江水師的重要性已經慢慢退去。然而，鴉片戰爭一役，浙江地區的防務在水師人數不足的情況之下，調來處州與壽春地區的陸路兵來防守，最後的結果是慘敗的。

表5-6　浙江地區水師士兵額數表　　　　道光朝以前

地區	鎮戍部隊名稱	管轄長官	人數	頁碼
杭州府	錢塘水師營	浙江提督	馬兵63；步兵310；守兵388（內河）	47b
	乍浦左營	浙江提督	步兵95；守兵150	48b
	乍浦右營	浙江提督	步兵94；守兵151	48b
寧波府	定海鎮標中營	定海鎮總兵	步兵84；守兵242	48b
	提標右營	浙江提督	步兵80；守兵139	47b
	定海鎮標左營	定海鎮總兵	步兵77；守兵225	48b
	定海鎮標左營	定海鎮總兵	步兵72；守兵210	49a
	昌石營	定海鎮總兵	步兵30；守兵82	49a
	鎮海營	定海鎮總兵	步兵37；守兵93	49a

頁1800。文淵閣四庫全書本。
190 （清）崑岡，《大清會典事例・光緒朝》，〈吏部〉，卷26，頁330-1。
191 《聖祖仁皇帝實錄》，卷295，康熙60年10月己卯，頁864-1。

地區	鎮戍部隊名稱	管轄長官	人數	頁碼
台州府	黃巖鎮標左營	黃巖鎮總兵	步兵59；守兵139	49b
	黃巖鎮標右營	黃巖鎮總兵	步兵59；守兵150	49b
	寧海左營	黃巖鎮總兵	步兵30；守兵62	50a
溫州府	溫州鎮標中營	溫州鎮總兵	步兵65；守兵152	50a
	溫州鎮標中營	溫州鎮總兵	步兵68；守兵173	50b
	瑞安協左營	溫州鎮總兵	步兵32；守兵72	51a
	瑞安協左營	溫州鎮總兵	步兵34；守兵71	51a
	玉環右營	溫州鎮總兵	步兵137；守兵238	51a

說明：浙江水師共有兵3,402人。步兵1,053、守兵2,349。
資料來源：（清）明亮、納蘇泰，《欽定中樞政考》72卷，〈綠營〉卷37，〈兵制〉。

（二）福建兵力的維持

　　福建地區的水師部署與浙江有所不同，順治以降，福建地區因長期為鄭氏所控制，因此清廷於此地部署重兵，以防止鄭氏的坐大。然而，福建地區除了布防重兵之外，同時也是清朝最早設置水師提督的省份之一。康熙十七年（1678），福建水師提督萬正色認為，應該在福建設防十四處，置兵三萬人，[192]如此即可防衛福建地區。以後各朝，士兵額數略有增減，鴉片戰爭前，鎮戍福建各地的水師官弁共有一萬九千一百九十二人，其中馬兵一百六十人、步兵九千四百五十六人、守兵九千五百七十六人。（表5-7）這不到兩萬人的兵力，與萬正色理想中的數目尚有很大的差距。在這些兵力之中，頗能安善分配到各營，因此，福建各鎮、協、營兵力，各地約在千人上下，人數分布頗為平均。其中，人數超過千人的防區有，臺灣鎮總兵轄下之淡水營與艋舺營、南澳鎮標左營、銅山營及福寧鎮標中營。

---

[192] 《聖祖仁皇帝實錄》，卷89，康熙19年4月戊子，頁1132-2。

表5-7　福建地區水師士兵額數表（道光朝以前）

地區	鎮戍部隊名稱	管轄長官	人數	頁碼
福州府	督標中營	閩浙總督	步兵539	41a
泉州府	水師提標中營	福建水師提督	步兵448；守兵393	41b
	水師提標左營	福建水師提督	步兵453；守兵393	41b
	水師提標右營	福建水師提督	步兵453；守兵393	41b
	水師提標前營	福建水師提督	步兵453；守兵393	41b
	水師提標後營	福建水師提督	步兵453；守兵393	41b
	金門鎮左營	金門鎮總兵	步兵418；守兵476	43a
	金門鎮右營	金門鎮總兵	步兵418；守兵476	43a
興化府	閩安協左營	海壇鎮總兵	步兵402；守兵369	43a
	閩安協右營	海壇鎮總兵	步兵402；守兵369	43a
	海壇鎮左營	海壇鎮總兵	步兵537；守兵456	43a
	海壇鎮右營	海壇鎮總兵	步兵537；守兵456	43a
臺灣府	臺灣鎮水師中營	臺灣鎮總兵	步兵360；守兵425	43b
	艋舺營、淡水營	臺灣鎮總兵	步兵730；守兵773	44a
	澎湖水師協左營	臺灣鎮總兵	步兵429；守兵500	44b
	澎湖水師協右營	臺灣鎮總兵	步兵429；守兵500	44b
南澳	南澳鎮標左營	南澳鎮總兵	步兵459；守兵535	44b
	銅山營	南澳鎮總兵	步兵461；守兵612	43a
福寧府	福寧鎮中營	福寧鎮總兵	馬兵87；步兵283；守兵584	44b
	福寧鎮左營	福寧鎮總兵	步兵615；守兵350	45a
	福寧鎮右營	福寧鎮總兵	馬兵73；步兵177；守兵730	45a

說明：福建水師共有19,192人，馬兵160人、步兵9,456人、守兵9,576人。
資料來源：（清）明亮、納蘇泰，《欽定中樞政考》72卷，綠營，卷37，兵制。

　　南澳地區，因位於福、廣邊界，明末設副將，入清之後，戰略地位更顯重要。康熙二十一年（1682），在總督姚啓聖（1623-1683）的建議

之下，改興化鎮中營一千士兵爲銅山營，由南澳鎮總兵管轄，[193]道光年間，銅山營已有兵一千零七十三人。另外，南澳總兵轄下之左、右二營，左營兵九百九十四人，右營兵一千零七十六人。如再加上，海門、澄海、達濠三協、營兵力，（表5-8）南澳附近即有兵四千七百零五人。這樣的兵力集中於某一區域，比起其他水師鎮，已屬重點部署，這也表示清廷對於此地的重視程度。

臺灣地區，於康熙二十三年始定兵制，臺灣鎮爲一水陸鎮，道光朝以前有水師官兵四千一百四十六人，其中包含澎湖水師一千八百五十八人，淡水一帶水師一千五百零三人，其他地區七百八十五人。從臺灣的水師兵力部署，可看出清廷著重在澎湖及北臺灣一帶，臺灣府城一帶則以陸師爲要，水師爲輔。鴉片戰爭期間，臺灣防務委由王得祿（？-1842）及臺灣鎮總兵達洪阿（？-1854）負責，清廷有鑑於臺灣當時兵力略有不足，因此付予招募兵勇，進行防備之權責。[194]由此可見，清廷對於當時部署在臺灣的兵力，嫌感不足，因此才有招募兵勇之議。

在福寧府一帶，明朝時期即設有烽火門水寨，[195]清朝則設置福寧鎮總兵。乾隆二十一年（1756），福寧鎮總兵駐紮之福寧府，僅有中營防守，在防衛人員上，略顯不足，因此，閩浙總督喀爾吉善（？-1757）建議：調福安、寧德兩營兵四百四十九人增防，每年輪派千總一人，隨防經理，[196]如此一來，福寧府駐兵約一千五百人上下。道光年間，此處水師官兵共有二千八百九十九人，分屬福寧鎮標中、左、右三營轄下。

（三）廣東兵力的增強

廣東省於康熙三年（1664）設水師提督，康熙六年裁撤，設置水師提督目的與防禦鄭氏家族有很大的關係。稍後，鄭氏家族在廣東地區的勢力漸爲消退，便裁廢水師提督職缺，廣東地區的水師軍務即委由廣東陸路

---

[193] 《聖祖仁皇帝實錄》，卷105，康熙21年10月丙戌，頁66-2。
[194] 《宣宗成皇帝實錄》，卷363，道光21年12月丁亥，頁545-1。
[195] 黃中青，《明代海防的水寨與遊兵》，頁85-102。亦可見第二章第三節。
[196] 《高宗純皇帝實錄》，卷516，乾隆21年7月庚辰，頁525-2。

提督節制。清廷領有臺灣前後，杜臻奉命巡查廣東，對廣東水師軍務，重新規劃。他認為除了應該保留原有的水師部隊之外，亦需加強廣東西南沿海地區的水師兵力，他建議：

> 於龍門增設水師副將一員、都司一員，其欽州營游擊一員應裁去，其下守備一員、千總二員、把總四員，兵一千十三名，裁歸龍門。乾體營游擊一員應裁去，其下酌裁守備一員、千總二員、把總四員，兵九百八十七名，歸併龍門共足二千之數。[197]

　　龍門地區原不設水師，但西南海域一帶，幅員遼闊，又與安南為界，因此有設兵彈壓的需要，稍後，龍門即設水師副將一人。至此之後，嘉慶十五年（1810）以前，廣東地區的海防並沒有多大的改變，因為在這段時間，廣東地區發生的海洋劫掠事件並不多，因此並不需要部署較多的兵力。但早在廣東復設水師提督之前，廣東洋面陸續出現許多海寇集團，如黃勝長、王貴利、朱濆、廣東旗幫等，另外，英國等西方國家在廣東一帶的活動更為活躍，這也促使清廷加強廣東海防的想法。

　　乾隆晚期至嘉慶初年，因發生一連串襲擊廣東洋面的海盜劫掠事件，此後，在兩廣總督百齡（？-1816）奏報廣東洋面情況之後，旋即於嘉慶十五年（1810）八月，添設廣東水師提督。[198]設置之後，水師兵力迅速增加（表5-8）。至鴉片戰爭前，廣東的沿海水師設施營寨，諸如水師城寨、砲臺、人員等即不斷的增設。這時期所設置的海防設施，於鴉片戰爭一役，遭到痛擊，清廷費盡心力所興建的海防因而瓦解。

---

197 （清）杜臻，《粵閩巡視紀略》，卷3，頁35b。
198 《仁宗睿皇帝實錄》，卷233，嘉慶15年8月壬子，頁142-1-142-2。

表5-8　廣東地區水師士兵額數表（道光朝以前）

地區	鎮戍部隊名稱	管轄長官	人數	頁碼
廣州府	提標中營	廣東水師提督	馬兵10；步兵365；守兵762	53a
	提標左營	廣東水師提督	馬兵25；步兵293；守兵682	53a-53b
	提標右營	廣東水師提督	馬兵11；步兵362；守兵728	53b
	提督前營	廣東水師提督	步兵164；守兵436	53b
	提督後營	廣東水師提督	步兵311；守兵406	53b
	香山協左營	廣東水師提督	馬兵15；步兵244；守兵610	53b
	香山協右營	廣東水師提督	馬兵15；步兵242；守兵609	53b
	順德協左營	廣東水師提督	步兵444；守兵555	53b
	順德協右營	廣東水師提督	步兵417；守兵502	53b
	新會左營	廣東水師提督	馬兵10；步兵203；守兵607	54a
	新會右營	廣東水師提督	馬兵10；步兵203；守兵609	54a
	大鵬營	廣東水師提督	步兵197；守兵610	54a
肇慶府	廣海寨	陽江鎮總兵	馬兵15；步兵155；守兵583	55b
	陽江鎮左營	陽江鎮總兵	馬兵27；步兵230；守兵676	55b
	陽江鎮右營	陽江鎮總兵	馬兵10；步兵177；守兵614	55b
高州府	吳川營	陽江鎮總兵	馬兵14；步兵196；守兵494	56a
	硇洲營	陽江鎮總兵	步兵158；守兵420	56a
	徐聞營	高州鎮總兵	馬兵15；步兵44；守兵183	59b
雷州府	東山營	陽江鎮總兵	步兵63；守兵238	56a
	海口協左營	陽江鎮總兵	步兵119；守兵373	56a
	海口協右營	陽江鎮總兵	步兵118；守兵367	56a
	海安營	陽江鎮總兵	步兵251；守兵585	56b
廉州府	龍門協左營	陽江鎮總兵	馬兵15；步兵211；守兵597	56a
	龍門協右營	陽江鎮總兵	步兵225；守兵585	56a-56b

地區	鎮戍部隊名稱	管轄長官	人數	頁碼
瓊州府	崖州營	陽江鎮總兵	馬兵3；步兵100；守兵165	56b
	瓊州鎮左營	瓊州鎮總兵	馬兵40；步兵191；守兵645	57b
	瓊州鎮右營	瓊州鎮總兵	馬兵39；步兵195；守兵654	57b
	儋州營	瓊州鎮總兵	馬兵42；步兵142；守兵583	57b
	萬州營	瓊州鎮總兵	馬兵42；步兵142；守兵583	57b
潮州府	潮州鎮標中營	潮州鎮總兵	馬兵33；步兵182；守兵570	57b-58a
	潮州鎮標左營	潮州鎮總兵	馬兵32；步兵180；守兵571	58a
	潮州鎮標右營	潮州鎮總兵	馬兵32；步兵180；守兵571	58a
	黃岡協左營	潮州鎮總兵	馬兵30；步兵110；守兵410	58a
	黃岡協右營	潮州鎮總兵	馬兵30；步兵109；守兵409	58a-58b
	潮陽營	潮州鎮總兵	馬兵34；步兵134；守兵577	58b
惠州府	碣石鎮標中營	碣石鎮總兵	馬兵15；步兵217；守兵582	58b
	碣石鎮標左營	碣石鎮總兵	馬兵15；步兵228；守兵623	58b
	碣石鎮標右營	碣石鎮總兵	馬兵15；步兵222；守兵621	58b-59a
	平海營	碣石鎮總兵	步兵171；守兵535	59a
南澳廳	南澳鎮右營	南澳鎮總兵	步兵546；守兵530	61a
	海門營	南澳鎮總兵	步兵272；守兵669	61a
	達濠營	南澳鎮總兵	步兵102；守兵280	61a
	澄海協左營	南澳鎮總兵	馬兵5；步兵168；守兵479	61a
	澄海協右營	南澳鎮總兵	馬兵15；步兵167；守兵478	61a

說明：廣東水師共有33,430人。其中馬兵614人、步兵9,150、守兵23,366。
資料來源：（清）明亮、納蘇泰，《欽定中樞政考》72卷，〈綠營〉卷37，〈兵制〉。

小　結

　　清朝水師城寨的設置，如與明朝海防區域地點重疊，即以明朝水師城寨繼續使用，新設的海防要塞，則新建新的水師城寨。明、清以來，沿海地區的海防地點，大部分延用舊地，因此明朝的水師城寨也都繼續留用，如不堪使用則進行整修。然而，海防地點如與明朝不同，在明朝時期所設置的水師城寨，清廷幾乎拋棄不加以整修。在水師城寨的結構上，因清朝承襲明朝的關係，因此形態與明朝相同，皆以方形為主，中國並沒有發展出稜堡的水師城寨。鴉片戰爭以前，清朝的水師城寨建築結構並沒有多大改變，但此時期的西方火器發展，已有顯著進步，清朝的水師城寨已經無法抵擋西方火砲的攻擊，只是清人不自知。清朝興建最堅固的水師城寨，是在鴉片戰爭前，林則徐在珠江三角洲一帶所興建的水師城寨、裕謙在定海所建的土堡、顏伯燾（？-1855）在廈門所建之石壁，在當時，這三處所建的設施，堪稱為清朝有史以來最強的防禦設施，但終究抵擋不住英國的砲彈，由此顯見，明、清以來的水師城寨設計與建造，比不上西方火砲的發展。

　　在砲臺設置方面，清代砲臺的興建最早在康熙元年，因為此時，鄭氏軍隊已大部分撤離至臺灣，部分留在漳、泉一帶。清廷為防止鄭氏入侵，開始著手在沿海地區設置砲臺。康熙二十三年，鄭氏覆滅之後，朝廷重新規劃海防，福建還是成為浙、閩、粵三省重心，廣東部分地區的防務亦加強，部分地點設有砲臺。蔡牽事件結束之後，清朝的海防重心開始轉往廣東，浙江地區已甚少規劃砲臺的興建，福建也只在部分地區進行整修或興建，廣東地區即新設新的砲臺。鴉片戰爭之前，為了增加防務，於沿海各地陸續興建砲臺。此時期的特色為數量多、砲位大、射程遠，其中以廣東地區設置最多，廣東地區又以珠江三角洲一帶居首，這個舉動是為防止西方國家的入侵。

　　烽堠的設置，在清代已經慢慢式微，漸漸失去原有功能，尤其在領有臺灣之後，烽堠幾乎不再設置，在清朝的相關檔案資料中，幾乎沒有再記

載烽堠的設置或運作情況。這與清朝實施較綿密的海洋巡防或許有很大的關係，水師部隊可提早於海上發現劫掠者，不必等海寇出現在沿海時，再施放烽堠警示。另外，清朝的海寇勢力雖然不亞於明朝，但直接上岸劫掠的情況並不多見，大部分盤踞沿海島嶼為主，因此，在沿海設置烽堠的必要性即減低。雖然清廷已不再設置烽堠，在鴉片戰爭期間，英軍在定海一帶，看到了沿海有烽堠設施，惟使用狀況如何，並不清楚。

在兵力的部署方面，從順治至道光年間，浙江地區一直處於兵力裁減情況，即使在鄭盡心事件以及蔡牽事件當中，清廷的兵員只是調動並沒有增加，事件結束之後也沒有明顯的增防。福建地區則屬於兵力保持原建置的情況，清廷領有臺灣後，增加臺灣地區的兵力部署，當時將福建漳、泉一帶兵力移防到臺灣，漳、泉一帶兵力則回歸正常。因此，對於沿海各水師鎮的兵力，在這時期，並沒有顯著的改變。廣東地區，則屬於兵力漸多的情況，嘉慶以前，廣東的海防兵力部署雖有增加，但數量是緩步變化。設置水師提督之後，加強廣東地區的水師兵力，鴉片戰爭以前，為了增加廣東海防，除了募兵之外，亦從各地調兵增防，此時期的兵員，已超越了其他各省，此後，一直到清末，廣東的兵力都維持一定的數量。

第六章
水師戰船制度

前　言

　　滿人主要擅長陸戰，對於水戰以及戰船操作較不熟稔。清廷入關初期，所擁有的水師戰船，幾乎都由明朝降將帶船投靠，於此同時，清廷對於戰船的製造尚未定制。然而，清廷雖不擅長造船，但卻能妥善運用投降之漢人工匠製造戰船，這可彌補製造戰船技術之不足。

　　清廷雖然妥善運用明朝降將，或操舟、製造戰船，但短時間內尚無法超越鄭氏家族。康熙七年（1668），以福建水師建置來看，有戰船一百二十艘，小快哨船一百艘，另再製造水艍船十餘艘及馬船二十餘艘。[1]康熙朝以前，清朝的戰船力量無法與鄭氏家族相比擬，康熙二十二年（1683），攻臺以前，清廷陸續興建戰船，為攻臺做準備。施琅攻臺時，已有各類型戰船近三百艘。[2]

　　領有臺灣之後，清廷開始推動船政制度以及戰船修護計畫。雍正三年（1725），沿海各省陸續興建戰船廠建造戰船。整個戰船體制已逐漸成型，雖然清廷已設廠製造戰船，亦隨著敵人的武力不同，在戰船的製造上亦多有改變，但卻沒有自行研發適合之戰船，每次戰船改造，皆仿照民船樣式興建，因此清代戰船樣式與民船相同，於此情況下，在製造戰船的技術上確沒有提升，戰船的品質也不如民船堅固，[3]因此在作戰時，往往徵調民船參戰，因循苟且之下，戰船技術滯留不前。然而，明清的海禁和朝貢貿易，卻箝制了民間造船業的發展。[4]因此，民間的造船業也難有突破。

　　清朝戰船技術無法精進，與面對的對手實力積弱有很大關係。在制度面，用來對付海寇，因時制宜，妥善規劃，亦達到一定成效。在戰船的編制上亦能多方兼顧，每一支水師部隊皆由多種樣式的船舶所組成，彼此互

---

[1]　（清）施琅，《靖海紀事》（南投：臺灣省文獻委員會，1995），〈邊患宜靖疏〉，頁2。
[2]　（清）施琅，《靖海紀事》，〈邊患宜靖疏〉，頁16。
[3]　（清）盧坤，《廣東海防彙覽》42卷（北京：學苑出版社，2005），卷12，〈方略〉1，頁52a。
[4]　古鴻廷，〈論明清海寇〉《海交史研究》，2002年，第1期，頁21。

相支援，使作戰時能達到最高效果，然而這樣的編制尚可對付海寇，但對於西方強權，則是不堪一擊。

一、船政制度與管理

（一）船政制度沿革

對於戰船的製造，初期以內河戰船為主，順治三年（1646），兵部議覆淮揚總督王文奎的建議，設淮北、淮南、淮西并各道標大小二十七營，兵一萬八千五百四十人，標下官一百八十八名人，馬一千八百五十三匹，戰船一百六十艘。[5]為了配合內河戰區的需要，此時期興建的戰船以內河戰船為主。此後，制定戰船、哨船以新造之年為始，三年小修、五年大修，十年拆造，不依規定辦理者，出詳官降二級調用、轉報官降一級調用，具題官罰俸一年。[6]清廷雖然已經開始興建戰船，但在施琅攻臺以前，清代的戰船大部分還是承接明朝戰船為主，攻臺前始製造為數較多的戰船。

戰船的製造雖已展開，惟在數量及技術上，無法超越明朝船隻。順治七年（1650），清軍欲進攻舟山一帶的明朝勢力，此時擁有的戰船無法與敵方抗衡，陳錦在奏摺上載道：

> 我之戰艦未備，水師不多，故遂養癰至今，莫可收拾耳！然此不但為海洋之患，蓋因各逆勾聯甚廣，以擁戴偽魯為名，故各山負固無不聽其指頤。水賊登岸，則山賊為其接應；山賊被剿，則入海以避其鋒。[7]

---

5 《世祖章皇帝實錄》，卷24，順治3年2月丙戌，頁206-1。
6 （清）托津，《欽定大清會典事例・嘉慶朝》（臺北：文海出版社，1992），卷575，〈兵部〉，〈軍器〉，頁30b。
7 《皇清奏議》（臺北：文海出版社，1967，民國景印本），卷4，欽差總督浙江福建等處地方軍務兼理糧餉兵部右侍郎兼都察院右副都御史陳錦，〈密陳進剿機宜〉，頁43。

即使清廷想殲滅盤據在舟山群島一帶的魯王（朱以海1618-1662）勢力，但因水師戰船力量不足，所以無法威脅他們。然而，清廷此時已重視修造戰船的重要，在寧波及台州即開始興建戰船，[8]以海門、定海、崇明為水師基地，[9]準備進攻舟山。整建後的清朝水師戰船，隔年，攻下了舟山地區，並在舟山地區設水師兩千人，分屬於定海水師左營及錢塘水師左營。[10]

　　清廷體認到戰船的重要不可或缺，因此，各地陸續興建戰船。然而，興建戰船所需要的經費過多，在財政未穩固之際，要製造為數不少的戰船，力有不逮。有鑑於此，順治十六年（1659），命戶部尚書車克，往江南催集各省錢糧，製造戰船，敕曰：

> 進剿海寇，製造戰船，需用錢糧浩繁，必應用不匱，始可刻期告成。今特遣爾，前往江南。凡各省額賦，除兵餉外，酌量堪動項款，移會各該督撫，作速催取起解。爾察明驗收，轉發督造船隻官員，用濟急需。如各該督撫催督不力，司道有司，徵解延綏，致誤營造，即指名題參，以憑究處。爾受茲任，益當夙夜恪勤，副朕簡倚之意。[11]

修造戰船所需的經費，尚需籌措，因此由朝廷委派車克，至江南地區集徵錢糧，做為製造戰船之用。

　　領有臺灣之後，海上漸靖，除了沿海防務依照各地情況妥善部署之外，對於戰船的興建，亦有新的規定。

8　《皇清奏議》，卷4，頁43。
9　司徒琳（Lynn A. Struve），《南明史》（上海：上海書店出版社，2007），頁99。
10　清國史館編，《皇朝兵志》276卷，（臺北：國立故宮博物院藏，清內務府朱絲欄本），第3冊，〈兵志〉1，〈建置〉6，頁1b。
11　《世祖章皇帝實錄》，卷127，順治16年7月壬午，頁984-1-984-2。

各省設立外海戰船，丈尺不同、名色各異，要皆隨江海之險，合
駕駛之宜，以供巡防操演之用也。修造定例，康熙二十九年題
准，自新造之年為始，屆三年准其小修，小修後三年大修，再屆
三年如船隻尚堪修理，仍令再次大修，如不堪修理，該督等題明
拆造。[12]

新的戰船制度，與順治朝稍有不同，除了修護時間相當之外，對於已屆滿
拆造之戰船，如結構良好，尚可使用駕駛的話，即可再繼續使用，避免浪
費，當然，這新的制度與沿海地區已無強大的敵人有很大的關係。康熙
四十二年（1703），覆准沿海各營、汛，有島嶼之地區，應分定船數，
以備官弁的駐守及巡弋之用。[13]然而，戰船的修護因有年度的限制，如某
處水師營，面臨大部分戰船大修或拆造之年，恐影響到巡防及其他任務，
這將如何處理？此問題於康熙五十二年（1713）發生，本來要從江南運
米到廣州，但負責運米的京口地區戰船因是大修之年，無法派遣戰船運
送，所以只好僱請民船運米，[14]僱民船充當戰船的例子，幾成定例，但這
種情況暴露了兩大問題，一是戰船數量太少，二是委請民間運送，容易引
發各種弊端。

雍正三年（1725），各省興建軍工戰船廠之後，對於戰船的製造狀
況有更明確的規定。雍正十年（1732），議准各省戰船在修造時，由
督、撫、提、鎮，再委由副將、參將，會同文職道、府領價督修，再由都
司及該地文職官員共同採辦木料，修造戰船的所有過程必須造冊備查。[15]
對於支領款項興造戰船，各省必須在修造前兩個月領銀備料。臺灣及瓊州

12 《欽定福建省外海戰船則例》23卷，《續修四庫全書》（上海：上海古籍出版社，
　　1997），卷1，〈各省外海戰船總略〉，頁1a。
13 （清）托津，《欽定大清會典事例·嘉慶朝》，卷575，〈兵部〉，〈軍器〉，頁31a。
14 《聖祖仁皇帝實錄》，卷255，康熙52年7月丁巳，頁527-1。
15 （清）托津，《欽定大清會典事例·嘉慶朝》，卷575，〈兵部〉，〈軍器〉，頁31a。

兩府，因遠隔外洋，遂可提前在修造前四個月領銀備料。[16]

乾隆元年（1736），對於修船所需的料價銀數規定，料價五百兩以上，工價二百兩以上者，令督、撫預行確估題報，工竣造冊註銷。如料價在五百兩以下，工銀兩百兩以下，令督、撫咨明工部議知照戶部，申請款項，完工之後，亦需造冊註銷。[17]清廷對於戰船制度的規定亦多方兼顧，考慮甚多，但實施不久的戰船制度，各種弊端開始呈現。乾隆五年（1740），各地官員即利用造船業務，從中獲取利益。乾隆皇帝認為，對於興建戰船的業務，官弁漸覺疏忽，浮濫假報者愈來愈多：

> 十分之中，不無缺少二、三者，至於大修小修之時，每因船數太多，難以查核。該防營弁，及州縣官員，通同作弊，將所領帑銀，侵蝕入己。報修十隻，其實不過七八隻，而又塗飾顏色以為美觀，仍不堅固。且更有不肖官弁，令子弟親屬，載販外省，或賃與商人。前往安南、日本、貿易取利者。[18]

各地官員仍有假借職務之便，巧立名目，行貪污之實者，誇張的是，還可將戰船當成商船，載送貨品到他國貿易。此後，嚴令各省督、撫查報各地修造戰船業務，有無弊端發生。當然在此風聲鶴唳之下，欲貪官之員，多有收斂，因此閩浙總督鍾音（？-1778）在清查之後，查無營員冒濫貪污之例。[19]通常在爆發弊端後的查驗情況，往往可以收到良好成效，但是否以後即如此，當不盡然。

修造戰船所產生的弊端，在這段時間中，已減少許多，但卻出現另一

16　（清）托津，《欽定大清會典事例·嘉慶朝》，卷575，〈兵部〉，〈軍器〉，頁31a-31b。

17　（清）盧坤，《廣東海防彙覽》42卷（北京：學苑出版社，2005），卷12，〈方略〉1，頁38a。

18　《高宗純皇帝實錄》，卷125，乾隆5年8月己未，頁831-1-831-2。

19　《軍機處檔摺件》，（臺北：國立故宮博物院藏），文獻編號016332號。閩浙總督鍾音，〈奏報查驗各營修造戰船均無捏混冒濫情弊摺〉，乾隆37年3月1日。

個問題，即是戰船數量不足的問題，以致於水師巡洋任務無法按規定運作。內閣及各地督、撫針對此項問題，做出討論。

> 軍機大臣依據伍拉納之建議奏：查察海口情形一摺，內稱閩省洋面，節次拏獲匪犯，俱由中國潛行出口，與康熙年間盤聚海島者情形不同，現在各海口一切會哨緝捕章程，已極周備。該省海洋島嶼，既據查明並無盜匪盤聚窩巢，是此時惟在該督撫等督飭沿海地方文武，恪遵成例，實力緝捕，自不必另議更張。但據長麟奏，粵省營船，不敷巡哨，請借養廉，添造船隻，以利緝捕一摺，已照所請行。閩省營船，是否足敷巡緝，抑或應照粵省量添造之處，著傳諭伍拉納，即查明船數，並體察情形，據實具奏。[20]

海寇騷擾沿海的情況已有變動，雍正以前，海寇盤據沿海島嶼的情況較多，乾隆以後，海寇化整為零，不再以固定地點做為巢穴，而是在沿海及其他地區盤旋。如此一來，為了打擊海寇，或防止他們騷擾，水師官弁勢必主動出擊，並加強巡洋任務。在此情況之下，戰船的數量就必須增加，否則將無法進行，因此各地督、撫才奏報，添造戰船。

（二）戰船管理

戰船制度建立之後，如何的維護及管理則是主政者必須認真規劃之事。清代戰船的管理，中央與地方各司其職。清代戰船制度的管理，由中央制定法令，地方負責執行。清初，尚未大量製造戰船時，戰船數量不多，因此對戰船的維護更加小心。在中央，戰船制度的擬定由兵部負責，戰船的興建由工部佐理，地方則由各督、撫、提、鎮及以下等官呈報。

清代水師戰船的制定程序，大部分都由地方的水師部隊將領，在操駕之後，發現戰船之優劣時，再向中央建議改造，在中央各部討論之後依議

---

20 《高宗純皇帝實錄》，卷1447，乾隆59年2月丁亥，頁310-1-310-2。

執行，中央鮮少針對戰船制度直接下達旨意，這與中央長期缺乏對戰船業務熟稔人員有很大的關係。對於戰船的維護及管理，順治初年規定：

> 武職看守戰船，損壞二船者，降二級留任；三、四船者，降二級調用；五六船者，降四級調用；七船以上者，革職。該督、撫、提、鎮仍不時委副、參等官巡查。其官兵所乘之船，若未戰以前，既戰以後，閒住之時，即交督戰官看守，統兵大員不時委員巡查，如有損壞，俟凱旋日，將看守官亦照前例議處。[21]

因為戰船數量不多，惟恐戰船因各種人為因素導致毀損，所以由中央制定嚴格的法令約束地方官員。康熙十四年（1675），再度重申此項管理機智，並將地方監督層級提升到各地大將軍、將軍、參贊大臣等。[22]戰船一旦有所損壞，各地方文職、武職官員，將受到嚴厲的處罰。

為了加強對戰船的管理，在官員的建議之下，對戰船實施編號刊刻，如此在管理上更為方便。康熙五十二年（1713），議准：「各營艍犁、趕繒等船，於船頭、船尾，刊刻某營、某鎮、某號捕盜船名」。[23]其目的除了讓水師官弁不敢隨意妄為之外，也便於對戰船的管理。在此項制度實施成效達到要求的情況之下，清廷更進一步對操舟人員及巡、哨船的管理工作，推動相同的管理模式。康熙五十三年，規定各營哨船刊刻某營、某字、某號舵工、水手等，各給與腰牌，書寫年貌、姓名、籍貫。[24]戰船、巡、哨船及船上官弁都列冊登記之後，管理單位即可隨時掌握狀況，這對戰船及人員的管理及監督則更為確實。然而，轄有水師的各督、提、鎮、協等，為了管理方便，除了於船身刊刻部隊名稱之外，亦設置戰船編號。（表6-1～6-3）

21　（清）崑岡，《大清會典事例·光緒朝》，卷631，順治初年，頁1181-1-118-2。
22　（清）崑岡，《大清會典事例·光緒朝》，卷117，康熙14年，頁507-2。
23　清國史館編，《皇朝兵志》276卷，第248冊，〈兵志〉6，〈軍器〉4，頁3b。
24　（清）盧坤，《廣東海防彙覽》42卷，卷12，〈方略〉1，頁40b-41a。

表6-1　浙江省戰船編號表

單位	戰船編號	戰船種類	備考
提標右營	鞏	篷船	
鎮海營	海	篷�船	
溫州鎮標	河	篷舟古船	
瑞安營	清	趕繒船	
玉環營	晏	篷舟古船	
黃巖鎮標	際	篷舟古船	
定海鎮標	運	快哨船	
寧海營	際	篷舟古船	
乍浦營	寧	大趕繒船	
乍浦綠旗營	時	篷舟古船	

表6-2　福建省戰船編號表

單位	戰船編號	戰船種類	備考
督標	靖		
水師提標中營	海	趕繒	
水師提標左營	國		
水師提標右營	萬	趕繒	
水師提標前營	年	篷舟古船	
水師提標後營	清	趕繒	
閩安協左營	永	趕繒	
閩安協右營	瀾		
海壇鎮左營	安	篷舟古船	
海壇鎮右營	固		
銅山營	紀	篷舟古船	
烽火營	慶	白艕船	
金門鎮標左營	金		

單位	戰船編號	戰船種類	備考
金門鎮右營	湯		
澎湖協左營	綏		
澎湖協右營	寧		
臺灣水師協標左營	定	趕繒	
臺灣水師協標右營	澄	趕繒	
臺灣水師協標中營	平	趕繒	
福建水師旗營	為	趕繒	八旗水師

表6-3　廣東省戰船編號表

單位	戰船編號	戰船種類	備考
廣州水師旗營	旗	艍船	
南澳鎮	南	艐舟干船	
吳川營	吳	艍船	
左翼鎮	左	艍船、櫓船	
崖州營	崖	哨船、拖風船	
	快	八槳船	
海安營	安	艍船	
香山協	香	艍船、槳船	
順德協	順	急跳槳船、槳船	
新塘營	新	櫓槳船	
廣海寨	廣	櫓船	
潮陽營	陽	快槳船	
東莞營	莞	槳船	
春江協	春	快槳	
肇慶協	肇	槳船、櫓槳船	
四會營	四	槳船	
化石營	化	槳船	

單位	戰船編號	戰船種類	備考
清英營	英	槳船	
廣州海防營	防	櫓槳	
龍門協	龍	快馬船	
潮州城守營	城	快船	
潮州城右營	潮	快船	

資料來源：〈軍機處檔摺件〉，文獻編號019222號。乾隆36年，修造戰船清單。

由表6-1至6-3，可以看出，由各營訂定的戰船名號，即可知悉船的種類以及管轄者。福建地區的水師建置最久，各鎮、協、營戰船數量最多，除了各部隊自行制定船隻編號之外，他們也妥善運用編號來命名。《金門志》載：各營戰艦編號，海國萬年清、金湯永固紀等字。[25]「海國萬年清」是福建水師提標中、左、右、前、後營各編號所集。戰船的編號除了可以掌握戰船資訊之外，亦有激勵效果。其他各營亦照此種方式命名，如金門鎮標左營、金門鎮右營、閩安協左營、海壇鎮右營、銅山營、烽火營、海壇鎮左營、閩安協右營、左營番號為「金湯永固紀慶安瀾」；臺灣與澎湖則由澎湖協左營、澎湖協右營、臺灣水師協標中營、臺灣水師協標左營、臺灣水師協標右營組成「綏寧平定澄」部隊。廣東省之戰船番號，則依照戰船駐防地命名，如廣海寨，稱「廣」，潮陽營，稱「陽」。浙江省戰船的命名，從字面上較看不出其涵義。

　　清代戰船在尚未規定刊刻，該管鎮、營番號之前，無論戰船及巡、哨船亦多有彩繪。如常在船頭繪上眼睛，船身及船尾繪製各種圖案。這種船隻的彩繪狀況，也形成一項特色。但這對於緝私、捕盜是否有加強成效的作用，或者會產生負面效果，則有不同的爭論。乾隆二十一年（1756），兩廣總督楊應琚（？-1767）建議，為了使沿海巡、哨船更容

25　（清）林焜熿，《金門志》（南投：臺灣省文獻委員會，1993），卷5，〈兵防志〉，國朝原設營制，附錄，頁95。

易分辨,規定將該船通身染紅色,大書白字,編刻某府、州、縣第幾號巡役某人等船,鐫刻船尾兩旁。[26]但這樣的政策似乎只在廣東一帶執行,並沒有沿用到全國各地。

乾隆四十七年(1782),江南提督保寧(?-1808)奏言:各營大小巡船俱係彩畫龍虎,及各種海獸,詢之水陸各員,咸稱以壯觀瞻,并以分營船、民船之別,由來已久。但設立巡船目的是巡查匪類,如能與一般民船一樣,則隱匿性佳,如果彩繪則容易讓盜匪發現,如此便不容易緝捕之。[27]其所言也不無道理,戰船與巡、哨船不同,戰船的任務是作戰,對象有可能是人數龐大的海寇;巡、哨船的任務為查緝沿海走私及維持治安,類似於現今海巡及警察人員的巡視。海寇通常是化整為零,藏匿在各種船舶之中,如果這些巡船特意突顯他們與眾不同,那將讓這些想做奸犯科之人及早做好防範。[28]然而,清廷最終做出禁止巡船彩繪的規定。乾隆四十九年,規定:「各省戰船准用彩繪,以壯觀瞻,至巡船原為改裝,密緝盜賊之用,應概照民船油飾,不准彩繪以資巡緝」。[29]此後,巡、哨船即不再彩繪,與民船的形態相同。但《欽定中樞政考》記錄的時間為乾隆四十九年,這顯然有誤,早在保寧奏報之後,朝廷即已下令巡船不准彩繪了,因此巡、哨船不准彩繪的時間規定是在乾隆四十七年。

船舶的行駛是否便捷,亦為管理機智之一,戰船、巡、哨船,主要

26　(清)盧坤,《廣東海防彙覽》42卷,卷12,〈方略〉1,頁42a-42b。

27　(清)盧坤,《廣東海防彙覽》42卷,卷12,〈方略〉1,頁42b-43a。《廣東海防彙覽》記載,建議巡船不彩繪者為「江南提督孫」,此記錄有誤。乾隆47年擔任江南提督者為圖伯特保寧(?-1808),於乾隆實錄載道:「向來大小巡船,俱彩畫龍虎,及各種海獸,以壯觀瞻。查設立巡船緝盜,自當改裝密緝,方能物色擒拏,若繪畫絢采,反令奸徒見知避匿。請通行各省,除戰船准用彩畫外,所有內外洋面水陸各營,大小巡船,一概不許彩畫,祇用油飾」。《高宗純皇帝實錄》,卷1170,乾隆47年12月丁丑,頁697-2。

28　清朝對於巡、哨船是否彩繪亦爭論許久,最後禁止彩繪,其外型與其他民、商船相同。但比較現今,世界各國對於巡防人員的裝備則特意突顯,如警車、船舶等等,都與民間所用大相逕庭。這是否代表時代的不同,認知亦不同,則存在許多討論空間。

29　(清)明亮、納蘇泰,《欽定中樞政考》72卷(上海:上海古籍出版社,1997),〈綠營〉卷40,〈營造〉,頁40a。

是維護海上安全，如果官方的戰船速度比不上民、商船或海寇船，那戰船的設置將無所作用。然而，清廷在戰船的製造上，並不是以速度及武器配備做為興建準則，[30]而是壓制官船以外的船隻，在行駛速度上不能超越官船。因此規定，民、商船不能

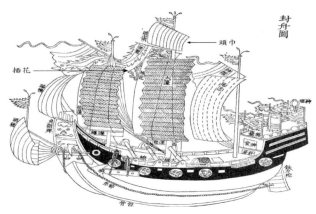

▲ 圖6-1　頭巾、插花圖。圖片來源：周煌，《琉球國志略》〈卷首・圖繪〉，頁33b-34a。

頭巾插花。乾隆十四年（1749），浙江定海鎮總兵官陳鳴夏（？-1758）認為，在戰船上加裝頭巾、插花（圖6-1），有助於增加船速。陳鳴夏奏言：「海洋憑虛御風，全憑帆力，故大篷之旁加插花，桅頂之上加頭巾，風力猛，船行尤速」。[31]朝廷評估後，認為加裝頭巾、插花之配備立意佳。遂於乾隆十七年（1752），將此項建議覆准實施，但部分地區，因船型及山形水勢各有不同，因此江南省沙唬、巡快等船；福建省艍、舟古船因重量輕，已便易駕駛，毋庸製備；廣東省虎門協營，其所處地方因海道迂迴，砂礁錯雜，不必製備。[32]加裝頭巾、插花之配備雖然提升水師戰船速度，但卻抑制戰船技術的研發，也限制民船功能的精進。

30　有關戰船各種樣式的興建及改造，參見本章第二節。
31　（清）盧坤，《廣東海防彙覽》42卷，卷12，〈方略〉1，頁39b。
32　（清）托津，《欽定大清會典事例・嘉慶朝》，卷575，〈兵部〉，〈軍器〉，頁32b-33a。

二、戰船的種類及改造

（一）明朝戰船

　　防海之舟有官船、快船、哨船三種樣式，委指揮一員建造。[33]明朝戰船製造始於洪武朝，當時，僅福建一地已造有海船六百六十艘，[34]福建的戰船之所以成爲中國最優秀的海船，與當地盛產適合造船的材料有關。[35]永樂朝以後，各地更是製造爲數不少的戰船，此後組成龐大的鄭和（1371-1433）艦隊，於永樂三年（1405）開始，陸續進行七次下西洋（1405-1433），至宣德八年結束。此時期可視爲製造海船數量最多的時候，也是明朝海洋發展的盛世。

　　明朝的海船主要有三種，分別爲沙船、福船及廣船。沙船爲平底船，航行於長江口以北地區；[36]福船爲浙江、福建沿海尖底船的通稱；廣船爲廣東省各地大帆船的總稱。[37]清人對明朝海船的認知爲：「以舟山之鳥槽爲首，福船耐風濤，且禦火；浙江的蒼山船，亦利追逐；廣東船，以鐵栗木[38]鑄造，視福船尤巨而堅，並可發佛郎機銃，可擲火毬」。[39]因爲廣船乃爲鐵力木所造，材質堅硬，福船不過松、杉之類[40]。二種船舶在海上，若相衝擊，福船即碎，不能阻擋鐵力木的堅硬，但廣船操縱較爲困難，不如福船便易，廣船若壞須用鐵力木修護。且其形制，下窄上寬，狀若兩

33　（明）林燫，〔萬曆〕《福州府志》36卷，《日本藏中國罕見地方志叢刊》（北京：書目文獻出版社，1990），卷10，頁80。

34　（清）陳壽祺，〔同治〕《福建通志》（臺北：華文書局，1968，同治10年重刊本），卷84，頁30a。

35　辛元歐，〈十七世紀的中國帆船貿易及赴日唐船源流考〉，《中國海洋發展史論文集》第九輯，（臺北：中央研究院人文社會科學研究中心，2005），頁246。

36　辛元歐，《上海沙船》（上海：上海書店，2004），頁32。

37　楊槱，《帆船史》（上海：上海交通大學出版社，2005），頁64。

38　鐵栗木（鐵力木）即柚木（Tectona grandis），又稱麻栗木，產於爪哇、中南半島，引進臺灣後種於海拔600公尺栽種，木材善能抵抗海陸動物之蝕害，為重要的船舶用料。劉業經等，《臺灣樹木誌》（臺中：中興大學農學院，1988），頁775-776。

39　（清）張廷玉，《明史》，卷92，〈志〉68，〈兵〉4，〈車船〉，頁2268。

40　松、杉樹種極多，屬闊葉樹者，木材較不耐蟲害，屬針葉樹者，耐蟲害則高於闊葉樹種。

翼，在裡海則穩固，在外洋則搖晃厲害，這是廣船之利弊。[41]

　　廣船造船之費用又倍於福船，這是使用鐵力木價格較昂貴的關係。雖然如此，但廣船的耐久程度則優於福船，福船使用的松、杉木容易蛀蟲，因此常要燂洗；廣船鐵力木堅硬，防蟲性較高。[42]福船依其大小，分別有福船、哨船、草撤船、冬船（海滄船）、鳥船（開浪船）、快船等型。[43]福船高大如樓，可搭載百人，船底尖，越往甲板則越闊，船頭高而口張，尾部高聳，船身左右兩側有護板，以茅竹圍成垣狀，配有二枝桅杆。[44]福船吃水1丈多，不利於淺海航行，無風亦不可駛，如果海寇航行於沿岸，則福船便無作用，因此才製造吃水量淺，風小亦可動，可犁衝敵船的海滄船。[45]

　　海滄船為福建沿海漁民所使用的船隻，為軍方所用之後，便成為戰船。鳥船以其頭大又尖，戚繼光稱「喫水」，船上配有四槳一櫓，航行時，形態如飛，可搭載五十人，順逆風皆可行駛。[46]鳥船，係福建水手使用的一種遠洋商船，其特點是身肥，船身長直，船行水上，有如飛鳥，屬尖圓底的南方船系。[47]清朝初期，鳥船亦曾為主力戰船，如康熙十六年（1677），江寧巡撫慕天顏（1623-1696）奏，水師戰船現今尚建造許多鳥船。[48]康熙十八年，因準備對湖南用兵，因此令江南興建百艘鳥船，爾後，再將這些新造的鳥船用以對鄭氏作戰。[49]因此，鳥船的使用跨越了明、清兩代。

　　廣船系統，其特色為首尖體長，吃水較深，尾樓高聳，樑拱小，脊

41　（明）鄭若曾，《籌海圖編》，〈經略〉，〈兵船〉，頁1202。
42　（清）史澄，〔光緒〕《廣州府志》（臺北：成文出版社，1966，光緒5年刊本），卷74，〈經政略〉5，頁1794。（明）鄭若曾，《籌海圖編》，〈經略〉，〈兵船〉，頁1202。
43　王冠倬，《中國古船圖譜》（北京：三聯書局，2001），頁217。
44　（明）鄭若曾，《籌海圖編》，〈經略〉，〈兵船〉，頁1205。
45　（明）戚繼光，《紀效新書》18卷本（北京：中華書局，2001），頁346。
46　（明）鄭若曾，《籌海圖編》，〈經略〉，〈兵船〉，頁1211。
47　陳希育，《中國帆船與海外貿易》（廈門：廈門大學出版社，1991），頁140-141。
48　《聖祖仁皇帝實錄》，卷67，康熙16年6月壬子，頁862-1。
49　《聖祖仁皇帝實錄》，卷81，康熙18年5月甲寅，頁1035-1。

弧不高，耐波浪性好，適於深水航行，甚至可耐大浪。[50]新會縣尖尾船式（橫江船）、東莞縣大頭船式（烏艚），皆屬於這種船型，此兩種船型皆是廣東沿海一帶居民所使用的船型。清代以後，這兩種船型逐漸由米艇所取代，並成為廣東地區主要的戰船。

（二）清代戰船

順治年間戰船依其樣式分類，大小不一，有水艍、犁繒、沙船、鳥船、砲船、梭船、哨船、戈船、大小唬船，其最大者曰得勝船，又有快船以利追勦，馬船以載馬匹，軍中運糧船以資輸輓。[51]清朝的戰船如以任務的執行狀況視之，可分為兩種，一種為戰船，另一種為巡船及哨船，戰船由水師官弁操駕，巡船及哨船部分亦由水師官弁操駕，部分由州、縣、府人員駕駛捕盜。在戰船的使用上，清朝並沒有研發專為水師巡防用之戰船，清朝入關後，延用明朝戰船的製造傳統，使用福船、廣船型式的戰船。這類型的戰船有鳥船、趕繒船及艍船。這些船型的船舶特色大同小異，每種船型皆有大小之分，民間商船及漁船也都使用這些船型。換言之，清朝是將民間所使用的船舶，稍為改造一下，即成為水師戰船。其他諸如同安梭、艇船、哨船等等，皆為民間所使用的船隻。雖然民間造船技術優良，但在政府的限制之下，精進的空間有限。[52]

順治十三年（1656），始設福建水師三千人，唬船、哨船、趕繒船、雙篷船等百餘艘。[53]雖然設置各類型戰船，但清代各省戰船丈尺不同，名色各異，康熙二十九年（1690），始定修造戰船定例。其目的為：「隨江海之險，合駕駛之宜，以供巡防操練之用也」，[54]惟各省因海

---

50 辛元歐，〈十七世紀的中國帆船貿易及赴日唐船源流考〉，《中國海洋發展史論文集》第九輯，（臺北：中央研究院人文社會科學研究中心，2005），頁248。

51 （清）允祿，《大清會典・雍正朝》，卷209，頁13898。

52 清廷規定居民出海捕漁者，限乘載五百石以下船隻，樑頭不得超過1丈8尺，另外對於船隻上的武器以及出洋手續等規定，規定嚴格，這使得船舶的發展受到限制。劉序楓，〈清政府對出洋船隻的管理政策（1684-1842）〉，《中國海洋發展史論文集》第九輯，（臺北：中央研究院人文社會科學研究中心，2005），頁338。

53 （清）趙爾巽，《清史稿》，〈志〉，卷135，〈兵〉6，頁4014。

54 《欽定福建省外海戰船則例》23卷，卷1，〈各省外海戰船總略〉，頁1a。

域條件各有不同，因此在戰船的興建上，採取因地制宜策略，逐有各種樣式的戰船產生。根據《清史稿》載：

> 福建外海戰船有，趕繒船、雙篷䑨船、雙篷艍船、平底哨船、圓底雙篷艍船、白艚艍船、白艚哨船、哨船、平底船、雙篷哨船、水底艍船。浙江外海戰船有，水䑨船、雙篷䑨船、巡船、趕繒船、快哨船、大趕繒船、八槳巡船、大唬船、釣船、六槳巡船、小趕繒船；廣東外海戰船有，趕繒船、䑨船、拖風船、艍仔船、烏䑨船、哨船。[55]

從浙、閩、粵三省所編制的水師戰船來看，趕繒船及䑨船為基本船型，三省皆有，因此類型戰船的規模較大，也成為清代嘉慶朝以前主要的水師戰船。清代戰船樣式繁多，以下就水師部隊經常使用之戰船作敘述。

1.趕繒船

趕繒船（圖6-2）為民間所使用的漁船，意為追趕魚網之船，康熙二十七年（1688），成為官方使用之戰船，[56]船型較大的趕繒船可做為犂衝[57]之用，亦稱為犂繒船。又趕繒船通常配掛有兩張風帆，也以「趕繒雙篷船」稱之。趕繒船的特色為，船甲板上左右兩舷，設

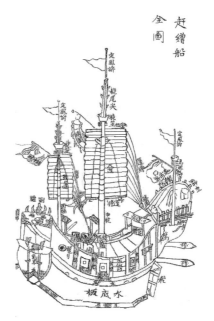

▲ 圖6-2 趕繒船1。圖片經過電腦修整後不失原貌。圖片來源：《閩省水師各標鎮協營戰哨船隻圖說》，4冊。

---

55 （清）趙爾巽，《清史稿》，〈志〉，卷135，〈兵〉6，頁4014。
56 《閩省水師各標鎮協營戰哨船隻圖說》，4冊，德國Staatsbibliothek zu Berlin（柏林國家圖書館）藏。
57 犂衝：清朝水師作戰的方式之一，以大船衝撞小船，使敵船沈沒。

置的樣式如垣，船身寬闊，篷高大，船底圓狀，便於使風，行駛快速。[58]

康熙中期以後，爲了使水師操縱更爲快速，逐漸以趕繪船取代鳥船，成爲水師所使用的主要戰船。《金門志》對趕繪船的形態有更清楚的描述：

> 蓋趕繒之制，其蜂房、舭牆即古之樓船巨艦。敵舟之小者相遇，或衝犁之、橫壓之，敵既難於仰攻，我則易於俯擊。然利於深水，若風潮阻難，不便回翔，亦不能泊岸，須假小船接渡，是以水師各營分配戰艦，大小相資，其名曰「大橫洋」、曰「大趕繒」、曰「艍船」。大趕繒之制，長十丈、廣二丈，首昂而口張。兩旁為肶，護以板牆，人倚之以攻敵。左右設閘，曰水仙門，人所由處；左曰路屏，右曰帆屏（泊船即架帆於此），中官廳，祀天后，廳左右小屋各三間，曰麻籬。廳外，總為一大門，出官廳，為水艙，左旁設廚呙，置大水櫃，水艙以前格艙為六，迄大桅根格堵，乃兵士寢息所，下實米石沙土，以防輕飄。口如井，版蓋之，桅高十丈，篷帆、律索、插花皆備，別有小艙二格，乃水手所居。頭桅亦掛小帆，短於大桅。頭桅前即鵝首，安椗三箇，碇用鐵梨木，重千斤；禩繂百數十丈，有鐵鉤曰碇齒，以泊船者，廳中格曰聖人龕，安羅盤（即指南針），以定方向。後曰舵樓，左右二小屋，舵樓右桅掛帆，曰尾送，另備小艇一，曰杉板，以便內港往來；大船行，則收置船上（船小，即佩帶杉板於船旁）。船中輯眾者，曰管駕弁目（商船即主出海）；主操舟者，曰舵工；司爨，曰炊丁（商船即用總舖）；上桅理帆繩、司瞭望，曰亞班（亦曰斗手）；修整船器，曰押工；分司舵繚、板碇者，曰頭目，佐事者，通曰水手；專任攻擊，曰戰兵；能出沒水中，曰水兵；此同安梭式大趕繒制也。[59]

趕繒船爲一尖底海船，可橫越大洋，趕繒船依照船隻大小，可分爲大、中、小，三種型式。大趕繒船設兵八十人，排槍四十二杆；中趕繒船設兵六十人，排槍三十杆；小趕繒船設兵五十人，排槍二十五杆。[60]

　　福建省大號趕繒船，身長九丈六尺，板厚三寸二分；亦有身長八丈，板厚二寸九分。二號趕繒船，身長七丈四尺、及七丈二尺，板均厚二寸七分。[61]（清代船舶的尺寸換算見表6-4）趕繒船除了作爲清代的主力戰船之外，也常被民間用於遠洋航運，尤其是用於對呂宋的客運和貿易。[62]因此趕繒船實爲戰、商、漁船之統稱。

表6-4　宋、明、清三代製造海船長度規格表

朝代	宋代、元代	明代	清代
可造船之長度	1丈	10丈	11丈9尺
折合現代度量衡（公尺）	34.72	31.10	34.88

說明：度量衡一丈爲十尺。宋、元時期一丈爲34.72公尺；明代一丈爲3.11公尺；清代一丈爲3.2公尺。
資料來源：依據吳承洛（吳洛）《中國度量衡史》整理而得。[63]

60　（清）崑岡，《大清會典事例・光緒朝》，卷710，〈兵部〉，雍正6年，頁835-2-836-1。
61　（清）崑岡，《大清會典事例・光緒朝》，卷936，〈工部〉，雍正10年，頁740-1。
62　廖大珂，《福建海外交通史》（福州：福建人民出版社，2002），頁296。
63　各代度量衡換算，參閱吳承洛（吳洛），《中國度量衡史》（上海：上海書局，1987），頁64-66。

▲ 圖6-3　趕繪船2。乾隆五十八年（1793），馬戛爾尼使節團於寧波地區所見的清朝
　　水師戰船，依此船樣式及時間、地點判斷，應屬於駐防於寧波的浙江提標之大趕繪
　　船。圖片來源：劉潞、吳芳思編譯，《帝國的掠影》，頁86。

2.艍船

　　艍船（圖6-4）的規模小於趕繪船，船
型類似於趕繪船。特色為船底塗白色漆，
亦稱「白底艍船」、「水艍船」等。艍船
大部以雙篷樣式呈現，亦稱為「雙篷艍
船」。[64]其型態類似趕繪船，但在結構上稍
有不同，船頭微低，口張無獅頭，尾部高
聳，康熙二十七年（1688），成為水師所
使用之船舶。[65]無論其船體結構為何，都
稱為艍船。繪船與艍船都是民間漁船的一

▲ 圖6-4　雙篷艍船。圖片來
　　源：《閩省水師各標鎮協營戰
　　哨船隻圖說》，4冊。

---

[64] 如乾隆3年10月，烽火營慶字十二號，雙篷艍船一隻，遭風擊碎。《高宗純皇帝實錄》，
　　乾隆3年10月丙午，卷79，頁247-1。
[65] 《閩省水師各標鎮協營戰哨船隻圖說》不分卷。

種，因為艍船與繪船樣式相當，乍看之下相似，因此清廷及民間亦有稱作為「繪艍船」。

艍船亦有大小之分，小型艍船所乘載的人員有，一捕盜、一舵工、二繚手、三椗手、一杉板、一抄、一䑩、十二官兵，共二十一人。[66]中型艍船可載運三十人，廣州將軍錫特庫，曾建議派中型艍船1艘，一名官員，兵三十名，增防廣州虎頭門附近之纜尾河、亭步港二處。[67]

艍船屬於尖底海船，可航行於大洋之中，因此各地常將其充作載運米糧的船隻，民間擁有艍船者即可能被調用，擔任載運工作。

> 廈門向有白底艍船，赴鹿仔港販運米石者，亦必由蚶江掛驗，始准出口。海道既紆，風信尤須守候，是以艍船漸次歇業。……再艍船，比蚶江之單桅、雙桅船較大，配運官米，亦得多載。[68]

因為艍船可載運米糧及擔任戰船任務，因此在浙、閩、粵三省，皆配置有艍船形式的戰船。

3.同安梭船

同安梭船亦稱為同安船，為福建同安地區所使用的商船，同安梭船因駕駛便利，取代了趕繪船成為清朝的主力戰船，爾後，浙江、廣東等地亦使用同安梭船。嘉慶十年（1805），臺灣地區的戰船，開始由趕繪船改造為同安梭船。然而，為了確認同安梭船之操駕是否更勝於趕繪船，嘉慶十一年，直隸總督溫承惠（1754-1832）曾詢問李長庚等相關官員，同安梭船的操舟情況為何？得到結果，即是同安梭船，其堅固與商船相等，[69]由此可見同安梭的性能受到官員的肯定。

同安梭船，因船型大小不一，載運人數亦不同，可分一號、二號、

66　（清）盧坤，《廣東海防彙覽》42卷，卷15，〈方略〉4，頁5b。
67　《高宗純皇帝實錄》，卷462，乾隆19年閏4月乙卯，頁996-2。
68　《高宗純皇帝實錄》，卷1357，乾隆55年6月壬申，頁188-2-189-1。
69　《仁宗睿皇帝實錄》，卷161，嘉慶11年5月庚午，頁87-2。

三號、集字號[70]（圖6-5）、成字號等船型，集字號及成字號則為同安梭船中較大船型者，集字號同安梭可搭載人員五十人，[71]一號同安梭船，依《軍器則例》載，人數約有三十至四十人上下。[72]其餘二、三號同安梭船所搭載的人數更少。

改造後的同安梭船之武器配備，火力明顯增強，集字號，配二千觔重紅衣礮二人、一千五百觔重紅衣礮四人、八百觔重洗笨礮一人、一百四十觔重劈山礮十六人、窩峯子四百觔、籐牌牌刀三十面、口撻刀六十杆、竹篙槍六十杆；一號同安梭船，配一千觔重紅衣礮二人，八百觔重紅衣礮二人、五百觔重礮二人、一百觔重劈山礮四人、八十觔重劈山礮四人、窩峯

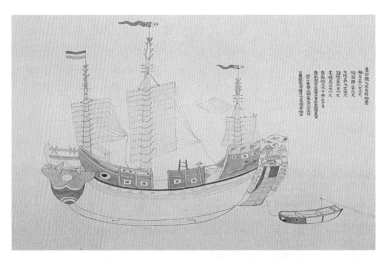

▲ 圖6-5　集字號同安梭船。藏於故宮博物院的兩幅同安梭船圖，皆配掛荷蘭國旗的有趣景象，可參閱，陳國棟，〈好奇怪喔！清代臺灣船掛荷蘭國旗〉，《臺灣文獻別冊》14 (2005)：2-11。圖片來源：李天鳴，《兵不可一日不備》（臺北：故宮博物院，2002），頁41。李其霖翻拍。

70　集字號同安梭為同安梭船最大者，故又稱為「大橫洋同安梭」。陳壽祺，〔同治〕《福建通志》，卷84，〈國朝船政〉，頁36a。
71　（清）陳壽祺，〔同治〕《福建通志》，卷84，〈國朝船政〉，頁37a-38a。
72　（清）董誥，《欽定軍器則例》24卷，卷23，頁435。

子四百觔、籐牌牌刀二十面、口撻刀四十杆、竹篙槍四十杆。[73]在武器的配置上，無論火砲數量及砲位大小方面，皆可看出戰船的武力有明顯增強。

鴉片戰爭期間，清朝的水師主力即為同安梭船。但戰爭的結果，水師戰船毀損嚴重，同安梭船根本無法與英軍夾板船相抗衡，因此，鴉片戰爭之後，於道光二十三年（1843），針對同安梭船是否繼續做為水師戰船之用，朝廷內外多有討論，最後裁定，同安梭船吃水較深，於外洋相宜，因此得以繼續做為戰船使用。[74]至清末依然可以看到同安梭戰船游弋於大洋之中。

4.米艇

米艇亦稱為廣艇，為廣東一帶的商船。米艇的樣式，有單帆、雙帆兩種；如配有八槳，可做為內海哨探、巡報之用，行駕更為便捷。[75]民間又稱廣艇為拖繒船，其來源，是創自粵東沿海，漁戶用以捕魚，官軍見其涉洋便利，因配以大礮、軍械，在粵海緝捕頗著功效，再者，其船頭尖、尾大，利於乘風破浪，且船身甚低，無虞轟擊，可施槳、櫓，河海皆宜。[76]在符合操駕的情況之下，用為戰船。

米艇承繼了廣東船舶的傳統，可乘風下壓敵船。米艇亦有大、中、小號之分，大號米艇，長九丈，寬二丈，深九尺四寸；中號米艇長七丈六尺五寸，寬一丈八尺八寸，深八尺四寸七分；小號米艇長六丈四尺八寸，寬一丈六尺四寸八分，深五尺五寸。[77]米艇依據型號不同，乘載的人數亦不同，大型米艇船一艘配兵八十人，[78]人員的乘載量與大趕繒船相當。如廣東提標中營二號米艇，屬中型戰船，可乘載官兵七十人。[79]

73 （清）崑岡，《大清會典事例‧光緒朝》，卷898，〈工部〉，嘉慶22年，頁378-1。
74 （清）崑岡，《大清會典事例‧光緒朝》，卷712，〈兵部〉，道光23年，頁860-2。
75 （清）林焜熿，《金門志》，卷5，頁95。
76 （清）丁寶楨，《丁文誠公奏稿》，《續修四庫全書》（上海：上海古籍出版社，1997，光緒19年刻本），卷8〈整頓山東水師購造礮摺〉，頁21a。
77 （清）崑岡，《大清會典事例‧光緒朝》，卷937，〈工部〉，乾隆59年，頁751-2。
78 （清）董誥，《欽定軍器則例》24卷，卷23，頁435。
79 《宣宗成皇帝實錄》，卷238，道光13年6月癸丑，頁569-1。

在同安梭船未成為主力戰船之前，米艇為廣東地區所倚重的戰船，另外，因米艇速度較快，船身寬闊，也成了運米、運鹽船，鹽商運鹽即以米艇為主要船隻。[80]嘉慶以後，各省戰船改造為同安梭，因為同安梭的速度比米艇更快，便取而代之。道光四年（1824），福建地區所擁有的米艇，於屆齡拆造之後，在前後兩任閩浙總督慶保（1759-1833）與趙慎畛（1762-1826）的建議之下逐漸裁汰，改由製造同安梭船，[81]米艇便逐漸退出東南沿海的海域。

5.舺船

舺船為民間使用的船隻，型式亦有大小之分，舺船因吃水量淺，有些無法航行外洋，因此並非水師的主力戰船。另外，根據吳淞水師營的記載，舺船，舊名稱為快哨船，[82]為沿海巡哨之用，型式較大之舺船可航行到外洋，因此船底做圓形狀，配掛有雙篷，故稱「雙篷圓底舺船」。[83]

舺船大部分航行於浙江洋面一帶，閩、粵洋面雖有舺船，但型式較小，浙江一帶的舺船則型式較大，如定海鎮標所屬的雙篷舺船四艘，每艘配兵五十人，[84]船身長度為六丈四尺，板厚二寸五分，[85]乍浦地區所設之雙篷舺船則配兵四十人，並裝置有火砲，[86]顯見舺船亦屬於中大型戰船的一種。較小的舺船，雖然配兵二十二人，屬於小型戰船，但亦配置有紅衣礮二人、子母礮二人、百子礮二人、籐牌二面、火箭七十二枝、噴筒八桿、火毬八箇、火藥一百斤、大小鐵子一百出、鉛子三十斤。[87]這一類舺

---

80 《仁宗睿皇帝實錄》，卷46，嘉慶4年6月己丑，頁558-2。
81 《宣宗成皇帝實錄》，卷68，道光4年5月乙丑，頁78-2。
82 王昶，〔嘉慶〕《直隸太倉州志》65卷（上海：上海古籍出版社，1997，嘉慶7年刻本），卷23，〈兵防上〉，頁454。
83 魯曾煜，〔乾隆〕《福州府志》（臺北：成文出版社，1967，乾隆19年刊本），卷12，頁335。
84 （清）董誥，《欽定軍器則例》24卷，卷23，頁436。
85 《欽定八旗通志》342卷，《景印文淵閣四庫全書》（臺北：臺灣商務印書館，1983），卷40，〈兵制志〉9，頁41a。
86 （清）董誥，《欽定軍器則例》24卷，卷23，頁435。
87 （清）董誥，《欽定軍器則例》24卷，卷23，頁436。

船以潮州府一帶最多，出入於閩粵邊界。[88]

6.排槳船（哨船）

　　槳船或稱櫓船（galley）是中國、埃及、歐洲等地，早期所使用的船隻，希臘、羅馬時期即以槳船做為主要的戰船。中國使用槳船的時間亦早，於河姆渡出土的古物中就有槳的發現，據說該槳已有七千年歷史，[89]可見槳船的使用時間有數千年之久，近代的海上戰爭皆可見到槳船參與其中。（圖6-6）

　　槳船靠人力划槳航行，不借重風力，機動性較高，通常用於內河或近海。槳船的大小型態多有不同，以水師來看有二種，大者六槳、小者八槳。[90]雍正六年（1728）議改，只供哨探差防之需，篷槳兼用，如此一來，風順則揚帆，風息則搖槳。槳船的槳設於船之兩旁，頭尖尾方，樣式與漁船相當，配備有二枝杉木桅杆，內艙一層做為放置五張帆之用，其速度可與小趕繪船相比擬，但因平底，故無法遠洋。[91]槳船因大小不一，因此武器配備亦有差異。大者配置火砲，常用於作戰，小者速度快、機動性高，常成為州、縣官沿海巡哨、緝私之用。

　　做為巡船用之槳船，型式較小，以八槳巡船來看，每艘配兵四名，內鳥鎗兵兩名，籐牌兵兩名。[92]此種規模無法與海寇作戰，只能查緝沿海走私，及維護治安之用。槳船如配置於水師轄下，用於作戰，則配備有較強大的火力，如督標後營，額設第二號內河兩櫓槳船一艘，配兵二十人，大礮一副、母子砂礮三門、鉛封口彈子三百顆、鉛羣子一千五百顆、火藥四斤、扁刀六張、快鈀六枝、竹篙槍十枝、鉤鐮四把、銅鑼一面、鼓一面、

---

[88] （清）陳良弼，《水師輯要》，《續修四庫全書》（上海：上海古籍出版社，1997），頁331。

[89] 楊槱，《帆船史》（上海：上海交通大學出版社，2005），頁11-28。

[90] 乾隆9年，水師提標五營添設槳船19隻，編列「江、河、千、載、謐」字號，分配五營，這些船售都為八槳、六槳。（清）周凱，《廈門志》（臺北：臺灣省文獻委員會，1993），頁157。

[91] 《閩省水師各標鎮協營戰哨船隻圖說》，4冊，德國Staatsbibliothek zu Berlin（柏林國家圖書館）藏。

[92] （清）董誥，《欽定軍器則例》24卷，卷23，頁436。

▲ 圖6-6 八槳船圖。圖片來源:《閩省水師 各標鎮協營戰哨船隻圖說》,4冊。

▲ 圖6-7 八槳船首獅頭彩繪。

槳旗一面,[93]另外船頭則繪有獅頭。(圖6-7)做為巡船以及戰船的槳船,無論人員及武器的配置都有一定的差距。槳船雖非作戰的主力戰船,但因其速度便捷,操駕迅速,在作戰時常用於戰術之使用,能發揮奇襲效果。

7.其他

除了以上所敘述的戰船之外,尚有其他型號之戰船,如拖風船,為廣東惠州府地區特有的戰船,形式小於艍船,樑頭只有七、八尺。[94]拖風船還沒有成為廣東地區主要戰船之前,為商船用作載運鹽之用,雍正十三年(1735)以前,此種船隻船頭均雕刻有獸形圖案,此後,官方將此船用作戰船之後,為了方便與師船有所分別,遂在其船身刊刻所屬機構名稱,

---

93　(清)董誥,《欽定軍器則例》24卷,卷24,頁440。
94　(清)陳良弼,《水師輯要》,頁331。

以便查核，[95]此後商船不再雕刻或彩繪，如此一來，商船即與戰船有所分別。

大唬巡船為浙江地區使用的戰船，型態較小，做為巡哨之用。一艘大唬巡船配兵十二人，安配百子礮四人，內有鳥鎗兵六人、大礮兵四人、籐牌兵兩人。[96]小唬巡船的人數更少，只搭載有四名人員上下。

釣船，船身四丈，面樑六尺五寸，一櫓兩槳，可駕駛於順逆風之中，速度飛快。[97]此為浙江寧波地區所使用的民船，後改做為府、州縣的巡船之用，屬於小型巡哨船，每船只配兵十人。[98]此後亦將釣船編制為水師戰船，以做為水師巡哨之用。

另外一種巡哨戰船為撈繒船，身長約六丈，船寬約一丈多，有二十二艙。[99]每艘撈繒船搭載官兵二十七人。[100]撈繒船航行於東南沿海一帶，屬於繒船的一種，福建、廣東地區使用較多這樣的船型。

在海盜蔡牽劫掠沿海一帶期間，浙江提督李長庚奏報建造艇船，艇船的規模為當時水師戰船所屬中最大號者。新造艇船共有三十號，每號編以「霆」字，每一船配兵八十人，每十船添兵八百人，以分配三鎮，其每船應用礮位，即將所獲夷艇船上之銅、鐵大礮分配使用，此外復酌配以杭州、寧波、溫州三局所鑄紅衣洗笨礮五十八門、大劈山礮三百四十門。[101]艇船是針對海盜蔡牽集團，臨時興建的戰船，因蔡牽戰船規模大於原有水師戰船，因此清廷興建與蔡牽船隻規模相當的艇船與之對抗。艇船可能仿造大型商船或同安船型製造，艇船的船高也就成為清朝乾、嘉年間所建造的戰船之中，規模最大者。

95　（清）盧坤，《廣東海防彙覽》42卷，卷12，〈方略〉1，頁41a-42a。

96　（清）董誥，《欽定軍器則例》24卷，卷23，頁436。

97　《高宗純皇帝實錄》，卷157，乾隆6年12月辛亥，頁1247-1。

98　（清）董誥，《欽定軍器則例》24卷，卷23，頁436。

99　（清）盧坤，《廣東海防彙覽》42卷，卷12，〈方略〉1，頁45a-45b。

100　（清）江藩，〔道光〕《肇慶府志》22卷（臺北：成文出版社，1967，光緒重刻道光本），卷10，頁560。

101　（清）張鑑，《雷塘庵主弟子記》8卷（北京：北京圖書館出版社，2004，清琅嬛仙館刻本），卷2，頁29。

（三）戰船的改造

清朝入關後接收明朝戰船，此後興建的戰船即以明朝時期的船型爲主。施琅進攻臺灣之前，當時的主力船隻即爲鳥船、趕繒船及艍船。[102] 爾後，鳥船因太過於笨重，即開始汰換，軍工戰船亦不再興建鳥船，至乾隆十年（1745），水師戰船中僅存的鳥船，即漸續裁汰，並將額數改造其他類型戰船。[103] 取代鳥船成爲水師主力的是趕繒船及艍船。

表6-5　戰船型式表

戰船名稱		船長	船寬	載運人數	配備武器	備考
鳥船	大鳥船	12丈	2丈5尺	70以上	砲、銃	（清）徐葆光，《中山傳信錄》，卷1，頁2。鳥船搭載人數史料記載不明，《清實錄·宣宗成皇帝實錄》，卷323，道光十九年六月，頁1077-1
	中鳥船	8-10丈	2丈	30	砲、銃	（明）侯繼高，《全浙兵制》，卷3，頁84 中型鳥船長寬尚無明確資料，初估約8-10丈
	小鳥船	4丈2尺	1丈1尺	20	砲、銃	
趕繒船	大趕繒	9丈6尺	1丈9尺	80	砲、銃	《欽定八旗通志》，卷40，頁41a 船寬依據比例概估 （清）崑岡，《大清會典事例·光緒朝》，卷936，〈工部〉，雍正十年，頁740-1
	中趕繒	7丈4尺	1丈7尺	60	砲、銃	
	小趕繒	6丈5尺	1丈5尺	40	砲、銃	
艍船	大艍船	8丈9尺	2丈2尺	60	砲、銃	《清朝通典》，卷78，〈兵11〉，軍器，戰船，頁2602-2。（清）陳壽祺，〔同治〕《福建通志》，卷84，頁38a
	順字號	6丈4尺	1丈8尺	50	砲、銃	
	濟字號	5丈5尺	1丈5尺	40	砲、銃	

---

102 （清）施琅，《靖海紀事》，〈舟師北上疏〉，卷上，頁19。
103 《高宗純皇帝實錄》，卷247，乾隆10年8月己巳，頁190-1。

戰船名稱		船長	船寬	載運人數	配備武器	備考
雙篷艍船		6丈6尺	1丈7尺	20-50	砲、銃	《清朝通典》，卷78，2602-2
同安梭	集字號	8丈2尺	2丈6尺	80	砲、銃	（清）陳壽祺，〔同治〕《福建通志》，卷84，頁37b-38a
	成字號	7丈8尺	2丈4尺	70	砲、銃	
	一號	7丈2尺	1丈9尺	60	砲、銃	
	二號	6丈4尺	1丈6尺	50	砲、銃	
	三號	5丈9尺	1丈5尺	40	砲、銃	
米艇	大米艇	9丈	2丈	80	砲、銃	（清）崑岡，《大清會典事例・光緒朝》，卷937，〈工部〉，頁751-2
	中米艇	7丈6尺	1丈8尺	70	砲、銃	
	小米艇	6丈4尺	1丈6尺	60	砲、銃	
霆（艇）船		10丈6尺	2丈9尺	80	砲、銃	（清）董誥，《欽定軍器則例》，卷23，頁435
槳船		5丈 4丈8尺 3丈2尺	9尺 1丈4尺 9尺	10-40	砲、銃、槍	《閩省水師各標鎮協營戰哨船隻圖說》不分卷
巡船		4丈3尺	6尺	12	銃、槍	《高宗純皇帝實錄》，卷448，乾隆十八年十月癸未，頁831-1
哨船	哨船	3丈8尺	8尺	10	銃、槍	搭載人數較少，約10人。《高宗純皇帝實錄》，卷457，乾隆十九年二月庚戌，頁951-1
	平底哨船	3丈6尺 6丈1尺	9尺 1丈6尺	10-50	銃、槍	《閩省水師各標鎮協營戰哨船隻圖說》不分卷
外洋快哨船		7丈	約1丈9尺	約70	銃、槍	《高宗純皇帝實錄》，卷256，乾隆11年正月丁丑，頁320-2

說明：各型米艇的長、寬各地皆不同，因此有各種不同數據，因船隻大小不同，故搭載人員多寡亦不同。（清）盧坤，《廣東海防彙覽》，卷12，〈方略〉，頁45a，所載之米艇長寬皆要高於本表內容。（清）程含章，《嶺南集》，所載之米艇人數，大米艇為60、中米艇50、小米艇40。因此清代戰船，即便是屬於同一款同一型號之戰船，其戰船的大小尺寸還是不同的。

　　戰船的改造於明朝時期即已開始，明朝的戰船不斷的小型化，因此小型、快速的船隻自然比較流行。[104]清朝戰船的改造，亦依據此種模式進行，在帆船時代，主要有三次的戰船改造。如再將道光年間改造成美利堅船也算入，則有四次，惟此次並沒有實行。三次戰船改造，只是仿照其他船隻興建，並沒有針對船隻結構及性能而進行研發，充其量只是模仿民間使用的船隻而已，這也是清朝造船技術無法提升的最主要原因。戰船的改造，於雍正九年（1731），已在廣東地區展開，改造的船型對象則是米艇，[105]但只是區域性的改造，並非全國同步改造。

　　第一次戰船改造於乾隆五十五年（1790），由營員向福康安提出建議，宣稱廣東現行戰船笨重，駕駛不夠靈活，應該仿照民船改造，福康安按照營員建議向朝廷報告，朝廷亦答應所題，將屆齡拆造的戰船，改民船式改造。[106]但有趣的是，福康安建議之後，又再調查廣東地區戰船的使用情況，但大部分的將領卻認為現有的戰船並無駕駛不靈之處。因此福康安再度奏請，戰船應仍照舊制興建。此次福康安未查明即奏報，非但沒被處罰，反而乾隆皇帝還大大讚揚福康安的悉心體察，最後做出不必改造的裁示，戰船製造依舊制辦理。[107]由此可見，此次的戰船改造只是虛晃一招，尚未執行，就已結束。惟在此次改造之前，即有重新編制戰船的規定，乾隆八年，由福建巡撫周學健（？-1748）提出，縮減趕繒船數量，增加艍船。但於乾隆十二年（1747），即有福建地區營弁認為，福建地區洋面與他處不同，需要較大型船隻，如果將繒船改為較小的艍船，[108]這樣對水師巡防反而適得其反，因此便沒有執行。

　　第二次戰船改造為乾隆六十年（1795），改造的原因與乾隆五十五

---

104 陳希育，《中國帆船與海外貿易》（廈門：廈門大學出版社，1991），頁75。
105 《宮中檔雍正朝奏摺》，第19輯，廣東高雷廉副將管總兵官事蔡添略奏摺，〈奏報陸續改造水師戰船摺〉，雍正9年11月02日，頁103。
106 《高宗純皇帝實錄》，卷1361，乾隆55年8月丙寅，頁242-1。
107 《高宗純皇帝實錄》，卷1361，乾隆55年8月丙寅，頁242-2。
108 《高宗純皇帝實錄》，卷295，乾隆12年7月甲寅，頁868-1-868-2。

年相同，皆認爲船身過重，行駛時並不敏捷，因此，每每在擒匪捕盜時，多僱覓民船，但民船往往害怕海寇而不肯受僱，再者，僱船之費亦貴，朝廷所費不貲[109]。因此，在無船可用的情況之下，將無法追捕賊匪，所以決定改造戰船。

> 令沿海各督、撫將現有官船，照依商船式樣一律改造，以外洋緝捕之需，著再通飭沿海各督、撫遵照前旨，將此項戰船，輪屆拆造之年，俱商船式樣一律改造，既於追捕盜匪駕駛靈捷，足資應用，而修造浮費亦大有節省，該督、撫等務當實力妥辦，以歸實用。[110]

由此命令可得知，五年前的建議並不無道理，但福康安的查核顯然是有問題的，因此五年後再度仿照民船樣式改造。此後於嘉慶二年（1797），浙江省戰船亦開始改造，[111]嘉慶九年（1804），廣東省戰船亦開始改造，[112]這也是清廷第一次全面性的改造戰船。所謂的民船樣式爲何，並沒有明確說明。但從此後各廠建造戰船的類型來看，還是以趕繒船型式的船隻爲主。

　　第三次戰船改造時間爲道光四年（1824），改造的船隻由趕繒船改爲同安梭船。但改造同安梭船的建議，早在嘉慶十一年（1806）即有地方官員建議，但因當時改辦不急，因此在追擊蔡牽等海寇的期間，即僱用大號商船，取代原有之戰船，做爲水師的主力。[113]道光四年，閩浙總督趙愼畛（1762-1826）等奏：

---

109 （清）崑岡，《大清會典事例‧光緒朝》，卷937，〈工部〉，頁751-2，乾隆59年。
110 （清）明亮、納蘇泰，《欽定中樞政考》72卷，〈綠營〉卷40，〈營造〉，頁36a-36b。
111 （清）明亮、納蘇泰，《欽定中樞政考》72卷，〈綠營〉卷40，〈營造〉，頁36b-37a。
112 梁廷枏，《粵海關志》（臺北：文海出版社，1975，清道光廣東刻本），卷20，頁268。
113 《仁宗睿皇帝實錄》，卷165，嘉慶11年甲辰，頁158-1。

> 閩洋米艇戰船，緝捕不能得力，請全行裁汰一摺。閩洋米艇船
> 隻，前因慶保等，以船身遲笨，駕駛未能得宜，奏請裁汰十五
> 船。當經降旨准行，並令將裁賸船隻，俟應拆修之時，照同安梭
> 船式一律改造。[114]

此後各省洋面開始將戰船改造為同安梭船，趕繒船的地位即被同安梭船所取代。

第四次戰船改造為道光二十二年（1842），因鴉片戰爭清廷戰敗，這讓清廷了解到外國的船堅砲利，因此希望改建新的戰船。道光二十一年兩廣總督祁𡎴（1777-1844）在〈奏仿夷式兵船〉中載，希望能夠由粵海關監督文豐（？-1860）傳諭洋商，設法購買夷船，此時洋商伍秉鑒、潘正煒[115]稟稱，已購買美利堅、呂宋夷船各一隻，此等船隻木料堅實，尚堪應用，惟船隻尚小，亦略舊，現已察訪購辦。[116]此後文豐向道光皇帝宣稱已積極購置戰船中。[117]道光二十二年，洋商潘仕成（1804-1873）捐資新製之船，堅固適用，安置的火砲亦有威力，因此希望戰船廠可以仿美利堅國兵船，製造船相同的戰船一艘，另外，亦可仿英吉利國中等兵船之式建造，遂此，清廷調取各省工匠，改造大船，並將例修之師船，一律停造，以資挹注。[118]雖然朝廷已下達旨意，改造傳統戰船，但此後因種種因素，各地戰船廠並沒有改造外國船隻的情況。

---

[114] 《宣宗成皇帝實錄》，卷68，道光4年5月乙丑，頁78-2。

[115] 伍秉鑒屬廣州十三洋行當中的怡和行、潘正煒則為潘有度第四子，稱潘啟官三世，屬同孚行。伍秉鑒與潘有度於嘉慶20年同任洋商，伍秉鑒通知英國東印度公司，自己在洋商排名居潘有度之後。鴉片戰爭期間，他們的捐助，受到朝廷的肯定。陳國棟等，《廣州十三洋行之一潘同文行》（廣州：華南理工大學，2006），頁111。

[116] （清）魏源，《海國圖志》100卷，《續修四庫全書》（上海：上海古籍出版社，1997，北京大學圖書館藏，光緒2年魏光燾平慶涇固道署刻本），卷84，〈仿照夷船議〉，頁1009。

[117] 《宮中檔道光朝奏摺》，第13輯，粵海關監督文豐奏摺〈奏為遵旨曉諭洋商購買夷船〉，道光22年9月30日，頁61。

[118] （清）趙爾巽，《清史稿》，〈志〉，卷135，〈兵〉6，水師，頁3988-3989。

三、戰船的分布及數量

（一）分布地點

　　戰船的分布地點，必須與水師駐紮地點相互配合，再依據沿海港灣情況（見第二章），選擇適合戰船停泊的地區。因此，水師戰船的分布，必需配合各項條件進行布防。戰船爲水師部隊的武器之一，與陸師的戰車皆爲重要的武器配備。鎮戍水師部隊的地方，即該設置有戰船。

　　清朝領有臺灣以前，水師制度尚未確立，此後對於水師及戰船，即有較清楚的規定。但康熙朝尚未定有戰船修造制度，因此沿海水師部隊所分配到的船隻，較無一清楚的統計數據。雍正三年（1725），定戰船修造制度，各地區所分配的船隻，亦有明確的規定。本小節將以乾隆朝與嘉慶朝中所記錄之戰船分布進行闡述，引用的資料，以乾隆、嘉慶兩朝的會典爲主。如此一來，可看出清朝近一百年的水師戰船分佈地點，以及數量的變化。

1.乾隆朝

　　浙江地區於乾隆朝期間已不設水師提督，浙江水師由陸路提督兼管，戰船分布的地點主要以寧波府、舟山縣（定海縣）、黃巖縣、溫州府、溫州府長沙汛、瑞安縣、陽礨寨、鎮海縣、昌石衛、海門汛、乍浦、寧村寨、大嵩所、象山縣、前所寨、磐石寨等十六處，爲戰船停泊地點。（表6-6）從表中可看出，此時期的重點防衛區域以舟山、溫州、瑞安及玉環島爲重點，這些地區編制有數量較多、規模較爲龐大的戰船。

表6-6　浙江省戰船分布表（乾隆朝）

船型	總數量	所屬單位	地點	數量	備考
趕繒船	16	提標右營	寧波府	2	
		定海鎮標中營	舟山	1	
		定海鎮標左營	舟山	1	
		定海鎮標右營	舟山	1	
		黃巖鎮右營	黃巖縣	2	
		溫州鎮中營	溫州府長沙汛	1	
		溫州鎮左營	溫州府	2	
		瑞安協左營	瑞安縣	1	
		瑞安協右營	瑞安縣	1	
		玉環右營	陽嶴寨	1	
		鎮海營	鎮海縣	1	
		昌石汛	昌石衛	2	
水艍船	31	定海鎮標中營	舟山	5	
		定海鎮標左營	舟山	5	
		定海鎮標右營	舟山	4	
		黃巖鎮中營	黃巖縣	2	
		黃巖鎮左營	黃巖縣	2	
		黃巖鎮右營	海門汛	2	
		溫州鎮中營	溫州府長沙汛	2	
		溫州鎮左營	溫州府	2	
		瑞安協左營	瑞安縣	1	
		瑞安協右營	瑞安縣	1	
		玉環左營	陽嶴寨	1	
		玉環右營	陽嶴寨	1	
		乍浦營	乍浦	2	
		鎮海營	鎮海縣	1	

船型	總數量	所屬單位	地點	數量	備考
雙篷舡船	58	提標右營	寧波府	2	
		定海鎮標中營	舟山	4	
		定海鎮標右營	舟山	4	
		定海鎮標左營	舟山	5	
		黃巖鎮中營	黃巖	5	
		黃巖鎮左營	黃巖	5	
		黃巖鎮右營	海門汛	3	
		溫州鎮中營	溫州府長沙汛	6	
		溫州鎮左營	溫州府	6	
		瑞安協左營	瑞安縣	3	
		瑞安協右營	瑞安縣	2	
		玉環左營	陽嶴寨	1	
		玉環右營	陽嶴寨	2	
		乍浦營	乍浦	4	
		寧海左營	寧海縣	4	
		昌石汛	昌石衛	2	
快哨船	45	提標右營	寧波府	2	
		定海鎮標中營	舟山	4	
		定海鎮標右營	舟山	3	
		定海鎮標左營	舟山	2	
		黃巖鎮中營	黃巖	3	
		黃巖鎮左營	黃巖	3	
		黃巖鎮右營	海門汛	3	
		溫州鎮中營	溫州府長沙汛	2	
		溫州鎮左營	溫州府	2	
		瑞安協左營	瑞安縣	2	
		瑞安協右營	瑞安縣	2	

船型	總數量	所屬單位	地點	數量	備考
		玉環左營	陽嶼寨	2	
		玉環右營	陽嶼寨	1	
		乍浦營	乍浦	4	
		鎮海營	鎮海縣	6	
		寧海左營	寧海縣	2	
		昌石汛	昌石衛	2	
八槳船	4	玉環左營	陽嶼寨	2	
		玉環右營	陽嶼寨	2	
巡船	6	定海鎮標中營	舟山	1	
		定海鎮標右營	舟山	1	
		定海鎮標左營	舟山	1	
		黃巖鎮中營	黃巖	1	
		黃巖鎮左營	黃巖	1	
		黃巖鎮右營	海門汛	1	
釣船	36	提標右營	寧波府	2	
		定海鎮標中營	舟山	4	
		定海鎮標右營	舟山	4	
		定海鎮標左營	舟山	4	
		黃巖鎮中營	黃巖	2	
		黃巖鎮左營	黃巖	2	
		黃巖鎮右營	海門汛	2	
		溫州鎮中營	溫州府長沙汛	2	
		溫州鎮左營	溫州府	2	
		溫州鎮右營	寧村寨	2	
		瑞安協左營	瑞安縣	1	
		瑞安協右營	瑞安縣	1	
		玉環左營	陽嶼寨	1	

船型	總數量	所屬單位	地點	數量	備考
		玉環右營	陽嶼寨	1	
		乍浦營	乍浦	2	
		鎮海營	鎮海縣	2	
		寧海左營	寧海縣	2	
		昌石汛	昌石衛	2	
哨船	9	提標前營	大嵩所	5	
		象山協左營	象山縣	2	
		象山協右營	象山縣	2	
大舠船	1	台州協右營	前所寨	1	
小舠船	4	台州協右營	前所寨	4	
巡船	8	象山協左營	象山縣	3	
		象山協右營	象山縣	3	
		磐石營	磐石寨	2	

資料來源：《大清會典則例·乾隆朝》，卷115，頁1798。

　　福建地區於順治十五年（1658），在閩縣設置戰船五艘，巡防海疆。[119]旋後，戰船數量已達兩百零五艘。[120]雍正二年（1724），戰船數量三百一十二艘。[121]福建水師提督爲乾隆朝時期，全國唯一設置的水師提督，這顯示出清廷對於福建的水師防務一直特別的重視。無論是人員的編制，或是戰船的數量，大部分時間都是浙、閩、粵三省中最多者。這是因爲福建除了有優良的水師人員及造船匠之外，因地處三省之間，巡洋會哨的責任更顯重要，因此在福建設置的水師營，從設置之後，改變就不大。乾隆年間戰船的設置地點爲廈門、金門、海壇、閩縣、霞浦、漳浦、安平、媽宮、淡水、南澳等十處地方。（表6-7）

119　（清）魯曾煜，〔乾隆〕《福州府志》，卷13，頁364。
120　（清）伊桑阿，《大清會典·康熙朝》，卷139，頁6945。
121　（清）允祿，《大清會典·雍正朝》，卷209，頁13901。

表6-7　福建省戰船分布表（乾隆朝）

船型	總數量	所屬單位	地點	數量	備考
趕繒船	151	督標水師營	南台	2	
		水師提標中營	海澄	6	
		水師提標左營	龍溪石碼	6	
		水師提標右營	廈門	6	
		水師提標前營	廈門	8	
		水師提標後營	廈門	8	
		金門鎮標左營	金門	8	
		金門鎮標右營	金門	7	
		海壇鎮標左營	海壇	10	
		海壇鎮標右營	海壇	10	
		南澳鎮標左營	南澳	8	
		閩安協左營	閩安	5	
		閩安協右營	閩安	5	
		烽火門	霞浦縣	4	
		銅山營	漳浦縣	6	
		臺灣水師協中營	府城中路口	10	
		臺灣水師協左營	府城北路口	10	
		臺灣水師協右營	安平	10	嘉慶13年駐艋舺 道光6年駐竹塹
		澎湖協左營	媽宮汛	10	
		澎湖協右營	媽宮汛	10	
		淡水營	艋舺渡頭	2	
艍船	131	水師提標中營	海澄	7	
		水師提標左營	海澄	6	
		水師提標右營	龍溪石碼	7	
		水師提標前營	廈門	6	
		水師提標後營	廈門	6	

船型	總數量	所屬單位	地點	數量	備考
		金門鎮標左營	金門	9	
		金門鎮標右營	金門	9	
		海壇鎮標左營	海壇	6	
		海壇鎮標右營	海壇	7	
		南澳鎮標左營	南澳	5	
		閩安協左營	閩安	6	
		閩安協右營	閩安	6	
		烽火門	霞浦縣	9	
		銅山營	漳浦縣	10	
		臺灣水師協中營	府城中路口	6	
		臺灣水師協左營	府城北路口	4	
		臺灣水師協右營	安平	6	
		澎湖協左營	媽宮汛	8	
		澎湖協右營	媽宮汛	8	
平底船	20	海壇鎮標左營	海壇	3	
		海壇鎮標右營	海壇	3	
		南澳鎮標左營	南澳	2	
		臺灣水師協中營	府城中路口	3	
		臺灣水師協左營	府城北路口	6	
		臺灣水師協右營	安平	3	
槳船	26	督標水師營	南台	4	
		水師提標中營	海澄	5	
		水師提標左營	龍溪石碼	4	
		水師提標右營	廈門	2	
		水師提標前營	廈門	4	
		水師提標後營	廈門	4	
		銅山營	漳浦縣	3	

船型	總數量	所屬單位	地點	數量	備考
快哨船	4	閩安協左營	閩安	2	
		閩安協右營	閩安	2	
雙篷艍船	4	督標水師營	南台	4	
艍哨船	2	烽火門	霞浦縣	2	

資料來源：《大清會典則例‧乾隆朝》，卷115，頁1797-1798。（清）陳壽祺，〔同治〕《福建通志》，卷83，頁38b-52a。

　　福建戰船的分布地點雖然以這十處為主，但以戰船數量及規模來看，重點區域主要是廈門、金門、海壇、南澳、澎湖及臺灣。而這些地方亦都設置水師總兵或副將，顯見其重要性，然而在這些地點當中，又以臺灣的戰船設置最多，整體規模最大。

　　廣東於康熙六年（1667）裁撤水師提督，康熙年間，廣東地區並非海防重點區域，雍正二年（1724），戰船設有一百零七艘。[122]乾隆晚期，廣東沿海海寇熾盛，在海寇問題解決之後，於嘉慶十五年（1810）復設水師提督，在這段時間雖然水師編制略有縮減，但在重要區域並沒有因水師提督的裁撤而撤除。乾隆年間，廣東地區水師戰船分布的地點有，碣石衛、南澳、大鵬、虎門、龍門、瓊山縣、香山縣、陽江縣、雷州、平海、新安縣、廣海寨、電白縣、海安所、硇洲、崖州、海門所、達濠汛、吳川縣等十九處。（表6-8）

---

[122]（清）允祿，《大清會典‧雍正朝》，卷209，頁13901。

表6-8 廣東省戰船分布表（乾隆朝）

船型	總數量	所屬單位	地點	數量	備考
趕繒船	84	碣石鎮標中營	碣石衛	26	
		碣石鎮標左營	碣石衛		
		碣石鎮標右營	碣石衛		
		南澳鎮標右營	南澳	9	
		大鵬營	東莞縣大鵬	9	
		虎門協	虎門	6	
		龍門協	欽州	20	
		瓊州協	瓊山縣	14	
艍船	60	香山協	香山縣	5	
		春江協	陽江縣	4	
		雷州協	雷州府	1	
		澄海協	澄海縣	11	
		平海營	歸善縣平海	9	
		新安營	新安縣	2	
		廣海寨	新寧縣廣海寨	2	
		電白營	電白縣	7	
		海安營	海安所	5	
		硇洲營	硇洲	8	
		崖州營	崖州	6	
艍仔船	17	南澳鎮標右營	南澳	6	
		海門營	海門所	8	
		達濠營	達濠汛	3	
拖風船	5	吳川營	吳川縣	5	
內河槳船	393				

資料來源：《大清會典則例‧乾隆朝》，卷115，頁1797-1798。

廣東地區因海岸線遼闊，為兼顧各地海防，幾乎每一處皆設有戰船，但從表中可看出，廣東水師的重點防範區域以廣州地區，及南澳為主要區

域。珠江口海域即分配了大部分的戰船，另外值得注意的是，龍門地區，在乾隆以前並不是水師的布防重點區域，但此階段於龍門協設置了爲數不少的戰船。這表示於乾隆二十七年（1762）間甚至更早，[123]清廷已經重視與越南邊界的海防，因此在清越邊界，設水師防衛。

2.嘉慶朝

乾隆晚期，海寇橫行於東南沿海，一直持續到嘉慶十五年（1810）。清廷針對海寇劫掠的地區，再重建海防，以《欽定大清會典事例·嘉慶朝》[124]的戰船統計資料，對於海寇事件結束後的海防重建，可以看出清廷在水師戰船的重新部署狀況爲何？

嘉慶間的浙江戰船分布地點主要有，舟山、黃巖縣、溫州府、瑞安縣、鎮海縣、乍浦、寧海縣、昌石衛等等。（表6-9）這些地點與乾隆朝時期相比較，改變不大，重點區域還是以舟山、溫州、瑞安及玉環島爲主。但經過了海寇劫掠事件之後，在浙江地區部分地點增設了戰船，如太平營、大荊營兩處。這兩處所設置的船隻並非大型的主力戰船，而是以傳遞訊息及巡哨的小船爲主，可見設置的目的是爲加強巡防以及各水師營間的聯絡。

---

[123] 本處所引用的資料，《大清會典則例·乾隆朝》成書於乾隆31年（1766），但敘事時間止於乾隆27年，顯見在這時間點以前，清廷已開始重視到龍門海一帶的海防，也加強在此區域的巡防會哨。

[124]（清）托津，《欽定大清會典事例·嘉慶朝》成書於嘉慶23年（1818年），敘事止於嘉慶17年。

表6-9　浙江省戰船分布表（嘉慶朝）

船型	總數量	所屬單位	地點	數量	備考
同安船 （同安梭）	139	提標右營	寧波府	7	
		定海鎮標中營	舟山	12	
		定海鎮標左營	舟山	12	
		定海鎮標右營	舟山	12	
		黃巖鎮中營	黃巖縣	12	
		黃巖鎮左營	海門汛	11	
		黃巖鎮右營	黃巖縣	11	
		溫州鎮中營	溫州府長沙汛	8	
		溫州鎮左營	溫州府	7	
		溫州鎮右營	溫州府	7	
		瑞安協	瑞安縣	10	
		玉環營	陽嶴寨	9	
		鎮海營	鎮海縣	6	
		乍浦營	乍浦	6	
		昌石汛	昌石衛	5	
		寧海營	寧海縣	4	
釣船	56	提標右營	寧波府	2	
		定海鎮標中營	舟山	10	
		定海鎮標左營	舟山	10	
		定海鎮標右營	舟山	10	
		黃巖鎮中營	黃巖縣	2	
		黃巖鎮左營	海門汛	2	
		黃巖鎮右營	黃巖縣	2	
		溫州鎮中營	溫州府長沙汛	2	
		溫州鎮左營	溫州府	1	
		溫州鎮右營	溫州府	1	

船型	總數量	所屬單位	地點	數量	備考
釣船	56	瑞安協	瑞安縣	2	
		紹興協	紹興府	2	
		玉環營	陽嶴寨	2	
		鎮海營	鎮海縣	2	
		乍浦營	乍浦	2	
		昌石營	昌石衛	2	
		寧海營	寧海縣	2	
米艇船	30	提標右營	寧波府	1	
		定海鎮標中營	舟山	2	
		定海鎮標右營	舟山	2	
		定海鎮標左營	舟山	1	
		黃巖鎮中營	黃巖縣	3	
		黃巖鎮左營	海門汛	3	
		黃巖鎮右營	黃巖縣	3	
		溫州鎮中營	溫州府長沙汛	2	
		溫州鎮左營	溫州府	2	
		溫州鎮右營	溫州府	2	
		瑞安協	瑞安縣	3	
		玉環營	陽嶴寨	1	
		昌石汛	鎮海縣	1	
		乍浦營	乍浦	1	
		寧海營	昌石衛	1	
		鎮海營	寧海縣	2	
快哨船	49	定海鎮標中營	舟山	5	
		定海鎮標右營	舟山	5	
		定海鎮標左營	舟山	5	
		黃巖鎮中營	黃巖縣	3	

船型	總數量	所屬單位	地點	數量	備考
快哨船	49	黃巖鎮左營	海門汛	3	
		黃巖鎮右營	黃巖縣	3	
		溫州鎮中營	溫州府長沙汛	2	
		溫州鎮左營	溫州府	2	
		溫州鎮右營	溫州府	2	
		瑞安協	瑞安縣	4	
		玉環營	陽嶼寨	3	
		昌石營	昌石衛	3	
		寧海營	寧海縣	3	
		乍浦營	乍浦	4	
		鎮海營	鎮海縣	2	
趕繒船	10	乍浦營	乍浦	10	
洋泊船	1	提標右營	寧波府	1	
八槳巡船	7	磐石營	磐石寨	1	
		鎮海營	鎮海縣	2	
		玉環營	陽嶼寨	4	
六槳巡船	1	磐石營	磐石寨	1	
巡船	16	黃巖鎮中營	黃巖縣	1	
		黃巖鎮左營	海門汛	1	
		黃巖鎮右營	黃巖縣	1	
		台州協	前所寨	5	
		象山協	象山縣	6	
		太平營	溫嶺縣	2	
小舸船	1	台州協	前所寨	1	
艍快船	1	大荊營	樂清縣大荊寨	1	

資料來源：（清）托津，《欽定大清會典事例・嘉慶朝》，卷575，〈兵部〉，〈軍器〉，頁28b-29a。

　　乾隆晚期至嘉慶中期，爲清代海寇劫掠最嚴重的階段，福建地區位處三省之間，戰略地位更顯重要，由表6-6及6-9，可看出浙江地區的戰船額數，從乾隆至嘉慶呈裁減少狀況，同期間的福建地區額設戰船，幾乎沒有任何的改變，基本上總兵鎮守之處，即爲戰船數量設置最多之處。

表6-10　福建省戰船分布表（嘉慶朝）

船型	總數量	所屬單位	地點	數量	備考
同安船	222	督標水師營	南台	3	
		水師提標中營	廈門	9	
		水師提標左營	廈門	8	
		水師提標右營	廈門	9	
		水師提標前營	廈門	9	
		水師提標後營	廈門	10	
		金門鎮標左營	金門	9	
		金門鎮標右營	金門	9	
		海壇鎮標左營	海壇	9	
		海壇鎮標右營	海壇	9	
		南澳鎮標左營	南澳	11	
		福寧鎮標左營	福安縣	12	
		閩安協左營	閩縣	8	
		閩安協右營	閩縣	8	
		烽火門	霞浦縣	11	
		銅山營	漳浦縣	13	
		臺灣水師協中營	安平	15	
		臺灣水師協左營	安平	11	
		臺灣水師協右營	安平	14	
		澎湖協左營	媽宮汛	16	
		澎湖協右營	媽宮汛	15	
		淡水營	艋舺渡頭	2	
		三江口	福州三江口	2	

船型	總數量	所屬單位	地點	數量	備考
趕繒船	10	水師提標中營	廈門	1	
		水師提標右營	廈門	1	
		水師提標左營	廈門	2	
		水師提標前營	廈門	1	
		臺灣水師協左營	安平	3	
		臺灣水師協右營	安平	1	
		澎湖協右營	媽宮汛	1	
雙篷艍船	2	澎湖協左營	媽宮汛	1	
		澎湖協右營	媽宮汛	1	
雙篷舢船	1	烽火門	霞浦縣	1	
米艇船	30	金門鎮標左營	金門	5	
		金門鎮標右營	金門	5	
		海壇鎮標左營	海壇	5	
		海壇鎮標右營	海壇	5	
		閩安協左營	閩縣	5	
		閩安協右營	閩縣	5	
杉板船	1	臺灣水師協右營	安平	1	
橫洋船	1	臺灣水師協左營	安平	1	
內河八槳船	35	督標標水師營	南台	3	
		水師提標	廈門	6	
		金門鎮標	金門	2	
		銅山營	漳浦縣	3	
		三江口	福州三江口	8	
		烽火門	霞浦縣	2	
		閩縣	閩縣	2	
		侯官縣	侯官縣	9	

船型	總數量	所屬單位	地點	數量	備考
六槳船	8	水師提標	廈門	7	
		同安縣	同安	1	
四槳船	5	水師提標	廈門	5	
快哨船	11	水師提標	廈門	1	
		侯官縣	侯官	10	
艍船	2	金門鎮標	金門	2	
花座船	3	督標水師營	南台	1	
		三江口	福州三江口	2	
小哨船	6	烽火門	霞浦縣	2	
		三江口	福州三江口	4	
小巡船	18	長樂縣	長樂縣	1	
		南靖縣	南靖縣	1	
		平和縣	平和縣	1	
		詔安縣	詔安縣	2	
		海澄縣	海澄縣	3	
		龍溪縣	龍溪縣	4	
		漳浦縣	漳浦縣	6	
哨船	63	羅源縣	羅源縣	2	
		閩縣	閩縣	8	
		侯官縣	侯官縣	53	
渡船	9	侯官縣	侯官縣	9	
京報船	3	侯官縣	侯官縣	3	
馬船	2	閩縣	閩縣	2	

資料來源：（清）托津，《欽定大清會典事例・嘉慶朝》，卷575，兵部，軍器，頁28a-28b。

　　廣東地區自從水師提督於康熙七年（1668）裁撤之後，廣東的水師地位明顯降低。從水師官員的建置規模，以及戰船的數量都可看出端倪，

因此從乾隆至嘉慶初年，廣東地區戰船的設置地點改變不大，可以看出其戰船的部署是各方兼顧。（表6-11）但在內河戰船的設置數量有明顯增加，幾乎各州、縣，皆設置巡、哨船。

表6-11　廣東省戰船分布表（嘉慶朝）

船型	總數量	所屬單位	地點	數量	備考
繒船	18	廣州水師旗營	廣州	2	
		廣州水師左翼鎮標	虎門	2	
		香山協	香山縣	2	
		瓊州協	瓊州府	2	
		碣石鎮標	碣石衛	1	
		平海營	歸善縣	1	
		澄海協	澄海縣	1	
		海門營	海門所	1	
		南澳鎮標右營	南澳	6	
艍船	63	廣州水師旗營	廣州	2	
		廣海寨	廣海寨	2	
		達濠營	達濠汛	2	
		硇洲營	硇洲	2	
		吳川營	吳川縣	2	
		廣州水師左翼鎮標	虎門	6	
		碣石鎮標	碣石衛	10	
		香山協	香山縣	4	
		澄海協	澄海縣	4	
		春江協	陽江縣	4	
		龍門協	欽州	4	

船型	總數量	所屬單位	地點	數量	備考
艍船	63	瓊州協	瓊山縣	4	
		電白協	電白縣	4	
		海安營	海門所	4	
		大鵬營	東莞縣	4	
		平海營	歸善縣	3	
		海門營	海門所	1	
		雷州營	雷州府	1	
拖風船	35	碣石鎮標	碣石衛	8	
		春江協	陽江縣	1	
		平海營	歸善縣	4	
		瓊州協	瓊山縣	6	
		崖州營	崖州	2	
		硇洲營	硇洲	2	
		吳川營	吳川縣	3	
		龍門協	欽州	9	
艓仔船	17	大鵬營	東莞縣	4	
		海門營	海門所	4	
		南澳鎮標右營	南澳	6	
		澄海協	澄海縣	2	
		達濠營	達濠汛	1	
鳥舺船	1	澄海協	澄海縣	1	
哨船	3	崖州營	崖州	3	
內河槳櫓船	178	督標	廣州	6	
		撫標	廣州	10	
		提標	惠州	10	
		廣海寨	廣海寨	10	
		廣州水師左翼鎮標	虎門	34	

船型	總數量	所屬單位	地點	數量	備考
內河槳櫓船	178	廣州水師旗營	廣州	8	
		順德協	順德縣	21	
		新塘營	新塘縣	12	
		大鵬營	東莞縣	4	
		龍門協	欽州	4	
		羅定協	羅定州	4	
		香山協	香山縣	25	
		新會營	新會縣	5	
		肇慶協	肇慶府	20	
		春江協	陽江縣	3	
		海門營	海門所	2	
急跳船	48	督標	廣州	5	
		提標	惠州	6	
		順德協	順德縣	12	
		新塘營	新塘縣	1	
		大鵬營	東莞縣	1	
		新會營	新會縣	18	
		肇慶協	肇慶府	5	
快哨船	10	碣石鎮標	碣石衛	6	
		大鵬營	東莞縣	3	
		平海營	歸善縣	1	
快船	16	潮州鎮標左營	潮州府	4	
		潮州鎮標右營	揭陽縣	2	
		潮州城守營	潮州府	7	
		饒平營	饒平縣	1	
		雷州營	雷州府	2	

船型	總數量	所屬單位	地點	數量	備考
櫓船	6	雷州營	雷州府	1	
		吳川營	吳川縣	2	
		海安營	海安所	3	
快槳船	10	潮州鎮標右營	揭陽縣	3	
		春江協	陽江縣	4	
		饒平營	饒平縣	1	
		海安營	海門所	1	
		潮陽營	潮陽縣	1	
槳船	44	碣石鎮標	碣石衛	2	
		潮州鎮標右營	揭陽縣	1	
		廣州水師左翼鎮標	虎門	6	
		英清營	清遠縣	3	
		四會營	四會縣	3	
		饒平營	饒平縣	5	
		澄海協	澄海縣	5	
		東莞營	東莞縣	15	
		達濠營	達濠汛	2	
		化石營	石城縣	2	
舢艚船	4	海門營	海門所	4	
艟艚船	3	海安營	海安所	3	
快馬船	9	龍門協	欽州	5	
		硇洲營	硇洲	2	
		電白營	電白縣	2	

資料來源：（清）托津，《欽定大清會典事例‧嘉慶朝》，卷575，〈兵部〉，〈軍器〉，頁29b-30b。

（二）戰船數量

　　明朝於浙江設有福、蒼、沙唬等戰船1,008艘，[125]清初，收降部分明代船隻之後，將其配置給各省水師。據雍正朝《大清會典》記載，雍正二年（1724），調查各省戰船額數，浙江編制戰船一百一十八艘、福建有三百一十二艘、廣東有一百零七艘。[126]（表6-16）乾隆朝以後，浙、閩、粵三省戰船略有增減，浙江有二百一十八艘、福建有三百三十八艘、廣東有一百六十六艘。此時期的三省戰船數量明顯增加，其中浙江增加了一百艘，廣東增加了五十九艘，福建則增加二十六艘，雖然福建戰船數量增加較少，但還是三省當中戰船數量最多者。

　　乾隆晚期，因沿海地區的海寇再度熾盛，至嘉慶朝後，各省所設的戰船額數又有變動，浙江設三百一十一艘、福建設有四百三十二艘、廣東設有四百五十五艘（表6-13至6-15），這比起乾隆朝額設戰船數量都要增加許多。嘉慶時期亦是清朝在沿海三省設置戰船數量最多的時期。當然，表中所列之數據為官方額設戰船數量，尚需扣除尚未興建以及修護中的船隻數量，另外，部分戰船屬於州、縣所用之巡、哨船，在統計資料難以正確分辨。因此表中所列戰船數量，為一概略性數字，無法完全確認清朝現役戰船數量多寡。

　　嘉慶年間在福建地區的戰船，其分布區域與乾隆時期相當，惟總數量由三百三十八艘增加到四百三十二艘，在船舶類型上略有改變，同安梭船取代了趕繪船成為主力戰船。（表6-10）再從兵部《軍器則例》的記載來看，福建水師各營，額設同安梭戰船一百三十六艘、米艇三十八艘、臺澎水師設同安梭七十三艘。[127]由此可見，同安梭船已取代其他類型船隻。另外，巡、哨船的數量增加百餘艘，這顯示出因為海寇的襲擾頻繁，清廷

---

[125] （清）嵇曾筠，〔雍正〕《浙江通志》，卷90，〈兵制〉1，頁21b。
[126] （清）允祿，《大清會典·雍正朝》，卷209，頁13901。
[127] （清）董誥，《欽定軍器則例》，卷23，頁435。有關臺灣戰船駐防區域與數量問題，可參閱李其霖，〈清代臺灣的戰船〉《海洋文化論集》，高雄：國立中山大學人文社會科學研究中心，2010年5月，頁299-305。

為了加強沿海巡防，因而增加小型巡、哨船的部署。

在廣東地區方面，乾隆時期的戰船共設五百五十九艘，（表6-12）扣除內河船隻三百九十三艘，廣東只有戰船一百六十六艘，這與同時間的浙江二百一十八艘，福建三百三十八艘相比較，明顯較少。嘉慶以後浙江設有戰船三百一十一艘，其中外海戰船約有二百五十艘；福建四百三十二艘中外海戰船約有三百艘；廣東四百五十五艘戰船中，扣除內河船隻一百七十八艘，亦有二百七十七艘。從這三省設置的戰船數量來看，廣東地區經歷了海寇問題之後，朝廷已經加強廣東的水師防務，鴉片戰爭以前，廣東地區則增設不少的水師戰船。

可以肯定的是，清朝設置戰船數量於康熙二十二年（1683）時，亦即是攻臺之前，戰船的數量達到高峰，此後至乾隆晚期，海寇熾熱前，戰船數量略有增減，這是因為對付海寇問題的需要，各省額設戰船數量亦逐步增加，至嘉慶十五年（1810）上下達到最高峰。由此觀之，清廷平時只設置足夠應付巡防及會哨船隻的數量為主，如遇有重大事故，在原設戰船數量不足時，再適時應變，增加戰船以及水師人員額數，等事情稍緩之後，再視情況裁減。

表6-12　浙、閩、粵三省戰船類型及數量表（乾隆朝）

船型	趕繒船	水艍船	艍船	雙篷艍船	快哨船	八槳船	槳船	內河槳船	巡船	平底船	釣船	拖風船	哨船	艍哨船	大舸船	小舸船	巡船	彭仔船	總數
浙江	16	31		58	45	4			6		36	9			1	4	8		218
福建	151		131	4	4	26				20				2					338
廣東	84		60					393				5						17	559

說明：廣東省額設戰船扣除內河槳船則為166艘。

資料來源：《大清會典則例・乾隆朝》，卷115，頁1797-1798。

表6-13　浙江省戰船類型及數量表（嘉慶朝）

船型	趕繒船	同安船	快哨船	八槳船	六槳巡船	釣船	小舸船	巡船	艍仔船	米艇船	洋泊船	總數
浙江	10	139	49	7	1	56	1	16	1	30	1	311

資料來源：（清）托津，《欽定大清會典事例‧嘉慶朝》，卷575，〈兵部〉，〈軍器〉，頁28b-29a。

表6-14　福建省戰船類型及數量表（嘉慶朝）

船型	趕繒船	同安船	米艇	雙篷䑸船	快哨船	八槳船	六槳巡船	四槳船	小巡船	小哨船	杉板船	橫洋船	花座船	哨船	雙篷䑸船	渡船	京報船	馬船	艍仔船	總數
福建	10	222	30	1	11	35	8	5	18	6	1	1	3	63	2	9	3	2	2	432

資料來源：托津，《欽定大清會典事例‧嘉慶朝》，卷575，〈兵部〉，〈軍器〉，頁28a-28b。

表6-15　廣東省戰船類型及數量表（嘉慶朝）

船型	繒船	艍船	拖風船	急跳船	快船	櫓船	內河槳櫓船	槳船	快槳船	鳥䑋船	䑸船	艟艟船	快馬船	哨船	艍仔船	總數
廣東	18	63	35	48	16	6	178	44	10	1	4	3	9	3	17	455

資料來源：（清）托津，《欽定大清會典事例‧嘉慶朝》，卷575，〈兵部〉，〈軍器〉，頁29b-30b。

表6-16　清代水師戰船數量表

時間	浙江省	福建省	廣東省	資料來源
順治朝	352	205	405	《大清會典事例‧康熙朝》，卷139，頁6945。順治15年編制。
康熙朝	39	524	494	《大清會典‧雍正朝》，卷209，頁13900。康熙17年編制。按：浙江省堅固船39，應修164，應拆453。福建省堅固船524，應修221，應拆47。廣東省堅固船494，應修146，應拆32。
雍正朝	118	312	107	《大清會典‧雍正朝》，卷209，頁13901。雍正2年清查。
	197	342	166	《雍正八旗通志》，卷40，兵制志9，頁44b。

時間	浙江省	福建省	廣東省	資料來源
乾隆朝	196	338	166	《大清會典則例》，卷115，頁1797-1798。
嘉慶朝	311	432	455	《欽定大清會典事例・嘉慶朝》，卷575，頁28b-30b。嘉慶6年編制。
光緒朝	59	81	211	《大清會典事例・光緒朝》，卷712，頁856-2
	298	339	197	翁同爵，《清兵制考略》，卷6，頁37-40。

說明：雍正朝及乾隆朝資料，皆已扣除內河戰船數量，嘉慶朝資料則未扣除，光緒朝資料因內容記載不明，故無法確認。

（三）戰船編制

　　清朝的水師戰船樣式繁雜，各個階段又有各種不同的戰船改制情況。要如何將這些戰船妥善分配至各水師營，兼顧各防區需要，則是戰船編制的主要目的。依古代兵法建置[128]：

> 舟師分有三等，其大者為陣腳船，其次為戰船，其小為傳令船。蓋置陣尚持重，故用大船；出戰當輕捷，故用其次。至於江海波濤之間，旗幟金鼓，難以麾召進退，故用小舟。由此觀之，凡舟之大小，皆可以為守戰之備，不必皆大舟，然後濟也。[129]

這是宋代以來水師的教戰守則，一直延續至清代。這樣的看法，可以更了解到，面對到對手屬於「大集團」的武力，[130]必須配備有陣腳船，[131]做為指揮戰船，惟中國歷朝各代，即使遇到更強力的對手，還是沒有發展出陣腳船。

---

128 《廣東海防彙覽》引宋代紹興朝御史章誼（1078-1138）上奏之條文。亦可參見，陳學霖，《金宋史論叢》（香港：中文大學，2003），頁123。
129 （清）盧坤，《廣東海防彙覽》42卷，卷12，〈方略〉1，頁15a。
130 這裡所謂的「大集團」，意指海外國家，如元朝出征日本、明朝鄭和下西洋、清朝面對鄭氏家族，甚至蔡牽海寇集團亦可稱之。
131 章誼沒有說明什麼是「陣腳船」，以現代軍事術語來看，此為主力艦的一種，無論船身及配備都屬大型戰船，規模高於其他船隻，西方稱之為戰列艦（Ships of the Line）。在帆船時代，中國除了傳說中的鄭和寶船之外，中國沒有發展此種樣式的戰船。

清朝戰船製造型式，基本上是按照章誼的說法進行規劃。大至可分爲三個部分，第一，主力戰船，包括鳥船、趕繒船、艍船、同安梭船、米艇。此等戰船配備有火砲，亦可載運較多的水師士兵。第二，支援作戰船，小號的鳥船、趕繒船、艍船、同安梭船、米艇等，以及槳船，此等戰船規模較小，配備小型火砲。第三，巡、哨船，包括各種的哨船、巡船、槳船。此等戰船規模爲所有戰船最小者，大部分不配備火砲，其目的爲巡防，傳遞訊息爲主。

第一、第二類型戰船屬於外海戰船，第三類型則航行於內河及沿海，此類型主要爲巡哨，不配置有火砲，故不以戰船論。第一類型的主力戰船，雖然火力較爲強大，但與章誼所說的「陣腳船」相比，還是有所差距。第二類型船隻的形式稍低於第一類型，此類型戰船亦爲清代所擁有最多數量者。第三類型船舶設置爲軍事用途的時間稍晚，雍正年間才設置。雍正八年（1730），議准：

> 各省沿海營汛，原分水陸，水師惟在大洋遊巡，其陸路濱海途岸，潮退膠淺，爲水師巡船之所不到，其中各色小艇，隨潮飄泊，或有暗載違禁貨物，甚至乘機偷劫，此等處所，設立小號巡船。[132]

大型水師戰船，因吃水量深，無法航行於岸邊，爲了加強沿海防禦，因此設置小型而機動性較高的戰船，與大型戰船相互配合之後，將可使海防更堅固。此類小船，在作戰時可做爲火船之用，中國火船戰術的運用一直至十九世紀，但在歐洲，縱火船作爲艦隊的一種武器，首次出現在一六三六年，但此後縱火船因航行速度較慢，因此逐漸退出艦隊編制。[133]

---

[132]（清）托津，《欽定大清會典事例‧嘉慶朝》，卷50，〈兵部〉9，〈綠營處分例〉，〈外海巡防〉，頁4b-5a。

[133] Captain A.T. Mahan著；安常容、成忠勤譯，《海權對歷史的影響》（北京：解放軍出版社，2006年2版），頁142-145。

　　有了這三大系統的戰船型式之後，如何將他們分配到各個水師部隊，則是軍事部署上的最重要部分。從施琅攻臺時期，鄭軍以及施軍的戰船型號，可以看出雙方在戰船編制上的情況。鄭軍當時有鳥船、趕繪船、「洋船」[134]、雙篷艍船，共有戰船兩百多艘。[135]槳船及哨船未列入統計。

　　清朝所編製的水師部隊，比起海寇船隻，當多方兼顧，但所擁有的船型與海寇相同。施琅攻臺之前，除了配置有鳥船、趕繪船等較大型海船之外，亦積極建造中小型船隻，他認為：

> 水路行兵出海，水深利用大船進港，水淺利用小哨，今當新造小
> 快哨一百隻，以為載兵進港及差撥哨探之用，又當新造小八槳兩
> 百隻，每大船各配一隻，到臺灣臨敵登岸之時，可以盤載官兵蜂
> 擁而上。其小快哨每隻新造只用價銀四十兩，小八槳每隻新造只
> 用價銀一十五兩，二項共該用銀七千兩，為費不多。[136]

施琅為經驗豐富的水師將領，對於水師如何編制也非常清楚，必須要各方兼顧，如此才能妥善運用戰術。

　　各營戰船的編制，以金門水師鎮標來看，金門鎮左營，戰船九艘，「金」字一號、二號、三號、四號、五號、六號、七號、「捷」字二號（俱二號同安梭）、「集字」四號。（大橫洋同安梭）；金門鎮標右營，戰船九艘，「湯」字一號、三號、四號、五號、六號（俱一號同安梭），「湯」字二號、「捷」字四號（俱二號同安梭）、「湯」字七號（三號同安梭），「成」字三號。（大橫洋同安梭），每船各帶杉板船一艘。[137]從金門鎮的水師戰船編制可以看出，當下有戰船十八艘，左、右營各有大

---

134 洋船，即商船之大者，船用三桅，行駛於東南沿海一帶。（清）周凱，《廈門志》，卷5，〈船政略〉，頁177。
135 （清）施琅，《靖海紀事》，〈邊患宜靖疏〉，頁27。
136 （清）施琅，《靖海紀事》，〈盡陳所見疏〉，卷上，頁7-8。
137 （清）周凱，《廈門志》，卷5，〈船政略〉，頁157-158。

橫洋同安梭船一艘，當做為指揮艦之用，其餘船隻分為各種不同級數的同安梭船，再配合由州、縣、廳組成的槳、哨船等，形成一水師部隊。

　　廣東地區的戰船編制，以表6-11碣石鎮標額設的戰船來看，繒船一艘、艍船十艘、拖風船八艘、快哨船十艘、槳船二艘。繒船、艍船屬於第一類型戰船，拖風船屬於第二類型戰船，快哨船及槳船則屬於第三類型戰船，因此可以看出，清朝在碣石地區所設置的戰船，是符合戰術原則的。

　　浙江地區的戰船編制（表6-9），如以嘉慶朝的定海鎮中營來看，設有同安梭船十二艘、釣船十艘、米艇二艘、快哨船五艘。同安梭及米艇屬於第一類型戰船，釣船及快哨船屬於第二類或第三類戰船，再配合沿海各州、縣巡船，亦成為一完整的作戰系統。顯見清廷在沿海戰船的設置及編制上，是按照作戰原理進行編制，如此一來對於該地區的防務，可戰可守，亦可達到相互支援的目的。

四、戰船的製造與修護

　　戰船材質為木料，戰船製造與修護都必須砍伐樹木，因此選用良好的樹種是製造戰船的不二法門。歷朝各代都有製造船隻的經驗，這些經驗的累積，使得造船匠熟稔使用何種木料最適合興建海船。清朝入關後，雖然已興建戰船，但並未設置戰船廠，製造戰船亦非定制，修造辦法時常修改。雍正以後，修造戰船制度成為定例，無論新修或修護都有一定章程，隨著軍工廠的興建，清朝的戰船修造制度也更趨完善。

（一）戰船廠的設置

　　清代於沿海各省設有戰船廠，製造水師戰船，浙江、福建、廣東設有數量較多的戰船廠，其中又以福建所興造戰船的數量最多，本處論述以浙、閩、粵三省軍工廠為主。（表6-17）

表6-17　浙、閩、粵軍工戰船廠表

省別	地點	戰船廠名稱	修造營弁戰船	監修單位
浙江省	寧波府	寧波廠	提標前營、定海鎮標、象山協、杭州協	寧台道
	溫州府	溫州廠	溫州鎮標	溫州道
福建省	福州府	福州廠	督標、閩安協、福寧鎮左營、海壇鎮左營	糧驛道
	漳州府	漳州廠	水師提標、南澳鎮、金門鎮右營	汀漳龍道
	臺灣府	軍工道廠	臺灣協標、澎湖協標	臺灣道
		軍工府廠	臺灣協標、澎湖協標	臺灣知府
	泉州府	泉州廠	水師提標、金門鎮左營、海壇鎮右營	興泉永道
廣東省	廣州府	河南廠	督標、提標、東莞協	鹽運使
	潮州府	菴埠廠	潮州鎮、南澳鎮	糧驛道
	高州府	芷芎廠	龍門協	高廉道
		龍門廠	龍門協	欽州知州
	瓊州府	海口廠	海口協	瓊州知府

說明：廣州河南廠本由廣南韶道監修，後改鹽運使。芷芎廠轉至省城河南興建之後，督造單位由高廉道改為糧驛道。
資料來源：（清）崑岡，《大清會典事例·光緒朝》，卷936，頁738-1-739-1。

1.浙江省

　　軍工戰船廠未設置之前，清朝的戰船興建制度是混亂的，這也導致船隻的不足及官員的貪污。兩江總督赫壽奏言：

> 廣東省運米，疏稱京口戰船今係大修之年，俱各修理，不堪應用，請雇民船運米。沿海各省，設立戰船者，特為防護地方，裨益民生，以備急需也。今據稱戰船俱不堪用，請雇民船。觀此可知戰船少，而民間貿易之鳥船多。雖有修船之名，徒致耗費錢糧，況修一戰船需用之錢糧甚多。且將所修戰船，或賣與民人，或雇與民人貿易并將民人破壞船隻，頂補充數捏稱修理，亦未可

定，倘有用處，將如之何此習相沿成風應用之時，恐必致遲誤。著問九卿，令會議以聞。[138]

康熙年間，朝廷雖然已經注意到戰船的製造問題，但尚在研議階段，並未制定一套制度。這段時間如戰船的需求量不足，即向民間徵調民船使用，這種情況一直延續的雍正初年。

雍正繼位之後，力行各種改革，其中軍工戰船制度即為一項。雍正三年（1725），兩江總督完顏查弼納（？-1731）提議：「設立戰船總廠於通達江、湖、百貨聚集之所，鳩工辦料，較為省便；歲派道員監督，再派副將或參將一員同監視焉」。[139]此項建議獲得採納，並依照各地戰船數量之需求，開始在沿海各地籌設戰船廠。

浙江省於寧波及溫州二府，各設一戰船廠。其中，定海鎮標等營戰船、浙江提標前營、象山協、杭州協之各哨船歸寧波廠製造；溫州鎮標戰船則歸溫州廠製造。兩座軍工廠的興造單位則為，寧台道以及溫州道，此兩道負責修造，監督責任，則委由當地副將、參將遴委之營弁辦理。[140]雍正六年諭，各省修造戰船，於成造之時，解送總督親驗。[141]雖然已設置有戰船廠，相關處罰條例亦有規定，但貪污、不依規定辦理者時有所聞。為了遏止弊端產生，乾隆五十八年（1793）覆准：「水師修造戰船，如有不肖營員希圖射利、包修者，將承修官與該營將官皆革職，督修官照徇庇例，降三級調用，督撫降一級調用」。[142]清廷制定了嚴厲的法規，是否即會減少弊端，則有待討論。

浙江雖然設置兩座軍工廠，溫州府境內亦生產製造戰船龍骨之木

[138] 《聖祖仁皇帝實錄》，卷255，康熙52年7月丁巳，頁527-1-527-2。
[139] （清）李元春，《臺灣志略》（臺北：臺灣銀行經濟研究室，1958），頁64。
[140] （清）崑岡，《大清會典事例‧光緒朝》，卷936，〈工部〉，雍正3年，頁738-1。
[141] （清）崑岡，《大清會典事例‧光緒朝》，卷936，〈工部〉，雍正3年，頁738-2。
[142] 《大清會典則例‧乾隆朝》，卷23，〈吏部〉，頁280。

料，[143]但無論戰船製造技術或是木料的取得，都以福建地區資源最爲豐富，因此浙江省戰船亦時常委託福建各廠興建的情況，如雍正四年及乾隆四十九年（1784），浙江省皆曾經委託福建興建戰船。[144]因此，各省戰船的製造，除了由該省軍工戰船廠建造之外，亦可委託他省建造。

2.福建省

雍正三年（1725）覆准福建省福州、漳州二府各設一軍工戰船廠，福州廠委糧驛道、興泉二道輪年監修；漳州廠委汀漳龍道監修，其兩廠監督，副、參將遴委之營弁均報部；臺灣、澎湖水師等營戰船於臺灣設廠，文官委臺灣道，武官委臺協副將會同監督修造。[145]（表6-17）至此福建省開始有固定規模的軍工戰船廠，同時這也是清代最早設置的軍工戰船廠。

福建的造船技術，隨著海運發展極早，造就福建地區承襲了良好的造船傳統。宋代時期坊間就傳有「海舟以福建爲上之說」[146]。宋代在漳州、泉州、福州、興化并稱爲福建四大造船基地，已能建造一丈以上的航海大船[147]（見表6-4），洪武五年（1372），詔浙江、福建瀕海九衛，造海船六百六十艘，又興造多櫓快船以備倭寇。[148]

福建省設有四座軍工戰船廠，分別爲福州廠、漳州廠、臺灣廠及泉州廠[149]。福廠、漳廠及臺廠於雍正三年（1725）設立。雍正三年，閩浙總督覺羅滿保（1673-1725）建議在福州、漳州及臺灣設置戰船軍工戰船廠，並派大員督造，其在奏摺中稱道：

143 《宮中檔雍正朝奏摺》（臺北：國立故宮博物院，1978），第五輯，浙江巡撫李衛奏摺，雍正4年3月1日，頁655。
144 李其霖，《清代臺灣軍工戰船廠與軍工匠》收於《臺灣歷史文化研究輯刊》（臺北：花木蘭出版社，2013），頁17。
145 （清）崑岡，《大清會典事例·光緒朝》，卷936，〈工部〉，〈戰船〉1，頁738-1。
146 （宋）呂頤浩，〈論舟楫之利〉《忠穆集》8卷，《文淵閣四庫全書》（臺北：臺灣商務印書館，1983），卷2，頁14。
147 漳州市交通局編，《漳州交通志》（北京：東方出版社，1993），頁241。
148 （清）陳壽祺，〔同治〕《福建通志》，頁1686。
149 福州廠簡稱福廠、漳州廠簡稱漳廠、臺灣廠簡稱臺廠、泉州廠簡稱泉廠或廈廠。

福、浙二省設廠之處，福省自南澳起北至烽火鎮下門，延袤二千餘里，地方遼闊，已蒙聖鑒，不便設立一廠；今福州府、漳州府二處地方俱通海口，百貨雲集，應於此二處設立一廠，將海壇鎮標二營等營戰船歸於福州廠，委糧驛、興泉二道輪年監督修造，將水師提標等營戰船歸於漳州廠，委汀漳道監督修造。其兩廠監督之副參將，每年酌量挑選派委報部。所有臺灣水師等營戰船，遠隔重洋，應於臺灣府設廠，文員委臺廈道，武員委臺協副將會同監督修造等。**150**

此奏摺於廷議中被採納，從此福建省整個軍工戰船廠的規劃，就是按照這份奏摺的內容來實施，這也是福建省設立軍工戰船廠的濫觴。

泉州軍工戰船廠於雍正七年（1729）設置。其設置的原因為，福廠所聘請的軍工匠皆由泉州府調派而來，鑒於來往不便，因此閩浙總督高其倬（？-1738）建議，於泉州另闢一新廠，分金門、海壇二鎮戰船五十三艘另在泉州設廠，專委興泉永道承修。**151**朝廷接受高其倬建議，設置泉州廠。泉州廠的設置，一方面是讓工匠不用來回奔波，一方面也是讓承修官員能夠就近監督。雍正七年（1729）泉廠設置後，各廠戰船的修造額數，多有改變。泉州廠因分修福廠戰船五十三艘，但由於漳、泉兩廠修造戰船多寡不均，遂於乾隆元年（1736），將漳廠所修的水師提標中、右二營戰船二十六艘改歸泉廠，因此泉廠額修戰船共七十九艘。**152**所以在乾隆元年以後，漳廠應修戰船只剩七十三艘，臺灣廠也由九十八艘減為九十六艘。（表6-18—6-20）此時亦在廈門興建泉州廠的分廠，**153**因此泉州即有兩座軍工戰船廠。

---

150 中央研究院歷史語言研究所編，《明清史料》，戊編第七本，頁614-615。乾隆2年10月25日，閩浙總督郝玉麟題本。

151 （清）周凱，《廈門志》，頁153。

152 （清）崑岡，《大清會典事例‧光緒朝》，卷936，〈工部〉75，〈船政〉，頁741。

153 李其霖，《清代臺灣軍工戰船廠與軍工匠》，頁22-33。

表6-18 雍正三年（1725）福建省所屬軍工戰船修造表

承造廠	修造戰船數（艘）	修造營弁戰船	修造單位
福州廠	133	海壇鎮	糧驛道、興泉永道
漳州廠	101	水師提標	汀漳龍道
臺灣廠	98	臺協營	臺灣道

資料來源：（清）周凱，《廈門志》，卷5，〈船政略〉，頁153。

表6-19 雍正七年（1729）福建省所屬軍工戰船修造表

承造廠	修造戰船數（艘）	修造營弁戰船	修造單位
福州廠	80	海壇鎮	糧驛道
漳州廠	101	水師提標	汀漳龍道
臺灣廠	98	臺協營	臺灣道
泉州廠	53	海壇鎮	興泉永道

資料來源：（清）周凱，《廈門志》，卷5，〈船政略〉，頁153。（清）托津，《欽定大清會典事例·嘉慶朝》，卷707，頁5a。

表6-20 乾隆元年（1736）福建省戰船修造表

承造廠	修造戰船數（艘）	修造營弁戰船	修造單位
福州廠	76	海壇鎮	鹽法道
漳州廠	73	水師提標	汀漳龍道
臺灣廠	96	臺協營	臺灣道
泉州廠	79	金門鎮、海壇鎮	興泉永道

資料來源：（清）托津，《欽定大清會典事例·嘉慶朝》，卷707，頁10b。

　　臺灣軍工戰船廠設置於臺南，（圖6-8）臺灣廠雖然遠隔重洋，但其重要性不亞於福建其他三廠，曾經興建一百零五艘戰船，[154]為各戰船廠之冠。臺灣設置有三座軍工戰船廠。雍正三年設置臺灣道廠，[155]（表

---

[154] 中央研究院歷史語言研究所編，《明清史料》，戊篇第八本，頁773。
[155] 李其霖，《清代臺灣軍工戰船廠與軍工匠》頁40-43。

6-17）但此後臺灣道廠港道淤泥之後，興建戰船即有其困難性，時常無法如期完修戰船。在閩浙總督孫爾準（1772-1832）的建議之下，於道光五年設置臺灣府廠。[156]臺灣府廠只是一臨時性戰船廠，其任務是修造道廠積壓未修之船，迨至這些船舶興建完成之後，即不再建造戰船。同治二年，在臺灣道丁曰健的建議之下，另建一軍工道廠，取代先前設置之軍工道廠。[157]同治五年，因福州船政局成立，臺灣幾乎不再興建戰船了。因此，清朝在臺灣設置有三座軍工戰船廠。

▲圖6-8　臺灣軍工戰船廠圖。圖片來源：鼎建臺郡軍工廠圖說，乾隆四十三年（1778）臺灣知府蔣元樞進呈紙本彩繪，國家圖書館藏。

---

[156] 李其霖，《清代臺灣軍工戰船廠與軍工匠》頁43-46。
[157] 李其霖，《清代臺灣軍工戰船廠與軍工匠》頁45-46。

3.廣東省

廣東地區未正式設置軍工廠之前，亦與其他省份一樣，已開始製造戰船，施琅攻臺之前，沿海各省亦大量興建戰船。康熙十七年（1678），廣州府一地即修造完成鳥船二十艘、趕繒船近五十艘、雙篷䑸船三十艘。[158]除了本身巡洋戰船之外，亦增加一百多艘。

雍正三年（1725），廣東省軍工戰船廠設置四座，廣州、惠州、肇慶三府所屬戰船，於省城河南地方設廠興建；潮州府設於菴埠地方；高州、雷州、廉州三府所屬戰船，於高州芷芎地方設廠興建；瓊州府於瓊州海口地方設廠興建。四座軍工廠委道員二人監修，武職令有戰船之該管副將、或游擊守備等官協理。[159]乾隆二年，因高州地區所需製造戰船木料減少，遂於龍門地區另設一廠，專門興造龍門協所轄戰船，令欽州知州承辦，再由高州鎮查驗。[160]

廣東地區雖然設置了五座軍工廠，但部分軍工廠因木料缺乏採辦不方便，因此亦有移往他處興造的情況。如高州芷芎廠，雖設有子廠，但其從設廠之後已二十年不造戰船，這使得龍門廠所興建的造船不敷使用。為了避免延誤軍工，因此於乾隆八年，「將芷芎一廠，改設省城河南地方，高、雷、二府屬戰船，屆修造之期，駕赴廠所。仍令高、雷、等府屬文武大員，監督修造。由該管道員查核估銷。龍門子廠，照舊辦理」。[161]除了將軍工廠移往廣州之外，因督造官員距離省城較遠，在督造時不易就近管理，因此改由糧驛道監修，另外，其各府承修之內河櫓槳船，令該二道各半監修。[162]

乾隆十七年（1752），因廣東各地戰船多已損毀，在拆造之前，重

---

158 （清）楊捷，《平閩紀》（南投：臺灣省文獻委員會，1995），卷5，〈咨文〉，〈請調營兵咨兩院〉，頁134。
159 （清）崑岡，《大清會典事例‧光緒朝》，卷936，〈工部〉，雍正3年，頁738-1。
160 （清）崑岡，《大清會典事例‧光緒朝》，卷936，〈工部〉，乾隆2年，頁741-2。
161 《高宗純皇帝實錄》，卷196，乾隆8年7月丙戌，頁520-1。
162 （清）崑岡，《大清會典事例‧光緒朝》，卷936，〈工部〉，乾隆8年，頁743-2。

新再分配興建地點。覆准：廣東省高、雷二府外海戰船，自改歸省城河南地方修造，緣屆修之船，已不堅固。遠涉重洋，多遭風擊碎。應將海安營、雷州協右營戰船大小修，歸瓊州之海口廠。吳川、電白、硇洲三營戰船大小修，歸高州之芷芎廠。[163]雖然廣東地區設置五座軍工廠，但因各廠情況不同，部分軍工廠無法製造分配後之戰船，因此在戰船製造的調配上只能靈活運用，相互支援。

（二）戰船的製造

製造一艘戰船，由中央到地方，可分成兩個層面，一個是負責修造單位，包括監修及督修。另一個是修造人員，包括造船匠及軍工匠。這些修造戰船人員，因各省情況不同，負責的人員亦不同，甚至是採辦木料也不同，如臺灣府及瓊州府就有別於他省。

製造戰船的責任歸屬，中央由工部負責，地方則又分為督修官與監修官，更明確說，實際負責操作的是監修官，亦為文官，督修官員則由武官擔任，專門負責查核。清朝未設置軍工戰船廠之前，於地方負責修造戰船的單位頗為雜亂，道、府、州、縣等官都有修造戰船的權責。康熙十七年（1678），各省戰船修造差選各部賢能司官二人督理。[164]康熙二十八年（1689），戰船修造歸道、廳董修。[165]康熙三十四年（1695）又改歸中國州、縣督造。[166]康熙三十九年（1700），戰船停其交與州、縣官修理，該督撫遴委道、府等官，於各將軍、提、鎮附近地方監修。[167]此種戰船修造官不斷的更替，讓戰船在修造的管理及監督上出現了很大的問題，也因此影響到戰船製造的品質。總之，康熙時期的戰船修造單位一般是以道台為主，州、縣為輔。

雍正三年（1725），設置軍工戰船廠，制定造船制度。但軍工修造

163　（清）崑岡，《大清會典事例·光緒朝》，卷936，〈工部〉，乾隆17年，頁745-1。
164　（清）允祿，《大清會典·雍正朝》，頁13901-13902。
165　（清）允祿，《大清會典·雍正朝》，頁13902。
166　（清）黃叔璥，《臺海使槎錄》（臺北：臺灣銀行經濟研究室，1957），頁36。
167　（清）允祿，《大清會典·雍正朝》，頁13906。

制度的推行，增加了地方文、武官員的業務，有些地方官員即委由下級軍官辦理戰船修造，所以往往衍生成各種弊端。雍正六年，即針對弊端下達旨意：

> 各省修造戰船，舊例解送總督親驗。總督或轉委中軍，以致監造文員，每被需索，兼多徇隱。是以船隻工料，皆屬虛糜，其實不能堅固，請嗣後修造戰船。各該督、撫務須親驗……若僅委中軍驗看，或彼此瞻徇情面，不據實詳覆，致使物料柔脆，不能經久。嗣後修造戰船，當造成之日，其船廠附近省城者。著在城之督、撫、提、鎮，及布、按兩司，親往驗看。其船廠離省遠者，著附近府城之文武大員，公同驗看，務令修造堅固。倘有不能堅固，及浮冒侵蝕等弊，即行題參治罪。[168]

對軍工業務的責任歸屬雖然有進一步規定，但在採辦木料及辦理料價支領上，還是存在模糊空間。因此雍正十年，針對領價及採辦木料再制定準則，議准：

> 各省修造戰船，由督、撫、提、鎮委副、參，會同文職道府領價督修，委都司協同文職府佐等辦料修造。如係將軍標下之船，委參領以下等官同領同辦。凡屆修造之年，各該營於五月前將應小修大修之船，分析呈報。該上司照例題咨，承修官照額定小修大修拆造價值，備具冊結支領。[169]

修造、督造責任與領價、採辦木料時間確立之後。對於戰船製造的尺寸亦規定，議准：福建大號趕繒船，身長九丈六尺、板厚三寸二分，身長八

---

[168] 《世宗憲皇帝實錄》，卷76，雍正6年12月己亥，頁1132-2-1133-1。

[169] （清）崑岡，《大清會典事例·光緒朝》，卷712，〈兵部〉，雍正10年，頁858-2。

丈、板厚二寸九分；二號趕繒船，身長七丈四尺及七丈二尺、板厚二寸七分；雙篷艍舩船，身長六丈、板厚二寸二分，每板一尺三釘。[170]戰船製造的制度面至此，已有明確的規定可遵循，這使得戰船修造制度漸上軌道。然而，隨著官員的駐地有所變動，或戰船廠的遷廠，在修造戰船的督修上產生困難。因此在督修人員上時常有所更動，如閩省泉廠分修金門左右營、海壇右營戰船，向例於金門、海壇鎮標各游擊內，選派一員監督。其漳廠分修水師提標五營、南澳鎮標左營、銅山營、戰船。即派水師提標中營參將監督。今水師提標中左二營戰船，既經改歸廈廠，請將泉廠承修之船，就近歸於水師提標中營參將監督。漳廠承修之船，就近歸於水師提標左營游擊監督。[171]其他省份的情況，依此情況辦理。

　　制度確立之後，是否能依規定完成，則是另一項重點。戰船的製造則由技術人員執行。戰船製造要項主要為工匠及木料，兩種缺一不可。在木料的選取上，海船與河船所選用的木料有所不同，因此在木料的選用上有一定的樹種。清朝在戰船的製造上遇到的問題主要是木料之缺乏，缺乏木料的情況，由清初開始就已經呈現。順治十三年（1656），浙江地區欲興建戰船，但因木料不足，因此浙江巡撫秦世禎便砍伐宋代皇陵樹木，但前代陵木本規定不許採伐，原有明禁。因此，秦世禎遭到議處，其伐過樹木，仍照數栽補。[172]秦世禎當然知道前代陵木不能砍伐，但製造戰船之事重大，無法拖延，所以只好砍伐陵木。

　　戰船木料的取得問題，至乾隆以後更加突顯，以臺灣地區來看，供給的材料最主要為樟木，其次為藤、麻（用作索具）和竹材（用作風帆）。[173]這些都必須由料差及軍工匠採辦，福建地區規定：「福、廈各料，業經分別專派丁書往辦外，其餘應用本地之料木，由各屬匠首、通

[170]（清）周凱，《廈門志》，頁155。
[171]《高宗純皇帝實錄》，卷72，乾隆3年7月辛酉，頁156-1-156-2。
[172]《世祖章皇帝實錄》，卷100，順治13年4月庚午，頁776-1-776-2。
[173]陳國棟，〈「軍工匠首」與清領時期臺灣的伐木問題（1683-1875）〉《臺灣的山海經驗》（臺北：遠流出版社，2005），頁330。

事，源源採製，報運應工」。[174]臺灣有較特別的軍工制度，在製造戰船
的運作上，比起他省更爲困難。因爲組成分子複雜，部分成員不具官職，
約束較爲困難。[175]即使擁有相當豐富森林資源的臺灣，當時臺灣的伐木
地點鮮少超過海拔五百公尺，根據陳國棟所找到的十三處地點來看，臺
中市軍工寮海拔約一三〇-一四〇公尺、景美地區約一一二公尺、東勢爲
三二〇-三六〇公尺、宜蘭地區亦在四百公尺以下。[176]除了臺灣東部及內
山之外，近山的林木幾經砍伐，這顯示戰船木料的需求龐大。[177]

　　浙江、福建、廣東三省亦有相同的問題，乾隆十二年（1747）間，
福建巡撫陳大受（？-1751），即建議到暹羅買木料，因爲暹羅地區的木
料價格便宜，採買後可供興建戰船之用，[178]浙江處州總兵苗國琛建議栽
種樹木，以備戰船。[179]乾隆皇帝硃批，種樹需十年有成，緩不濟急。然
而，此時期所用的商船，很多皆在海外製造，在外國製造船隻，其船價只
有國內的40%-60%，[180]至道光初年，福建的造船費用比越南及暹羅多出
一倍的價錢，[181]但清廷沒有因爲如此而轉向國外購買船隻。道光二十二
年（1842）以後，沿海各省的木料採辦地區，甚至到達了四川瀘州，因
爲此處有杉木數百株、柏木數千株，可做爲興建戰船之用。[182]但與此之
前，水師爲了執行任務，即常有雇用民船作戰及運糧的情況，道光十三年

---

[174] 《淡新檔案》（臺北：國立臺灣大學圖書館，2001），行政篇，建設類，頁363。

[175] 臺灣基層採辦木料的組成人員即有料差、造船匠、伐木匠以及護衛工匠。李其霖，《清
代臺灣軍工戰船廠與軍工匠》頁95。

[176] 陳國棟，《臺灣的山海經驗》，頁335-346。

[177] 相關軍工匠問題的研究可參閱陳國棟，《臺灣的山海經驗》；李其霖，《清代臺
灣軍工戰船廠與軍工匠》；林聖蓉，〈從番界政策看臺中東勢的拓墾與族群互動
(1761-1901)〉，臺灣大學歷史學碩士論文，2007；程士毅，〈北路理番分府的成立與岸
裡社的衰微(1766-1786)〉，清華大學歷史學碩士論文，1993。

[178] 《高宗純皇帝實錄》，卷285，乾隆12年2月丙戌，頁714-1。

[179] 《軍機處檔摺件》（臺北：國立故宮博物院藏），文獻編號000439號。江西巡撫開泰，
〈奏為覆奏浙江處州總兵官苗國琛請擇官山植木以備修造戰船之用由〉。

[180] 席龍飛，《中國造船史》（武漢：湖北教育出版社，2004），頁281。

[181] J. Crawfurd, *Journal of an Embassy from the Governor-General of India to the Courts of Siam
and Cochin China*, London, 1828, Vol. II, p. 159.

[182] 《宣宗成皇帝實錄》，卷386，道光22年12月丙戌，頁943-2-944-1。

（1833），僱民船運糧至直隸，[183]這些例子屢見不鮮。因此，在戰船的製造上，其所遭遇到的問題各廠不同，但這些問題，使得戰船制度的推動，難以順利進行，鴉片戰爭之後，清廷戰船損失嚴重，維修、拆造者比比皆是，各地戰船廠的運作更是困難。

同治五年（1866）五月，閩浙總督左宗棠（1812-1885），奏請設立新式戰船廠，並得旨試行，[184]旋即於八月十九日到福州馬尾選擇廠址，[185]福州船政局正式成立。然而，船政局的成立不只是製造戰船，更重要的是開辦學堂，培養水師人才。[186]另一方面也取代了各地舊式軍工戰船廠，此後清朝的戰船製造，進入了另一個階段。

（三）戰船的修護

製造完成的戰船，每船都會多給篷席、纜繩一副、灰、蔴、釘、油等物。[187]這些屬於消耗品，即稱爲槓椇。槓椇有固定的使用期限，但還是必須妥善的保管。清廷對於槓椇的管理規定，槓椇一年小修，三年大修。[188]但有些槓椇無法使用到更換時間，因此造成官弁在操舟上的危險性。

因此，在戰船槓椇的管理及維護上，清廷有一套管理機智。康熙朝以前，對於船隻槓椇之維護相當嚴格，不論在配給或修護上，都只給一副，並囑咐官弁必須妥善運用。但海上風浪大，鹽分侵蝕嚴重，如果戰船槓椇稍有損害，這將危及的官弁安全，因此各地官員針對此問題亦表達看法，蔡添略（？-1737）在奏報中針對繪、艍船隻上的各種槓椇做了統計，[189]從這可看出槓椇如果不足，或品質差，這將影響到船上人員的安全。雍

---

[183] 《軍機處檔摺件》，文獻編號063331號，山東巡撫鍾祥奏摺，〈奏為此次封僱民船裝運撥濟直隸糧食請援案免徵船料由〉。

[184] 〈沈葆楨傳〉，收於《清史列傳》（北京：中華書局，1987），卷53，頁37。

[185] 林慶元，《福建船政局史稿》（福州：福建人民出版社，1999），頁32。

[186] 張玉法，〈福州船廠的開創及其初期發展〉，（臺北：中央研究院近代史研究所，1971年6月），收於《近代史研究所集刊》，第2期，頁177-225。

[187] （清）盧坤，《廣東海防彙覽》42卷，卷12，〈方略〉1，頁32a。

[188] （清）盧坤，《廣東海防彙覽》42卷，卷12，〈方略〉1，頁23a。

[189] 《宮中檔雍正朝奏摺》第19輯，廣東高雷廉副將管總兵事蔡添略奏摺，雍正9年11月2日，頁106。

正十年（1732），朝廷體認到操舟安全的重要性，遂議准：廣東外海戰船，繪、艍船及拖風船，向來設椗二門者，屆修造之年，再准增設一門，向用藤纜者，准其改用篾纜，以資巡哨。[190]乾隆三年（1738），更規定拆造之年，原用藤纜一條者，換篾纜兩條，原用藤纜兩條者，換篾纜三條。[191]在官員的建議之下，朝廷從善如流，依議推行，如此施行，對水師官弁的安全則更有保障。

　　除了增補及修護楫棋之外，船身的檢查及保養亦是重要的維修工作。燂洗的主要目的是在保護船殼，因為海洋鹹水，船亦生蛆，船板必定會腐爛，因此需按月，朔望、潮汐之期，將船燂洗。[192]燂為用煙燻蟲，海上殼類動物會附著在船殼以及船縫餕，因此必須用煙燻，才能驅離這些生物。但燂洗的時間並無特別規定，然而，燂洗的錢糧必須由該管營弁支付，因此，各營往往缺乏經費而不做燂洗工作，如此將減短船隻使用期限，以及降低船隻操駕速度。

　　在燂洗的作業上，民間船舶及海寇船做得最為確實，各地官員亦都知道，民間每月必燂洗及油刷一次，賊船亦相同，但師船洗而不燂，或燂而不油，故行走不若賊船快，這是因為弁兵缺燂洗費用。[193]清廷對於戰船的製造及改造費盡心思，其目的主要是要讓戰船武力超越其他船隻。但戰船在燂洗上做的並不確實，洗而不燂，燂而不油，都會影響船舶的使用。但追根究底，是經費的缺乏，往往在地方大員上奏之後，朝廷才撥款使用。乾隆十六年（1751），閩浙總督喀爾吉善即建議戰船的燂洗費用由司庫項下動支，[194]但送到各部議奏後即沒下文。此後，乾隆五十九年（1794），即由藩庫撥借銀兩做為燂洗之用。[195]嘉慶十二年（1807），

---

[190] （清）盧坤，《廣東海防彙覽》42卷，卷12，〈方略〉1，頁39a。
[191] （清）盧坤，《廣東海防彙覽》42卷，卷12，〈方略〉1，頁39a。
[192] （清）盧坤，《廣東海防彙覽》42卷，卷12，〈方略〉1，頁24a。
[193] （清）盧坤，《廣東海防彙覽》42卷，卷12，〈方略〉1，頁33b。
[194] 《軍機處檔摺件》，文獻編號006902號，閩浙總督喀爾吉善奏摺，〈福州戰舡燂洗銀兩請准于司庫項內動支〉。
[195] 《高宗純皇帝實錄》，卷1467，乾隆59年12月壬申，頁594-1。

亦動用藩庫銀支付燂洗銀兩。[196]乃至嘉慶二十年（1815）規定，戰船燂洗，每年每艘給銀二十八兩。[197]這樣的費用略有不足，在地方研議上奏後，使得燂洗費用增加不少。道光二年規定，大米艇每艘例給燂洗、篷索銀九十兩，加增銀六十兩；中米艇每艘七十五兩，加銀五十兩；小米艇每艘六十兩，加銀四十兩。[198]有了燂洗的費用之後，船艘即按月入廠燂洗，維持船隻的妥善率。燂洗完成之後，依造各地船舶特色，予以彩繪，如果船身紅色、黑顏色部分必須加染鮮明，旗幟亦要整肅。[199]

　　另外，對於船身結構方面的修護，亦為戰船修護時的主要工作，軍工匠必須備妥各種木料做為修補之用，雖然修護時間比較短，但如果木料短缺，即會影響修造時間。清廷在戰船的修護上，雖規定三年小修，五年大修等制度，但對於修護內容的規定並不明確，因此在修護上往往出現許多的問題，讓不依規定行事的官弁有可乘之機，如有些官弁假借燂洗名義藉故推委，這種情況在作戰期間更容易發生，嘉慶十三年（1808），就有戰船一個月燂洗二次的情況。[200]因此，清廷在戰船修護制度上，明顯不夠健全，這也使得修護工作有時候無法順利進行。

小　結

　　清朝領有臺灣之前，對船政制度管理尚在摸索階段，對於沿海地區的戰船設置也沒有任何的想法，此時，朝廷的第一要務即攻打鄭氏家族。領有臺灣之後，清廷對於船政制度多有討論，除了派遣大臣到沿海各地訪查之外，也詢問相關水師將領的意見，因此，康熙時期的船政已稍具雛型，但亦多有更改，在戰船的製造上，尚未有更明確的規定。

---

[196] 《仁宗睿皇帝實錄》，卷173，嘉慶12年正月己未，頁264-2。
[197] （清）崑岡，《大清會典事例・光緒朝》，卷937，〈工部〉，嘉慶20年，頁754-1。
[198] （清）陳昌齊，〔道光〕《廣東通志》，卷179，頁2160。
[199] （清）盧坤，《廣東海防彙覽》42卷，卷12，〈方略〉1，頁33b。浙江巡撫程含章，上總督百齡籌辦海匪書十七條之四。
[200] 《仁宗睿皇帝實錄》，卷201，嘉慶13年9月辛未，頁670-1。

　　雍正繼位以後，進行各項改革，船政制度亦是改革中的一項。雍正三年，制定軍工戰船廠制度，以及各種船政制度，如此一來，在船政制度上即有較明確的規定。但戰船廠的設置，因設置前的調查較不嚴謹，有些設置的地點缺乏木料，無法順利興建戰船，但在這方面透過水師將領的建議及廷議之後獲得了解決。

　　在戰船的製造上，清朝承繼明朝的戰船型式，並沒有多加改變，惟一旦地方將領認為現有的戰船已失去巡洋效力後，朝廷才再依情況進行改造。但戰船的改造都是仿照民間船舶進行，官方並沒有依照海防的需求進行研發。如此一來，反而民間在戰船的設計上優於官方，雖然如此，但在官方的限制下，民間無法再製造性能更好更大的船隻，這抑制了船舶技術的發展，中國的造船技術亦滯留不前。

　　雖然在戰船的科技上受限，惟清廷利用有限的資源，妥善進行戰船的編制。各地水師的編制符合作戰法則，對付海寇尚可應付，但對於西方強權，這樣的編制即無法與其相抗衡。即便，清代的水師將領在作戰時往往可以身先士卒，但配備的簡陋，再強的戰術及勇氣還是很難擺脫劣勢。

　　清朝在水師船政及戰船制度上，已有很完善的法律規範，在制度面，已能多方兼顧。但外在因素上，如木料的取得、船型的設計、收集外國的船舶訊息等方面，清廷卻沒有將其考慮在內，也沒有長遠的規劃，以至於在嘉慶以後，船政制度以及造船制度難以繼續推行，只能臨機應變，這樣的處理態度至鴉片戰爭一役，讓清廷付出慘痛的代價。雖然，清廷想要再重新整頓船政，但在短時間之內無法達到與西方相抗衡的水平。

第七章

造船科技與作戰編組

前　言

　　海上作戰的重點可分二項，分別為人、器，人的部分又可分為人員素質以及統兵將領謀略；器的方面亦可分戰船與船上配與之武器。這幾個要素如能準備妥當，在戰陣之際當可居於上風。清朝在這方面，則有明顯的缺陷，除了將領的素質尚維持一定水準之外，其他各方面，都有很大的改進空間。

　　戰船為水師最重要的武器，尤如陸師戰馬一般，沒有性能優越的戰船，在對陣上就已居於下風。清朝的戰船樣式如上一章所談，是在明朝的架構下進行，然而明朝的戰船是仿照商船改造而成，清朝以後亦然。因此，中國的船舶發展是以民間的商船發展為輔，官方的造船技術只是承襲民間。然而，明清以後，政府在制度上，限制了民間船舶的發展，如不准造大船，船隻不能搭配頭巾與插花，這都抑制了民間造船技術無法再提升，時間一久，與西方國家的造船科技差距更大，難以追趕。

　　除了戰船的技術無法精進之外，戰船上的武器配置也產生了一些問題，明朝戰船船上的火砲，基本上是安放在船艙中，這有穩定船隻的效果，又不致讓士兵暴露在敵火之下，但清朝以後，就改變配置空間，將火砲安放在上甲板上，這即違反了戰略原則。這樣的設置並非正確的作法。

　　在戰術的運用上，除了政策的制約之外，[1]大部分的將領皆能善盡其責，在戰術上頗能發揮。然而，因戰船性能的侷限，即直接影響到戰術的運用，以至於難有新戰術的開發。即便在鴉片戰爭，水師戰術還是以傳統戰法為主，但水師面對的敵人已不是海寇，而是實力更堅強的西方國家，這些傳統戰術當然無法與其抗衡，其結果可想而知。

1　清朝戰船除了巡洋會哨跨越他省之外，通常水師部隊的活動範圍以所轄的區域為主，如在追擊敵人時，敵軍越界竄逃，則不與理會。如此一來，常造成敵人的逃脫，無法適時將敵軍殲滅，這樣的情況至嘉慶年間才改善。水師在追擊蔡牽時，屢讓蔡牽兔脫，因此諭令各省提、鎮應相互配合，集各省之力，方能擒獲蔡牽。這戰術的改變，水師很快就殲滅蔡牽。《仁宗睿皇帝實錄》，卷130，嘉慶9年6月甲子，頁754-2-755-1。

一、造船科技

（一）造船技術

　　中國的船舶發展，可追溯到商朝，當時已經有簡易的水上交通工具。然而，最近陸續在考古中所發現的一些遺物當中，於長江河姆渡文化遺址，發現有六把槳，[2]此時期航行的地點以內河為主。另外，在四川的灌縣（都江堰市）一帶，居民就已利用竹筏航行於岷江。[3]宋朝因為貿易的興盛，則成為船舶發展由河運轉為海運的關鍵時期。

　　船舶的製造有一定的步驟，應如何依順序進行，宋應星，《天工開物》有清楚的說明：

> 造船先從底起，底面傍靠牆，上承棧，下親地面。隔位列置者曰梁，兩傍峻立者曰牆。蓋牆巨木曰正仿，仿上曰絃。梁前豎樁位曰錨檀，檀底橫木夾樁本者曰地龍。前後維曰伏獅，其下曰拿獅，伏獅下封頭木曰連三仿，船頭面中缺一方曰水井（藏纜繩處），頭面眉際樹木以繫纜者約將軍柱，船尾下斜上者曰草鞋底，後封頭下曰短仿，仿下曰挽腳梁，船梢掌舵所居其上者野雞篷（使風時，一坐篷巔，收篷索）[4]

歷代各朝的造船技術傳承，使得中國的造船科技可以持續進步，也因此，許多造船技術都由中國發明，中世紀時期，船尾舵、櫓、帆、水密隔艙、指南針等皆由中國發明，鄭和時期的船舶技術工業更達到最高峰。[5]明朝宣德以後，因政府政策導向不同，不再造大船前往海外，這限制了造船技術的更進一步發展。此後中國的造船技術就此停頓，同時期的西方國家，

2　席龍飛，《中國造船史》（武漢：湖北教育出版社，2004），頁14。
3　Worcester George Raleigh Gray, *The junks and sampans of the Yangtze*, Annapolis: Naval Institute Press, 1971, p. 86.
4　（明）宋應星，《天工開物》（揚州：廣陵書社，2006），頁112a-112b。
5　辛元歐，《中國近代船舶工業史》（上海：上海古籍出版社，1999），頁2。

開始展開了海上探險活動，藉此機會，從而不斷的改造船舶，使他們的船舶在短時間中，快速的發展，對照之下，中國的造船技術已遠遠落後於西方國家。

明代宣德朝（1426-1435）以後，是海外發展的一個關鍵點，當然也是造船技術是否精進的轉折點。於此之後，官方鮮少再製造大的船隻，因為官方所管轄的水師部隊只需巡防沿海一帶，造大型戰船已無需求。因此官方的造船技術，不進反退，但民間的造船技術略有進步，張燮說：「水軍戰艦其堅緻不及賈客船」。[6]顯見在明朝以後，戰船的堅固性已經不如商船了。

然而，中國船舶有其設計上的特殊性，李約瑟說：「中國船隻的設計，以最早的船隻製造例子上來看，使用平接法（carvel-built）製造船殼，以及，其他地區不會認為是最重要的製造船隻之三大要素，龍骨、船艏柱、船艉柱」。[7]可見中國的船舶技術，使用的是三截龍骨結構，這與世界其他國家有所不同，並且業已使用可以製造大船的平接法技術。除此之外，中國的船隻為了防止船身破洞後，不會立刻進水沉船。在造船時的肋骨及肋之間，用橫艙壁代替，這是一種更牢靠的造船方法，各艙之間做成水密樣式，即使一艙進水，船體亦能保持浮力。[8]這就是所謂的「水密隔艙」造船技術。

戰船的發展與商船、漁船都是同步進行的。中國最早的戰船由內河戰船開始，大約始於春秋時期，位處於沿江濱海的吳、越、齊、楚等國，因為爭霸的需要，紛紛設立船官等舟楫管理機構和造船廠，建造戰船，發展水師。[9]越王句踐（BC497-BC465）為了討伐吳國，興建了樓船，樓船即

6　（明）張燮，《東西洋考》，卷9，〈舟師考〉，頁99。

7　Joseph Needham, *Science and Civilization in China*, Vol. 4: Physics and physical technology, pt. 3: Civil engineering and nautics, Cambridge University Press, 1986, p. 391.

8　Joseph Needham, *Science and Civilization in China*, Vol. 4: Physics and physical technology, pt. 3: Civil engineering and nautics, Cambridge University Press, 1986, p. 391.

9　王兆春，《中國科學技術史》，軍事技術卷，（北京：科學出版社，1998），頁54。

為戰船。[10]隋唐時期，戰船的建造發展到達最高峰，並且由內河戰船，轉而發展外海戰船。隋朝即在東萊郡建造了三百隻外海戰船，作為進攻高麗之用。[11]宋代以降，戰船技術又有更進一步的發展，如創建最早的船塢、發展尖底戰船、推廣水密隔艙技術、改進戰船推進器、使用平衡舵控制航向、使用絞車升降船錨、採用披水板增加穩定性、使用指南針導航、戰船滑道下水法的設計。[12]這些技術的開展亦讓戰船製造更趨成熟。

　　元朝初期，為了攻打南宋，發展了內河水師，南宋嘉熙二年（1238），解誠率領了水師部隊伐宋，奪敵船千艘，立了大功。[13]此後元朝在宋朝降將劉整的建議之下，用兵海外，從至元十一年到至元二十九年（1274-1292），共造海船九千九百艘，[14]期間於至元十一年，準備攻打日本。至元十九年（1282），忽必烈（1215-1294）派遣浙江、福建、湖廣兵五千人，海船一百艘、戰船二千五百艘，由新任命的占城行省右丞唆都率領，由海路進攻占城。[15]這兩次的攻打海外國家，讓元朝乘機發展了戰船的科技。另一方面，元朝除了發展水師戰船之外，做為海外交通工具的船舶，較唐宋時期，更為頻繁的出入於東西洋之間。[16]這種軍、民共同發展造船科技的情況之下，達到了相輔相成的示範作用。

　　明朝初期，在元朝的基礎上，繼續發展造船業與航海業，對於船舶的建造能力和建造技術，都達到一定的水平。造船廠亦遍及沿海地區，其中以江蘇、福建、湖廣、浙江等地最為發達，官、民船廠林立。[17]據張鐵牛的統計，永樂元年到永樂十七年（1403-1419），中國各造船廠，建造或改造的船隻多達二千七百三十五艘，其中的特色是船體增大，以及名目繁

[10] 凌純聲，《中國遠古與太平印度兩洋的帆筏戈船方舟和樓船的研究》（臺北：中央研究院民族學研究所，1970），民族學研究所專刊之16，頁170。
[11] 王兆春，《中國科學技術史》，軍事技術卷，頁88。
[12] 王兆春，《中國科學技術史》，軍事技術卷，頁142-143。
[13] （明）宋濂，《元史》（北京：中華書局，1976），〈解誠傳〉，頁3870。
[14] 章巽，《中國航海科技史》（北京：海洋出版社，1991），頁79。
[15] 張鐵牛、高曉星，《中國古代海軍史》（北京：解放軍出版社，2006，2版），頁155。
[16] 姚楠，《七海揚帆》（臺北：臺灣中華書局，1993），頁158。
[17] 張鐵牛、高曉星，《中國古代海軍史》，頁169。

多。[18]嘉靖海寇熾熱之前的外海戰船發展，席龍飛根據沈啓《南船紀》的統計，最大的四百料戰座船，長八丈六尺，寬一丈七尺，以現代度量衡換算，長約爲二十七公尺，其他各式戰船皆爲五、六丈上下。[19]嘉靖以後，因爲海寇的問題，讓明朝在戰船的製造上有了提升的機會，並依照地域性的不同，發展了福船與廣船系統。[20]並在朱紈、胡宗憲等人的佐理之下，戰船的規模已達十丈上下，然而這也是戰船製造的最大規模，之後即鮮少再製造更大的戰船。

清朝在明朝的造船基礎上發展戰船，並不超越明朝的戰船規模。然而在船的規模及數量上或許與明朝相當，甚至於超越，李約瑟依據相關的資料說明，一些到過中國的人確信，中國的船隻數量，要比已知的世界各地之所有船的總數爲多。[21]除了船舶數量達到高峰之外，在造船科技上亦有顯著的成長，如船舶速度增快、操舟的穩定性更佳、航海技術更爲成熟，這些都是清朝在戰船科技的貢獻。然而，這些造船科技的發展，並非來自於官方的研究與開展，而是取自於民間。因此，清朝雖然在船舶技術上更勝前朝，但也因爲缺乏官方的投入，使得民間在造船上的發展有限。

明清時期，造船技術無法繼續發展的原因，如前所述，他們面對的敵人，實力並無法超越水師部隊，因此毋庸建造更大型的船隻。這些策略通常是有效地打擊有組織、紀律不佳以及配備差的叛軍，甚至是外國的海盜。這與當時的日本海軍戰略一樣，是一個防禦，而非侵略。[22]這也是明清時期的海防政策，以維護沿海漁、商船的安全爲主，並無意發展海外擴張。

---

[18] 張鐵牛、高曉星，《中國古代海軍史》，頁170。

[19] 席龍飛，《中國造船史》（武漢：湖北教育出版社，2004），頁232-233。

[20] 王兆春，《中國科學技術史》，軍事技術卷，頁246。

[21] Joseph Needham, *Science and Civilization in China*, Vol. 4: Physics and physical technology, pt. 3: Civil engineering and nautics, Cambridge University Press, 1986, p. 423.

[22] Bruce Swanson, *Eighth Voyage of the Dragon: A History of China's Quest for Seapower*. Annapolis: Naval Institute Press, 1982. p. 55.

（二）船體的組成

建造一艘船，其順序爲何，目前尚有兩種說法，第一，先定龍骨，再安肋骨及框架結構，最後釘上船底板，此種先結構後船板的方法稱結構法，一般認爲這是屬於歐洲的造船方式，因此中國的造船技術可能受到歐洲的影響。[23]第二，一樣是先定龍骨，之後是水底板、橫艙板，此種即爲船殼法。[24]蓬萊所發現的古船即爲此種方法。兩種方法的不同之處，在於先釘船殼或先釘船底板之順序。根據陳希育的推測認爲，中國的造船技術可能是由船殼法轉而趨向結構法。[25]

中式帆船的主要部件有龍骨、桅桿、船殼、篷帆、舵、椗、水密隔艙、披水板，其中最有特色的爲篷帆、龍骨、水密隔艙、披水板。這些部件是經過多年的發展而成。然而清朝的戰船建造如前所述，都仿民船興建爲主，民船一般比戰船堅固，戰船船身則板薄釘稀，槳具亦多不全，即使齊全，亦脆弱許多，不適合駕駛，遇到海上波濤，相對危險，所以戰船的改造才會進行多次。如以水師戰船的外部結構來看，從《閩省水師各標鎮協營戰哨船隻圖說》[26]中有數幅水師戰船圖，[27]第六章已呈現數張圖片，這裡以封舟船圖（圖7-1）來做爲船舶的部件介紹。

封舟船爲大型的海船，約有十丈以上，爲尖底帆船，船上中國的造船傳統部件皆已在此船呈現。有頭巾、插花、船尾舵等等。以下針對中國造船的特殊部件進行闡述。

---

[23] 陳希育，《中國帆船與海外貿易》（廈門：廈門大學出版社，1991），頁108。

[24] 陳希育，《中國帆船與海外貿易》，頁108。

[25] 陳希育，《中國帆船與海外貿易》，頁109-110。

[26] 《閩省水師各標鎮協營戰哨船隻圖說》，4冊，德國Staatsbibliothek zu Berlin（柏林國家圖書館藏）。

[27] 此本手抄本資料共有五幅圖片，分別爲趕繒船、雙篷船、平底船、花座官船、八槳船。內容對各戰船型態有簡單的說明。相關內容介紹可參閱，許路，〈清初福建趕繒船戰船復原研究〉《海交史研究》，（泉州：海交史研究編委會，第2期，2008年），頁47-74。

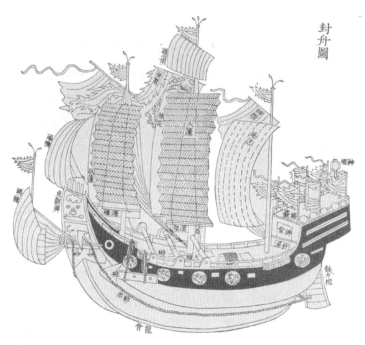

▲ 圖7-1　封舟船圖。圖片來源：Joseph Needham, Science and Civilization in China, Vol. 4: Physics and physical technology, pt. 3: Civil engineering and nautics, Cambridge University Press, 1986, p. 405.（李其霖翻拍）

1.龍骨

　　建造有龍骨的戰船，常見於福建和廣東圓底的海船，是船殼的中央強材，這個部件，中國船工稱為龍骨，在船殼底部有三段木頭構成的大橫梁。[28]龍骨為船體的主要部件，福建戰船的龍骨通常以松木做為龍骨用材。[29]依據蓬萊古船的龍骨型態得知，龍骨由兩段方木連接而成，共長二二‧六四公尺，在主、尾龍骨的交接處，採用樺接方式，槽樺位長〇‧七二公尺，尾龍骨壓在主龍骨上，先用鐵釘及一周鐵箍固定，在交接處上

---

[28] Joseph Needham, *Science and Civilization in China*, Vol. 4: Physics and physical technology, pt. 3: Civil engineering and nautics, Cambridge University Press, 1986, p. 429.

[29] 《欽定福建省外海戰船則例》（南投：臺灣省文獻委員會，1997），頁125。

再用隔艙板加固，龍骨與船板直接用鐵釘連接。[30]

　　福建地區的船隻其底圓形狀，加以龍骨三段架接。設有龍骨的原因，是因為福建一帶海域，水勢較為湍急，潮汐之流量，亦比他省為快，因此有如此的設計。[31]然而龍骨接合處越多，對船身強度自然減低。廣東地區的戰船與商船龍骨樹材與福建不同，在廣東地區民間造海船，龍骨必用鐵力木，此種樹木不產於外國，惟廣東有之。[32]然而在山東發現的古船，蓬萊古船一、二、三號龍骨為松木，一、二號船使用樟木及榆木。[33]龍骨的樹材之所以不同，與造船地點所產的樹種有大的的關聯。

2.篷

　　篷即為風帆，帆船靠動力行駛，因此帆的發展及使用技術影響到船舶的行進。中式帆船的篷為縱向的硬篷，使用竹子編製而成，猶如現在的百葉窗一般。阿拉伯及印度船隻與中式帆船相同，皆使用可以靈活平衡的縱帆，這種帆裝可在橫風及逆風下航行。[34]馬戛爾尼（1737-1806）使華期間（1793），他的隨從對清朝的戰船有清楚的描述，他們說：「中國船在主帆上有時也有一個中桅帆，主帆是席子做的，上面架了許多竹筒，竹筒的性質輕而牢固，水手們必要時藉著竹筒爬上帆頂，平時只在甲板上駛船」。[35]清朝的戰船，除了少數不配備篷（小型哨船）、不配備槳（大型戰船）之外，大部分的戰船都配有篷及槳，無風時可以使用槳亦可航行。

　　然而，中國的船隻即使沒有槳，在偏逆風情況下，亦可航行。調戟之後，可利用風力行船，在逆風下，只要把船向來風的左右或右方偏航，使帆面與風向有一個夾角，從產生推力，此時必須使用「之」字型航行，

30　煙臺博物館編，《蓬萊古船》（北京：文物出版社，2006），頁168。

31　（清）陳倫炯，《海國聞見錄》（南投：臺灣省文獻委員會，1996），頁3-4。

32　《清文獻通考》，卷33，〈市糴考〉，頁520。

33　煙臺博物館編，《蓬萊古船》，頁65。

34　楊槱，《帆船史》（上海：上海交通大學出版社，2005），頁49。

35　斯當東（George Thomas Staunton），葉篤義譯，《英使謁見乾隆紀實》（江蘇：上海書店出版社，2005），頁202。

此種方式即爲調戧。[36]根據陳國棟的研究，中國帆船所採用篷的特點有四項：(1)有助於保持帆面的平整，適於迎風以獲取最大的船舶推進力。(2)藉著橫向撑條的作用，可利用重力（gravity）原理將帆折疊收放，簡化收帆、張帆的操作程序。(3)撑條有助於使帆面受風產生的張力均勻地分散到撑條與繚繩上，因此，即使帆布的質料不夠堅固或帆面破損，也不礙受風航行。(4)撑條也可充作水手爬上桅桿或帆面特定部位的梯板，這比起西洋船舶所用「帆梯」（shroud）來得更方便與安全。[37]在篷架的材料使用上，通常都爲杉木。[38]

3.椗

椗爲泊船時，固定船隻的器物，通常船頭、船尾各一椗，並配用竹繩、草繩。[39]在帆船時代，椗的種類有木椗、石椗，木石椗，使用鐵製者，稱爲錨。（圖7-2至圖7-5）椗的做法依《天工開物》載：

> 錘法先成四爪，以次逐節接身，其三百斤以上者，用徑尺闊砧，安頓爐旁，當其兩端皆紅，掀去爐炭，鐵包木棍，夾持上砧。若千金內外者，則架木為棚，多人立其上，共持鐵鏈，兩接錨身，其末皆帶巨鐵圈鏈套，提起掀轉，咸力錘合。合藥不用黃泥，先取陳久壁土篩細，一人頻接口之中，渾合方無微罅，蓋爐錘之中，此物其最巨者。[40]

36　楊熺，《帆船史》，頁50-51。

37　參閱Kuo-tung Chen, "Chinese junks", *Calliop*, 17: 6. Feb, 2007, pp. 26-27.

38　《閩省水師各標鎮協營戰哨船隻圖說》，4冊，德國Staatsbibliothek zu Berlin（柏林國家圖書館藏）。

39　《欽定福建省外海戰船則例》（南投：臺灣省文獻委員會，1997），頁144。

40　（明）宋應星，《天工開物》（揚州：廣陵書社，2006），頁127b-128a。

在漢朝即出現木石結合的椗，但椗如何起落則無記載，宋代時已有起椗的絞車。[41]石椗及木椗爲常用的椗，鐵製的椗在切割時則較爲困難。[42]木椗則用楮木，爲黑色質堅，墜海底不浮外，用副椗一門爲定椗才不致有遺失。[43]

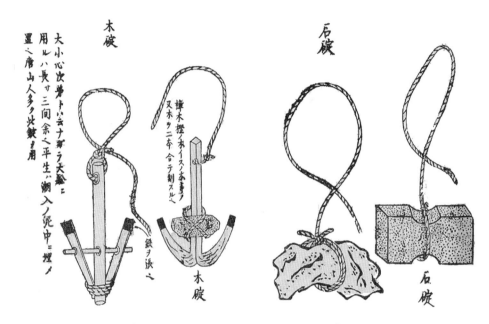

▲ 圖7-2　木椗。　　　　　　　　　　　　▲ 圖7-3　石椗。

資料來源：圖7-2至圖7-4。山岸德平、佐野正已編，《新編林子平全集》，頁118；117；405。

41　席龍飛，《中國造船史》（武漢：湖北教育出版社，2004），頁308。
42　山岸德平、佐野正已編，《新編林子平全集》（東京都：第一書房，1978），頁116。
43　《閩省水師各標鎮協營戰哨船隻圖說》，4冊。

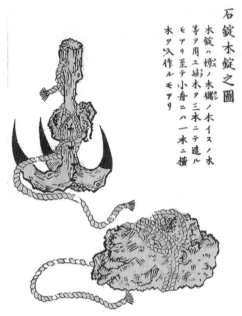

▲ 圖7-4　石木椗

圖片來源:《天工開物》,頁129b。

▲ 圖7-5　製錨

4.水密隔艙

　　水密隔艙的設計一向被認爲是中國造船技術對世界的一項重大貢獻,因爲滲水、進水對木造船隻總是永無止境的威脅。中國古人顯然從觀察遍地都有的竹子而得到靈感。竹子的特色之一是竹竿有節,把一根竹子對中剖開,圖面朝下置於水面,若有一段節間進水,因爲有竹間隔開,水就不會流進鄰近的另一個節間,基於這樣的道理,若把船體隔成數個緊密的船艙,那麼即使有部分船艙進水,也不會滲入到鄰艙,船上的人員就可以及時採取必要手段,減少船隻因進水而沉沒的危險。這種艙壁的構造是中國造船學的最基本原理,水密隔艙就是它自然的結果。[44]這樣的設計大概在東漢(25-220)至三國(220-280)之間即已被採用。在西方地區,於

---

[44] Joseph Needham, *Science and Civilization in China*, Vol. 4: Physics and physical technology, pt. 3: Civil engineering and nautics, Cambridge University Press, 1986, p. 420.

十八世紀末葉，水密艙區還是難以想像，但在此時幾乎所有的資料都指向中國船已在使用。[45]

5.其他船隻部件

船型樣態的特殊性亦爲中國船的另一個特徵，李約瑟認爲，歐洲人在第一次看到時會感到驚訝的，（雖然他們自己也使用），就是在夾板上最寬處的橫梁（梁頭）建在比較靠船尾的部分。[46]因此中國船的外型像鳥或鵝。另外在船板的艙縫材料，中式帆船與其他國家所使用的不同，伊拉克使用瀝青，越南使用油泥，[47]中國則由灰、桐油、網紗、竹絲、油灰混合而成。[48]緊密度相當良好。

水師戰船的配備可分爲兩大項，第一，依船隻大小不同而配備迥異，惟基本上差距不大。第二，依戰船部署的地點不同，戰船配備亦不同。戰船的配備除了武器種類增多之外，其他部分與商船相當，但一些基本的配備數量（如篷、椗、繩等等）將多於商船，技術層面的配備如頭巾、插花等，也較爲健全。戰船的這些配備優於商、漁船，並不是因爲商、漁船的技術不足，而是如前所述，在政府的規定之下，無法增加或配備相關的器物。

清朝的戰船以趕繪船所存在的時間最長，也是乾隆以前水師所使用的主要戰船。趕繪船的配備，大篷一面、頭篷一面、尾樓篷三面（併架另遮陽篦篷四張）、舵二門存一、椗四門存二、椗牌二面（名曰浮蕩或用竹筒去皮或由木板寫知，號急用時羈之）、大糸律索二副存一副、繚母二條存一、大篷繚仔一副（臨戰時有多藏一副）、頭篷糸律二副存一、頭篷繚母二條存一、頭篷繚一副、棕椗繩二條（各長四十餘丈一尺間）、摘尾鞦韆踏篷弔繩備足用、大索六條（每條十六丈，備用）、小索十條（每條十八

[45] Joseph Needham, *Science and Civilization in China*, Vol. 4: Physics and physical technology, pt. 3: Civil engineering and nautics, Cambridge University Press, 1986, p. 420.

[46] Joseph Needham, *Science and Civilization in China*, Vol. 4: Physics and physical technology, pt. 3: Civil engineering and nautics, Cambridge University Press, 1986, p. 417.

[47] Joseph Needham, *Science and Civilization in China*, Vol. 4: Physics and physical technology, pt. 3: Civil engineering and nautics, Cambridge University Press, 1986, p. 383.

[48] 《欽定福建省外海戰船則例》（南投：臺灣省文獻委員會，1997），頁276。

丈備用）、頭桅衝鋒紅旗一面（九幅，每縛一丈五尺）、大桅一條龍旗一條（中用白布一幅長六丈，兩邊用青布配，長上做荷葉頂下做蜈蚣尻）、大櫓二枝、頭抄一枝、杉板櫓一枝（配槳四枝）。[49]

艍船型式小於趕繪船，在配備上的部件亦少於趕繪船，艍船的配備有大篷一面、頭篷一面、舵二門、椗三門存一、大絆繂二副、繚母一條、大篷繚一副、棕椗繩二條（各長三十五丈八寸間）、小繂十條（每條十六丈）、天后旗一面、大桅駕帶一條、頭抄一枝、杉板櫓一枝（配槳二枝）。[50]再者，因區域的不同，船隻的形式及戰術皆有不同，因此船舶的配備因地制宜。如乾隆十七年（1752）規定除了廣東以外，所有戰船要配備頭巾、插花，[51]另外廣東地區使用椗的耗損率較高，因此需要增加副椗。

二、武器與人員編組

（一）火砲配置

清朝的水師配備是在明朝的架構下持續推行，在近身武器方面的改變不大，火砲方面則有較大的改變，但也是在明朝的基礎下持續延用。《海國史談》引相關資料紀錄，明船在火器火藥的使用方法，[52]包含了火藥製造、使用及保存。然而明清的火砲威力及發射距離，與同時期的西方國家相比，顯得遲緩許多。再者，火砲的使用，水師同於陸師，相互間使用。本小節闡述之戰船武器配備以火砲為主，士兵所配備的輕兵器於本節第三小節闡述。

明朝水師，前期的鄭和船隊其實是一支移動的陸戰部隊，不是海軍，所以沒有從事海戰的打算準備與訓練，也沒有那樣的設備。[53]嘉靖以後，

---

49 （清）陳良弼，《水師輯要》（上海：上海古籍出版社，2002），頁335。
50 （清）陳良弼，《水師輯要》，頁336。
51 （清）趙爾巽，《清史稿》，〈志〉，卷135，〈兵〉110，〈水師〉，頁3985。
52 足立栗園，《海國史談》（東京都：中外商業新報商況社，1905），卷107，〈明船の火藥火器使用法〉，頁136。
53 陳國棟，〈鄭和船隊下西洋的動機：蘇木、胡椒與長頸鹿〉，收於《東亞海域一千年》

海寇問題接踵而來，水師的訓練及配備即有其必要性，這可從嘉靖初以來的海寇問題，明廷無法在極短時間將海寇殲滅，這是因為明廷尚未組成真正的水師部隊。這些所謂的水師充其量只是以船為配備的陸軍，將戰馬改成戰船，在武器方面沒什麼不同。俞大猷及戚繼光擔任勦寇指揮官之後，才組成了水師部隊，並訓練水師，精研水師兵法。有關水師兵法的相關著作，即在此時期之後陸續出現，一直延續到清朝。

　　依照戚繼光的兵法中所載，福船的人員分配有五大項，第一甲佛郎機、第二甲鳥銃、第三甲標鎗、第四甲標鎗雜藝[54]、第五甲火弩。[55]從這之中可看出嘉靖時期的戰船武器配備（表7-1），已經廣泛使用佛郎機砲，但這些配備基本上都屬於陸師所擁有，只是改配置於戰船上。明朝的水師配備大體上就維持如此，清朝以後，亦在這樣的架構下繼續使用。然

表7-1　明代戰船上使用之火器裝備

火器名稱	福船	海蒼船	艟舟喬
大發	1門		
大佛郎機	6門	4門	2門
碗口銃	3門	3門	3門
噴筒	60具	50具	40具
鳥嘴銃	10桿	6桿	4桿
煙罐	100個	80個	60個
火箭	300支	200支	100支
火磚	100塊	50塊	20塊
火砲（震天雷）	20個	10個	
灰罐	100個	50個	30個

資料來源：張鐵牛，〈戚繼光與水師〉，收於閻崇年主編，《戚繼光研究論集》（北京：知識出版社，1990），頁123。

　　（臺北：遠流出版社，2005），頁107。
[54]　包括施放火磚、石灰、火藥等相關武器。
[55]　（明）戚繼光，《紀效新書》18卷本，（北京：中華書局，2001），頁315-316。

而，清朝在火砲的噸位以及種類上，比起明朝時期更為多樣。

鄭氏時期，由鄭芝龍開始，即與明廷有良好的互動關係，因此鄭氏戰船所配置的武器已相當精良。同時間，清朝水師所用的武器，大致上與明朝相同的，從劉文煥生擒偽「恢粵將軍」周玉，奪回杻鐠知縣王允的戰役中，可看出當時鄭氏戰船上所配備之武器情況：

> 本標官兵生擒偽軍師林輔並周玉母梁氏。各標共擒賊二百七十人，獲賊大船二十四，快船二十八，鐵盔甲、綿甲七百四十一，大砲、班鳩、子母、三眼、百子鳥槍四百六十九，虎叉、大刀、槍、籐牌一千九百一十六，火藥五十罈。[56]

另一事件發生於鄭、清的對抗中，清朝水師打沉鄭氏大趕繒一隻、雙篷船四艘，得獲威遠大砲一人，發熕砲（火砲）二位，大刀、長鎗、籐牌、火箭等項甚多。[57]在澎湖海戰時期，施琅對於鄭軍武器的使用情況亦有描述：

> 臣督率嚴陣指揮，直向娘媽宮撲勦，賊各處砲城及迎敵砲船、鳥船、趕繒大小各船，四面齊出迎敵，每賊砲船安紅衣大銅砲一位，重三、四千觔，在船頭兩邊安發熕二十餘門不等、鹿銃一、二百門不等，砲火矢石交攻，有如雨點。[58]

鄭氏王朝末期，安置在戰船上的火砲樣式並沒有多大改變，但已有三、四千觔的火砲。雍正年間的定海水師，當時有戰船十艘，係定海鎮標三營撥歸乍浦營，現留紅衣砲八人俱配戰船，百子砲四十人俱配戰船，

56 （清）彭孫貽，《靖海志》（南投：臺灣省文獻委員會，1995），卷2，頁65。
57 （清）楊捷，《平閩紀》（南投：臺灣文獻委員會，1995），頁228，〈剿殺海寇逆咨督院〉，康熙19年。
58 （清）胡建偉，《澎湖紀略》12卷，卷12，〈飛報澎湖大捷疏施琅〉，頁249。

劈山砲兩位俱配戰船。[59]以清朝紅衣砲的型制來看，可製造一千一百觔至五千觔的規模。[60]顯見於鄭氏投降的五十年後之清朝水師戰船，大致是以這樣的配備爲主。雖然各省、各鎮、營，砲位大小不一，超過千觔以上的砲位並不多。以臺灣水師配備的大同安梭來看，比中國集、成字號皆小，較之夷船更形矮小，安放礮位如一千觔以上即覺過重，船身礮力皆不足以取勝。[61]鴉片戰爭前，才興造噸位較大的火砲出現。然而，清朝並非不能製造更大型火砲，只是當時面對的敵人，毋寧使用此種火砲應付，即可得勝，因此在戰船上即少有安放較大的火砲。

在戰船砲位的裝置上，依據戰船大小型式不一，安放的砲位數量亦不同，以米艇來看，每船礮位多者十七、八人，少者十二、三人，每位派兵三人。[62]即使至鴉片戰爭前，以臺灣水師營戰船來看，現留各營每大船一隻派千總或，外委一人，管駕帶兵四十人，配大礮二人、中小礮四人，小船一隻派外委或額外一人，管駕帶兵三十人，配中小礮四人。[63]海盜船的火砲安置數量，與水師戰船相距不遠，蔡牽時期，由浙江水師所擄獲的蔡牽戰船中，被擄獲十船，共有大小銅鐵礮位八十六人，自二千餘觔至數千觔不等。[64]可見，水師與海盜的武器配備相去不大。

（二）火砲類型

在武器的使用上，一般是將陸上火砲與戰船上火砲混爲一用，配置於戰船上的火砲會因船隻大小而配備噸位不同的火砲。但對於製造數千觔的火砲，清朝則已有這技術，如在乾隆時期，攻打大小金川期間，已鑄造有噸位較大的火砲。四川總督阿爾泰（？-1773）奏：「小金川因官兵連次

59　（清）嵇曾筠，〔雍正〕《浙江通志》，卷92，〈兵制〉3，頁11b。
60　（清）崑岡，《欽定大清會典圖》270卷，卷100，頁132。
61　（清）姚瑩，《東溟文集》，〈文後集〉，卷4，頁175。中復堂集本。
62　（清）程含章，〈嶺南集·上百制軍籌辦海匪書〉，收於賀長齡，《清經世文編》，卷85，〈兵政〉16，〈海防下〉，頁41b。
63　（清）姚瑩，《東溟文集》，〈文後集〉，卷4，頁175。
64　（清）張鑑，《雷塘庵主弟子記》8卷，《清代民國藏書家年譜》（北京：北京圖書館出版社，2004，清琅嬛仙館刻本），卷2，頁8a-10a。

克捷，遂踞約咱要隘，悉力固守。臣在軍營鑄成三千觔重大礮一位」。[65]
雖然可以製造噸位較大的火砲，惟噸位大之火砲維修不易，非緊要時機
並不常使用，即使在訓練演放火砲時，也建議毋需常用。多拉爾海蘭察
（？-1793）等奏：「千觔以上之礮，體質重大，演放後倘有傷損，修理
不易。請限以三年演放一次，該部屆期行令各旗，酌撥十二位演放」。[66]
對維護大型火砲的不易，清廷減少施放可想而知，但如武器不常使用，是
否可以保持良好狀況，則值得存疑。

　　清朝戰船上的火砲，依照船隻樣式及大小不同，配備的火砲樣式亦不
同，乾隆朝以前，水師的主力戰船，分別為趕繪船及艍船，以下將這兩類
型戰船來檢視其武器配備，有何異同之處。

　　趕繪船的武器配備有，大熕銃二門（重三、四百觔，各備藥子十
出）、斗頭銃一門（重二、三百觔，各備藥子十出）子母銃十枝（各帶子
五個，各用木匣收貯）、噴筒五十枝、火藥三百斤（心藥備足）、碎小生
彈二百斤、火罐三十個（俱收查庫艙）、高陞火藥一百枝（如九龍垂珠或
連陞三級）、戰箭五百枝、挑刀十枝（收存戰棚下）、鉤鐮鎗六枝（收戰
棚下）、雙手大刀十把（收存官廳）、藤牌十面（收艙）、竹篙鎗二十枝
（收尾樓邊）、大銍鍋二口（併蓋架）、大水桶二個、小水桶二擔（小吊
桶二個）、大皷一面（併架）、小皷二面、大鑼一面（重五斤）、竹梆二
個、飯桶四個、飯碗一百個、粗箸十副、柴刀二把、火盆二個、烘爐二
個、斧頭二把、鐵鋸、鐵鑿、錐、斧、銼備用，桐油一擔、蔴絨、竹絲、
網杉棕各一擔、大小鐵釘五十斤、石灰二擔（亦可為灰包用）、尾樓大
鐵被一張、中笨大戰被二張（俱收舵公、艙交香公）、兩舷邊竹甲牌各五
面、繚岫處牛皮牌各二面。[67]

　　艍船的武器配備則為子母銃六枝（各帶子五個，併藥彈百出，各用木

---

[65] 《高宗純皇帝實錄》，卷896，乾隆36年11月甲辰，頁1043-2。
[66] 《高宗純皇帝實錄》，卷1363，乾隆55年9月癸卯，頁291-2。
[67] （清）陳良弼，《水師輯要》，頁335。

匣收貯）、噴筒三十枝、火藥二百斤、碎小生彈一百個、火罐十個、戰箭三百枝、挑刀四枝、雙手刀四把、藤牌六面、竹篙鎗六枝、鉤鐮鎗四枝、大小銑鍋二口（併蓋架）、大水桶二個、小水桶一擔（小吊桶二個）、中皷一面（併架）、小皷一面、大鑼一面（重四斤）、竹棚一個、飯桶二個、飯箸三十副、柴刀一把、火盆一個、斧頭二把、鐵鋸、鐵鑿、錐、斧、銼備用，桐油五十斤、蔴絨、竹絲、網杉棕各十斤、大小鐵釘二十斤、石灰一百斤。[68]

　　從趕繒船及艍船所配置的武器來看，幾乎沒有配備五百觔以上的火砲，主要以輕型的火銃爲主，再配合火磚、火箭，以及其他的短兵器。但在這資料中，陳良弼沒有註明船型大小，依筆者推斷，極可能是中小型的繒、艍船。我們可以再端看乾隆年間，在廣東潮州水師的艍船配備，船長六丈，寬一丈六尺六寸，配官兵四十一人，內配防器械，銑鐵砲六人，併架蓋熟鐵，靖海砲一人併砲凳，河塘砲一門，帶錔仔三個，斑鳩砲三門，帶錔子九個，鳥鎗十二桿、過山鳥鎗六枝、籐牌五面、長桿木鎗三枝、封口六百個、群子三千粒、火藥三百九十三斤五兩、黑鉛二百斤、鉛彈七百四十粒、犁頭鏢二十枝、鐮刀二枝、鉤鐮十二枝、桃刀二枝、戰箭三百枝、竹篙鎗十枝、鐵貓二個并鍊火箭二匣、火罐六十個、火箭三筒、火龍三個、木火桶一個、火磚三塊、火筒三枝。[69]此艍船型式屬於中、大型艍船船型，其武器配備情況，與陳良弼所載之艍船武器配備相去不遠。可見當時的戰船配備大致上維持這樣的規模。

　　乾隆以後的同安梭船，配備與趕繒及艍船有所不同，小號同安梭船的武力配置有釘槍四桿、繚風刀四把、鉤鐮槍四桿、三鬚鉤四桿、火箭四十枝、火毯十箇、噴筒八桿、紅衣礮二人、劈山礮二人、子母礮二人、百子礮十人。[70]如以集字號大同安梭來看，嘉慶二十二年（1817）的天津海口

68　（清）陳良弼，《水師輯要》，頁336。
69　（清）周碩勳，〔乾隆〕《潮州府志》42卷，卷36，頁46a。
70　（清）董誥，《欽定軍器則例》24卷，卷23，頁435。

所屬戰船，集字號大同安梭船，配二千四百觔重紅衣礮二人、二千觔重紅衣礮二人、一千五百觔重紅衣礮四人、八百觔重洗笨礮一人、一百四十觔重劈山礮十六人、窩峯子四百斤、籐牌牌刀三十面口、撻刀六十杆、竹篙槍六十杆；一號同安梭船、配一千觔重紅衣礮二人、八百觔重紅衣礮二人、五百觔重礮二人、一百觔重劈山礮四人、八十觔重劈山礮四人、窩峯子四百斤、籐牌牌刀二十面口、撻刀四十杆、竹篙槍四十杆。[71]從《欽定軍器則例》以及《大清會典事例》的記載中可了解，在同安梭船的武器配備方面，趨於簡單，不再配置樣式衆多的火砲及近身兵器，除了紅衣礮及劈山礮為較重型火砲之外，其他屬於輕兵器。大型同安梭船的紅衣砲，最大則有二千四百觔上下，這也是鴉片戰爭前，水師戰船中所配備的最強大的火砲。

再比較與同安梭船同期間使用的艇船[72]的武器配備，以大型艇船一隻配兵八十人，帶本身器械外，另配紅衣礮四人、劈山礮八人、籐牌十面、腰刀五十把、鉤鐮槍二十桿、單刀四把、火藥三百觔、大小鐵彈三千出、鉛子二千出、噴筒二十桿、火箭四箱、火毬四十箇、火繩五十盤。[73]從艇船的武器配備可了解，艇船與同安梭船的武器配備樣式是相同的，艇船大於同安梭船，因此在武器配備的數量上明顯較多。這是受到船隻大小的限制，所產生的差距。再將船砲與岸砲相比較，則形態差距更大。明、清船隻所使用的火砲噸位遠低於岸砲，這是因為依照船隻吃水深淺，給予配備等值的火砲，如此才不會影響船隻安全。明、清戰船規模小於西方甲板船，因此在船舶的火砲配置上，在數量及規模上都不及西方船隻。以下針對中式帆船時常配備的火砲做一說明。

---

[71] （清）崑岡，《大清會典事例‧光緒朝》，卷898，〈工部〉37，〈軍火〉5，嘉慶22年，頁378-1。
[72] 艇船為蔡牽海盜事件中，由李長庚所督造專門對付蔡牽的戰船。亦是嘉慶間清朝最大戰船。
[73] （清）董誥，《欽定軍器則例》，卷23，頁435。

1.紅衣礮

　　紅衣礮鑄鐵，前弇後豐，底圓而淺，重自一千五百觔至五千觔之間，長自一尺六寸至一丈五寸，中鋄雲螭隆起八道，旁爲雙耳，受藥自二觔六兩至七觔八兩，鐵子自五觔至十五觔，載以三輪車，如神威無敵大將軍礮車之制。[74]雖然紅衣砲最重有五千觔，但配置在戰船上的紅衣砲甚少超過二千觔。[75]二千觔以上的紅衣砲大部分配置於岸上砲臺，以及陸師攻城作戰之用。

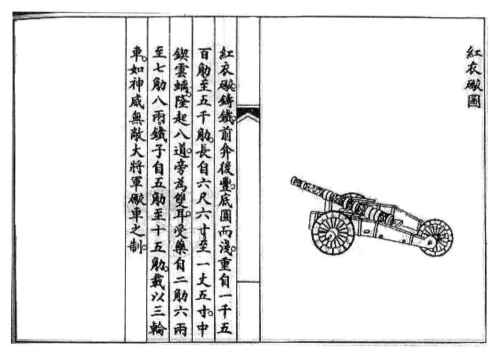

▲圖7-6　紅衣礮圖。圖片來源：（清）崑岡，《欽定大清會典圖》，270卷，卷100，頁132。

---

[74]（清）崑岡，《欽定大清會典圖》270卷，卷101，頁132。
[75]（清）崑岡，《欽定大清會典圖》，270卷，卷100，頁132。

2.得勝礮圖

　　得勝礮在清朝發明製造使用，在《欽定大清會典圖》中，對得勝礮有詳細的描述：鑄銅，前弇後豐，口如銅角重三百六十五觔、長六尺三寸、通髹以漆，不鏤花文，隆起三道，旁為雙耳，受藥六兩，鐵子十二兩，載以雙輪車，通髹朱正箱為鐵錗，以承礮耳，轅前後出長一丈二尺六寸，端皆施鐵鐶輪在中，各十有八輻。[76]得勝礮的嘳位小於紅衣砲，屬於輕型火砲，便於攜帶，主要用於攻擊人員，可發揮較大的殺傷力。

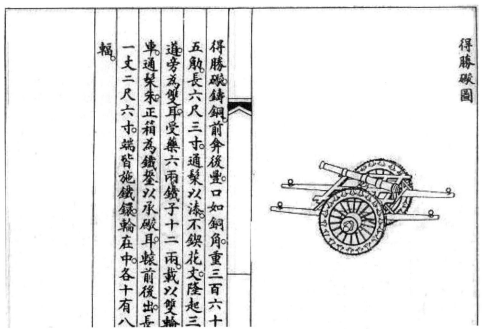

▲ 圖7-7　得勝礮圖。圖片來源：（清）崑岡，《欽定大清會典圖》，270卷，卷98，頁114。

---

76 （清）崑岡，《欽定大清會典圖》，270卷，卷98，頁114。

3.劈山礮

劈山礮於清朝才製造量產，其噸位小於紅衣砲以及得勝砲，噸位有約一、二百觔上下，[77]劈山礮與子母礮相較，雖子母礮噸位較小，但相形之下，劈山礮比子母礮更容易攜帶。[78]數個人即可扛打，上下左右移動時，均屬便捷。[79]劈山礮用於對西北、及西南戰爭爲多，此後亦配備於戰船上使用。

4.子母礮

子母礮於明朝嘉靖年間製造使用，此用於驚嚇敵營或夜間遠放入賊營時，專門進入賊營對付沒有配備火銃之兵，如使用子母礮對付，將可得到良好功效。[80]子母礮皆鑄鐵，前弇後豐，底如覆笠，重九十五觔、長五尺三寸，砲身上漆但不鏤花文，星斗旁爲雙耳，有子礮，管連、火門各重八觔，受藥二兩二錢，鐵子五兩，礮面開孔與子礮相稱，用時內之固以鐵鈕，遞發之相續而速，載以四輪車，如凳形，中貫鐵機，以鐵鏨承礮耳下施四足橫直，皆楔以木，後加斜木撐之，足施鐵輪，輪各八輻，左右推輓，末加木柄，後曲而俯，以鐵索聯於車上，載以四輪車。[81]

（三）人員編組

戰船依類型、大小型號不一，因此人員配置的數量會有不同。一艘戰船，人員的配置可分爲操舟人員，以及戰兵兩個部分。明朝嘉靖時期的福船、海滄、艟䑠三種戰船所配置的人員職司，大致相同，（表7-2）內容是依照船隻大小不同，有人數多寡之分。從表7-2可以看出，海滄船、艟䑠船因船隻規模較小，沒有望斗因此不設置斗手人員。「大凡舟師之中，不可一日離兵，兵以船爲家，船因兵固守」[82]船爲水師重要的武器配備，

77　（清）崑岡，《大清會典事例・光緒朝》，卷898，〈工部〉37，〈軍火〉5，嘉慶22年，頁378-1。

78　《高宗純皇帝實錄》，卷1140，乾隆46年9月壬子，頁270-1。

79　（清）徐家幹，《洋防說略》（北京：解放軍出版社，1993，據清光緒13年木刻本影印），頁8。

80　（清）鄭若曾，《籌海圖編》，卷13，頁1276。

81　（清）崑岡，《欽定大清會典圖》，270卷，卷100，頁130。

82　（清）陳良弼，《水師輯要》，頁333。

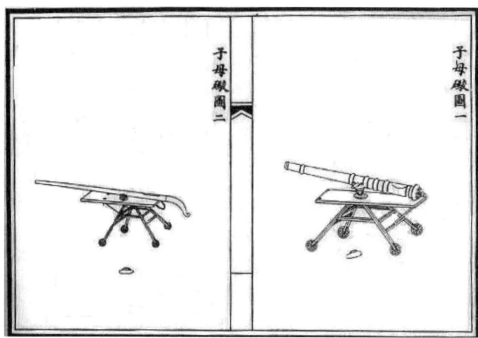

▲ 圖7-8　子母礮圖。圖片來源：（清）崑岡，《欽定大清會典圖》，270卷，卷100，頁130。

表7-2　明朝嘉靖年間戰船人員配置表

稱謂 ＼ 船型	福船	海滄	艟𦩞
捕盜	1	1	1
舵手	2	2	1
繚手	2	2	1
扳招	1	1	——
上斗	1	——	——
碇手	2	2	1
甲長	5	4	3
兵夫	50	40	30
合計	64	52	37

資源來源：（明）戚繼光，《紀效新書》18卷，（北京：中華書局，2001），頁314-322。

因此在任何時間，都必須有士兵在船上固守，即使是靠岸停泊，亦需留守足夠人員，否則相關人員將受到處罰。

　　清朝與明朝的戰船人員職司之分類大略相同，以明朝嘉靖年間的戰船來看，由捕盜、舵手、繚手、扳招、上斗、碇手、甲長、兵夫，八種人員所組成。

　　清朝的水師戰船，其人員的組成為何？以趕繒船來看，在《水師輯要》中，有詳細的記載，趕繒船必配舵工二人、大繚一人、頭繚一人、頭碇、副碇二人、頭抄一人、阿班一人、杉板公一人、直庫一人、押舡一人、香工一人、一櫓、二櫓二人，（表7-3）此十四人名為掌管頭目事，確不可少也，餘十二人為之散兵，內有大旗、什長，可幫忙使舵、入繚、車篷起碇、拔杉板、搖櫓、幫抄、支更、瞭望、打水，皆當幫助協力為之，因為大家都是同船共命，務撥時間歷練技能，隊目管船，以約束此三十四人，共三十五人。[83]這是比較清楚的劃分方式，一般書籍中所載，則較為簡單，《浙江通志》載：「大號趕繒船，每船應用捕盜一名、舵工二名、繚手一名、碇手二名、阿板二名、舢板二名、水手二十名」。[84]然而，此種分法也是最普遍的分類方式。

　　從表7-2至表7-3可看出，清朝戰船上的人員職司與明朝相當，惟清朝在人員的工作分配上更為詳細。除了這些負責操作戰船的人員之外，還必須加入作戰的士兵，如此才是完整的戰船人員之組成。

表7-3　清朝趕繒戰船人員配置表

稱謂	舵工	大繚	頭繚	頭碇	副碇	頭抄	
人數	2	1	1	2	2	1	
稱謂	阿班	杉板公	直庫	押舡	香工	1櫓	2櫓
人數	1	1	1	1	1	2	2

資料來源：（清）陳良弼，《水師輯要》，頁333。

83　（清）陳良弼，《水師輯要》，頁333。
84　（清）嵇曾筠，〔雍正〕《浙江通志》，卷91，〈兵制〉2，頁8b。

　　清朝戰船主要有捕盜、舵、繚、斗、椗，五種負責操船人員，人員的重要性為何，從登記水牌的順序中可看出。在登記水牌中，首列舵，此後為繚、斗、椗，將名字按地位列出，各司其事。[85]這樣的排名順序象徵他們的地位高低以及重要性。當然，如果是屬於小型戰船，其人數少，自然稱謂亦少。如八槳船，人數本來就不多，有掌篷一人、掌舵一人、搖櫓六人，其餘五人為士兵，專門負責戰鬥。[86]這些人員的職司為何，以下進行闡述。

1.捕盜

　　捕盜即為一船之長，名稱用法始於明代，於戚繼光《紀效新書》中，就已經有捕盜名稱出現。[87]捕盜即戰船的指揮官，所有人員的分工，皆由其分配，戰船上的所有成員亦需服從捕盜的指揮。[88]擔任捕盜者，必須熟知船舶的各部操作，通常由該船階級最高的人擔任。

2.舵工

　　舵工為負責操作船舵之人，地位僅次於捕盜。舵者，像是人之心臟一樣，繚、斗、椗，猶如四肢也，一船著力全在舵工。[89]因為海洋之戰全憑風潮為主，鬥船力不鬥人力，其要訣在舵工，如據上風遇敵舟之小者，則以大舟撞碎之，遇敵舟大者，則以火器攻之火攻，蓋水戰第一籌也。[90]舵工的地位如此重要，在挑選人員時更應該仔細。舵工則教以搶拉護舵，以及了解山形水勢、風信颶期、雲日、流水等事務。[91]林君陞認為：「一船之命盡係舵工一人，必擇練達年長，善知風頭，熟諳水勢者充之，再置副二，以防疏虞，糧賜俱宜從優，有功先加賞賚」。[92]陳良弼亦認為挑擇舵工，應該找有經驗的人為主，而舵工的人數最好是二人以上，以利替換。

85　（清）林君陞，《舟師繩墨》，頁9b。
86　《明經世文編選錄》，卷354，〈行監軍道〉，頁3354。
87　（明）戚繼光，《紀效新書》，卷18，〈治水兵篇〉，頁72。
88　（清）林君陞，《舟師繩墨》，頁8a。
89　（清）林君陞，《舟師繩墨》，頁13a。
90　（明）何汝賓，《兵錄》14卷，卷10，頁2b。
91　（清）嵇曾筠，〔雍正〕《浙江通志》，卷96，〈海防〉2，頁17a。
92　佚名，《兵法備遺》，（北京：學苑出版社，2005，清抄本），頁466。

如果舵工能知道港道的深淺，天時明暗、潮汐流向等當更好，[93]在操作船隻時，將更爲安全。

3.繚手

繚手即爲操縱風帆人員，船上的事務，惟舵、繚最爲重要，以舟師的紀律來看，如果駛風不正，責任歸之於舵、繚，因此務必同心協力，方克有濟。[94]《浙江通志》云：「繚手主要是教以趨繚風、過大篷、收摘尾管、大繚、摺篷頁等事」。[95]

4.斗手

斗手亦稱亞班（Abang）、阿班，[96]爲負責瞭望之人，短兵相接時，可丟擲火磚、使用火箭、弓、弩。由上而下攻擊，可增加對敵軍的殺傷力。斗手必須長時間待在望斗內，望斗數公尺之高，因此選擇斗手，則需謹愼。林君陞說：「斗手的選擇，有幾個要項，以瘦小體型者爲佳，才容易爬上桅桿，另外手足伶俐、精力強壯者才適合擔任斗手之責。除此之外，尚需選擇有膽量的人擔任，如膽識不足，則無法攀爬至望斗」。[97]在年紀的篩選上，也有限制，二十歲以下，四十歲以上的人並不合適，因爲四十歲之後體力較差，無法長期蹲伏於望斗內，年紀未達二十歲，則可能膽識不夠。[98]可見要擔任斗手這個職務，並不是人人皆可。選擇斗手之後，必須予以訓練，了解是否合適。上桅工作須帶一丈多長之布，將身繫縛，目的是要擦拭桅桿，避免發霉，並也有將桅桿綁住，固定之情況。[99]

在斗手與繚手的重要性上，清廷認爲斗手的地位比繚手重要，因此給

93　（清）陳良弼，《水師輯要》，頁333。

94　（清）林君陞，《舟師繩墨》，頁18a。

95　（清）嵇曾筠，〔雍正〕《浙江通志》，卷96，〈海防〉2，頁17a。

96　根據陳國棟的研究，Abang是馬來文，被中國稱呼擔任某職務的官員；根據相關史料的記載，「斗」與「陡」同音，斗手須攀爬桅桿，故有斗之稱呼。亞班在馬來文中爲兄長（大哥）之意，這樣亞班在船舶人員中所扮演的角色近似於領導，其地位僅次於出海（船長）、及舵工，並身繫一船安全之責。陳國棟，〈從四個馬來詞彙看中國與東南亞的互動〉收於《東亞海域一千年》，頁128-130。相關史書稱斗手站立之處爲望斗，亦可能是斗手名稱的由來。

97　（清）林君陞，《舟師繩墨》，頁20a。

98　（清）林君陞，《舟師繩墨》，頁20a-20b。

99　（清）林君陞，《舟師繩墨》，頁20b-21a。

予的位階高於繚手。在水師應拔之缺，可準其照長江水師之例，借補小銜，至舵工、椇工二項即照前條所議，俟試驗一年然後，準其拔補外委及額外外委之缺，其繚手以下即補戰兵。[100]可見繚手的地位低於舵工，因此繚工必須事事與舵工斟酌而行，不可各行其事。[101]在戰船上無論誰的地位高，相互合作則是唯一的法則。

5.椇手

專門操縱椇來固定船隻之人員稱之，帆船時期，船隻所使用之固定物有石頭製成稱「碇」；有木頭所制稱「椇」；有鐵所制稱「錨」。鐵器未大量使用之前，以木製的椇使用最多。碇手的任務雖然看似簡單，如沒有詳加的訓練，一旦發生事端亦會危及船之安全。林君陞認爲，如果下碇的地點不好，一旦水流湍急或者是繩索斷裂，除了本身受害之外，亦會危急到身旁的船隻；再者碇木的維護也是重要的一環。木頭容易長蟲腐爛，從外表中難辨其情況，必須要用燂洗的方式來處理，購買碇木也必須清楚分辨椇木材質。[102]針對拋碇的方式，有三大要素，其一，必須要看地之深淺，淺地拋碇必要等船餒定，方可拋下，在碇紉絆碇頭，俗謂之包頭，又名爲弔狗。其二，看水流之緩急，如急水拋碇，預先將碇潑水，再量其地之淺深。其三，看風之順逆，如順風逆流，等大篷、頭篷齊下，方可拋椇，若順風順流，又要看嶴之寬窄，嶴若寬，餒起拋椇，然後下篷，嶴若窄而淺，即在嶴口下大篷，駛頭篷進嶴。[103]

拋椇看似簡單，其實不易，除了熟知拋椇處的狀況之外，椇手還必須學習滾椇、拋椇、撥扷車罾等事。[104]然而，無論是舵、椇、繚、斗，彼此間都必須熟知他人的職司技能，以做爲支援之用。爲了達到相互學習的

---

[100] （清）丁寶楨，《丁文誠公奏稿》，《續修四庫全書》（上海：上海古籍出版社，1997，光緒19年刻本），卷8，頁31b-32a。
[101] （清）林君陞，《舟師繩墨》，頁18a。
[102] （清）林君陞，《舟師繩墨》，頁22a-22b。
[103] （清）林君陞，《舟師繩墨》，頁23a-23b。
[104] （清）嵇曾筠，〔雍正〕《浙江通志》，卷96，〈海防〉2，頁17a。

效果，通常將椗、斗、繚、舵分編四甲，按船之大小額配戰水兵，丁內除百隊一人、書識一人、捕盜一人、什兵一人，併經管椌頭水兵五人，不編入甲外，將椗手、斗手、繚手、舵工懸爲甲首，各執其事，尙餘水戰士兵若干名，也將全數編爲四甲，分派椗、斗、繚、舵跟班指點習學。[105]在學習的過程中，其護椗、護斗、護繚、護舵五日一換，至於十日，椗、斗則換護繚、舵，繚、舵則換護椗、斗，前後更換彼此輪流循環學習，自然熟能生巧。[106]這樣一來，船上每個人員多懂得數種技能，一旦有臨時狀況發生，相關人員即可適時幫忙，以利船隻正常運作。

（四）人員的武器

　　戰船上士兵所使用的武器，與陸師士兵略有不同，除了有遠距離的火砲之外，大部分不外乎，銃、鎗、弩、火箭、火磚、刀、劍、槍等兵器。在明朝時期，依《明會典》載：「凡海運隨船軍器，洪武年間每船配有黑漆二意弓二十張、弦四十條、黑漆鈚子箭二千支、手銃筒十六個、擺錫鐵甲二十副、椀口銃四門、箭二百支、火鎗二十條、火攻箭二十支、火叉二十把、蒺藜炮十個、銃馬一千個、神機箭二十支」。[107]由這些配備中可看出，洪武年間尙未將火砲配備於戰船上，嘉靖以後，戰船皆已配備重量較小的火砲。

　　清朝時期，戰船上的武器配備樣式繁多，然而，依省份不同，船隻大小形制不同，所配備的武器亦不同。依據《欽定軍器則例》三十二卷中所羅列的武器，本文將其分成身上配件、近身武器、火器、各種套件、號令配件、工事工具、防禦設備、炊事設備、鎗與銃、其他等十項。（表7-4）從表7-4中，可以看出，浙江省的戰船武器配備最爲簡要，福建省居次，廣東省最爲多樣、複雜。

　　鳥槍爲各省戰船上的士兵之主要配備。其他的身上配件方面，廣東與

---

[105]　（清）嵇曾筠，〔雍正〕《浙江通志》，卷96，〈海防〉2，頁17a。
[106]　（清）嵇曾筠，〔雍正〕《浙江通志》，卷96，〈海防〉2，頁16b。
[107]　（明）申時行，《大明會典》，卷156，〈兵部〉39，頁10b-11a。

福建相當，惟廣東多一盔襯。在近身武器方面，浙江與福建配備相當，廣東省則配置較多樣式的刀、鎗、叉、鐵蒺藜等等。在火器方面，三省皆配備有火藥桶、火箭、噴筒，其他的火器以廣東最多、福建次之、浙江最少。在武器套件方面，廣東省的樣式最多，浙江次之，福建最少。在號令配件上，戰鼓、海螺、號帽三省皆配置，銅號、號筒、號掛，於浙江及廣東配有之，福建則不配備。號袍則只配備於浙江，銅鑼則只配備於廣東。這與廣東洋面廣，需以銅鑼連繫，浙江洋面較爲狹小，以號袍即可達到訊息傳遞目的。在其餘各種配備，可以看出都以廣東最多，大部分都是用於戰術及戰鬥之用。

表7-4　清朝浙、閩、粤水師士兵武器配備表

省份 項目	浙江省	福建省	廣東省
身上配件	棉甲、鐵甲、鐵盔、盔襯	棉甲、鐵甲、鐵盔、棉盔、皮盔	棉甲、鐵甲、鐵盔、棉盔、皮盔、盔襯
近身武器	弓、箭、腰刀、牌刀、長槍	弓、箭、牌刀、腰刀、長槍	弓、箭、牌刀、腰刀、長槍
	三鬚鉤、鉤鐮刀	三鬚鉤、鉤鐮刀	鋏鎗、三眼鎗、四眼鎗、鉞斧、鉤鐮槍、鉤矛、鉤挽、犁頭標、鐵蒺藜、馬叉、靶叉、短馬鎗、斗標、標槍、琵琶槍、月牙槍、鹿槍、鴉舌槍、竹篙、片刀、挑刀、船尾刀、割鐐刀、斬馬刀、大刀、單刀、虎牙刀、佩刀、扁刀、鐮刀、
	馬上鎗、片刀、滾被刀、繚風刀	雙手帶刀	
火器	火藥桶、火箭、噴筒	火藥桶、火箭、噴筒	火藥筒、火箭、噴筒
	火藥葫蘆、烘藥葫蘆、九龍袋、火毬	火藥葫蘆、烘藥葫蘆、九龍袋、火罐、火筒、火磚、火號、	火藥簍、鉛子簍、火藥桶、五虎箭、九龍箭、火龍、火筒、火號、火斗、火磚、火罐、木火桶、火藥罈

項目 ＼ 省份	浙江省	福建省	廣東省
武器套件	撒袋、鎗套、旱布刀套、旱布皮刀套、火繩皮包	撒袋、鎗套	撒袋、旱布槍套、刀鎗皮套、鞘殼、旱布箭罩、旱布砲罩
號令配備	戰鼓、海螺、號帽、銅號、號筒、號褂、號袍	戰鼓、海螺、號帽	戰鼓、海螺、號帽、銅號、號筒、號掛、銅鑼
工事工具	鐵鋤、鐵鍬、鐵錘、畚斧、釘槍、麻繩、	鐵鋤、鐵鍬、鐵錘、鐵斧、割練刀、鐵橛頭、	鐵鋤、鐵鍬、鐵錘、鐵鏟、鐵送子、鐵橛、鐵鉤、木榔頭、梢子棍、鐵刷子、砲繳鉤、砲鈀、砲攬、砲撞、砲門針、火杆、棕繩、麻繩、木棍
防禦設備	籐牌、滾被、籐箍、戰被	籐牌、戰被	籐牌、燕尾牌、木牌、戰被、籐箍
炊事設備	鍋撐、鍋鏟、鐵橛、銅鑼、銅鍋		鍋撐、銅鍋
鎗、銃	鳥鎗	鳥鎗	鳥鎗、千里馬銃
其他	鉛子桶、戰腰、、皮搭連、鐵挽、梅花椿、模橛、刀鎗旗幟杆柄、紅纓、棕繩、連篷架	鉛子桶、浮水庫	鉛子桶、木柄、竹杆、紅纓、浮身水角帶、竹柄撓鉤、軟繩撓鉤、快鈀、鉤篙、灰包

說明：表中內容圈起處，或顏色較深之內容，則為三省皆有之武器，或只有兩省有之。
資料來源：（清）董誥，《欽定軍器則例》32卷，卷32，浙江，頁23b-29a；福建，頁3b-9a；廣東，頁28a-36a。

◀圖7-9　兵器。亞力山大跟隨馬戛爾尼
至中國後，將其在路邊所看到清軍所
配置的武器樣式繪製而成。從圖中可
看出清軍的武器主要為鳥槍、手銃及
各種鐵製兵器。圖片來源：斯當東著
（Staunton, George Thomas），葉篤義
譯，《英使謁見乾隆紀實》（江蘇：上
海書店出版社，2005），頁202。

清代士兵所配置的武器樣式，可從與馬戛爾尼（George Macartney,
1737-1806）一同至清國的畫家亞力山大（William Alexander）其所繪製
的圖中觀覽。（圖7-9）以下針對主要的武器進行闡述，從中了解這些武
器在戰船上的用途為何，對於戰船作戰有何幫助。

1.火磚、火罐

　　火磚（圖7-10）為使用火攻時的主要器物，明朝即開發使用火磚，[108]
焦玉（朱元璋時期將領）對火磚的製作與使用如此記錄：

> 用紙板為匣紙糊（四）五層，與方磚一樣，長一尺，闊四寸，厚
> 兩寸，開一頭用熬化松香盪在藥內，摻硝黃末在上，入火藥一觔
> 四兩，飛燕、火鼠各二十，鐵蒺藜三十，仍用油紙糊好，臨敵燃

---

[108] 火磚為僅次於砲、與銃之後所發明使用之火器，對敵船殺傷力大，但必須妥善保存，如
受潮則無法使用。（明）朱國禎，《湧幢小品》32卷，卷12，〈火器〉，頁14b-16b。

信拋入敵船，敵陣飛燕、火鼠、蒺藜四散燒擊，足亂敵心，此亦舊制，取其輕便錄之。[109]

火磚猶如現今之手榴彈，但威力較小，用於近距離交戰時，對付敵兵，對船舶的損害有限，如能引起火苗，則對船舶有較大的殺傷力。廣東地區使用的火磚，每塊長八寸、寬四寸、高兩寸，用木胎紙胎，內藏火藥，硃紅油飾。[110]

火罐（圖7-11）峀爲水戰之用，舊制將藥信縛在罐外，向船丟去，然而風帆上下往來不定，點燃引信之後，一旦掌握住機會就不能遲疑，倘不得丟入賊船，只得投之水中，否則，將危及本船。明朝火罐，每罐八鼻

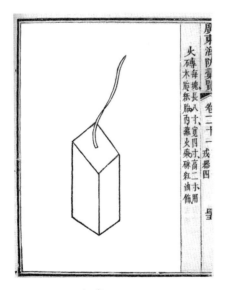

▲ 圖7-10　火磚。

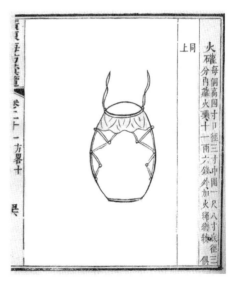

▲ 圖7-11　火罐。

資料來源：（清）盧坤，《廣東海防彙覽》，卷21，〈方略〉10，〈戎器〉4，頁45b；46a。

109 （明）焦玉，《火龍神器陣法》，《續修四庫全書》（上海：上海古籍出版社，1997，清鈔本），〈火磚〉，頁13a-14b。
110 （清）盧坤，《廣東海防彙覽》42卷，卷21，〈方略〉10，頁45b。

（孔），鼻各繫火繩四十五寸一段，如臨用之際將火點燃，以四十五寸之火繩可燃許久，但一旦投出，則火罐將破，罐破則八面皆火繩，將點燃火苗。[111]清朝火罐每個高四寸、口徑三寸、中圍一尺八寸，底徑三分，內藏火藥十一兩六錢外，加火繩纏繞。[112]因此，火磚及火罐的作用，主要是針對敵船人員，使敵船引發火災，進而使船隻沉沒。

2.噴筒

噴筒於宋朝時期即已使用，明朝時種類更多，主要用於近身攻擊，可噴出火苗，或傷敵人及發生火災。其形制為，用竹一尋，如椽大通數節，間圍以鐵，以火藥與鐵子、沙石、雀舌和而實之，放則火燭一望可移動，可持久。[113]其樣式有如現今所使用的煙火筒，但其威力倍於民間嬉戲的煙火筒，如筒內火藥多，所噴出的火花極具殺傷力，產生的煙霧可讓敵人瞬間無法辨識方向，此間，即可乘機砍殺。噴筒操作簡單，攜帶方便，並可依目標處不同隨時移動，在躍上敵船後，展開近身接戰時可發揮很大效能。

▲ 圖7-12　噴筒圖。圖片來源：（清）嚴如熤，《洋防輯要》，卷21，頁16b。

3.鳥槍

鳥槍亦稱為「鳥銃」、「鳥嘴銃」，稱鳥銃原因，大抵認為能射中天上的鳥，另有一說，是根據其槍托近似鳥嘴而稱之。[114]根據周維強、李約瑟（Joseph Needham, 1900-1995）及義大利人帕羅‧維太利（Gian

---

111　（明）劉基，《火龍經》，三卷，卷上，頁27。（摘自中國基本古籍庫資料庫）
112　（清）盧坤，《廣東海防彙覽》42卷，卷21，〈方略〉10，頁46a。
113　（清）夏良勝，〈論用兵十二便宜狀〉，收於陳九德輯，《皇明名臣經濟錄》18卷，卷17，〈兵部〉4，頁10a-10b。
114　王兆春，《中國火器史》（北京：軍事科學出版社，1991），頁134。

Paolo Vitelli, ? -1499）之研究，亦認同其名稱用法是與鳥有關的。[115]在史料的相關記載上，則有各種名目，如稱子鳥槍、虎槍、排槍、鋑槍、盤條鳥槍（盤絲鳥槍）、馬上槍、大鳥槍、威子追風鳥槍、神槍、蕩寇槍、琵琶槍、長柄義槍、攢把鳥槍、藤牌小鳥槍、三眼槍、四眼槍等。[116]士兵所用的鳥槍，一般重六觔，長六尺一寸，不鍥花文，素鐵製成，火機受藥三錢、鐵子一錢、木林。滿洲、蒙古俱髤以黃，漢軍髤以黑，綠營髤以朱。[117]因此，依照鳥槍顏色情況，即可判斷爲何種軍隊所使用。

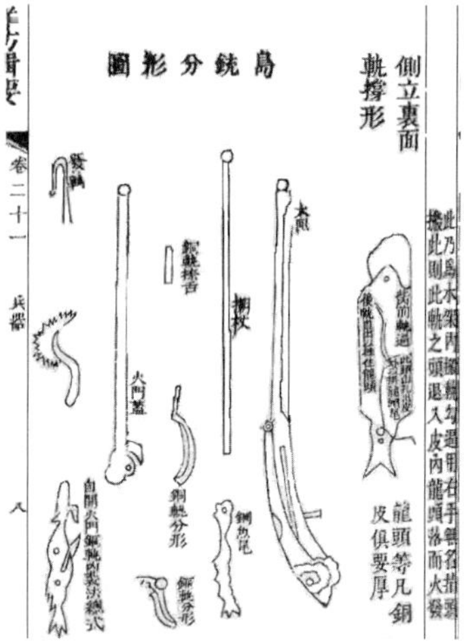

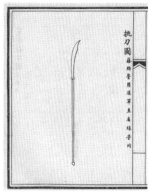

▲ 圖7-13　鳥銃圖。圖片來源：（清）嚴如熤，《洋防輯要》，卷21，頁8a。

4.挑刀

　　挑刀爲藤牌營及各直省綠營使用，通長七尺六寸兩分，刃長兩尺兩寸，闊一寸五分，上銳而仰，柄長五尺，圍四寸六分，木質髤朱，末鐵鐏長四寸，鋬皆爲鐵盤，厚兩分。[118]挑刀柄長，可攻擊持有短刀的敵人，與敵人短兵相接時的近身攻擊武器，可砍敵人首級。

5.鉤鐮鎗（鉤篙）

　　鉤鐮鎗是專門在切斷敵船篷繩所使用。其形制爲，鐵勾二，長四寸、一寸五分、厚一寸、

▲ 圖7-14　挑刀圖。圖片來源：（清）崑岡，《欽定大清會典圖》，卷101，頁141。

---

[115] 周維強，《明代戰車研究》，（新竹：國立清華大學歷史學研究所博士論文，2008），頁112。
[116] 《清朝文獻通考》，卷194，〈兵〉16，頁6590-2。
[117] （清）崑岡，《欽定大清會典圖》，卷101，頁377。
[118] （清）崑岡，《欽定大清會典圖》，卷101，頁142。

重一觔、竹柄長一丈兩尺、圍圓四寸。[119]

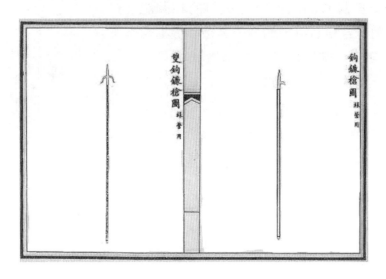

▲ 圖7-15　鉤鐮圖。圖片來源：（清）崑岡，《欽定大清會典圖》，卷102，頁149。

6.釘槍圖

　　為綠營用之武器，長三尺四寸兩分，刃長五寸七分，柄長兩尺九寸，圍一寸七分。[120]因其柄長，是面對手拿短刃之敵人，具有較高的優勢，用法是刺傷敵人，如力道重，可將敵人刺死。在兩船並列時，是使用釘槍的最好時機。

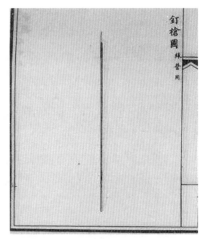

▲ 圖7-16　釘槍圖。圖片來源：（清）崑岡，《欽定大清會典圖》，卷102，頁153。

119 （清）盧坤，《廣東海防彙覽》42卷，卷21，〈方略〉10，頁7a。
120 （清）崑岡，《欽定大清會典圖》，卷102，頁153。

7.片刀

　　綠營用，片刀通長七尺一寸兩分，刃長兩尺闊一寸三分，上銳而仰，鋆為鐵盤，厚兩分、柄長四尺七寸、圍四寸木質，髹朱於末鐵，鐏長四寸。[121]片刀亦稱掃刀、斬馬刀，專門斬斷敵人手腳，在短兵相接時，可發揮功效。

8.滾被雙刀

　　綠營滾被雙刀，為兩枝形式，左右手雙持，通長各兩尺一寸一分、刃長一尺六寸、闊一寸鋆為半規，厚兩分，並納於室，柄長四寸九分，木質纏紅絲，末鑽以鐵繋，藍緌室長一尺七寸，木質裏革飾，以銅繋藍緌以銅鉤佩之。[122]在面對較多敵人時使用，兩手各一刀，砍殺範圍更大。

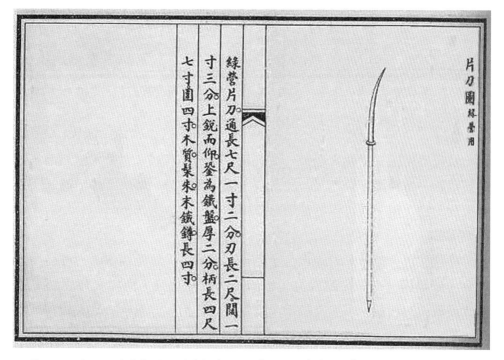

▲ 圖7-17　片刀。圖片來源：（清）崑岡，《欽定大清會典圖》，卷101，頁145。

121　（清）崑岡，《欽定大清會典圖》，卷101，頁145。
122　（清）崑岡，《欽定大清會典圖》，卷102，頁146。

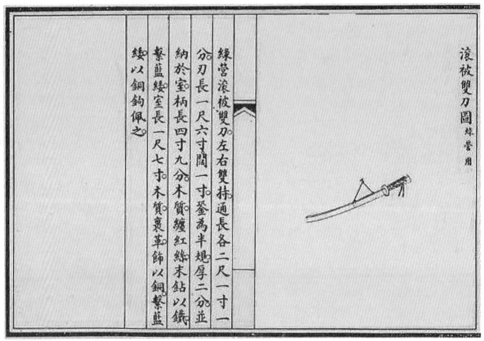

▲ 圖7-18　滾被雙刀。圖片來源：（清）崑岡，《欽定大清會典圖》，卷102，頁146。

9.三鬢鉤

　　綠營使用，三鬢鉤，通長一丈五尺七寸，鉤各長七寸分，置三面，下曲如雞距，皆鍊鐵，竹柄長一丈五尺、圍一寸八分，髤朱束藤八道。[123]主要用於勾物之用，亦可用於割斷敵人繚繩。

10.雙鉞圖

　　綠營使用，雙鉞，刃如半月，柄首左右雙持，背圓而俯，刃徑各四寸六分、背徑兩寸四分、厚四分，自刃至背四寸七分，柄如雙斧之制。[124]為砍殺敵人的利器，因型態較重，需魁梧者使用，亦可砍去敵人桅桿或木製物品。

---

[123]（清）崑岡，《欽定大清會典圖》，卷102，頁387。
[124]（清）崑岡，《欽定大清會典圖》，卷103，頁161。

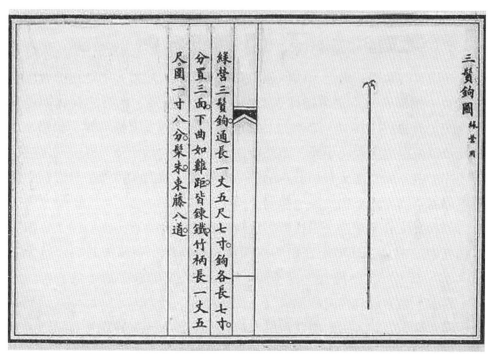

▲ 圖7-19　三鬚鉤圖。圖片來源：（清）崑岡，《欽定大清會典圖》，卷102，頁157。

三鬚鉤圖 綠營用

綠營三鬚鉤通長一丈五尺七寸。鉤各長七寸。分直三面下曲如雞距皆鍊鐵竹柄長一丈五尺。圍一寸八分髹朱束藤八道

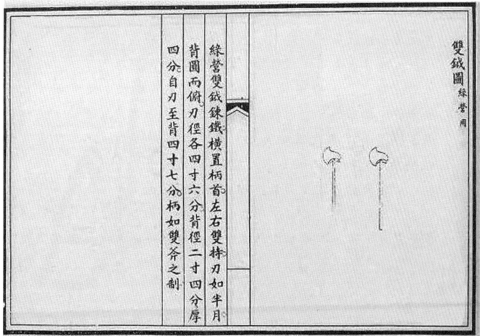

▲ 圖7-20　雙鉞圖。圖片來源：（清）崑岡，《欽定大清會典圖》，卷103，頁161

雙鉞圖 綠營用

綠營雙鉞鍊鐵橫置柄首左右雙持刀如半月背圓而俯刀徑各四寸六分背徑二寸四分厚四分。自刃至背四十七分柄如雙斧之制

三、戰船的指揮與作戰

（一）戰船的指揮

在現有的戰船基礎上，如何運用資源發揮最大效果，則是指揮者應有的擔當。指揮若有不當，指揮者必須承受一切後果。水戰的兵法則是承繼性的，清隨明代兵法，清朝的主要水師兵書，基本上都承襲了明朝，在指揮及戰術運用上大同小異。雖然如此，亦有新的戰術及領導統御是超越前朝的，這方面的進步有利於水師戰略的發展。然而，將領雖有宏觀的謀略，但器不鋒、刀不利，難以趨居上風。

帶兵要帶心，做為一船指揮官，身繫全船生命之責，在巡洋、會哨，或追捕海寇前，必須準備好足夠的糧食，這是第一要務，其次才是火、柴、水、槳。[125]如果糧食準備不足，船員的心情即會動搖，信心自然減弱。再者，也必須具備有觀測天文，熟知地理的能力，水師最怕遇到颱風及巨濤大浪，因此，對水域狀況的掌握也有必要。天文變化是有規則可尋的，觀看在此區域的風雲天氣，即可得知概略性的情況，廣東水師提督李增階（1774-1835）在這方面很有經驗，其云：

> 夏至過有東北風，有熱氣者風雨必大，無熱氣者風雨必小，如放雨白者或日出有雨，或雲白者小下雨，天氣交蒸，三兩日必有大風颱。霜降過，有南風，或有西南風，無論大小必有報雨，有無未准。白露過，有大南風，必有雨或小風雨。立春過，必有春雨，風不甚大，然須看天氣，遇報期，風必大。四月有南風水動，五月有龍船風雨，七月有秋淋風雨，四五六七之月不宜行船，看其天氣行之。天氣全變紅雲者速備大風雨，天氣見一條紅雲者或三色或五色長并，下小雨無大風，如若短並無雨，不出三日必有大風雨，有蜻蜓亂飛或大螻蟻等蟲多亂飛，並大熱風颱速

---

125 （清）林君陞，《舟師繩墨》，頁11b。

來。日下山時，雲變大紅色，另日必有大風或雨，日有圍圈或有
雲足，此二者，三日內，天必變，非風即雨或星有動，另日必有
大風，看何星何方可定風大小。[126]

　　這是李增階經驗的彙集，在水師出巡作戰時，如能掌握天文狀況，當對執
行任務上有很大的助益。這方面的知識，海寇較爲缺乏，畢竟懂得天文、
氣象者並不多，因此在嘉慶五年（1800）的「神風蕩寇事件」中，大部
分的海寇遭遇到颱風，幾乎全數覆滅。可見做爲水師的指揮官，或只是一
船的捕盜，如能具備這樣的才能，則在與海寇交戰的勝算中將高出許多。
　　當然除了熟悉天文、氣象之外，對於海流、潮汐，甚至是海上出現的
各種景況，皆可判斷出海象情形。林君陞認爲：「水有臭味，或水起黑
沫，或無風偶發移浪，礁頭浪響，皆是做風的預兆」。[127]再者，端視魚
群種類也可以知悉，水下是否有礁岩或者是淤泥。這些相關的知識，統兵
將領皆應該熟知，如此才能維護部隊人員的安全，以及比敵人掌握更多的
先機。
　　戰船的指揮，統一由船隊指揮官發令，各船捕盜必須依照號令執行指
揮官下達的命令。帆船時期的指揮訊息之發送，大體不外乎燈籠、螺聲、
銅鑼聲、鼓聲、煙火、砲號、旗號等等。這些訊息的傳遞顯然無法與現在
的無線電通訊相比擬，然而，這種種傳遞訊息的方式，也會因當時的海象
不同，而無法施用。在使用的情況上，明朝的兵書中記載，各船夜間以
燈火爲號，中軍船放火炬三枝、砲三箇，懸燈一盞，各船以營爲辨，前營
船懸燈二盞，平列左營二盞，各梡一盞，右營大小梡各二盞，平列後營
二盞，一高一低，看燈聽銃，某艍船到近，捕盜先自呼名識認。[128]夜間
航行，比日間危險，不易辨別敵我，有了燈號辨識後，可以有效的維持陣

126 （清）李增階，《外海紀要》，頁19a-19b。
127 （清）林君陞，《舟師繩墨》，頁14a。
128 （明）何汝賓，《兵錄》14卷，卷10，頁4b。

式，使船隊不至於紊亂。鄭芝龍、鍾斌、與荷蘭人一起對付李魁奇之時，於夜間時亦使用燈號，白天則使用旗號：

> 有一個荷蘭人被商務員包瓦斯派遣，攜帶一封一官的信件和一封
> 鍾斌的信，信中載，他們的軍隊已經準備好了，將於後天下來幫
> 助我們對付海盜李魁奇，他們的識別信號是，夜間在船尾點火，
> 白天掛起一面有三個黑圓圈的白旗，他們懇請我們堅守崗位，不
> 可變動我們已定的計畫。[129]

即使到了清朝，水師也於夜間善用燈號，「若遇夜洋行駛，各船要首尾相接，雁行而進，藉力全在尾樓燈，如相離既遠必放流星。庶可遙望跟蹤，凡百之難，急宜周悉，隨機應變」。[130]這種訊息傳遞方式，數百年來不變。嘉慶、道光以後，接受外來資訊更為頻繁，對於西方船舶的訊息傳遞工具，也有初步的了解，但水師部隊並沒有師法西方器物。例如一種稱「順風耳」的訊息傳遞工具，有如現在的擴音器，這是銅製的傳聲筒即由西方傳入，傳遞的距離也比較遠。

> 順風耳，西洋巧工所製，以銅為管，節節相續，約長丈餘，如千
> 里鏡之式。虛其口，口大而末小，向空中傳語，或自下而上，相
> 補六里，聲息相聞。然今西法盛行於中土，而此器無聞焉，蓋其
> 傳語之巧，又有百倍於此者矣。[131]

除了順風耳之外，亦有「千里叫」的器物，主要也是傳遞訊息之用，但在福建一帶並沒有看到有人使用，只知道是由西洋人所製造。[132]可見西洋

---

[129] 江樹生，《熱蘭遮城日誌》第一冊，頁15。
[130]（清）林君陞，《舟師繩墨》，頁12a。
[131]（清）俞樾（1821-1907），《茶香室叢鈔》，（北京：中華書局，1996），頁435-436。
[132]（清）俞樾，《茶香室叢鈔》，（北京：中華書局，1996），頁903。

的訊息傳遞工具，至少在道光末期以前，水師部隊尚未使用。

海盜的傳遞訊息工具，雖然在資料上沒有詳細描述，但大體上與水師相同，而且他們在傳遞的速度上並不亞於水師部隊。如康熙四十九年（1710），一艘由上海縣船戶張元隆駕駛的船隻，於山東半島遇到二隻海盜船，雙方對峙許久，張元隆向水師求援，但出現在洋面的是其他海盜而不是水師部隊，[133]可見海盜在訊息傳遞上亦有一套法則，這種法則並不亞於水師。

然而，各種的傳遞訊息方法，亦有其盲點，如下雨時，與火相關的訊息傳遞即無法使用，起大霧、大風時，燈籠、旗號即無法使用，風浪大，無法聆聽發出的訊息時，螺聲、銅鑼聲、鼓聲的訊息傳遞就無法使用。因此，全部的外在因素如果同時來到，戰船的指揮即會產生很大的問題。

（二）作戰方式

1.犁衝

水師作戰之法很多，其中一項為衝犁，犁衝為殲滅敵人最有效的戰略之一，亦最為省事。犁衝之後，敵人船隻已毀壞，再配合火攻，效果更佳。熟知海道及作戰方略的周之夔（1586-？崇禎四年進士）提到：「犁衝、放火，如能奪上風，燒篷棚，射舵工，即能攻破敵軍」。[134]犁衝的戰鬥方式，為明、清水師主要的手段之一，但前題上必須有堅硬的船舶外殼，以及撞角（the ram）之類裝置，如此才可以保護自己，重創敵人。如果再配合潮汐、水流及風向，方可達到更好的成效。但中式帆船鮮少製作撞角專門對付敵人，撞角的使用於歐洲地區較為普遍，希臘、羅馬時代，撞角的使用已非常普遍，因為單層夾板槳帆戰船時期的攻擊武器，以刀、劍為主，在戰鬥時幾乎都是短兵相接。[135]

---

[133] 松浦章，卞鳳奎譯，《東亞海域與臺灣的海盜》（臺北：博揚文化，2008），頁45-46。

[134] （清）周之夔，〈海寇策〉，收於賀長齡，《清經世文編》，卷85，〈兵政〉16，〈海防下〉，頁8b。

[135] Alfred Thayer Mahan, *The Influence of Sea Power upon History 1660-1783*, Boston: Little, Brown and Company, 1918, p. 3。

在中國犁衝戰術的使用，通常是大船犁衝小船，所以，廣船最適合做犁衝之用，廣船因頭尖、高大，結構堅固因此適合犁衝。鄭、清作戰時期，雙方軍隊亦時常使用犁衝方式來殲滅對方。如楊捷與浙江招撫同知王立昇，督率外委隨征水師守備魏文耀、閩安右營千總林五瑯等各戰船官兵，與鄭軍激戰過程中，擄獲大鳥砲船一隻，焚燬賊鳥船四隻，犁沉趕繪船十一隻、雙篷舢船十二隻。[136]在當時趕繪船是屬於比較小型的船隻，常為被犁衝的對象。因此，以大舟撞碎小舟，以小舟施行火攻攻擊大舟，為兵法常用之謀略。

2.火攻

於木質帆船時代，水師火攻法，為主要的戰術之一，與敵舟接近時，再配合風向，利用火攻，當可收到良好成效。在西方最有名的水師火攻戰役為一五八八年的英西戰爭，英國利用火攻打敗了西班牙的無敵艦隊。在中國則為周瑜（175-210）於赤壁之戰（208），使用火攻和火船，打敗了曹操的水師大軍，[137]此戰雖為內河戰役，但內河與外海戰術相去不大，這說明了火攻的重要性。明清時期的水師，也將火攻做為主要的戰術之一。然而，水師的對手海寇，亦是如此，他們經常將船隻裝滿易燃的乾草，駛入對方的船隊之中，再將一些可燃性物質放在竹筒內，點燃之後丟往敵船。[138]這與水師所使用的火罐、火毯是相同的。當然這些武器通常都是劫掠於其他船舶，或從清軍營竊取，或從廣東澳門的走私者中購買，有時候可能直接向官方的軍工廠購買。[139]

水師火攻與陸師火攻不同，雖然都以火為主要武器，但水師面對的，無論是自己或敵人，都是移動的目標物，要在移動的過程中給予敵人痛

---

[136] （清）楊捷，《平閩紀》，卷1，〈奏疏〉，頁18，〈飛報出洋等事疏〉。

[137] 李天鳴，〈《三國志》和《三國演義》的赤壁之戰〉《故宮文物月刊》，第315期，2009年6月，頁51。

[138] Dian H Murray, *Pirates of the South China Coast, 1790-1810*, Stanford, Calif: Stanford University Press, 1987, p. 97.

[139] Dian H Murray, *Pirates of the South China Coast, 1790-1810*, Stanford, Calif: Stanford University Press, 1987, p. 97.

擊，困難度頗高。焦玉在《火龍神器陣法》中，對於火攻之法，分成五大重點，分別為火攻風候、火攻地利、火攻器制、火攻藥法、火攻兵戒。[140]進行火攻必須掌握風向，所處的位置是否對自己有利，使用的武器與火藥是否合乎要求，在火攻時，士兵應該注意那些狀況。如能按照這五項法則進行準備，當可達到良好效果。

　　火攻常用的武器除了有火砲、火銃及火箭之外，火毬、火磚、火罐也是重要的器具。這之中以火罐的使用最佳，劉基（1311-1375）言：

> 火毬、火磚，若在水戰，全在點信之人有用。若點信火長，易至閃滅；或丟入賊船，敵人見信尚長，亦可反擲，我船之內，若點信火短，未及入賊船而先發，均反為累。況臨敵之時，手忙足亂之際，易至失錯。二物用之水戰，不如火罐之妙也。[141]

火罐的使用可以達到良好的效果，然而投擲的時間如果無法掌握先機，各方條件配合不好，反而適得其反。因此投擲火罐者，除了要有良好的臂力之外，具備臨危不亂的應變能力，亦是主要的挑選之一。鄭、清在南京一役中，清軍利用火攻，殲滅不少鄭氏軍隊。順治十六年（1659），五月鄭成功陷鎮江府，七月，清軍以達素為安南將軍，會同索洪、賴塔等率師征鄭成功。至八月，江南官軍攻破鄭成功大營，擒提督甘輝（?-1658）等，並燒燬戰船五百餘艘。[142]另外，施琅在澎湖一役，使用連環船[143]及火攻，擊敗了劉國軒（1629-1693）部隊。

140　（明）焦玉，《火龍神器陣法》，頁1a-6b。
141　（明）劉基，《火龍經》3卷，卷上，頁27。
142　（清）趙爾巽，《清史稿》，〈本紀〉，卷5，〈世祖〉2，頁155，順治16年。
143　連環船戰術的運用，最有名則為《三國演義》中的火燒連環船，但依據李天鳴的研究，曹操的船隻只是首尾相接，排列緊密而已。連環船的戰術、陣式的使用，在南宋末年，常為宋軍經長使用的戰術，宋軍最後在崖山一役，亦使用連環船，由張世傑將一千餘艘大型戰艦排列一字陣，用繩索聯貫起來，結果依然被元軍擊敗。李天鳴，〈《三國志》和《三國演義》的赤壁之戰〉《故宮文物月刊》，第315期，2009年6月，頁48-50。

> 我師奮不顧身，抵死擊殺。賊被我師用火桶、火罐焚燬大砲船
> 十八隻，擊沉大砲船八隻，焚燬大鳥船三十六隻、趕繒船六十七
> 隻、洋船改戰船五隻，又被我師火船乘風燒燬鳥船一隻、趕繒船
> 二隻。[144]

由此可見，使用火攻得宜，將重創敵人，鄭軍與清軍在幾次的戰役中，都以火攻痛擊敵軍。

除了鄭、清部隊常使用火攻之外，火攻通常也都是海盜所使用的戰術。水戰經驗豐富的浙江提督李長庚亦時常使用火攻方式打擊蔡牽頗具成效。[145]康熙二年（1663），海盜周玉、李榮船隊搶據上風，順風縱火攻擊水師船隻，燒燬哨船三艘、砲船十艘。[146]在嘉慶年間的蔡牽海盜劫掠事件，官軍與海盜的戰法運用上，多使用火攻，亦達到殲滅他軍的效果。嘉慶九年（1804），溫州鎮水師，由胡振聲統領追勦蔡牽，追至鹿耳門外，蔡牽使用火攻，焚燬胡振聲坐船，該船所有官弁皆被戕害。[147]

嘉慶十四年（1809），王得祿（1770-1841）與蔡牽對陣當中，王得祿喝令千總吳興邦等人連拋火斗、火罐，燒壞蔡牽座船舵邊尾樓，再用犁衝方式，將蔡牽座船後舵衝斷，蔡牽被火藥炸傷之後落海淹斃。[148]蔡牽騷擾東南沿海數十年，其擅用的作戰方式即為火攻，屢試不爽，然而最後亦在水師的火攻之下敗亡。

火攻的使用即使到鴉片戰爭之前，清朝將領亦將其當成是主要的戰術之一。林則徐（1785-1850）即曾經使用火船重創英軍。

---

144 （清）胡建偉，《澎湖紀略》12卷，卷12，〈藝文紀〉，頁250，〈飛報澎湖大捷疏施琅〉。

145 《宮中檔嘉慶朝奏摺》，嘉慶13年正月初7日，閩浙總督阿林保等奏摺，故宮095492，國立故宮博物院藏。

146 鄭廣南，《中國海盜史》，（上海：華東理工大學，1999），頁293。

147 《仁宗睿皇帝實錄》，卷130，嘉慶9年6月甲申，頁768-2。

148 《仁宗睿皇帝實錄》，卷218，嘉慶14年9月己巳，頁932-1-932-2。

今年三月在廣東時，林大人用木排上堆茅薪，灌油燒起，順潮放
下，共燒三次，第一回十個排燒去大船一只，第二回用五個火排，
有一回用過二十個火排，因廣東洋闊大，均未燒著，從此他也怕
了他們。大船上用大鐵錨、大鐵索下椗如拔起鐵錨，需一個時辰，
所以不及逃避，全被燒煜，似此破敵的法子是最好。[149]

林則徐的火攻之法，使用火船衝撞敵軍，火船上裝滿硫磺，衝撞之後的爆
炸威力足以重創敵船。另外，兩廣總督鄧廷楨（1776-1846）督率金沙兵
備道劉耀春，使用火攻戰勝英軍：「連開百餘礮，一礮擊中英軍大兵船火
藥艙，沈之，又募水勇數百偽裝商船出洋，攻諸南澳港，是夜無風，夷船
不能駛避，且柁尾無礮，我舟低又外蔽皮幕，銃彈不能中，遂壞柁尾，擲
火罐、噴筒殲其兵」。[150]有了這些成功的經驗，清廷認為使用火攻可戰
勝英軍，因此，在定海戰役開戰前，清廷為了加強浙江防務，調林亮光鎮
戍浙江。清廷認為夷船最畏火攻，有新任黃巖鎮標中軍游擊林亮光，熟悉
火攻之法，現留鎮海口聽候差遣，鎮海縣各備火攻船四十隻候用。[151]然
而，使用火攻，必需注意到火藥成分為何，如此才能了解火藥性質，避免
傷及自己。[152]這也是使用火攻時必須注意的法則。

火攻雖可以重創敵軍，但也有防制火攻之法，兩本由佚名所著的清抄
本兵書，《保障昇平》、《兵法備遺》，即論述許多防制火攻之法，此

---

[149]《夷匪犯境聞見錄》卷之一，《和刻本明清資料集》第一集（東京：汲古書院，
1974），頁31b-32a。
[150]（清）清泉芍唐居士，《防海紀略》卷上，收於《清代軍政資料選粹》（七）（全國圖
書館文獻縮微複製中心），頁472。
[151]《夷匪犯境聞見錄》卷之一，頁5b。
[152]《火龍神器陣法》中記載了許多用於火藥的配方，桃花砒、鐵甲砒、瑪瑙砒、潮腦、辰
砂、銀銹、乾添、巴油毒、江子、巴霜、麻油、桐油、金汁、蒜汁、麻子油、狼屎、
天雄、甘遂、常山、川黃、鬼臼、姜粉、鬧楊花、牙皂、川烏、草馬、鉤吻、巴戟、人
精、半夏、班貓、狼毒、江豕灰、蜈蚣、蝦蟆、虺蛇、盧蜂、南星、銀杏葉、鐵甲蓮、
大小蘽、竺茋、腐骨草、破血草、梨蘆、方勝蛇、封喉草、斷腸草、蘆花、芫花、礦
灰、附子、蜂蛇、墨記草、鶴頂紅、蒲蒼、射干。（清）焦玉，《火龍神器陣法》，
〈縱火諸藥品〉，頁2a-2b。

兩本兵書,部分內容大同小異,亦有抄自明代兵書之嫌,但對於水戰的防衛,有清楚的論述。其中針對篷帆禦火之法記載,水戰莫要於篷帆,一沾火藥,則反害,故用藥製之,而後可保虞,製藥法可用晉石、脂蜜與水混合熬潰,再將篷帆浸泡後晒乾,則可防火。[153]對於敵軍用火船進攻船舶停泊處所時,可在舟外多斜縛長木,可拒火舟之犯。[154]有了破敵之火攻戰術,也必須要有防制火攻之法,如此的戰法運用,方屬完整。

3.鑿船

　　鑿船為水師戰鬥中的其中一種手段或戰法,但使用的效果顯然沒想像中的好,這要考慮到海水的混濁情況,以及是否被敵軍發現,因此在水師作戰中並不常使用。屈大均(1630-1696)即提到,兩軍對陣時,可使用蜑民潛入水中鑿敵人之船。[155]《保障昇平》中亦提到:「水戰之法,與其死戰賊於舟上,不如陰制賊於舟下;與其破賊之卒,不如破賊之船,收攻全在泅人。為將者宜預為簡別,以備不時之用」。[156]可見使用鑿船方式,亦可收到一定的成效。清朝將領運用鑿船戰術者首推浙江水師提督李長庚(?-1812)。他訓練一些擅長潛水至海底的士兵,用鐵釘鑿敵船。[157]顯見這樣的戰術也為軍事將領所用。

4.水師陣法

　　水師作戰與陸師相同,必須有一套完善的陣法才能提高勝算。水師陣法的使用與否,對於水師戰鬥能否成功,有直接的影響,有了謀略再配合事先演練的陣法,在兩軍對陣時才不會臨危不亂。水師陣法的出現,要在明朝晚期才有所紀錄。水師布陣與陸師不同,大部分的水師將領都由陸師

---

[153]佚名,《保障昇平》12卷(北京:學苑出版社,2005,乾隆抄本),卷10,頁318-319。收於《清代兵事典籍檔冊彙覽》,第10冊。

[154]佚名,《兵法備遺》,頁454。收於《清代兵事典籍檔冊彙覽》,第10冊。

[155](清)屈大均,《廣東新語》(北京:中華書局,2006),卷18,〈舟語〉,〈戰船〉,頁479。

[156]佚名,《保障昇平》12卷,卷10,頁318。

[157](清)王芑孫,〈浙江提督總統閩浙水師加封三等壯烈伯諡忠毅李公行狀〉,收於賀長齡,《清經世文編》(北京:中華書局,1992),卷85,〈兵政〉16,〈海防下〉,頁60b。

轉水師，即便是水師提督，許多人亦由行伍出身，要著作一完整兵法有其困難性。

宋朝至明朝嘉靖年間，雖屢有海戰發生，但相關將領與謀士，卻未整理水師陣法。至戚繼光時期才有較完整的水師陣法出現，如戰船停泊於港灣時，可使用安擺船式、分關二營擺式、一營擺式。在作戰時則依據船隻型號不同，有不同的移動位置。[158]此後明朝及清朝的許多兵書，都論述了水師戰術。清朝的兵書大部分承襲戚繼光兵書內容，改變者不多，但《水師輯要》及《廣東海防彙覽》則有新的陣法出現。

陣法再配合戰術的運用，為水師戰勝海寇最重要的方式之一，海寇的船隻與武器與水師相當，即使在十九世紀初期，海寇已擁有6,000觔的大砲，其他的近身武器樣式與官軍相差不遠。[159]因此戰術的運用是否得當，即成為官軍是否能擊潰海寇的主要利器了。《兵法備遺》云：「前鋒在前，正軍居後，奇兵在正軍之或左、或右，陣後隔遠如式再列一陣，以為應援」。[160]在作戰時要有基本的陣式，才不致於讓我師慌於陣腳，也才能剋敵致勝。

水師將領的戰術運用，在平常操練時即可進行演練，海盜在戰術方面的運用則明顯不及水師，但海盜之中，不乏擅兵法戰術之人。張保為擅長兵法之人，他曾經與廣東右翼鎮林國良對陣當中，以誘敵深入謀略，[161]將官軍引入陷阱之中，官軍發砲攻擊張保座船，但砲彈卻無法擊中，其實張保已計算出水師砲彈的射程，因此不怕水師發砲攻擊，最後，林良國被縛，其他大小官員或殺、或縛，傷亡慘重。[162]可見張保對水師的狀況掌

[158]（明）戚繼光，《紀效新書》18卷本，卷18，〈治水兵篇〉，頁332-334。
[159]Dian H Murray, *Pirates of the South China coast, 1790-1810*, Stanford, Calif: Stanford University Press, 1987. p. 95.
[160]佚名，《兵法備遺》，頁443。
[161]誘敵深入謀略為重要策略之一，大部分用於我軍人數少而敵軍多時（或我軍兵器差敵軍優），在我軍假裝戰敗撤退後，但在另一處早已安排伏兵準備奇襲。成吉思汗及努爾哈齊，即曾經多次使用此戰術擊敗敵人。
[162]鄭廣南，《中國海盜史》，頁308。

握明瞭，也熟知他們武器威力及戰法。

　　清朝的水師陣法由來已久，部分承襲明朝戚繼光的水戰兵法，部分可能在清朝創作。明朝的水師陣法在戚繼光的《紀效新書》、茅元儀的《武備志》，以及何汝賓《兵錄》之中皆有記載。清朝時期，在乾隆以前的陣法記載以陳良弼《水師輯要》以及高晉《欽定南巡盛典》圖錄中有水師陣法的記載最多。乾隆以後，部分兵書對於水師陣法的記錄繼續流傳，但內容並無重大突破。道光以後，兩廣總督盧坤，編撰《廣東海防彙覽》，內容記載以海防爲主的各種要項。其中對於戰術的運用，記錄相當詳細，部分陣法可能源自廣東當地水師部隊，部分可能是全國性的使用，因爲在《欽定南巡盛典》中，亦有記載相同的陣法。以下就這三本書之陣法做一綜合論述。

　　陳良弼《水師輯要》中，記載灣泊船隻的注意事項：「若山不甚高，闊口寬澳，可作一字排列成，水深作二字排列亦可，大船要居中，小船分兩傍，亦可作三字排列，遇圓澳做圓勢，寬處則作文字勢，平澳作三疊梅花體」，[163]這是針對戰船在停泊時所擺出的陣式，目的在防範敵人突襲時的準備。在作戰時則有作戰時的陣法，陳良弼任水師期間，到過臺灣、澎湖、鷺江、海壇、南澳、碣石、香山等地。雍正初年，官累至廣東碣石鎮總兵。他提出了，週天二十八宿璇璣圖法、團操法等陣式。[164]這些陣式所使用的戰船數量都要二十艘以上，應屬於與敵集團軍對陣時的使用。

　　《欽定南巡盛典》中的水師陣式圖，爲乾隆南巡時，江南地方官員進呈的水師陣式圖，其中有京口水操、浙江水操。京口水操屬於八旗水師，浙江水操則屬於綠營水師，著錄的浙江水操陣式有三種，分別爲，水操萬派朝宗陣、水操雙鳳穿花陣、水操一統清寧陣。[165]萬派朝宗陣法的主要目的是全軍衝向敵軍，指揮官坐船在後排中央處，船隊分三排縱行，中排

163 （清）陳良弼，《水師輯要》，頁344-345。
164 （清）陳良弼，《水師輯要》，頁346-347。
165 （清）高晉初編，《欽定南巡盛典》（臺北：臺灣商務印書館，1983），卷88，〈閱武〉，乾隆30年3月8日，頁14a-24a。

第一到最後之間則爲空間，不部署戰船，做爲指揮船隨時移動之用。水操雙鳳穿花陣，則是從兩翼直接衝向敵船，前排居中戰船爲前鋒官，後排居中則爲船隊總指揮官。水操一統清寧陣，則是操練完成的陣形。

《廣東海防彙覽》所記錄的陣式，其中，週天二十八宿璇璣圖法、圖操法，是引自《水師輯要》，其他陣法是廣東地區現用水師陣圖，然而，萬派朝宗陣、雙鳳穿花陣、一統昇平陣與浙江水師陣法相同，偃月陣與京口水師陣法相同，其他如海洋肅清陣、水軍泅水陣、龍遊陣、三才陣、一氣渾元陣、四夷拱服陣、凱旋收隊陣，則屬於廣東當地陣法。著者云：「這些陣法並非隨便杜撰，而是有所本」，[166]亦即是水師實際上所用之戰術。

由以上三本兵書所記錄內容可以得知，水師陣法，可分成作戰時陣法，以及訓練時陣法。依照任務不同，進行各種陣法的操演。清代水師在作戰時，是有戰術的運用，並非毫無章法。這與海盜的作戰甚少使用陣式有所不同，然而這些陣法是否運用在實際的那些戰役上，依現在掌握的資料並不能確切印證。再者，清朝水師將領在打完戰爭後對於戰爭過程中的戰術的使用，能清楚敘述者並不多。因此戰術與實際戰爭的使用狀況則可再探討。

(1)訓練時陣法

訓練時的陣法，以廣東地區水師操練來看，主要有兩種變換陣法，第一由水操拋船式爲始，再轉換成萬派朝宗陣，再轉爲雙鳳穿花陣，再轉爲一統昇平陣，由這四項陣法組成第一類水師操練。

---

166 （清）盧坤，《廣東海防彙覽》42卷，卷22，〈方略〉11，〈操練〉，頁17a-44b。

▲ 圖7-21　水操拋船式圖。圖片來源：（清）盧坤，《廣東海防彙覽》，卷22，頁19b-20a

　　師船十隻，以八隻分左右兩股，逐對拋泊，總領一船，在八船之前督陣，一船在八船之後，居中拋定。總領船，鼓吹迎接閱操者至操臺，陞座中軍參將，呈送操圖，請令。宣令官接令跪稟發令，水操陞礮三聲令旗，一展各船官兵肅靜聽令。

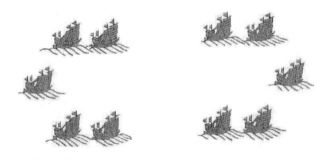

▲ 圖7-22　萬派朝宗陣圖。圖片來源：（清）盧坤，《廣東海防彙覽》，卷22，頁21b-22a。

　　總領船揮五色旗，掌平號放礮一生，各船齊起，大篷掌平號放礮三聲，各船起椗掌，潮水號總領船開行左右股逐對魚貫前進，督陣船押尾隨行，總領船揮紅旗，掌天鵝號，礮一聲，各船礮火齊放，眾兵助威吶喊一疊，再揮紅旗，掌天鵝號礮一聲各船又齊放鎗礮，眾兵助威吶喊一疊，再揮紅旗，掌號陞礮一聲，各船再齊放鎗礮助威吶喊一疊，總領船號礮一聲，掌平號揮藍旗，各船轉舵變成雙鳳穿花陣。**167**

---

167 （清）盧坤，《廣東海防彙覽》42卷，卷22，〈方略〉11，〈操練〉，頁22b。

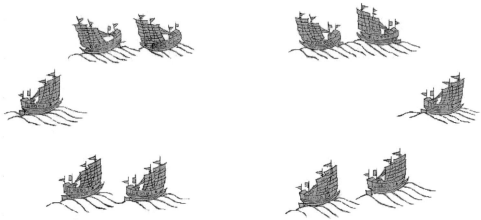

▲圖7-23　雙鳳穿花陣圖。圖片來源：（清）盧坤，《廣東海防彙覽》，卷22，頁
23b-24a。

　　總領船揮紅旗號，礮一聲，掌吹尖號，左右股各船對面衝攻，眾兵助
威吶喊，各船齊放斗頭，腰邊尾送鎗礮，聯環攻打，候總領船押紅旗，鎗
礮吶喊齊止，總領船揮黃旗號，礮一聲，變成一統昇平陣。**168**

▲圖7-24　一統昇平陣。圖片來源：（清）盧坤，《廣東海防彙覽》，卷22，頁
25b-26a。

　　總領船揮紅旗，掌號陞礮一聲，各船齊放鎗礮助威吶喊一疊，又揮紅
旗，掌號陞礮一聲，各船再齊放鎗礮吶喊一疊，又揮紅旗，掌號陞礮一
聲，各船再齊放鎗礮吶喊一疊，總領船押紅旗，鎗礮吶喊齊止。
　　第二類的水師操練，由水軍汎水陣為始，再轉換成龍遊陣，再轉換為
三才陣，再轉為偃月陣，再轉為一氣渾元陣，再轉為四夷拱服陣，再轉為

168（清）盧坤，《廣東海防彙覽》42卷，卷22，〈方略〉11，〈操練〉，頁24b。

凱旋收隊陣。共由七種陣式組成。

先將水軍二隊分船，隱隱候，閱操者至，各船官兵跪接號令。船奏樂，連陞三礮，候陞座、畢樂止。中軍跪呈操圖，請令官稟請發令，奏樂陞，礮三聲，樂平，掌平號一聲，尖號一聲，五色旗一招，信礮一聲，騎兵下水上馬，又掌平號二聲，尖號一聲，五色旗一招，信礮一聲，二層水兵下水，又掌平號三聲，尖號一聲，五色旗一招，信礮一聲，三層水兵下水，掌行隊號，點鼓水兵分兩翼向前，執令官舉黃旗，吹海螺，兩隊水兵雁行分列舉藍旗、白旗，布成龍遊陣。

▲ 圖7-25　水軍泅水陣。圖片來源：（清）盧坤，《廣東海防彙覽》42卷，卷22，頁29b-30a。

▲ 圖7-26　龍遊陣。圖片來源：（清）盧坤，《廣東海防彙覽》42卷，卷22，頁
32b-33a。

　　號令船掌平尖號一聲，藍旗一招，信礮一聲，吹海螺，擂鼓兩隊，水
兵交鋒對壘，眾兵吶喊助威，俟左股大旗與右股紅旗相對鳴金一聲喊止敲
金邊，水馬兵衝出排列，第一層刀牌兵排列，第二層雜技兵排列，第三層
變成三才陣。

　　號令船漲平號三聲，尖號一聲，執令官揮紅旗，信礮一聲，水馬兵放
牌鎗一次，再掌平號三聲，尖號一聲，紅旗一招，信礮一聲，水馬兵又放
排鎗一次，再掌平號三聲，尖號一聲，紅旗一招，信礮一聲，水馬兵又放
排鎗一次，揮藍旗，變成偃月陣。

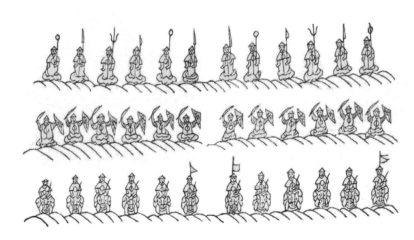

▲圖7-27　三才陣。圖片來源：（清）盧坤，《廣東海防彙覽》42卷，卷22，頁
　34b-35a。

　　執令官舉藍旗，點鼓，牌刀手演武步，擂鼓牌兵水面滾伏，雜技各兵
衝出，又點鼓，演武步，鳴金一聲舞止，皂旗一招，敲鼓邊匪船衝陣，揮
五方旗，變成一氣渾元陣。

　　號令船擂鼓，水馬兵分布外層，雜技兵圍裏第二層，刀牌兵環繞第三
層，圍住匪船，掌天鵝號，揮紅旗，信礮一聲，擂緊鼓各兵八面衝攻，鎗
礮齊發，擒獲匪船鳴金三聲，鎗械齊止，五色旗一招，信礮三聲，奏得勝
令，變成四夷拱服陣。

▲圖7-28　偃月陣。圖片來源：（清）盧坤，《廣東海防彙覽》42卷，卷22，頁36b-37a。

▲圖7-29　一氣混元陣圖。圖片來源：（清）盧坤，《廣東海防彙覽》42卷，卷22，頁38b-39a。

▲ 圖7-30　四夷拱服陣。圖片來源：（清）盧坤，《廣東海防彙覽》42卷，卷22，頁
40b-41a。

各水兵分四層排列，奏凱回營，赴座船報捷歸隊上船。

廣東地區的水師操練，與京口及浙江地區的水師操練名稱雖多有相同，但操練陣式及組成的人員則各有不同。如穿花陣及偃月陣，京口地區與廣東地區的陣法編列不同，但這種陣法名稱各地皆有，但依各地情況不同，則有不同的組成方式。

▲ 圖7-31　凱旋收隊陣。圖片來源：（清）盧坤，《廣東海防彙覽》42卷，卷22，頁
42b-43a。

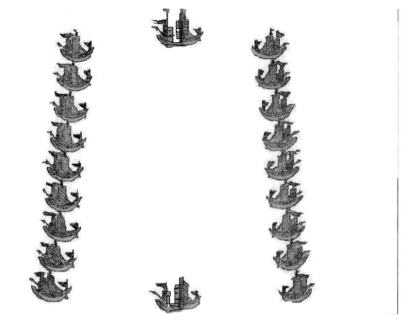

▲ 圖7-32　京口水操群鳥穿花陣圖。圖片來源：《欽定南巡盛典》，卷87，頁16b-17a。

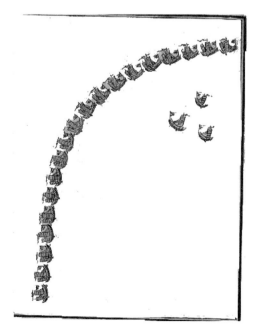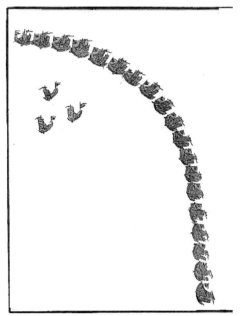

▲ 圖7-33　京口水操偃月陣圖。圖片來源：《欽定南巡盛典》，卷87，頁18b-19a。

(2)作戰時的陣法

作戰時的陣法，在相關史料的記載較少，是否以操練時的陣法加以改變，成為作戰陣法則有待進一步探討。惟相關的資料紀錄顯示，戰爭結束後，大部分的將領皆以報功為第一要務，對於使用何種戰術擊敗敵人，在相關的資料上鮮少記載，這部分待有較多資料後，可再進行研究。

總領船，陞礮三聲，吹得勝令，揮五方旗，總領船中央拋定各船照安營式分股下椗，依序安泊鼓吹繳令。

▲ 圖7-34　海洋肅清陣圖。圖片來源：（清）盧坤，《廣東海防彙覽》42卷，卷22，頁27b-28a。

（三）作戰原則

將在外君命有所不受，說明了帶兵將領的權力是不受皇權制約的，但往往驕兵必敗，雖然帶兵將領不受皇權制約，但與他營軍隊的相互合作，則是必要的。清初在對抗鄭氏勢力時期，清朝的水師部隊實力明顯不及鄭氏水師，因此水師將領想打一場勝仗，合作是有必要的。此時期大部分將領皆能以大局為要，楊捷說：

水師出洋剿寇，陸路亟宜聲援，咨商調撥接應，以收萬全之效

事。為照海逆倚水為巢，恣肆狂逞……於沿海地方伺候，隨舟師所至灣泊之處，即移營附近，共為聲援，以壯軍勢，以固眾志，尤以萬全。[169]

此項建議也得到康熙的認同，二星期後，在一次攻擊行動中，即派陸路官兵於海邊緊要口處屯營，相機堵截，共相夾擊。[170]另外，侍郎溫原亦建議，令陸兵、水師酌調，共相防守，相互支援，方能克敵致勝。[171]在僅有的兵力之中，更需要合作，如此才有機會勝過對手。然而，這種相互合作的情況並不多見，此後至嘉慶九年（1804），下達了水師應相互合作之上諭，在閩浙總督張師誠（1762-1830）的主導之下，由海壇鎮總兵孫大剛，參將陳琴，浙江提督邱良功以及福建水師提督王得祿等人的合擊之下，殲滅了蔡牽海盜集團。[172]由此可見，水師如果沒有相互合作，要將蔡牽殲滅，恐怕必須再花費功夫才行。

作戰手則是告知水師官兵，遇到狀況時的處理方式，以及擔任水師後應注意的事項。熟記這些手則，對於海洋巡防與作戰有很大的助益。藍鼎元說：如果要緝捕海寇，可佯裝商船進行追捕：

若使巡哨官兵密坐商船以出，勿張旗幟，勿鼓樂舉礮作威。遇賊船嚮邇，可追即追，不可則佯為遜避之狀。以堅其來，挽舵爭據上風，上風一得，賊已在我胯下。我則橫逼賊船，如魚比目並肩不離，順風施礮，百發百中。兩船既合，火罐藥桶一齊拋擊，雖百賊亦可擒也。[173]

---

169 （清）楊捷，〈水師出洋咨兩院〉《平閩紀》，康熙19年，頁210-211。
170 （清）楊捷，〈欽奉上諭咨水提〉《平閩紀》，康熙19年，頁215-216。
171 （清）楊捷，〈邊海要島咨督院〉《平閩紀》，康熙19年，頁256。
172 《宮中檔嘉慶朝奏摺》，第26輯，署閩浙總督張師誠奏摺，〈奏為殲除海洋積年首逆蔡牽將逆船二百餘犯全數擊沉落海並生擒助惡各夥黨恭摺馳奏叩賀天喜事〉，嘉慶14年8月26日，頁214。
173 （清）藍鼎元，〈論海洋弭捕盜賊書〉，收於（清）賀長齡，《清經世文編》（北京：

如果在緝捕海盜時，不知道海盜人數多寡與武器狀況，當可靜觀其變。褚
華認為：

> 故勦捕之法，祇須詐為商船以待其來。遇賊少則藏精銳於艙底，
> 施機括於戰場，誘其登而擒之，俾餘賊之瞭望者不覺。遇賊多則
> 遠者禦以長矛，近者沃以沸湯，致其死以敵之，俾我兵之赴援者
> 可繼，或賊所停泊屯聚多至數十艘者，宜多備小舟，藏發礦佛郎
> 機於柴草內，自黑暗中順風縱火而擊之，小舟焚而礦亦發，賊船
> 無不為齎粉者。[174]

遇到海寇的時候，先了解情況之後再做出應對，遇賊少時，可以引他們上
船後再予以殲滅，遇賊多時，勿靠近與其對抗，可等援軍來後再伺機而
動。在賊聚集較多的地方可以使用小船偽裝，內藏火砲順風而下攻擊，當
可擊潰敵人。

擔任過浙江巡撫的程含章，對海洋作戰與謀略，也有精闢的看法。他
認為：

> 海船全憑風力，風勢不順，雖隔數十里猶之數千里，旬日半月猶
> 不能到也。是故海上之兵，無風不戰，大風不戰，大雨不戰，逆
> 風逆潮不戰，陰雲蒙霧不戰，日晚夜黑不戰，暴期將至，沙路
> 不熟，賊眾我寡，前無收泊之地，皆不戰。及其戰也，勇力無所
> 施，全以大礮相轟擊，船身簸蕩，中者幾何。幸而得勝，我順風
> 而逐，賊亦順風而逃，一望平洋，非如陸地之可以伏兵獲也。[175]

中華書局，1992），卷85，〈兵政〉16，〈海防下〉，12a-12b。
[174] （清）褚華，〈海防集覽序〉，收於（清）賀長齡，《清經世文編》，卷85，〈兵政〉16，〈海防下〉，頁5b。
[175] （清）程含章，〈嶺南集·上百制軍籌辦海匪書〉，收於（清）賀長齡，《清經世文編》，卷85，〈兵政〉16，頁37b-38a。

陸戰與海戰不同，天候因素是重要的考慮因素，天候如果不好，又去捕盜，那反而讓自己身陷危險之中，也無法在海上設伏兵予以痛擊。現在海寇的武器比水師強大，海戰主要又以火砲互轟來見眞章，在這方面就毋需與敵人硬拼，反而可以使用戰術予以攻擊，在水師射擊精確，以及戰術的運用之下，當可收到良好成效。

海洋之戰，莫烈於礮，以大爲貴，從前賊見官船皆奔避不戰，爲礮少也。數年來劫我礮臺，擄我官船及商、夷船隻，礮位已不可勝用矣，其大者至四、五千觔。我師之礮，大者不過二、三千觔，勢不如賊。所幸士兵施放較賊精熟，惟須多備鐵釘，參差束縛，大如礮口，令軍士於近賊時入礮施放，一發可傷數十人，比礮子爲更烈。此外如藤牌、鳥槍、長刀、短刀、竹槍之類，均須備足。至過船拏賊，莫妙火攻。但我用火，賊船亦用火。必我之火倍烈於賊，倍速於賊；然後我先燒賊，而賊不能燒。[176]

然而，面對海寇與西方國家的作戰法則又有所不同，林則徐在兩廣期間，就積極籌設海防，對英國的船隊狀況亦有了解，籌設海防時，即與兵勇〈約法七章〉，做爲水師的準則。內容記錄了平時的水師準備工作爲何、英國船隻樣態、以及如何運用各種陣法、謀略來打敗英軍。[177]這可說是一本非常確實的作戰手則，一旦與敵軍遭遇，將有所依歸。以下摘錄〈約法七章〉部分內容。

> 第一，夷兵船雖長若干丈，爾等不必看得他長，雖有大礮若干門，爾等不必畏他礮多而大。蓋夷礮惟在兩旁，我師只要攻其頭尾。
>
> 第二，駛近夷船頭尾，則我船俱須分左右冀，如鴈翅形，斜向船頭撲擺，船尾擺開，方能聚得多船，且火器不致誤擲自家

---

[176]（清）程含章，〈嶺南集・上百制軍籌辦海匪書〉，收於（清）賀長齡，《清經世文編》，卷85，〈兵政〉16，頁40a-40b。
[177]（清）梁廷枏，《夷氛聞記》（北京：中華書局，1997），卷2，頁35-38。

幫內。

第三，礮火能及之處，即先開礮，至鳥槍可及，便兼開槍，迨噴
筒、火罐能及，則隨便用之，多多益善。總須擲到夷船，
不致誤擲本船。

第四，兵勇過船，遇夷人便用刀砍其首級，留在隨後統算，不可
急獻首級，轉誤要事。除砍夷人外，其船內最要之物，莫
如柁車、纜篷、桅纜、鼻頭纜，能將各纜全行砍斷，則船
已為我有，又何患銀錢貨物之不我有哉。

第五，我船斜向攻擊夷船頭尾，大抵以四角分計。每角，拖船至
多不過容四隻，其大者不過容三隻，即四角合攻，亦不過
用十二船至十六船攻擊夷船一隻。此外即有多船，亦可分
擊他船，不必聚在一處，轉致凌亂。

第六，瓜皮小艇，應雇三十隻，上裝乾草、松明、擦油蔴斤，配
火藥十之一二，用草繩綑住，上蓋葵蓆。船之頭尾各用五
尺長小鐵鍊一二條，以鐵鐶繫定。其一頭拴大鐵釘長七八
寸，其未須極銳利，船上置大鐵鎚二把，使善泅者二三四
人，皆半身在水，半身靠在船旁，挨槳以行，妙在甚低，
夷船礮火所不能及。

第七，破敵首重膽氣，膽大氣盛者必勝。況此次殺一白夷實二百
員，黑夷半之，生擒者視其人之貴賤格外倍賞。是殺得十
夷即得千員，殺得百夷即得萬員，再多者並可得官，何等
快樂。**178**

然而，手則固然記錄完善，但沒實際操作前，尚不知其結果如何。鴉片戰
爭一役，清軍低估了英軍的實力，對他們的情報了解與實際差距甚多，最

---

178 （清）梁廷枏，《夷氛聞記》，卷2，頁36-38。

後導致水師部隊的覆滅。

　　對於這水師手則，不能說他制定不好，只能說在對敵軍的察訪工作上更應該確實，以免低估別人而高估自己。水師手則到了咸豐五年（1855），則將其編寫成歌，以利官兵隨時熟記，這是清軍與太平天國的作戰中，由曾國藩（1811-1872）所撰著的水師得勝歌。

　　三軍聽我苦口說，教爾水戰真祕訣：

　　第一，船上要潔淨，全仗神靈保性命，早晚燒香掃灰塵，敬奉江神與砲神。

　　第二，灣船要稀鬆，時時防火又防風，打仗也要去得稀，切莫擁擠吃大虧。

　　第三，軍器要整齊，船板莫霑半點泥，牛皮圈子掛槳椿，打濕水絮封藥箱，群子包包要纏緊，大子箇箇要合鏜，抬鎗磨得乾乾淨，大礮洗得溜溜光。

　　第四，軍中要蕭靜，大喊大叫須嚴禁，半夜驚營莫急躁，探得賊情莫亂報，切莫亂打鑼和鼓，亦莫亂放鎗和礮。

　　第五，打仗不要慌，老手心中有主張，新手放砲總不準，看來亦是打得蠢，遠遠放砲不進當，看來本事亦平常，若是好漢打得進，越近賊船越有勁。

　　第六，水師要勤操，兼習長矛並短刀，盪槳要快舵要穩，打礮總要習箇準，斜斜排箇一字陣，不慌不忙聽號令，出隊走得一線穿，收隊排得一絡連，慢的切莫丟在後，快的切莫走在前。

　　第七，不可搶賊贓，怕他來殺回馬槍，又怕暗中藏火藥，未曾得財先受傷。

　　第八，水師莫上岸，止許一人當買辦，其餘箇箇要守船，不可半步走河沿，平時上岸打百板，臨陣上岸就要斬。

　　八條句句值千金，爾們牢牢記在心，我待將官如兄弟，我待兵勇

　　　　如子姪，爾們隨我也久長，人人曉得我心腸，願爾將官莫懈怠，
　　　　願爾兵勇莫學壞，未曾算去先算回，未曾算勝先算敗，各人努
　　　　力各謹慎，自然萬事都平順，仔細聽我得勝歌，升官發財笑呵
　　　　呵。[179]

　　水師部隊是一個團體，倘若成員能各盡其司、各盡其職，在戰陣上贏
得勝利的機會當更高。為了讓水師官兵了解技能及各種軍事常識的重要，
在清朝晚期是否受到西方影響，將相關手則內容融入歌曲中，則有待探
討。如果將這些相關內容，利用在部隊訓練期間，再藉由歌曲的歡唱，來
熟記內容，則可讓官弁朗朗上口，無形中已熟記下來。但無論如何，只要
官弁能熟知自己應盡的責任為何，了解日常生活及戰爭時的事情處置之應
對，這將對部隊的精進有很大的助益。

小　結

　　中國的造船技術一直以來都是居於領先的地位，許多船舶重要發明都
來自於中國。鄭和下西洋期間，可謂是中國的造船技術發展的最高峰，當
時限制了民間的海外貿易，但卻轉向官方積極的發展。毋論鄭和船隊是否
有那麼宏偉、壯觀，船隊的航行里程卻是空前，這表示明朝有能力興建續
航力遠的船隻，以及做好後勤補給的工作。

　　清朝戰船承繼明朝，在戰船的結構上有所依循，然而，明朝所興建的
戰船規模大於清朝，這與清朝的對外發展與海洋的思想有很大的關係。水
師的建置，主要是有一假想敵，在針對假想敵狀況進行武裝。清朝前期所
留用的明朝戰船型式大，目的是要對抗與他們戰船規模相當的鄭氏王朝，
鄭氏覆滅之後，清朝所面對的假想敵為海寇。海寇的戰船有限，海寇船規

---

[179] 《清朝續文獻通考》（杭州：浙江古籍出版社，2000），卷199，〈樂〉12，頁
　　9480-9481。；（清）陳龍昌輯，《中西兵略指掌》，卷21，頁57。清光緒東山草堂石印
　　本。（清）曾國藩撰，咸豐5年（1855）江西南康水營作。

模大者有限，因此清朝毋需再建造大的戰船，反而在追擊海寇當中，需要速度的展現。因此才陸續改造速度快、型式較小的戰船。

在戰船的武器配置上，因戰術的相同，武器當大同小異，清朝即在明朝武器的基礎上，繼續使用。近身武器方面不變，火砲方面則有較大不同，但不同處只在於砲的噸位加大，實際上也差距不大，因為戰船變小，所搭載火砲的重量有限，自當無法設置更大的砲位。然而，以當時的火砲威力，足以對付海寇，海寇雖然擁有同類型的武器，但畢竟他們不是職業人員，因此在武器使用的精準度當不如水師。在武器威力、戰船規模相當的情況之下，人數多寡與戰術運用，即成為戰場上勝敗的關鍵。

水師平時任務繁多，巡洋及操練也是他們主要任務之一，因此水師部隊是一個有組織者，海寇組成份子複雜，懂的謀略者有限，更毋需說平時的操練了。所以水師的優勢在於素質的平均，也許武力不是想像中那麼精湛，但至少不亞於海寇。也因為這層因素，清朝並沒有在水師人員及戰船、武力方面有多大的改變，這樣的水師部隊已足以應付海寇集團。

結　論

　　清代水師戰船制度，大致而言，是一個研究成果比較少的論題，卻是探討清代軍事不可或缺的一環。水師、戰船、武器性能的強弱，實與海防堅固與否有很大的關係。清廷在水師、戰船制度的設計上，不斷的因時制宜，改正缺失，得令水師與戰船制度越來越健全。

　　清代的海防設置，在領有臺灣之前，承襲了明代的制度，在水師人員方面，以明代的降將及士兵為主。戰船部分承接明代戰船，部分自行製造，這類戰船與明代戰船型式相同，如鳥船、趕繒船等船型。明代水師設置目的主要是防禦海盜，清代面對的敵人大體上與明代相同。期間面對較大的挑戰則有鄭氏家族，以及乾隆晚期的蔡牽與朱濆的海盜政權。

　　明代嘉靖以前設置的水師制度，在嘉靖年間的海盜騷動事件中遭到重創，但經過整建之後，海防的規劃與部署已更符合實際需要，由關城、水寨、遊兵、烽堠、戰船，組成海防體系，這樣的體系足以嚇阻來犯的海盜，甚至西方國家也無法使用武力突破明代的沿海防線。

　　但清初面對比海盜更為強大的鄭氏，以現有的海防設置將不足以對付鄭氏的攻擊。因此，利用招降的手段，攏絡敵方的水師將領投降，再以這些將領去對付鄭氏。同時，也結交荷蘭達到結盟，來對付鄭氏。針對鄭氏潛在的可能攻擊，清代此時的海防以福建為主，浙江、廣東為輔，在福建部署較多的水師設施，在閩、粵及閩、浙交界處亦設置南澳、福寧等水師鎮，互為角犄之勢。

　　清代除承襲明代海防作法之外，亦有創新，透過對於沿海自然環境的了解，再配合城市與港灣條件，選擇合適的海防設施地點。領有臺灣之前，清廷尚未規劃海防，這期間最大的敵人為鄭氏，因此海防的目的主要針對鄭氏家族。領有臺灣之後，面對的敵人已不同，海防設置必須有一統籌性的規劃與考量，沿海各區域更要兼顧，所以重新思考海防的設置地

點，是這時期的必要工作。在這樣的背景之下，著手展開沿海環境調查，杜臻、席柱等人，被授予海防調查的重任，他花了近一年的時間調查閩、粵兩地與設置海防相關的面向，做成了海防調查報告，再對照明代的海防設置地點，因革損益，部分增設、部分裁撤。此後，清代的海防設置，確實在杜臻調查後的建議上，進行防衛部署。

在水師人員的編制方面清代與明代稍有不同。明代在各直省中，並沒有設常置性的統兵大員，嘉靖以後才有總兵的設置。清初於順治八年（1651）始定綠營水師制度。當時，鄭氏與南明勢力尚在內陸地區，清廷對付鄭氏的軍隊主要以陸師為主，因此並未設置水師提督。康熙元年（1662），鄭成功撤退到臺灣之後，水師的重要性提高，清廷旋即在浙江、福建兩地設置水師提督，統合直省的水師部隊。康熙三年（1664），廣東亦設置水師提督。此後，施琅以福建水師提督身分，於康熙三年十一月、康熙四年三月，兩度率軍攻打臺灣，但遭遇颱風，無功而返。這時的清代水師已有足夠武力渡海攻臺。但這兩次的失敗，間接導致清廷裁撤水師提督，在水師將領的制度上做了部分調整。康熙二十年（1681），施琅再度擔任福建水師提督，為征臺做準備。

領有臺灣之後，海防重新規劃，除了續留福建水師提督之外，浙江、廣東已不設置水師提督，而由陸路提督兼管。福建除了有水師提督之外，也成為水師部署兵力最多的省份。乾隆晚期的海盜問題，撼動了東南沿海三省，動亂最嚴重的地方為福建及廣東沿海一帶，在動亂結束後，清廷了解到水師提督設置的重要性，恢復設置廣東水師提督。設置的目的除了與海盜劫掠廣東有關之外，外國勢力已威脅到廣東地區，因此設置水師提督彈壓確有必要。清廷因時而設，符合了實際需求。

在人才的任用方面，官員的任用，則缺乏一套選才系統，科舉並沒有設計一套與水師有關的術科考試。在這樣的情況之下，無法選錄有相關技能的水師人員，因此，水師人員不足的窘境時常困擾。為了使人才不致於青黃不接，清廷改變了任官制度，打破水師迴避制度、以有功者可破格

升遷、熟水性者可由陸師轉水師、提高官員的俸薪、增加撫卹金等措施因應。但這些政策的施行，並沒有完全解決水師將領短缺的問題。因此，沒設置一套可長可久的選才任官制度，是清廷在水師制度上最大的缺失。

在士兵的任用方面，與官員的情況相同，同樣出現人員不足問題。清代的士兵薪資過低，熟水性的人民，不願意擔任水師。因此招募到的水師士兵當中，懂得水師技藝者越來越少。為了鼓勵人民從軍，清廷制定一套升遷標準與撫卹制度，但得到的效果有限，人員短缺的問題還是沒辦法解決。因此只好委由各級官員自行招募士兵。招募的地點，水師將領一致認為以媽祖廟最容易招募到合適的人員。

然而，無論是官員或者是士兵，具備水師技藝的人還是相當的缺乏，這也突顯清廷在人員任用方面的檢討較不確實，導致水師人員不足的問題，長期以來一直存在，而無法找到解決之道。在這樣的情況下，自然影響到人員的素質，也使得水師戰力無法提升。這是水師用人制度的重大缺失。

水師的訓練，清代則有較完善的規劃，巡洋、會哨，已有一套完整的運作方式。參與會哨人員的層級也不斷的提升，由總巡、分巡，增加到由提督或總兵擔任統巡。再加以平常的巡防，使東南沿海海域形成一綿密的巡防線。平常期間，水師必須進行戰術演練，以及各種操舟技能的操作，增強戰術的執行力，以及健全士兵的操舟技藝。這方面水師部隊都必須嚴格執行，也有成效呈現。

沿海防衛體系的設置，亦在明代的架構下延續，在康熙元年以前，沿海防衛主要以關城及烽堠為主，這時期強調的是預警效果。康熙元年之後，鄭氏軍隊大部分撤到臺灣，沿海地區轉由清廷控制，此時在浙江、福建增設砲臺，至領有臺灣的這段時間，沿海防務由關城、砲臺、烽堠組成一防衛體系，呈現預警與攻擊的效果，成效勝於以往。但這期間，砲臺的興建並不多，因此以烽堠來填補砲臺之不足。康熙二十三年以後，砲臺興建漸多，烽堠已經失去功能，因為砲臺除了具備烽堠的功能之外，更具有

強大的攻擊力。

　　沿海關城的設置，加強海防的能力，在各地關城不斷的整修之下，城牆比明代厚實，更爲堅固，加以砲臺的設置，使得沿海防衛體系逐漸的增強。因爲砲臺的設置，嚇阻了海盜，因此海寇鮮少進行岸上攻擊。除此之外，清廷運用戰船配合沿海砲臺，形成一道堅固的海防內外防衛系統，海盜很難突破這道防線進入中國。因此清代的這種沿海防衛設置，對付海盜則發揮了很的大功效，使得沿海地區受到海盜劫掠事件比明代減少許多。即使有龐大海盜集團的蔡牽以及朱濆，也只能攻擊砲臺較少的沿岸地區，不敢挑戰砲臺綿密之處。

　　有了沿海防衛系統，再配合水師營的設置，讓海防的部署更爲完整，戰船制敵於外洋，砲臺殲敵於沿岸，陸上水師及陸師，則防堵敵人岸上，這三道防線，成了清代最強的海防體系，也嚇阻敵人的挑戰。這方面的設置是成功的，因此清代在沿海及沿岸的劫掠事件並不多見。

　　戰船制度則從無至有，再從求有再求好，設計得更健全，此即清代的戰船制度。康熙以前，除了承接明代的戰船之外，部分新造。此時期並未設置軍工戰船制度，戰船的製造爲一臨時性的政策。雍正三年（1725），設置軍工戰船廠，除了原有的戰船制度之外，也制定戰船廠制度。戰船廠分別於各省設置，就近製造鄰近水師營戰船，監督與修造人員則由武官及文官負責，如此相互監督當使弊端減少。在修造制度上，明確規定戰船使用年限，三年小修、五年大修、十年拆造制度，這讓戰船的品質得到保證。嘉慶以後，對於修造戰船花費五百兩以上者，必須報部審查，減少了不必要的花費。

　　在水師營戰船的分類上，清廷有完整的一套規劃機制，每個水師營都配備有大小不同型號的戰船，分成進攻、支援、補給、巡哨之用，組成一個有系統的水師部隊。針對戰船的適用性，清廷針對各個海域狀況不同，製造符合該海域操駕與作戰的水師戰船。另一方面，戰船的改造隨著對手的不同，也有所因應。鄭氏王朝時期，因鄭氏擁有較大的鳥船型式的戰

船，清廷亦興建與其相當的船隻。鄭氏覆滅之後，海盜已無大型船隻可用，爲了操駕及追擊海盜便利等原因，清廷轉向改造速度快、船型規模小的趕繪船。爾後又仿照民船，改造成速度更快的同安梭船，以利對海盜的追捕。

在與海盜蔡牽對抗的過程中，蔡牽海盜船高大、速度快。爲了有效壓制蔡牽海盜集團，清廷接受了建議，興建與海盜船規模相當的艇船。可見，清代並非沒能力製造大型船隻，只是平常時期沒這樣的需求，因此無需建造大船，反而追擊海盜更應講求速度，因此戰船的改造以速度來代替大小。但只要有實際上的需求，清廷在極短期間內，亦可做出規模更大的戰船。然而，在這期間，也沒有因爲財政問題就無法著手製造戰船，顯見在嘉慶期間，清廷可以在短時間挪出一筆經費，建造數十艘的艇船，這代表在清廷在財政及技術上足以支應。

戰船上配備的武器則變化並不大，以士兵、武器來看，鴉片戰爭以前幾乎沒改變，大部分沿襲明代以來的兵器，最有威力的武器只有鳥槍、噴筒，這兩種武器的殺傷力幾乎百年不變。配置在戰船上的火砲也發生同樣狀況，射程及威力雖然有提高，卻很有限。之所以產生這樣的情況，與清廷面對的敵人有很大的關係，海盜的武器大部分來自民間、官方、或向商人購買，這些武器性能並不優於官方。有鑑於此，清廷並未在戰船武器上做提升，以現有的武器即足以對抗海盜。道光初年之後，因西方勢力威脅增加，戰船上的火砲配置，在射程距離及威力上略有提升，此時的火砲威力可謂清代建軍以來最強的一刻，但與英國相較卻有很大的差距。

與敵人的武器配備相當，欲戰勝敵人，必須在戰術上，及武器使用的準度上有所發揮，才能居上風。綠營水師在這方面做的較爲確實，戰術的演練及武器的射擊訓練，都凌駕於海盜，這也是水師最大的優勢。在這樣的觀念之下，水師戰船上的武器，沒有迫切的改造壓力。因此清代一百多年的水師武器發展因而受到侷限。即使稍有改進，但在火砲的爆炸威力與射程上，遠遠落後西方國家甚多。導致在鴉片戰爭時，才發生一有趣的景

象，清代綠旗兵操作前二世紀的武器與英軍作戰，當下成敗立判。

綜觀清代的水師與戰船制度，有幾個重點：第一，無論在水師或戰船制度都是承繼明代的制度，但取長補短，部分做修正。第二，康熙二十三年前後的水師部署有很大的改變，這是因應敵人不同所做的修正。海防以福建爲中心，轉向全面性的規劃。第三，嘉慶年間海盜集團被殲滅之後，水師部署重點由福建轉向廣東。第四，戰船製造重於速度，不重視船隻大小及武器配備。第五，沿海防衛系統由預警轉向防衛性的攻擊。第六，欠缺一套水師人才培育計畫。第七，忽略對武器的研發，無法妥善的提升戰力。這七項重點可謂清代前期水師政策的總結。

由此了解，清代的水師與戰船政策，優點多於缺點，清廷在遇到時代的轉折點，願意突破制度的枷鎖，改變制度，使制度更好。這與歐洲各國在相互競爭的情勢下，逼使各國在戰船與武器的提升頗爲相似，只是競爭的對象不同。雖然有論者認爲，乾隆末年是清代由盛轉衰的關鍵，但以水師與戰船制度來看，這時期的水師制度已趨於完整，並無看到衰敗的現象。至嘉慶朝，水師制度的設計已兼顧各層面，幾近完善；在戰船的製造上，雖說清代戰船規模不大，如情勢所迫，亦能在短時間興建威力強大的艇船。這種對清代衰敗的看法有必要再釐正，即使在財政困難之餘，道光皇帝還是願意花費許多的經費部署廣東、定海以及廈門防務，這是值得肯定的，即使鴉片戰爭清朝打輸了，仍不應以成敗抹煞其歷史意義。

總括來說，清代水師與戰船並不因爲鴉片戰爭一戰，敗給英國近代海軍而等同「衰敗」的同義詞。相反地，清代水師在東亞海域始終擁有其自己的舞臺，在嘉慶、道光朝達到鼎盛，充滿自信。同時，本文也指出清代前期水師制度在人才培育、軍事技術上的問題，皆成爲清末新式海軍建立時的發展重點。在此研究基礎上，亦看到部分的議題值得繼續探討。如八旗水師、內河水師、浙江以北的水師之制度研究、水師戰爭史的研究、水師相關將領的研究，包括清廷的派任情況以及將領的背景分析、水師與海盜相關問題等，都還有很大的發展空間。另外，在沿海防務地點的調查

上，亦可嘗試調查研究，可先從區域性擴大到省及全國，如此一來，更可
確立海防的設置地點，與文獻相互印證。另一方面，水下考古的發展如能
繼續推行，這對於戰船的細部結構，以及製造戰船的材料可以更清楚的確
認。由此可知，海洋史中的水師與海軍，誠爲一極待開拓之領域，如能將
這部分歷史陸續呈現，對清代海防政策的發展，則能更清楚呈現。

參考書目

一、中文資料

（一）史料

1.檔案、官書

（元）脫脫，《遼史》，臺北：鼎文書局，1980。

（明）申時行，《萬曆大明會典》228卷，中央研究院圖書館藏，萬曆內府刻本。

（明）宋濂，《元史》，北京：中華書局，1976。

（明）陳子龍，《明經世文編》504卷，北京：中華書局，1962。

（清）三泰，《大清律例》47卷，北京：商務印書館，2005。

（清）允祿，《大清會典事例·雍正朝》，臺北：文海出版社，1995。

（清）文孚，《欽定六部處分則例》，臺北：文海出版社，1969。

（清）文煜，《欽定工部則例》，臺北：成文出版社，1966。

（清）文慶，《籌辦夷務始末》，臺北：文海出版社，1970。

（清）伊桑阿，《大清會典事例·康熙朝》，臺北：文海出版社，1993。

（清）托津，《大清會典事例·嘉慶朝》，臺北：文海出版社，1991。

（清）伯麟，《兵部處分則例》，上海：上海古籍出版社，1997，道光刻本。

（清）來保，《大清通禮》，《景印文淵閣四庫全書》，臺北：臺灣商務印書館，1983。

（清）明亮、納蘇泰，《欽定中樞政考》72卷，上海：上海古籍出版社，1997。

（清）崑岡，《欽定大清會典事例·光緒朝》，臺北：臺灣商務印書館，

1966。

（清）——，《欽定大清會典圖》270卷，《續修四庫全書》，上海：上海古籍出版社，1997。

（清）張廷玉，《明史》，臺北：鼎文書局，1980。

（清）賀長齡，《清經世文編》，北京：中華書局，1992。

（清）鄂爾泰，《八旗通志》，臺北：學生書局，1968。

（清）新柱，《福州駐防志》16卷，《清代兵事典籍檔冊匯覽》，北京：學苑出版社，2005。

（清）董誥，《欽定軍器則例》，上海：上海古籍出版社，1997，嘉慶兵部刻本。

（清）趙爾巽，《清史稿》，北京：中華書局，1977。

（清）劉錦藻，《清朝續文獻通考》，浙江：古籍出版社，2000。

（清）穆彰阿，《大清一統志》，臺北：臺灣商務印書館，1966。

《大明歷朝皇帝實錄》，臺北：中央研究院歷史語言研究所，1966。

《大清會典則例·乾隆朝》，臺北：臺灣商務印書館，1983。

《大清歷朝皇帝實錄》，北京：中華書局，1986。

《月摺檔》，臺北：故宮博物院。

《兵志》，進呈本。臺北：故宮博物院藏。

《兵志·水師》，臺北：故宮博物院藏。

《兵志·水師概略》，臺北：故宮博物院藏。

《明清史料》，臺北：中央研究院歷史語言研究所，1997。

《武職俸餉額數》，《清代兵事典籍檔冊匯覽》，北京：學苑出版社，2005。

《武職廉俸章程》，《清代兵事典籍檔冊匯覽》，北京：學苑出版社，2005。

《南明史料》，臺北：臺灣銀行經濟研究室，1963。

《軍機處檔》，臺北：故宮博物院藏。

《宮中檔》，臺北：故宮博物院藏。

《宮中檔歷朝奏摺》，臺北：故宮博物院。

《皇清奏議》，臺北：文海出版社，1967，民國景印本。

《康熙朝漢文硃批奏摺彙編》，北京：檔案出版社，1984。

《清史列傳》，北京：中華書局，1987。

《清初海疆圖說》，南投：臺灣省文獻委員會，1996。

《清朝通志》，臺北：新興書局，1963。

《清朝通典》，臺北：新興書局，1963。

《最新清國文武官制表》，《續修四庫全書》，上海：上海古籍出版社，1997。

《欽定八旗通志》342卷，《景印文淵閣四庫全書》，臺北：臺灣商務印書館，1983

《欽定平定臺灣紀略》70卷，北京：商務印書館，2005。

《欽定福建省外海戰船則例》，南投：臺灣省文獻委員會，1997。

《欽定福建省外海戰船則例》23卷，《續修四庫全書》，上海：上海古籍出版社，1997。

《閩省水師各標鎮協營戰哨船隻圖說》，4冊，德國Staatsbibliothek zu Berlin（柏林國家圖書館）藏。

《鄭氏史料續編》，南投：臺灣省文獻委員會，1995。

中國第一歷史檔案館編，《乾隆朝上諭檔》，北京：檔案出版社，1991。

中國第一歷史檔案館編，《康熙朝漢文硃批奏摺》，北京：檔案出版社，1984。

中國第一歷史檔案館編，《雍正朝漢文硃批奏摺》，北京：檔案出版社，1986。

2.筆記、文集

（宋）呂頤浩，〈論舟楫之利〉《忠穆集》8卷（臺北：臺灣商務印書館，1983）。收於《文淵閣四庫全書》，第1131冊。

（明）王士騏，《皇明馭倭錄》9卷，《續修四庫全書》，上海：上海古籍出版社，1997，萬曆刻本。

（明）王鳴鶴，《登壇必究》，《中國兵書集成》，北京：解放軍出版社，1993。

（明）朱國禎，《湧幢小品》32卷，上海：中華書局，1959。

（明）何汝賓，《兵錄》14卷，明崇禎刻本，中國科學院圖書館藏。

（明）何喬遠，《閩書》，福州：福建人民出版社，1994。

（明）宋應星，《天工開物》，揚州：廣陵書社，2006。

（明）李昭祥，《龍江船廠志》，臺北：國家圖書館，1975。

（明）李盤，《金湯借箸十二籌》12卷，《四庫禁燬書叢刊》，北京：北京出版社，2000。

（明）沈有容，《閩海贈言》，南投：臺灣省文獻委員會，1994。

（明）沈啟撰，《南船紀四卷》，《續修四庫全書》，上海：上海古籍出版社，1997。

（明）侯繼高，《全浙兵制》，臺南：莊嚴出版社，1995。

（明）俞大猷，《正氣堂集》，《四庫未收書輯刊》，北京：北京出版社，2000，道光孫雲鴻味古書室刻本。

（明）施永圖，《武備水火攻一卷武備地利四卷》北京：北京出版社，2000。收於《四庫禁燬書叢刊》。雍正刻本。

（明）洪受；吳島校釋，《滄海紀遺校釋》，臺北：臺灣古籍，2002。

（明）范景文，《戰守全書》18卷，《四庫禁燬書叢刊》，北京：北京出版社，2000。北京圖書館藏明崇禎刻本。

（明）茅元儀，《武備志》240卷，《中國兵書集成》，北京：解放軍出版社，1990。

（明）馬建忠，《適可齋記言記行》，《續修四庫全書》，上海：上海古籍出版社，1995。

（明）高汝栻，《皇明法傳錄嘉隆紀》，《續修四庫全書》，上海：上海古籍

出版社，1997。

（明）張燮，《東西洋考》，北京：中華書局，1981。

（明）戚繼光，《止止堂集》，北京：中華書局，2001。

（明）——，《紀效新書》，《中國兵書集成》，北京：解放軍出版社，1993。

（明）——，《戚少保年譜耆編》12卷，北京：中華書局，2003，道光刻本。

（明）——，《練兵實紀》，《中國兵書集成》，北京：解放軍出版社，1993。

（明）許孚遠，《敬和堂集》13卷，國家圖書館藏，萬曆22年，序刊本。

（明）陳九德輯，《皇明名臣經濟錄》18卷，臺北：國立故宮博物院，1997，嘉靖28年羅鴻刻本。

（明）陳仁錫，《皇明世法錄》，臺北：臺灣學生書局，1986。

（明）——，《陳太史無夢園初集》，傅斯年圖書館藏，崇禎6年刻本。

（明）陳敬法等增補，《崇武所城志》，福州：福建人民出版社，1987。

（明）陳燕翼，《思文大紀》，《筆記小說大觀》，臺北：新興書局，1975。

（明）彭孫貽，《流寇志》，《續修四庫全書》，上海：上海古籍出版社，1997。

（明）焦玉，《火龍神器陣法》，《續修四庫全書》，上海：上海古籍出版社，1997。

（明）黃衷，《海語》，臺北：臺灣學生書局，1984。

（明）楊英，《從征實錄》，臺北：臺灣省文獻委員會，1995。

（明）鄭大郁，《經國雄略》，明隆武潭陽王介爵觀社刻本。

（明）鄭若曾，《鄭開陽雜著》，《景印文淵閣四庫全書》，臺北：臺灣商務印書館，1983。

（明）——，《籌海圖編》13卷，《中國兵書集成》，北京：解放軍出版

社，1990。

（明）謝杰，《虔台倭纂》，《北京圖書館古籍珍本叢刊》，北京：書目文獻出版社，1988。

（明）瞿共美，《天南逸史》，《續修四庫全書》，上海：上海古籍出版社，1997。

（明）譚綸，《譚襄敏奏議》，臺北：臺灣商務印書館，1983。

（清）丁曰昌，《海防要覽》，《中國兵書集成》，北京：解放軍出版社，1990，光緒10年敦懷書屋本影印。

（清）丁宗洛，《陳清端公年譜》，臺北：臺灣銀行經濟研究室，1964。

（清）丁拱辰，《演砲圖說輯要》，咸豐元年校刻本。

（清）丁寶楨，《丁文誠公奏稿》，《續修四庫全書》，上海：上海古籍出版社，1997，光緒19年刻本。

（清）毛鳴賓，《廣東圖說》，臺北：成文出版社，1967，同治刊本。

（清）王在晉，《海防纂要》，上海：上海古籍出版社，1997，萬曆刻本。

（清）王得一、萬正色，《師中紀績》，廈門：廈門大學出版社，2004。

（清）印任光、張汝霖撰，《澳門紀略》，世楷堂藏版。

（清）朱正元，《福建沿海圖說》。中央研究院傅斯年圖書館藏古籍線裝書，光緒28年上海聚珍版排印本。

（清）——《浙江海防圖說》，臺北：成文出版社，1974。

（清）朱璐，《防守集成》16卷，北京：解放軍出版社，1990，咸豐三年梟山又一村活字本。

（清）余含棻，《籌海策略》，北京：學苑出版社，2005。

（清）佚名，《兵法備遺》，《清代兵事典籍檔冊彙覽》，北京：學苑出版社，2005。

（清）佚名，《保障昇平》12卷，《清代兵事典籍檔冊彙覽》，北京：學苑出版社，2005，乾隆抄本。

（清）李增階，《外海紀要》，《續修四庫全書》，上海：上海古籍出版社，

1997，福建省圖書館藏，道光刻本。

（清）杜臻，《海防述略》，臺北：藝文印書館，1967。

（清）——，《粵閩巡視紀略》，臺北：文海出版社，1983。

（清）阮元，《兩浙防護錄》，揚州：廣陵書社，2004。

（清）——，《揅經室集》，北京：中華書局，2006。

（清）——，《揅經室續集》，臺北：臺灣商務印書館，1966。

（清）屈大均，《廣東新語》，北京：中華書局，2006。

（清）林君陞，《舟師繩墨》，《續修四庫全書》，上海：上海古籍出版社，
1997，乾隆37年陳奎刻本影印。

（清）邵廷采，《東南紀事》，上海：上海書店，1982。

（清）阿桂、和珅等纂，《欽定軍需則例》，《清代兵事典籍檔冊彙覽》，北
京：學苑出版社，2005。

（清）俞昌會，《防海輯要》18卷，《清代兵事典籍檔冊彙覽》，北京：學
苑出版社，2005，光緒11年星沙明遠書局刻本。

（清）俞樾，《茶香室叢鈔》，北京：中華書局，1996。

（清）姜宸英，《海防總論》，《河海叢書》，臺北：廣文書局，1969。

（清）姚瑩，《中復堂選集》，臺北：臺灣省文獻委員會，1986。

（清）——，《東溟奏稿》，臺北：臺灣省文獻委員會，1997。

（清）——，《東槎紀略》，臺北：臺灣省文獻委員會，1986。

（清）施琅，《靖海紀事》，南投：臺灣省文獻委員會，1995。

（清）胡建偉，《澎湖紀略》12卷，南投：臺灣省文獻委員會，1993。

（清）計六奇，《明季南略》，北京：中華書局，2006。

（清）夏琳，《閩海紀要》，南投：臺灣省文獻委員會，1995。

（清）徐宗幹，《斯未信齋文編》，臺北：臺灣銀行經濟研究室，1960。

（清）高晉初編，《欽定南巡盛典》，《景印文淵閣四庫全書》，臺北：臺灣
商務印書館，1983。

（清）徐家幹，《洋防說略》，《中國兵書集成》，北京：解放軍出版社，

1993，據清光緒13年木刻本影印。

（清）徐珂，《清稗類鈔》，北京：中華書局，1984。

（清）徐繼畬，《瀛寰志略‧航海》，《中國公共圖書館古籍文獻珍本匯刊》，北京：中華全國圖書館文獻縮微複雜中心，2000。

（清）張鑑，《雷塘庵主弟子記》8卷，北京：北京圖書館出版社，2004。

（清）梁廷枏，《夷氛聞記》，北京：中華書局，1997。

（清）──，《粵海關志》，臺北：成文書局，1968。

（清）梁章鉅，《浪跡叢談》，北京：中華書局，1981。

（清）──，《樞垣紀略》，北京：中華書局，1997。

（清）清國史館編，《皇朝兵志》276卷，臺北：國立故宮博物院藏，清內務府朱絲欄本。

（清）陳良弼，《水師輯要》，《續修四庫全書》，上海：上海古籍出版社，2002。

（清）陳倫炯，《海國聞見錄》，臺北：成文出版社，1983。

（清）──，《陳資齋天下沿海形勢》，《清代兵事典籍檔冊匯覽》，北京：學苑出版社，2005，咸豐間銅活字本。

（清）陳璸，《陳清端公文選》，臺北：臺灣銀行經濟研究室，1961。

（清）陶駿保編輯，《皇朝邊防紀要》，《清代兵事典籍檔冊匯覽》，北京：學苑出版社，2005，民國初年抄本。

（清）章鑰，《海防經略纂要》2卷，《清代兵事典籍檔冊匯覽》，北京：學苑出版社，2005，會稽章氏鋤經堂刻本。

（清）彭孫貽，《靖海志》，南投：臺灣文獻委員會，1995。

（清）黃叔璥，《臺海使槎錄》，南投：臺灣省文獻委員會，1986。

（清）傅維鱗，《明書》171卷，《叢書集成初編》，上海：上海商務印書館，1936。

（清）楊捷，《平閩紀》，臺北：臺灣文獻委員會，1995。

（清）溫睿臨，《南疆逸史》56卷，上海：上海古籍出版社，1997，據上海

圖書館藏鈔本之排印本影印。

（清）盧坤，《廣東海防彙覽》42卷，《清代兵事典籍檔冊匯覽》，北京：學苑出版社，2005，清道光間刻本。

（清）應自程編，《武備挈要彙編》10卷，《清代兵事典籍檔冊匯覽》，北京：學苑出版社，2005。

（清）薛大烈，《訓兵輯要》，《清代兵事典籍檔冊匯覽》，北京：學苑出版社，2005。

（清）薛傳源，《防海備覽》10卷，《清代兵事典籍檔冊匯覽》，北京：學苑出版社，2005，清嘉慶16年望山堂刻本。

（清）謝清高口述、楊柄南錄，《海錄》，北京：商務印書館，2002。

（清）韓奕，《海防集要》，臺北：藝文印書館，1967。

（清）藍鼎元，《東征集》6卷，臺北：大通書局，1987。

（清）──，《鹿洲初集》，臺北：臺灣商務印書館，1983。

（清）──，《潮州海防記》1卷，光緒3年，上海著易堂排印本。

（清）魏源，《海國圖志》100卷，上海：上海古籍出版社，1997。北京大學圖書館藏，光緒2年魏光燾平慶涇固道署刻本。

（清）魏源，《聖武記》，臺北：文海出版社，1970。

（清）關天培，《籌海初集》4卷，《清代兵事典籍檔冊匯覽》，臺北：文海出版社，1969。

（清）嚴如熤，《洋防輯要》24卷，《清代兵事典籍檔冊匯覽》，北京：學苑出版社，2005，道光18年安康張鵬飛來慶堂刻本。

（清）顧炎武，《天下郡國利病書》，臺北：廣文書局，1979。

（清）──，《肇域志》，上海：上海古籍出版社，2004。

（清）顧祖禹，《讀史方輿紀要》，北京：中華書局，2006。

《夷匪犯境聞見錄》，《和刻本明清資料集》，東京：汲古書院，1984。

《兵法備遺》3卷，《清代兵事典籍檔冊匯覽》，北京：學苑出版社，2005。

3.地方志、輿圖

（明）林希元，〔嘉靖〕《欽州志》，臺北：新文豐出版社，1985。

（明）林燫，〔萬曆〕《福州府志》36卷，《日本藏中國罕見地方志叢刊》，北京：書目文獻出版社，1990。

（明）唐冑，〔正德〕《瓊臺志》，上海：上海古籍書店，1964，明正德刻本。

（明）曹志遇，〔萬曆〕《高州府志》，北京：書目文獻出版社，1990，明萬曆刻本。

（明）湯日昭，〔萬曆〕《溫州府志》，臺南：莊嚴出版社，1996，萬曆刻本。

（明）黃仲昭，《八閩通志》87卷，北京：書目文獻出版社，1988，弘治刻本。

（明）葉溥、張孟敬纂修，〔正德〕《福州府志》40卷，福州：海風出版社，2001。

（清）六十七、范咸，《重修臺灣府志》，臺北：臺灣省文獻委員會，1993。

（清）王之春，《潮州府志》，臺北：成文出版社，1967，光緒19年刊本。

（清）王必昌，《重修臺灣縣志》臺北：臺灣省文獻委員會，1993。

（清）王昶，〔嘉慶〕《直隸太倉州志》上海：上海古籍出版社，1997，嘉慶7年刻本。

（清）史澄，〔光緒〕《廣州府志》，臺北：成文出版社，1966，光緒5年刊本。

（清）江藩，〔道光〕《肇慶府志》，臺北：成文出版社，1967，光緒重刻道光本。

（清）余文儀，《續修臺灣府志》，南投：臺灣文獻委員會，1993。

（清）林豪，《澎湖廳志》，臺北：臺灣銀行經濟研究室，1958。

（清）李元春，《臺灣志略》，臺北：臺灣銀行經濟研究室，1958。

（清）李維鈺，《漳州府志》46卷，嘉慶11年刊本。

（清）阮元，《廣東通志》，臺北：中華叢書編審委員會，1959，同治3年刊本。

（清）周凱，《廈門志》，臺北：臺灣省文獻委員會，1993。

（清）周碩勛，《廉州府志》，《故宮珍本叢刊》，海口市：海南出版社，2001。

（清）周碩勳，〔乾隆〕《潮州府志》，臺北：成文出版社，1967，光緒19年重刊本。

（清）明誼，《瓊州府志》，臺北：成文出版社，1967，光緒16年刊本。

（清）林焜熿，《金門志》，南投：臺灣省文獻委員會，1993。

（清）金鋐，〔康熙〕《福建通志》，《北京圖書館古籍珍本叢刊》北京：書目文獻出版社，1988。

（清）胡祚遠修，姚廷傑纂，〔康熙〕《象山縣志》16卷，《稀見方志叢刊》，北京：北京圖書館出版社，2007，據康熙37年刻本影印。

（清）徐炳文，《雲霄縣志》，臺北：成文出版社，1975。

（清）高拱乾，《臺灣府志》，南投：臺灣文獻委員會，1993。

（清）郭文祥，〔康熙〕《福清縣志》，《清代孤本方志選》，北京：線裝書局，2001，據康熙11年刻本影印。

（清）陳昌齊，〔道光〕《廣東通志》，臺北：華文書局，1968，道光2年刻本。

（清）陳衍，《臺灣通紀》，臺北：臺灣省文獻委員會，1993。

（清）陳培桂，《淡水廳志》，臺北：臺灣省文獻委員會，1993。

（清）陳壽祺，〔同治〕《福建通志》，臺北：華文書局，1968，同治10年重刊本。

（清）陳灃，〔光緒〕《香山縣志》，上海：上海書店，1991，光緒5年刻本影印。

（清）傅以禮，《福建全省地輿圖說》，光緒21年石印本。

（清）嵇曾筠，〔雍正〕《浙江通志》，上海：上海古籍出版社，1991。

（清）彭光藻，《長樂縣志》30卷，同治8年刊本。

（清）瑞麟，《廣州府志》，臺北：成文書局，1966，光緒5年刊本。

（清）董紹美，《欽州志》，《故宮珍本叢刊》，海口：海南出版社，2001，雍正元年刊本。

（清）趙宏恩修，〔乾隆〕《江南通志》，北京：商務印書館，2005。

（清）蔣元樞，《重修臺郡各建築圖說》，臺北：國立中央圖書館，1983。

（清）徐景壽修，魯曾煜纂，《福州府志》77卷，臺北：成文出版社，1967。

（清）懷蔭布，《泉州府志》76卷，廈門圖書館藏，乾隆28年刻本。

連橫，《臺灣通史》，臺北：臺灣文獻委員會，1992。

漳州市交通局編，《漳州交通志》，北京：東方出版社，1993。

《康親王平定四省大功圖》，臺北：故宮博物院藏。

《臺灣地輿全圖》，臺北：臺灣省文獻委員會，1996。

4.工具書

王毓銓、曹桂林主編，《中國歷史大辭典·明代卷》，上海：上海辭書出版社，1995。

永瑢，《歷代職官表》，臺北：中華書局，1966。

成東、鍾少異編著，《中國古代兵器圖集》，北京：解放軍出版社，1990。

朱保炯、謝沛霖合編，《明清進士題名碑錄索引》，上海：古籍出版社，2006。

江慶柏，《清代人物生卒年表》，北京：人民文學，2005。

吳廷燮，《明代督撫年表》，北京：中華書局，1982。

周駿富編，《明代傳記叢刊索引》，臺北：明文書局，1991。

唐嘉弘，《中國古代典章制度大辭典》，鄭州：中州古籍出版社，1998。

國立中央圖書館編印，《明人傳記資料索引》，臺北：文史哲出版社，1978，2版。

許保林，《中國兵書通覽》，北京：解放軍出版社，2002，2版。

許保林編，《中國兵書知見錄》，北京：解放軍出版社，1988。

陸錫興主編，《中國古代器物大辭典》，石家庄：河北教育出版社，2004。

劉申寧編，《中國兵書總目》，北京：國防大學出版社，1990。

錢實甫編，《清代職官年表》，北京：中華書局，1997。

戴逸、羅明主編，《中國歷史大辭典‧清代卷》，上海：上海辭書出版社，
　　1992。

譚其驤主編，《中國歷史大辭典‧歷史地理卷》，上海：上海辭書出版社，
　　1997。

譚其驤主編，《中國歷史地圖集》，上海：地圖出版社，1982。

（二）專書

工程兵工程學院，《中國築城史研究》，北京：軍事誼文出版社，1999。

于志嘉，《明代軍戶世襲制度》，臺北：臺灣學生書局，1987。

中國海洋發展史論文集編輯委員會主編，《中國海洋發展史論文集》共10
　　輯，南港：中央研究院人文社會科學研究中心。

中國軍事史編寫組，《中國歷代軍事制度》，北京：解放軍出版社，2006。

中國軍事史編寫組編，《中國歷代軍事工程》，北京：解放軍出版社，2005

中國歷代戰爭史編纂委員會編，《中國歷代戰爭史》，臺北：黎明出版社，
　　1989。

方真真，《明末清初臺灣與馬尼拉的帆船貿易（1664-1684）》，臺北：稻鄉
　　出版社，2006。

方豪，《六十至六十四自選待定稿》著者自印，1974。

王日根，《明清海疆政策與中國社會發展》，福州：福建人民出版社，
　　2006。

王兆春，《中國火器史》，北京：軍事科學出版社，1991。

王兆春，《中國古代兵器》，臺北：臺灣商務出版社，1999。

王宏斌，《晚清海防：思想與制度研究》，北京：商務印書館，2005。

—— ，《清代前期海防：思想與制度》，北京：社會科學文獻出版社，
　　2002。

王冠倬，《中國古船圖譜》，北京：三聯書局，2001。

王朝彬，《中國海疆炮臺圖志》，濟南：山東畫報出版社，2008。

王尊旺、方遙、劉婷玉編著，《清代林賢總兵與台海戰役研究》，廈門：廈門
　　大學出版社，2008。

王業鍵，《清代經濟史論文集（一）》，臺北：稻鄉出版社，2003。

包遵彭，《中國海軍史》，臺北：臺灣書局，1970，2版。

古鴻廷，《清代官制研究》，臺北：五南圖書，1999。

司徒琳，《南明史》，上海：上海書店，2007。

田汝康，《中國帆船貿易與對外關係史論集》，杭州：浙江人民出版社，
　　1987。

向達校注，《兩種海道針經》，北京：中華書局，1961。

江樹生譯註，《熱蘭遮城日記》，台南：台南市政府，2000-2003。

何孟興，《浯嶼水寨：一個明代閩海水師重鎮的觀察》，臺北：蘭臺出版社，
　　2002。

何孟興，《海中孤軍：明代澎湖兵防研究論文集》，澎湖：澎湖縣政府文化
　　局，2012。

李天鳴，《兵不可一日不備》，臺北：國立故宮博物院，2002。

李金明，《明代海外貿易史》，北京：中國社會科學出版社，1990。

李其霖，《清代臺灣軍工戰船廠與軍工匠》收於《臺灣歷史文化研究輯刊》，
　　臺北：花木蘭出版社，2013。

李約瑟著，陳立夫主譯，《中國之科學與文明》，臺北：臺灣商務印書館，
　　1973。

李則芬，《五千年世界戰爭史》，臺北，黎明出版社，1965。

李若文，《海賊王蔡牽的世界》，臺北：稻鄉出版社，2011。

李慶新，《明代海外貿易制度》，北京：社會科學文獻出版社，2007。

辛元歐，《中國近代船舶工業史》，上海：古籍出版社，1999。

——，《上海沙船》，上海：上海書店出版社，2004。

——，《中外船史圖說》，上海：上海書店，2009。

周宗賢，《淡水輝煌的歲月》，臺北：臺灣商務印書館，2007。

周緯，《中國兵器史稿》，天津：百花文藝出版社，2006。

定宜莊，《清代八旗駐防研究》，瀋陽：遼寧人民出版社，2003。

林仁川，《明末清初私人海上貿易》，上海：華東師範大學出版社，1987。

林啓彥、朱益宜編，《鴉片戰爭的再認識》，香港：中文大學出版社，
　　2003。

林慶元，《福建船政局史稿》，福州：福建人民出版社，1999。

邱心田、孔德騏，《中國軍事通史》，北京：軍事科學出版社，1998。

南京市博物館編，《寶船廠遺址》，北京：文物版社，2006。

姚楠，《七海揚帆》，臺北：臺灣中華書局，1993。

茅海建，《天朝的崩潰——鴉片戰爭再研究》，北京：三聯書局，2005。

軍事學院主編，《中國事通史》，北京：軍事科學出版社，1988。

凌純聲，《中國遠古與太平洋印度兩洋的帆筏戈船方舟和樓船的研究》，南
　　港：中央研究院民族學研究所，1970。

席龍飛，《中國造船史》，武漢：湖北教育出版社，2000。

張仲禮，《中國紳士》，上海：上海社會科學院，2002。

張馭寰，《中國城池史》，天津：百花文藝出版社，2003。

張增信，《明季東南中國的海上活動》，臺北：東吳大學中國學術著作獎助委
　　員會，1988。

張鐵牛、高曉星，《中國古代海軍史》，北京：解放軍出版社，2006年修定
　　版，1993。

張浩，《中國清代軍事史》，北京：人民出版社，1994。

曹永和，《中國海洋史論集》，臺北：聯經出版公司，2000。

——，《台灣早期歷史研究》，臺北：聯經出版公司，1981。

——，《台灣早期歷史研究續集》，臺北：聯經出版公司，2000。

莊吉發，《清代奏摺制度》，臺北：故宮博物院，1979。

——，《清史論集》（八），臺北：文史哲出版社，1990。

——，《清史論集》（五），臺北：文史哲出版社，1990。

許雪姬，《清代臺灣的綠營》，臺北：中央研究院近代史研究所，1987。

許毓良，《清代臺灣的海防》，北京：社會科學文獻出版社，2003。

許毓良，《清代臺灣軍事與社會》，北京：九州出版社，2008。

陳文石，《明洪武嘉靖間的海禁政策》，臺北：臺灣大學文學院，「文史叢刊」之20，1969。

陳希育，《中國帆船與海外貿易》，廈門：廈門大學出版社，1991。

陳宗仁，《雞籠山與淡水洋》，臺北：聯經出版公司，2005。

陳國棟，《東亞海域一千年》，臺北：遠流出版社，2005。

——，《臺灣的山海經驗》，臺北：遠流出版社，2005。

——，《廣州十三洋行之一潘同文行》，廣州：華南理工大學，2006。

陳鋒，《清代軍費研究》，湖北：武漢大學出版社，1992。

章巽，《中國航海科技史》，北京：海洋出版社，1991。

——，《古航海圖考釋》，北京：海洋出版社，1980。

程紹剛譯註，《荷蘭人在福爾摩莎》，臺北：聯經出版公司，2000。

曾樹銘、陸傳傑，《航向台灣：海洋台灣舟船志》，新北市：遠足文化，2013。

黃中青，《明代海防的水寨與游兵：浙閩粵沿海島嶼防衛的建置與解體》，宜蘭：學書獎助基金，2001。

黃慶華，《中葡關係史》，合肥：黃山書社，2006。

楊一凡、徐立志主編，《歷代判例判牘》，北京：中國社會科學出版社，2005。

楊仁江，《臺灣地區現存古砲之調查研究》，臺北：內政部，1993。

楊金森、范中義，《中國海防史》，北京：海軍出版社，2005。

楊彥杰，《荷據時代台灣史》，臺北：聯經出版公司，2000。

楊槱，《帆船史》，上海：上海交通大學出版社，2005。

煙臺博物館編，《蓬萊古船》，北京：文物出版社，2006。

廖大珂，《福建海外交通史》，福州：福建人民出版社，2002。

趙生瑞主編，《中國清代營房史料選輯》，北京：軍事科學，2006。

劉旭，《中國古代火藥火器史》，河南：大象出版社，2004。

潘吉星，《中國火箭技術史稿—古代火箭技術的起源和發展》，北京：科學出版社，1987。

鄭永常，《來自海洋的挑戰：明代海貿政策演變研究》，臺北：稻鄉出版社，2004。

鄭維中，《荷蘭時代台灣社會》，臺北：前衛出版社，2004。

鄭廣南，《中國海盜史》，上海：華東理工大學出版社，1999。

鄧開頌、吳志良、陸曉敏主編，《粵澳關係史》，北京：新華書店，1999。

駐閩海軍軍事編纂室，《福建海防史》，福建：廈門大學出版社，1990。

盧建一，《閩臺海防研究》，北京：方志出版社，2003。

錢海岳，《南明史》，北京：中華書局，2006。

蕭國健，《關城與炮台：明清兩代廣東海防》，香港：香港市政局，1997。

蕭致治，《鴉片戰爭史》，福州：福建人民出版社，1996。

聶德寧，《明末清初海寇商人》，臺北：楊江泉出版，2000。

魏秀梅，《清代之迴避制度》，臺北：中央研究院近代史研究所，1992。

羅爾綱，《綠營兵志》，北京：中華書局，1984。

譚棣華等編，《廣東碑刻集》，廣州：廣東高等教育出版社，2001。

蘇同炳，《海盜蔡牽始末》，南投：臺灣省文獻委員會，1974。

——，《台灣史研究集》，臺北：國立編譯館，1980。

（三）論文

王曰根，〈明代東南海防中敵我力量對比的變化及其影響〉，《中國社會經濟
　　史研究》2期，2003，頁28-34。

——，〈明代海防建設與倭寇、海賊的熾盛〉，《中國海洋大學學報（社會科
　　學版）》4期，2004，頁13-18。

王宏斌，〈清代前期關於福建台灣海防地理形勢的認識〉，《史學月刊》，第
　　2期，2001，頁44-48。

王家儉，〈清季的海防論〉，《師大學報》第12期，臺北，臺灣師範大學，
　　1967，頁139-179。

王御風，〈清代前期福建綠營水師研究 (1646-1795)〉，東海大學歷史研究所
　　碩士論文，1995。

王燕萍，〈修建九龍寨與加強廣東海防的關係〉，《史學月刊》，第3期，
　　1998，頁35-39。

王聲嵐，〈清朝東南沿海商船活動之研究(1644-1840)〉，國立臺灣師範大學
　　歷史學研究所碩士論文，2000。

包樂史，〈明末澎湖史事探討〉《臺灣文獻》，臺中：臺灣省文獻委員會，
　　1973，24卷3期，頁49-52。

古鴻廷，〈論明清的海寇〉，《海交史研究》，第1期，2002，頁19-35。

朱德蘭，〈清初遷界令時明鄭商船之研究〉，《中國海洋發展史論文集》第2
　　輯，臺北：中央研究院三民主義研究所，1986，頁105-159。

——，〈清康熙雍正年間台灣船航日貿易之研究〉，《臺灣史研究暨史料發掘
　　研討會論文集》，高雄：中華民國史蹟研究中心，1987，頁421-451。

江柏煒，〈從軍事城堡到宗族聚落——福建金門城之研究〉，《城市與設計學
　　報》，第七、八期，1999，頁133-176。

何孟興，〈明嘉靖年間閩海賊巢浯嶼島〉，《中興大學人文學報》32期，下
　　冊，2002，頁785-814。

吳大昕，〈海商、海盜、倭－明代嘉靖大倭寇的形象〉，國立暨南國際大學歷史學研究所碩士論文，2002。

吳建華，〈海上絲綢之路與粵洋西路之海盜〉，《湛江師範學院學報》，23：2，2002，頁24-28。

李天鳴，〈有文事者必有武備─簡介亞洲文物展中的兵器〉《故宮文物月刊》21：10，2004，頁30-43。

李天鳴，〈院藏清代「作戰態勢圖」與戰史研究－以蘇四十三之役為例〉，《故宮學術季刊》，20：3，2003，頁133-182。

李其霖，〈清代臺灣的戰船〉《海洋文化論集》，高雄：國立中山大學人文社會科學研究中心，2010年5月，頁275-316。

李金明，〈清嘉慶年間的海盜及其性質試析〉，《南洋問題研究》，第2期，1995，頁54-58。

李若文，〈飆風戰海女英梟——論蔡牽媽〉，《臺灣文獻》，57：1，2006，頁193-223。

———，〈海盜與官兵的相生相剋關係（1800-1807）：蔡牽、玉德、李長庚之間互動的討論〉，收於湯熙勇主編，《中國海洋發展史論文集》第10輯，南港：中央研究院人文社會科學研究中心，2008。

李毓中，〈明鄭與西班牙帝國：鄭氏家族與菲律賓關係初探〉，《漢學研究》，16卷2期，1998，頁29-59。

———，〈北向與南進：西班牙東亞殖民拓展政策下的菲律賓與台灣，1565-1642〉，《曹永和先生八十壽慶論文集》，臺北：樂學書局，2001，頁31-48。

辛元歐，〈十七世紀的中國帆船貿易及赴日唐船源流考〉，《中國海洋發展史論文集》第9輯，臺北：中央研究院人文社會科學研究中心，2005，頁191-257。

周宗賢、李其霖，〈由淡水至艋舺：清代臺灣北部水師的設置與轉變〉，《淡江史學》第二十三期，2011年9月，頁141-160。

周維強，〈佛郎機銃與宸濠之叛〉，《東吳歷史學報》，第8期，頁93-127。

——，〈明代戰車研究〉，新竹：國立清華大學歷史學研究所博士論文，2008。

季士家，〈清軍機處《蔡牽反清鬥爭》〉，《歷史檔案》，第1期，1982，頁115-119。

林呈蓉，〈國姓爺日本乞師之再考〉，《臺灣風物》45：1，1995，頁15-32。

林延清，〈嘉慶朝借西方國家之力鎮壓廣東「海盜」〉，《南開學報》，第6期，1989，頁65-71。

林偉盛，〈荷據時期東印度公司在台灣的貿易(1622-1662)〉，臺灣大學博士論文，1998。

——，〈荷蘭人據澎湖始末：1622-1624〉，《政大歷史學報》16期，1999，頁1-45。

——，〈荷蘭貿易與中國海商〉，《政大歷史系學報》17期，2000，頁1-45。

林聖蓉，〈從番界政策看臺中東勢的拓墾與族群互動(1761-1901)〉，臺灣大學歷史學碩士論文，2007。

翁佳音，〈16、17世紀福佬商人〉，《中國海洋發展史論文集》第10輯，上冊，臺北：中央研究院中山人文社會科學研究所，1999，頁59-92。

張中訓，〈清嘉慶年間閩浙海盜組織研究〉，《中國海洋發展史論文集》第2輯，臺北：中央研究院中山人文社會科學研究所，1985，頁160-198。

張世賢，〈清代對於臺灣海防地位之認識〉《臺灣文獻》，27：2，臺北：臺灣文獻委員會，1976，頁206-210。

張彬村，〈十六世紀舟山群島的走私貿易〉，《中國海洋發展史論文集》第1輯，臺北：中央研究院三民主義研究所，1984，頁71-95。

——，〈十六至十八世紀中國海貿思想的演進〉，《中國海洋發展史論文集》第2輯，臺北：中央研究院三民主義研究所，1986，頁39-58。

——，〈十六至十八世紀華人在東亞水域的貿易優勢〉，《中國海洋發展史論文集》第3輯，臺北：中央研究院中山人文社會科學研究所，1988，頁

345-368。

——，〈明清兩朝的海外貿易政策：閉關自守？〉，《中國海洋發展史論文集》第4輯，臺北：中研院中山人文社會科學研究所，1991，頁45-59。

——，〈十七世紀末荷蘭東印度公司為甚麼不再派船到中國來？〉，《中國海洋發展史論文集》第9輯，臺北：中央研究院人文社會科學研究中心，2005，頁169-190。

張增信，〈十六世紀前期葡萄牙人在中國沿海的貿易據點〉，《中國海洋發展史論文集》第2輯，臺北：中央研究院三民主義研究所，1986，頁75-104。

——，〈明季東南海寇與巢外風氣，1567-1644〉，《中國海洋發展論文集》第3輯，臺北：中央研究院中山人文社會科學研究所，1988，頁313-344。

莊國土，〈清初（1683-1727）的海上貿易政策和南洋禁航令〉，《海交史研究》，第1期，1987，頁25-31。

許雪姬，〈日治時期台灣面臨的海盜問題〉，林金田主編，《臺灣文獻史料整理研究學術研討會論文集》，南投：臺灣省文獻委員會，2000，頁27-82。

許路，〈清初福建趕繒船戰船復原研究〉，《海交史研究》，第2期，2008年，頁47-74。

陳國棟，〈好奇怪喔！清代臺灣船掛荷蘭國旗〉，《臺灣文獻別冊》14，南投：國史館臺灣文獻館，2005，頁6-10。

——，〈古航海家的「近場地圖」——山形水勢圖淺說〉，《中央研究院週報》，臺北：中央研究院，2007，第1138期，頁3-5。

——，〈馬尼拉大屠殺與李旦出走日本的一個推測 (1603-1607)〉，《臺灣文獻》第60卷第3期，南投：國史館臺灣文獻館，2009年9月，頁33-62。

陶道強，〈清代前期廣東海防研究〉，廣東：暨南大學歷史學系碩士論文，2003。

曾小全，〈清代嘉慶時期的海盜與廣東沿海社會〉，《史林》，第2期，
　　2004，頁57-68。

湯熙勇，〈清順治至乾隆時期中國救助朝鮮海難船及漂流民的方法〉，《中
　　國海洋發展史論文集》第8輯，臺北：中央研究院人文社會科學研究所，
　　2002，頁105-172。

黃一農，〈紅夷大炮與皇太極創立的八旗漢軍〉，《歷史研究》，第4期，
　　2004，頁74-105。

――，〈紅夷大砲與明清戰爭――以火砲測準技術之演變為例〉，《清華學
　　報》，清華大學，1996，26：1，頁31-70。

黃典權，〈清代臺灣武備制度之研究〉，《國立成功大學歷史學報》5，
　　1978，頁89-134。

――，〈蔡牽朱濆海盜之研究〉，《臺南文化》6：1，1958，頁74-106。

黃鴻釗，〈嘉慶澳門葡人助剿海盜初探〉，《文化雜誌》，第39期，1999，
　　頁93-97。

儀德剛，〈中國傳統弓箭製作工藝調查研究及相關力學知識分析〉，中國科學
　　技術大學博士論文，2004。

劉平，〈清中葉廣東海盜問題探索〉，《清史研究》，第1期，1998，頁
　　39-49。

――，〈論嘉慶年間廣東海盜的聯合與演變〉，《江蘇教育學院學報》，社會
　　科學版，第3期，1998年，頁106-107。

劉佐泉，〈清嘉慶年間雷州海盜初探〉，《湛江師範學院學報》，第2期，
　　1999，頁25-29。

劉序楓，〈清代的乍浦港與中日貿易〉，《中國海洋發展史 論文集》，第5
　　輯，臺北：中央研究院中山人文社會科學研究所，1993，頁188-196。

――，〈清政府對出洋船隻的管理政策（1644-1842）〉，《中國海洋發展史
　　論文集》第9輯，臺北：中央研究院人文社會科學研究中心，2005，頁
　　331-376。

鄭克晟，〈明朝初年的福建沿海及海防〉，《史學月刊》第1期，1991，頁45-50。

鄭喜夫，〈李旦與顏思齊〉，《臺灣風物》，18：1，1968，頁24-36。

——，〈補記李旦與顏思齊〉，《臺灣風物》，19：1-2，1969，59-64。

盧建一，〈從明清東南海防體系發展看防務重心南移〉，《東南學術》，第1期，2002，頁29-33。

——，〈從東南水師看明清時期海權意識的發展〉，《福建師範大學學報》，第118期，2003，頁107-113。

蕭國健，〈粵東名盜張保仔〉，《香港歷史與社會》，臺北：臺灣商務印書館，1995。

聶德寧，〈明清之際鄭氏集團海上貿易的組織與管理〉，《南洋問題研究》，1992。

——，〈鄭成功與鄭氏集團的海外貿易〉，《南洋問題研究》，第2期，1993。

關文發，〈清代中葉蔡牽海上武裝集團性質辨析〉，《中國史研究》，第1期，1994，頁93-100。

蘇同炳，〈鄭芝龍與李魁奇〉，《臺灣文獻》25：3，1974，頁1-11。

二、外文部分

（一）西文資料（含中譯本）

Andrade, Tonio. Commerce, culture, and conflict: Taiwan under European rule, 1624-1662. New York: Columbia Press, 2005.

Antony, Robert J.（安樂博），〈罪犯或受害者：試析1795年至1810年廣東省海盜集團之成因及其成員之社會背景〉，《中國海洋發展史論文集》第7集，下冊，臺北：中央研究院中山人文社會科學研究所，1999，頁439-451。

Blussé, Leonard. M. E. van Opstall and Tsao Yung-Ho eds, De Dagregisters van het Kasteel Zeelandia, Taiwan. Den Haag: Institute voor Neederlandse Geschiedenis, 1986-2000.

——, and N. Evert, E. French eds, The Formosan Encounter：Notes on Formosa's Aboriginal Society—A Selection of Documents from Dutch Archival Sources, Vol.1, 1623-1635; Vol.2, 1636-1645. Taipei: Shug Ye Museum of Formosan Aborigines, 1999.

——、莊國土等譯，《巴達維亞華人與中荷貿易》，南寧：廣西人民出版社，1997。

Borao Mateo, José Eugenio. Spaniards in Taiwan.Taipei: SMC Publishing Inc.

Boxer, C. R. 1988. Dutch Merchants and Marinersin Asia 1602－1795. London: Variorum Reprints, 2001.

Crawfoud, John. Journal of an embassy from the Governor-General of India to the courts of Siam and Cochin China. London：H. Colburn, 1828.

Chase, Kenneth Warren. Firearms: A Global History to 1700. New York: Cambridge University Press, 2003.

Chen, Kuo-tung. "Chinese junks", Calliope, 17:6. Feb, 2007, pp. 24-27.

Chang, Pin-Tsun. "Chinese Migration to Taiwan in the Eighteenth Century: a Paradox" in Wang Gungwu and Ng Chin-Keong, eds", Maritime China in Transition 1750-1850 Wiesbaden, Germany: Harrassowitz Verlag, pp. 97-114, 2004.

Cree, Edward H. Michael Levien., Naval surgeon: The Voyages of Dr. Edward H. Cree, Royal Navy, as Related in his Private Journals, 1837-1856. New York: E.P. Dutton, 1982.

George Raleigh Gray, Worcester. Sail and Sweep in China: The History and Development of the Chinese Junk as Illustrated by the Collection of Junk Models in the Science Museum. London: H. M. S. O, 1966.

Hucker, Charles O. A Dictionary of Official Titles in Imperial China. Stanford University Press, 1985.

Hale, B. S. Weapons and Warfare in Renaissance Europe. Baltimore, Md. ; London: Johns Hopkins University Press, 1997.

Huang, Ray. "Military Expenditures in Sixteenth Century Ming China", Oriens Extremus：17, 1970.

Lui, Adam Yuen-chunged, Fort and Pirate: History of Hong Kong. Hong Kong: Hong Kong History Society, 1990.

Mahan, Alfred Thayer, The Influence of Sea Power upon History 1660-1783. Boston: Little, Brown and Company, 1918.

──，安常容、成忠勤譯，《海權對歷史的影響》，北京：解放軍出版社，2006，2版。

Murray, Dian H, Pirates of the South China Coast, 1790-1810. Stanford, Calif: Stanford University Press, 1987.

Needham, Joseph. Science and Civilisation in China. Cambridge: Cambridge University Press, 1954.

Parker, Geoffrey. The Cambridge Illustrated History of Warfare: the Triumph of the West New York: Cambridge University Press, 1995.

──，傅景川等譯，《劍橋戰爭史》，長春：吉林人民出版社，2001。

Perkins, Dwight H. "Government as an Obstacle to Industrialization: The Case of Nineteenth-Century China" Journal of Economic History 27: 478-492, 1967.

Rawlinson, John Lan. China's Struggle for Naval Development 1839-1895. Cambridge: Harvard University. Press, 1967.

So Kwan-wai. Japanese Piracy in Ming China During the Sixteenth Century. East Lansing: Michigan State University. Press, 1975.

Swanson, Bruce. Eighth Voyage of the Dragon: A History of China's Quest for Seapower. Annapolis: Naval Institute Press, 1982.

Waldron, Arthur. The Great Wall of China: from History to Myth. New York: Cambridge University Press, 1992.

Will, Pierre Etienne. Discussions about the Market-Place and Market in Eighteen-Century Guangdong. Essays in Chinese Maritime History, Vol.7: pp. 323-389, 2000.

——, The Junks and Sampans of the Yangtze. Annapolis: Naval Institute Press, 1971.

甘為霖（William Campbell）英譯、李雄揮譯，《荷據下的福爾摩沙》，臺北：前衛出版社，2004。

安樂博著，王紹祥譯，〈中國海盜的黃金時代：1520-1810〉，《東南學術》，第1期，2002。

魏白蒂（Patrizia Carioti）著，莊國土等譯，《遠東國際舞台上的風雲人物——鄭成功》，南寧：廣西人民出版社，1997。

伯來拉、克路士等著（Galeote Pereira. Gaspar da Cruz），何高濟譯，《南明行紀》，臺北：五南出版社，2003。

邦特庫（Willem Ysbrantsz Bontekoe），姚楠譯，《東印度航海記》（Memorable description of the East Indian voyage, 1618-25），北京：中華書局，2001。

亞馬多・高德勝（Armando Cortesão），《歐洲第一個赴華使節》，（Primeira Embaixada Europeia à China），澳門：澳門文化協會，1990。

張天澤著，姚楠、錢江譯，《中葡早期通商史》，香港：中華書局，1998。

斯當東（George Thomas Staunton），葉篤義譯，《英使謁見乾隆紀實》，江蘇：上海書店出版，2005。

穆黛安著：劉平譯，《華南海盜》，北京：中國社會科學出版社，1997。

——，張彬村譯，〈廣東的水上世界：它的生態與經濟〉，《中國海洋發展史論文集》第7輯，上冊，1999，頁145-170。

蘭伯特（Lambert van der Aalsvoort），《福爾摩沙見聞錄——風中之葉》，臺

北：經典雜誌，2002。

馬士（Hosea Ballou Morse）著，張匯文等譯，《中華帝國對外關係史》，上海：上海書局出版社，2000。

歐陽泰（Tonio Andrade）著，鄭維中譯，《福爾摩沙如何成為臺灣府》，臺北：遠流出版社，2007。

歐陽泰（Tonio Andrade）著，陳信宏譯，《決戰熱蘭遮》，臺北：時報文化，2012。

（二）日文資料

大庭修，〈江戶時代に來航した中國商船の資料〉，《關西大學東西研究所記要（5）》，大阪：關西大學，1972。

山本進，〈清代嘉道期の海運政策と漕運と民間委託化〉，《東洋學報》72（3-4）：171-198，1991。

山形欣哉，《歷史の海を走る：中國造船技術の航跡》，東京：農山漁村文化協會，2004。

山岸德平、佐野正已編，《新編林子平全集》，東京都：第一書房，1978。

山崎清一，〈明代兵制の研究（一）〉，《歷史學研究》93號（1941.11），頁16-32。

──〈明代兵制の研究（二）〉，《歷史學研究》94號（1941.12），頁24-58。

川越泰博著，李三謀譯，〈倭寇、被虜人與明代的海防軍〉，《中國邊疆史地研究》3期，1998，頁107-117。

中村孝志，程大學譯，〈有關鄭、荷在東亞的海上情勢〉，《巴達維亞城日記》第3冊，臺中：臺灣省文獻委員會，1990。

中村孝志著，許粵華譯，《荷蘭時代台灣史研究》，臺北：稻鄉出版社，1997。

中道邦彥，〈清代の海島政策──浙江省玉環山の場合〉，《東方學》第60

輯，1980.7。

太田弘毅，《倭寇：商業‧軍事史的研究》，橫濱：春風社，2002。

日蘭學會編，《長崎オランダ商館日記》，東京都：雄松堂，1989，第1輯。

永積洋子，劉序楓譯，〈由荷蘭史料看十七世紀的台灣貿易〉，《中國海洋史論文集》第7輯，上冊，臺北：中央研究院中山人文社會科學研究所，1999，頁37-57。

田中健夫，《倭寇と勘合貿易》，東京：至文堂，1966。

田中健夫，《倭寇－海の歷史》，東京：教育社，1975。

石原道博，《明末清初日本乞師研究》，東京：富山房，1945。

石原道博，《倭寇》，東京：吉川弘文館，1964。

佐伯弘次，〈海賊論〉，收於荒野泰典等編，《アジアのなかの日本史》IV，東京：東京大學，1993。

佐伯富著、鄭樑生譯，《清雍正朝的養廉銀研究》，臺北：臺灣商務印書館，1996，2版。

村上直次郎（日譯），郭輝、程大學（中譯），《巴達維亞城日記》，南投：臺灣省文獻會，1970、1990。

村上直次郎譯，《バタヴィア城日誌》，東京都：平凡社，1975。

岩生成一，〈長崎代官村山等安の台灣遠征と遣明使〉，《台北帝國大學文政學部史學科研究年報》，臺北：臺北帝國大學文政學部編輯發行，1942。

松浦章，〈日治時期臺灣海峽的海難與海盜之緝捕〉，《臺北文獻》，直字第145期，2003，頁57-82。

——，〈日治時期臺灣與廈門間的航運貿易〉，《臺北文獻》，直字第146期，2003，頁89-115。

——，《中國の海商と海賊》，東京：山川出版社，2003。

——，《中國の海賊》，東京：東方書店，1995。

——，《清代海外貿易史の研究》，京都：朋友書店，2002。

——，卞鳳奎譯，《東亞海域與臺灣的海盜》，臺北：博揚文化，2008。

——，李小林譯，〈明清時代的海盜〉，《清史研究》，第1期，1997，頁10-17。

——，卞鳳奎譯《清代臺灣海運發展史》，臺北：博揚文化，2002。

——，劉序楓譯，〈清代的海上貿易與海盜〉，《史聯雜誌》，第30、31期，1997，頁89-96。

奧山憲夫，《明代軍政史研究》，東京：汲古書院，2003。

國家圖書館出版品預行編目資料

見風轉舵——清代前期沿海的水師與戰船／
李其霖著. — 初版. — 臺北市：五南，
2014.05
　　面；　　公分.--
　ISBN 978-957-11-7419-8（平裝）
1.軍事史　2.海防　3.清代
590.9207　　　　　　　102023188

1XAF

見風轉舵——清代前期沿海的水師與戰船

作　　者 — 李其霖

發 行 人 — 楊榮川

總 編 輯 — 王翠華

副 總 編 — 蘇美嬌

責任編輯 — 邱紫綾

封面設計 — 果實文化設計工作室

出 版 者 — 五南圖書出版股份有限公司

地　　址：106台北市大安區和平東路二段339號4樓

電　　話：(02)2705-5066　　傳　真：(02)2706-6100

網　　址：http://www.wunan.com.tw

電子郵件：wunan@wunan.com.tw

劃撥帳號：01068953

戶　　名：五南圖書出版股份有限公司

台中市駐區辦公室/台中市中區中山路6號

電　　話：(04)2223-0891　　傳　真：(04)2223-3549

高雄市駐區辦公室/高雄市新興區中山一路290號

電　　話：(07)2358-702　　傳　真：(07)2350-236

法律顧問　林勝安律師事務所　林勝安律師

出版日期　2014年5月初版一刷

定　　價　新臺幣550元